全国电力行业"十四五"规划教材

职业教育电力技术类专业系列

中国电力教育协会职业院校
电力技术类专业精品教材

电子技术应用

主　编　王　锦

副主编　马　娟

编　写　徐少飞

主　审　胡晓玮

中国电力出版社

CHINA ELECTRIC POWER PRESS

内 容 提 要

本书为全国电力行业"十四五"规划教材，陕西省职业教育在线精品课程配套教材，中国电力教育协会职业院校电力技术类专业精品教材。

全书共分 7 个学习情境，主要内容包括直流稳压电源的分析与设计、集成运算放大器的分析与应用、信号产生电路的分析、组合逻辑电路的分析与应用、时序逻辑电路的分析与应用、555 定时器的应用，以及 D/A 转换器和 A/D 转换器的应用。每个任务后设置了技能训练，每个学习情境后设置了思考题、课堂小测等，便于学生训练动手能力，检验理论知识。

本书配套了丰富的数字化资源，包括各学习任务的教学视频、多媒体课件、实训操作动画、测试题库、习题解答等教学资源。本书可以与陕西省 2021 年职业教育在线精品课程《电子技术应用》的线上教学资源配合使用，以利于开展线上线下混合式教学，启发、引导教学互动，激发学习积极性和主动性。

为学习贯彻落实党的二十大精神，本书根据《党的二十大报告学习辅导百问》《二十大报告及党章修正案学习问答》，在数字资源中设置了"二十大报告及党章修正案学习辅导"栏目，以方便师生学习。

本书主要作为高等职业教育专科和本科电子技术课程实施理实一体化教学教材，同时可供电子技术专业的广大科技工作者与工程技术人员参考。

图书在版编目（CIP）数据

电子技术应用/王锦主编 . —北京：中国电力出版社，2023.8（2025.2 重印）

ISBN 978 - 7 - 5198 - 7627 - 2

Ⅰ.①电…　Ⅱ.①王…　Ⅲ.①电子技术－职业教育－教材　Ⅳ.①TN

中国国家版本馆 CIP 数据核字（2023）第 041041 号

出版发行：中国电力出版社

地　　　址：北京市东城区北京站西街 19 号（邮政编码 100005）

网　　　址：http://www.cepp.sgcc.com.cn

责任编辑：乔　莉（010—63412535）

责任校对：黄　蓓　常燕昆

装帧设计：赵杉杉

责任印制：吴　迪

印　　　刷：廊坊市文峰档案印务有限公司

版　　　次：2023 年 8 月第一版

印　　　次：2025 年 2 月北京第四次印刷

开　　　本：787 毫米×1092 毫米　16 开本

印　　　张：17.75

字　　　数：440 千字

定　　　价：49.00 元

前　言

　　为适应高职教育发展要求，着力培养高素质劳动者和技术技能人才，根据职业教育办学定位、教学特点、岗位需求等情况，并结合我校多年课程教学改革与实践的经验，编写本教材。教材以现代电子技术的基本知识、基本理论、基本技能为基础，突出器件与基本应用相结合、基本知识与实用技术相结合、理论教学与实践训练相结合。

　　本书有以下特点：

　　（1）主线清晰，知识实用。依据"器件及其应用"这条主线，将模拟电子技术和数字电子技术的相关内容梳理整合为 7 个学习情境 23 个学习性任务。学习情境主要包括"直流稳压电源的分析与设计""集成运算放大器的分析与应用""信号产生电路的分析""组合逻辑电路的分析与应用""时序逻辑电路的分析与应用""555 定时器的应用"和"D/A 转换器和A/D 转换器的应用"等。在内容安排上，以应用为目的，做到少而精、重点突出，淡化理论分析，突出集成电路的应用。

　　（2）注重实践，培养能力。教材注重学生学习能力和工程实践能力的培养，将理论学习与实践操作密切结合在一起，充分体现了课程的工程性、实践性和技术性。通过多元化、分层次的实验，以及 EDA 仿真设计和电子电路制作等实践教学，让学生在做中学，学中做。

　　（3）教材在内容编排上，每一学习情境都有内容概要和学习导入，简要介绍本学习情境的主要内容、技术发展状况、实际应用以及学习目的，让学生对相关知识的学习有清晰、全面的认识，较快了解课程的主要内容。每个学习任务内容为相对独立、较为完整的知识点和技能点，便于不同专业、不同学时的课程在教学时进行取舍。

　　（4）教材在叙述方法上，抓住重点问题的本质，以详略得当的语言进行说明，做到简明扼要、深入浅出、层次分明、概念清晰。

　　（5）教材学习内容丰富，将课堂讲授、课内讨论、课外自学、习题、自我检测与实践训练等有机结合，与"电子技术应用"在线课程形成优化的教学体系，便于课程教学实施、启发引导和教学互动。

　　（6）本教材配套了丰富的数字资源及在线课程，可满足线上线下混合式教学。"电子技术应用"在线课程已在学银在线开课，被超星收录为"示范教学包"，2021 年被认定为陕西省职业教育在线精品课程。本教材内容设置与在线课程教学内容相同，可通过扫描封面二维码获取课程链接，利用课程网络资源开展课程学习。

　　全书共分 7 个学习情境，由西安电力高等专科学校王锦任主编，学习情境 1、学习情境 2 中的学习任务 2.1～2.4 由西安电力高等专科学校马娟编写，学习情境 4 中的学习任务 4.1～4.3，以及学习情境 6、7 由西安电力高等专科学校徐少飞编写，其余部分由王锦编写并统编全书。本书由淄博职业学院电力教育教学部主任胡晓玮主审，在此表示衷心感谢。

　　限于编者水平，书中错漏和不妥之处在所难免，恳请批评指正。

编　者

2023 年 3 月

目　录

学习情境 1 直流稳压电源的分析与设计

内 容 概 要

本学习情境主要介绍常用小功率直流稳压电源的组成及工作特性，分析各组成电路的工作原理，用 Multisim 软件对直流稳压电源电路进行仿真及测试。

学 习 导 入

电源电路是一切电子设备的基础，大到超级计算机，小到袖珍计算器，所有的电子设备都必须在电源电路的支持下才能正常工作。

由于电子技术的特性，电子设备对电源电路的要求是能够提供持续稳定、满足负载要求的电能，而且通常情况下都要求提供稳定的直流电能。提供这种稳定的直流电能的电源就是直流稳压电源。直流稳压电源在电源技术中占有十分重要的地位。

稳压电源的分类方法繁多，按输出电压的类型分为直流稳压电源和交流稳压电源；按稳压电路与负载的连接方式分为串联稳压电源和并联稳压电源；按电源内部电路类型分为简单稳压电源和反馈型稳压电源；按调整管的工作状态分为线性稳压电源和开关稳压电源；等等。这里主要介绍线性稳压电源的工作特性。

线性稳压电源稳压性能好，输出纹波电压很小，但必须使用笨重的工频变压器将其与电网进行隔离，而且调整管损耗很大，需安装大面积的散热器，导致电源的体积和质量大、效率低，一般为 $40\% \sim 60\%$，因此主要用在对功率和稳压精确度要求很高的场合。

常用小功率线性直流稳压电源（1kVA 以下）是由电源变压器、整流电路、滤波电路和稳压电路等四部分组成的，其原理框图如图 1-1 所示。

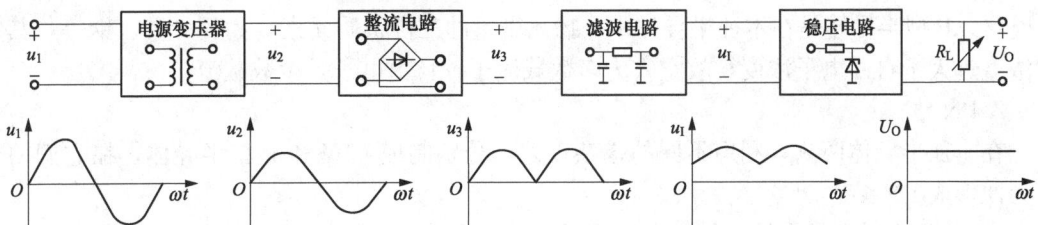

图 1-1 直流稳压电源的组成原理框图

图 1-1 中，电源各组成部分的功能如下：

（1）电源变压器：将交流电源电压变换为符合整流需要的电压；

（2）整流电路：利用具有单向导电性元件如二极管，将交流电压变换为单向脉动的直流电压；

（3）滤波电路：利用电感、电容等储能元件，尽可能滤除整流后单向脉动电压中的交流成分，使之成为平滑的直流电压；

（4）稳压电路：当电网电压波动或负载发生变化时，维持输出直流电压的稳定。

这里介绍整流电路、滤波电路及稳压电路中主要器件的特性，以及各电路的工作原理。

学习任务 1.1　半导体二极管的分析与应用

知识学习

1.1.1　半导体基本知识

1. 半导体、本征半导体和杂质半导体

半导体是导电能力介于导体和绝缘体之间的一大类物质的总称。常用的半导体材料有硅（Si）、锗（Ge）和砷化镓化合物（GaAs）等。

半导体材料具有热敏性、光敏性和掺杂性。掺杂性是指在半导体中掺入其他微量元素（杂质），其导电能力会显著增加。利用这种性质可以制造出各种不同性质、不同用途的半导体器件，如半导体二极管、三极管、场效应管和集成电路。

（1）本征半导体是纯净的、晶格完整的半导体。在常温下，由于本征半导体中少量价电子受热激发获得足够的能量，挣脱了共价键的束缚成为自由电子，同时，在原来共价键的位置上留下一个空位，称为空穴。在本征半导体中存在着两种参与导电的载流子：自由电子和空穴。

常温下由热激发产生的电子—空穴对的数量是很少的，因此本征半导体的导电能力很差。可在本征半导体中掺入杂质，使半导体的导电性能显著增加。

（2）杂质半导体是掺入杂质后形成的半导体。根据掺入杂质的不同，杂质半导体有 N 型和 P 型两种。

（3）N 型半导体是在本征半导体中，掺入微量的五价杂质元素，如磷、砷、锑等，其自由电子的浓度远大于空穴的浓度，故自由电子为多数载流子（简称多子），空穴为少数载流子（简称少子）。

（4）P 型半导体是在本征半导体中，掺入微量的三价杂质元素，如硼、镓、铟等，其空穴浓度远大于自由电子浓度，故空穴为多数载流子，自由电子是少数载流子。

2. PN 结

在本征半导体两侧，利用不同的掺杂工艺，分别制成 N 型和 P 型半导体，在它们的交界处便形成 PN 结。

PN 结具有单向导电性：加正向电压时，即 P 区接电源正极，N 区接电源负极，有较大的工作电流流过 PN 结，PN 结处于导通状态，其等效电阻很小；加反向电压，即 P 区接电源的负极，N 区接电源的正极，流过 PN 结的只有很小的反向电流，等效电阻很大，PN 结呈截止状态。

1.1.2　二极管的特性分析

一、二极管的结构

半导体二极管（简称二极管）是以 PN 结为管芯，加管壳封装构成。由 P 区引出的电极称为阳极或正极，由 N 区引出的电极称为阴极或负极。二极管具有单向导电性。其结构及电路符号如图 1-2（a）和（b）所示。

　　普通二极管一般有玻璃封装和塑料封装两种，它们的外壳上均印有型号和标记。标记有箭头、色点和色环三种，箭头所指方向或靠近色环的一端为阴极，有色点的一端为阳极。二极管的实物图如图 1-2（c）所示。

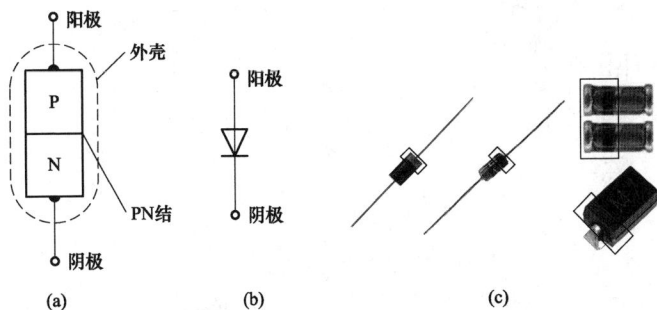

图 1-2　二极管的结构、电路符号及实物图

（a）结构；（b）电路符号；（c）实物图

　　二极管种类很多，按材料分为锗二极管、硅二极管等。按管芯结构不同，二极管可分为点接触型和面接触型两种，如图 1-3 所示。点接触型二极管的 PN 结面积小，结电容小，适用于高频小电流电路中；面接触型二极管适用于低频大电流电路中。二极管按用途不同分为整流二极管、检波二极管、变容二极管、稳压二极管、开关二极管、发光二极管等。

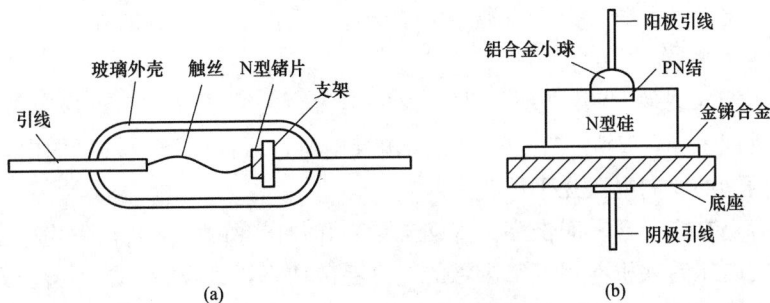

图 1-3　点接触型和面接触型二极管

（a）点接触型；（b）面接触型

二、二极管的伏安特性

　　在二极管上所加电压与流过二极管的电流之间的关系称为二极管的伏安特性，可通过实验测出。图 1-4 所示的是小功率的硅管和锗管的伏安特性曲线。可以看出，二极管的伏安特性是非线性的，正反向导电性能差异很大。

　　1. 正向特性

　　当二极管正向电压很小时，正向电流几乎为零。只有在正向电压足够大时，正向电流将增长很快，称为正向导通。使二极管开始导通的临界电压称为"死区电压"或"门槛电压"。死区电压的大小与材料和温度有关，通常，硅管的死区电压约为 0.5V，锗管约为 0.1V。二

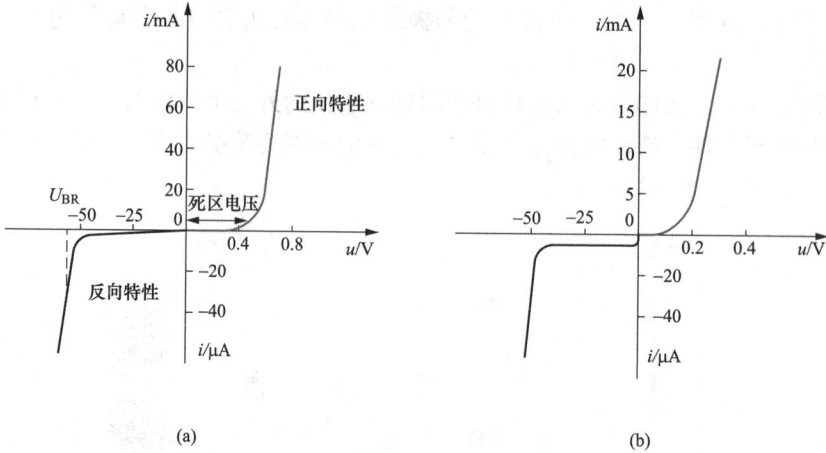

图 1-4　二极管的伏安特性曲线

(a) 2CP10 硅二极管；(b) 2AP2 锗二极管

极管正向导通后，二极管的电流随外加正向电压增大而显著增大，伏安特性曲线几乎陡直上升，即电流迅速增大时，二极管两端的电压变化很小，这个电压称为导通电压，记为 $U_{D(on)}$。实际电路中，小功率硅二极管的 $U_{D(on)}$ 为 0.6～0.8V，锗二极管的 $U_{D(on)}$ 为 0.2～0.3V。工程上，一般取硅管 $U_{D(on)}=0.7V$，锗管 $U_{D(on)}=0.2V$。

2. 反向特性

当二极管加反向电压时，由于少子的漂移运动，形成很小的反向电流。这个反向电流与反向电压无关，故称为反向饱和电流 I_S。小功率硅管的反向饱和电流 I_S 小于 $0.1\mu A$，锗管约为几十微安。温度升高时，由于少数载流子增加，反向电流将随之增大。

3. 反向击穿特性

当反向电压增大到某一电压值 U_{BR} 时，反向电流会急剧增加，二极管失去单向导电性，这种现象称为反向击穿，U_{BR} 为二极管的反向击穿电压。反向击穿后，反向电流可以变化很大，而二极管两端的反向电压几乎不变。

反向击穿有电击穿（含雪崩击穿、齐纳击穿）和热击穿两种形式。发生电击穿时，只要反向电流和反向电压的乘积不超过二极管的允许耗散功率，二极管一般不会烧毁。当反向电压下降到小于击穿电压后，二极管仍能正常工作，即电击穿是可逆的。热击穿则是破坏性击穿，当反向电压过高，反向电流过大时，二极管耗散功率超过允许值，将引起恶性循环，将很快导致二极管因过热而损坏，这种击穿是不可逆的。

4. 温度对二极管的影响

当温度升高时，二极管的正向特性曲线向左移动，死区电压减小，反向特性曲线向下移动。实验证明，在室温下，温度每升高 1℃，正向压降减小 2～2.5mV；温度每升高 10℃，反向饱和电流 I_S 大约增加 1 倍。

三、二极管的主要参数

1. 最大整流电流 I_F

最大整流电流 I_F 是指二极管长时间使用时，允许流过二极管的最大正向平均电流值。当电流超过此值，会因 PN 结过热使二极管损坏。

2. 反向电流 I_R

反向电流 I_R 是二极管未击穿时的反向电流值。反向电流大，说明二极管的单向导电性差，并受温度影响大。

3. 最高反向工作电压 U_{RM}

最高反向工作电压是指工作时加在二极管两端的最高反向电压。为确保管子安全运行，一般手册中的 U_{RM} 值是击穿电压 U_{BR} 值的 1/2 或 2/3。

4. 最高工作频率

最高工作频率是指二极管两端电压变化的最高频率。当频率过高时，PN 结的电容效应将使二极管的单向导电性变差。结电容小的二极管，最高工作频率较高。

四、二极管应用电路分析

从二极管的伏安特性可以看出，二极管是非线性器件，在实际计算中，常将伏安特性曲线简化，利用二极管的简化曲线及其等效模型进行电路分析。

图 1-5（a）所示为二极管的理想模型及其伏安特性曲线，当二极管正向偏置时导通，电压为零，正向电阻为零；反向偏置时截止，反向电流为零，反向电阻为无穷大。图 1-5（b）所示为恒压降等效模型及其伏安特性曲线，当二极管的正向偏置电压大于 $U_{D(on)}$ 时二极管才导通。

究竟采用哪一种等效电路进行计算，则要看二极管的 $U_{D(on)}$ 和 I_S 在电路中能否忽略，以及对计算精度的要求来决定。

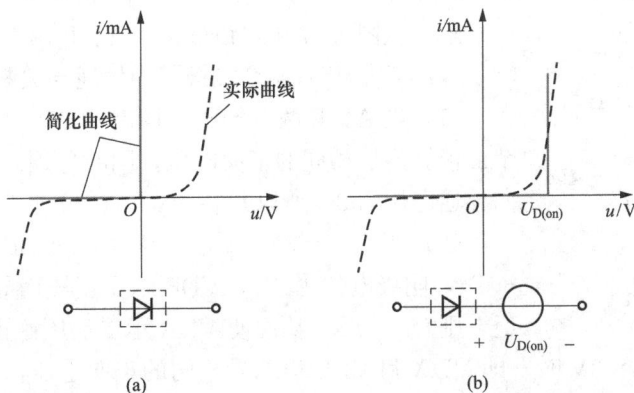

图 1-5　二极管伏安特性简化和等效模型

(a) 理想二极管等效模型；(b) 恒压降等效模型

【例 1-1】　在图 1-6 中，VD 为硅二极管，试用二极管的理想模型和恒压降模型分别求出 $U=12V$ 和 $U=2V$ 时电路中的电流 I_1、I_2、I_3 和电压 U_{AB}。

解： 电压和电流的参考极性和方向如图 1-6 所示。

当 $U=12V$ 时，二极管正向导通。

（1）用理想模型计算：

$$I_1 = \frac{U - U_{AB}}{R_1} = \frac{U}{R_1} = \frac{12}{1} = 12(\text{mA})$$

$$I_2 = 12\text{mA}；I_3 = 0；U_{AB} = 0\text{V}$$

（2）用恒压降模型计算：$U_{D(on)} = 0.7\text{V}$。

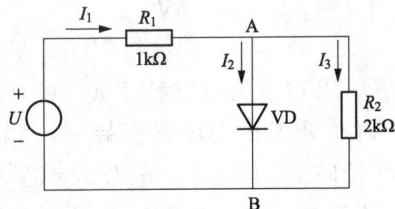

图 1-6　［例 1-1］图

$$I_1 = \frac{U - U_{AB}}{R_1} = \frac{U - U_{D(on)}}{R_1} = \frac{12 - 0.7}{1} = 11.3(mA)$$

$$I_3 = \frac{U_{AB}}{R_2} = \frac{U_{D(on)}}{R_2} = \frac{0.7}{2} = 0.35(mA)$$

$$I_2 = I_1 - I_3 = 11.3 - 0.35 \approx 11(mA)$$

$$U_{AB} = 0.7(V)$$

上述（1）、（2）两种等效模型计算结果，电流误差小于 10%，在电子电路计算中是允许的。

当 $U = 2V$ 时，二极管也正向导通。

（3）用理想模型计算：方法同（1），可得

$$I_1 = 2mA; \quad I_2 = 2mA; \quad I_3 = 0; \quad U_{AB} = 0V$$

（4）用恒压降模型计算：方法同（2），可得

$$I_1 = 1.3mA; \quad I_3 = 0.35mA, \quad I_2 \approx 1mA; \quad U_{AB} = 0.7V$$

由于电源电压较低，第（3）种计算结果误差太大，第（4）种计算较为准确。

【例 1-2】 由理想二极管组成的开关电路如图 1-7 所示，试判断下列三种情况下图中二极管是导通还是截止，并求电路的输出电压 U_O。

（1）$U_A = U_B = 0V$；

（2）$U_A = 3V$，$U_B = 0V$；

（3）$U_A = U_B = 3V$。

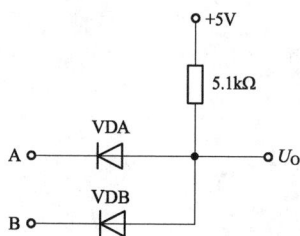

图 1-7　［例 1-2］图

解： 从图 1-7 中可以看出，A、B 两点电位的相对高低影响了 VDA 和 VDB 两个二极管的导通与关断。

（1）当 A、B 两点的电位同时为 0V 时，VDA 和 VDB 两个二极管均加相同的正向电压，同时导通。由于理想二极管正向导通电压为 0，所以 $U_O = 0V$。

（2）当 $U_A = 3V$，$U_B = 0V$ 时，VDB 的阳极电位约为 +5V，阴极电位为 0V，VDB 承受正压而导通，一旦 VDB 导通，则 $U_O = 0V$，从而使 VDA 承受反压截止。

（3）当 $U_A = U_B = 3V$ 时，即 VDA 和 VDB 均承受相同的正向电压，所以两二极管同时导通，$U_O = 3V$。

【例 1-3】 二极管电路如图 1-8 所示，试判断图中的二极管是导通还是截止，并求出 AO 两端电压 U_{AO}。设二极管是理想的。

解： 图 1-8（a）：假设将 VD 断开，以 O 点为电位参考点，VD 的阳极电位为 -6V，阴极电位为 -12V，故 VD 处于正向偏置而导通，$U_{AO} = -6V$。

图 1-8（b）：假设将 VD1、VD2 断开，以 O 点为电位参考点，可判断出 VD1 处于正向偏置而导通，VD2 处于反向偏置而截止，故 $U_{AO} = 0V$。

【例 1-4】 在图 1-9 所示电路

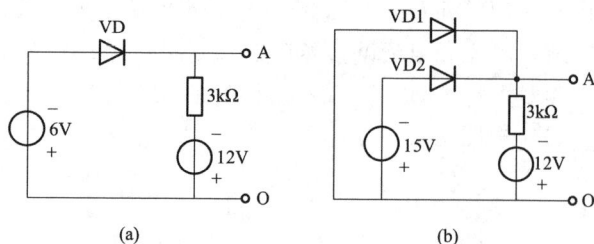

图 1-8　［例 1-3］图

（a）、（b）中，设 VD 为理想二极管，已知输入电压 $u_i=10\sin\omega t$ （V），试画出输出电压 u_{AO} 的波形图。

解： 图 1 - 8（a）中，当二极管 VD 导通时，电阻为零，此时，$U_{AO}=u_i$；当 VD 截止时，电阻为无穷大，相当于断路，此时，$u_{AO}=0V$，如图 1 - 9（c）所示。

图 1 - 8（b）中，当 $u_i<5V$ 时，二极管 VD 承受正向电压导通，此时，$u_{AO}=u_i$；当 $u_i>5V$ 时，VD 截止，此时 $u_{AO}=5V$，如图 1 - 9（d）所示。

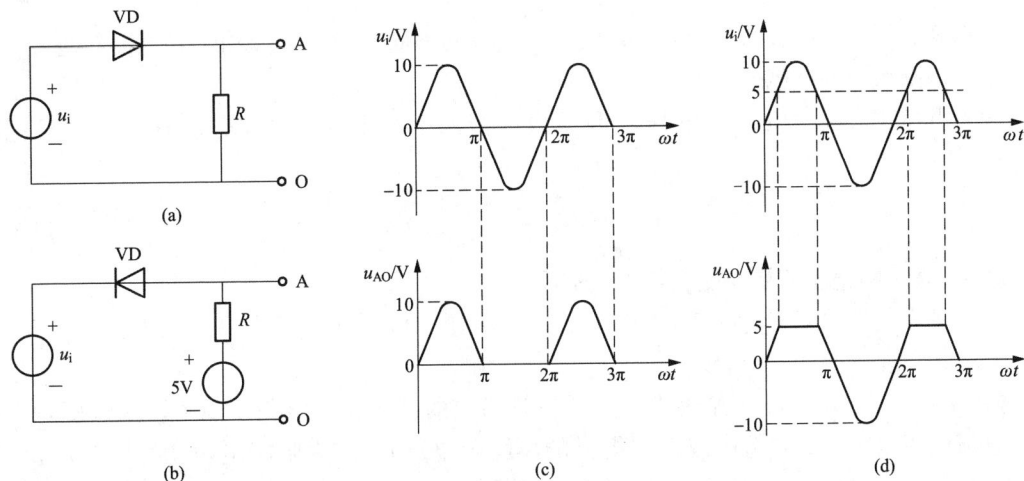

图 1 - 9　［例 1 - 4］图

1.1.3　特殊二极管的特性及应用

一、稳压二极管

稳压二极管是一种特殊的面接触型硅二极管，其符号及伏安特性如图 1 - 10 所示。

稳压二极管的伏安特性与普通二极管相似，两者正向特性相同，正偏时的正向压降为 0.6～0.8V。不同之处是稳压二极管的反向击穿特性曲线很陡。

正常情况下稳压二极管工作在反向击穿区，由于曲线很陡，反向电流有较大的变化量时，相应的电压变化量却很小，利用这一特性可实现稳压功能。只要反向电流不超过其最大稳定电流，就不会引起破坏性的击穿，因此，在电路中常与稳压二极管串联一个适当阻值的限流电阻。

稳压二极管的主要参数如下：

（1）稳定电压 U_Z。稳定电压是指稳压二极管在正常工作时管子两端的电压，其值取决于稳压二极管的反向击穿电压值，它随

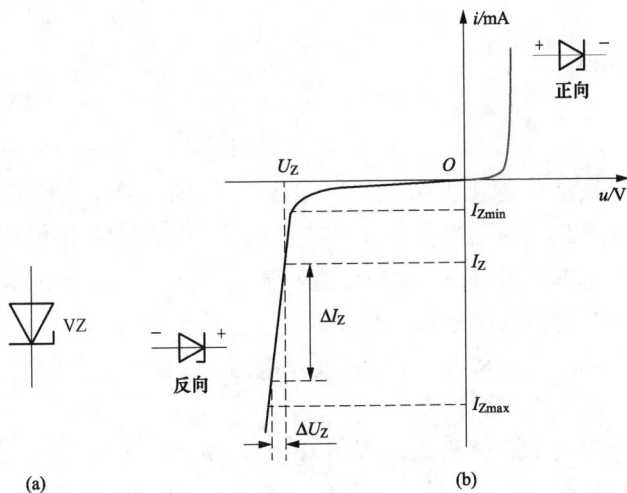

图 1 - 10　稳定二极管的符号与伏安特性
（a）符号；（b）伏安特性

工作电流和温度的不同而略有变化。对于同一型号的稳压二极管来说，稳压值有一定的离散性。

（2）稳定电流 I_Z。稳定电流是指工作电压等于稳定电压时的工作电流，是稳压二极管工作时的参考电流值。若其值低于 I_{Zmin} 时，稳压二极管将失去稳压作用。

（3）动态电阻 r_Z：动态电阻是指稳压二极管两端电压变化与电流变化的比值，即

$$r_Z = \frac{\Delta U_Z}{\Delta I_Z} \qquad (1-1)$$

r_Z 值很小，约为几欧到几十欧，且随工作电流的不同而改变。反向击穿区曲线越陡，r_Z 值就越小，则稳压性能越好。

（4）电压温度系数 C_{TV}。电压温度系数是指温度每增加 1℃，稳定电压的相对变化量，即

$$C_{TV} = \frac{\Delta U_z / U_z}{\Delta t} \times 100\% \qquad (1-2)$$

C_{TV} 用来说明稳压值受温度变化影响的系数。

（5）最大耗散功率 P_{ZM}：最大耗散功率是指稳压二极管允许温升限定的最大功率耗散，$P_{ZM} = I_{Zmax} U_Z$。

【例 1-5】 图 1-11 所示为由稳压二极管组成的简单应用电路，图中输入电压是待稳定的直流电源电压（如整流滤波电路提供的不稳定电压），R 为限流电阻，稳压二极管 VZ 并接在负载 R_L 两端。试分析输出电压的稳定原理。

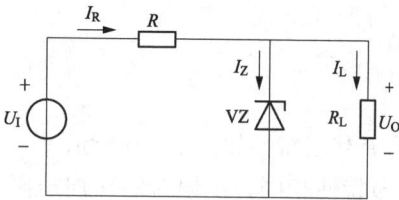

图 1-11 稳压二极管稳压电路

解：由图 1-11 可知

$$U_O = U_Z = U_I - (I_Z + I_L)R$$
$$I_R = I_Z + I_L$$

当 U_I 或 R_L 发生变化时，VZ 两端电压的微小变化会引起 I_Z 的较大变化，这种电流变化会改变限流电阻 R 上的压降，达到维持输出电压基本稳定的目的。

例如，当 R_L 不变，U_I 增大时，将有下述自动调节过程：

$$U_I \uparrow \rightarrow U_O \uparrow \rightarrow I_Z \uparrow \rightarrow I_R \uparrow \rightarrow I_R R \uparrow$$
$$U_O \downarrow \underline{\qquad\qquad\qquad\qquad}$$

其结果是通过稳压二极管的调节作用，使输出电压基本维持恒定。同理，当 U_I 减小或 R_L 变化时，也会有一个自动调节过程，以维持输出电压基本不变。

选择稳压二极管时应注意：流过稳压二极管的电流 I_Z 不能过大，应使 $I_Z \leqslant I_{Zmax}$，否则会超过稳压二极管的允许功耗；I_Z 也不能太小，应使 $I_Z \geqslant I_{Zmim}$，否则不能稳定输出电压，这样使输入电压和负载电流的变化范围都受到一定限制。

二、发光二极管

发光二极管（Light Emitting Diode，LED），是一种把电能直接转换成光能的器件，其内部仍是一个 PN 结。当发光二极管加上正向电压后，电子与空穴复合时会产生光辐射。采用不同的材料，可发出红、黄、绿、橙、蓝色光等。

发光二极管的符号及实物如图 1-12（a）、（b）所示。直插型发光二极管中引脚长的是

正极，引脚短的是负极；贴片发光二极管底面三角形符号指向的是负极。

发光二极管的伏安特性与普通二极管相似，其正向工作电压一般为 1.5～3V，允许通过的电流为 2～20mA，电流的大小决定了发光的亮度。使用发光二极管时，必须串联限流电阻，以控制它的正向工作电流在额定电流内，如图 1-12（c）所示。

发光二极管主要用来作为显示器件，除单独使用外，还可制成数码管或阵列显示器。

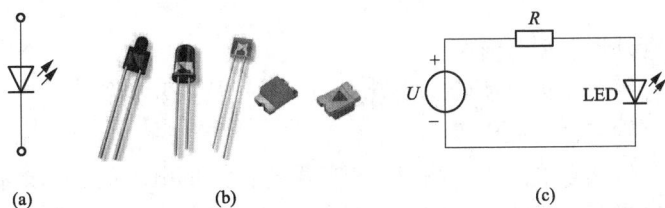

图 1-12　发光二极管
(a) 符号；(b) 实物图；(c) 基本应用电路

三、光电二极管

光电二极管是将光信号转换为电信号的半导体器件，其符号和实物图如图 1-13（a）、（b）所示。它的结构与普通二极管类似，但其管壳上有一透明的窗口，用于接收外部的光照。

光电二极管是在反向电压作用下工作的，没有光照时，反向电流极其微弱，称为暗电流；有光照时，反向电流迅速增大到几十微安，称为光电流。光的强度越大，反向电流也越大。光电流也与入射光的波长有关。

光电二极管广泛应用于制造各种光敏传感器、光电控制器等，也可用作光的测量，当 PN 结的面积较大时，可以做成光电池。将发光二极管和光电二极管组合起来可构成二极管型光电耦合器，它以光为媒介实现电信号的传递，如图 1-13（c）所示。光电耦合器实现了光传输信号的电隔离，常用于数字和模拟或计算机控制系统中作接口电路。

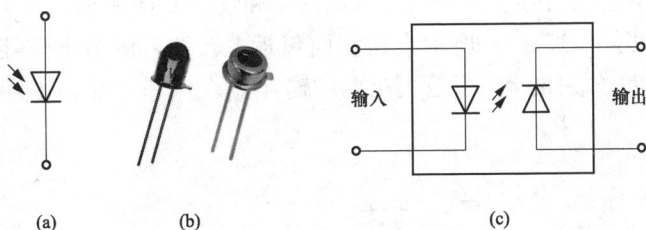

图 1-13　光电二极管
(a) 符号；(b) 实物图；(c) 二极管型光电耦合器

技能训练

二极管的检测和应用电路测试

一、训练目的

（1）学习半导体二极管的工作特性，及其应用电路的分析方法。

（2）学会使用万用表检测半导体二极管的性能。

（3）学会使用常用电子测量仪器。

二、仪器设备及元器件

（1）仪器设备：数字示波器、函数发生器、直流稳压电源，各 1 台；数字万用表，1 只。

（2）元器件：不同规格类型二极管若干，电阻 2kΩ 1 个，电位器 10kΩ 1 个。

三、训练内容

（1）识别二极管外形及型号含义。

查阅半导体器件手册，记录所给二极管类别、型号及主要参数。

（2）用万用表判别二极管的电极。

将数字万用表挡位调至电阻挡，测量二极管两电极间的电阻值。如果有阻值显示，交换红表笔和黑表笔再测量两电极间的阻值，此时若无阻值显示，则说明第一次测量时，红表笔接触的一端为二极管的阳极，黑表笔接触的一端为二极管阴极。

（3）将万用表置于电阻挡，测量并记录二极管的正向电阻值和反向电阻值。

（4）判别二极管的材料。

根据图 1 - 14 所示电路，用万用表测量二极管的正向导通压降，硅二极管一般为 0.6～0.7V，锗管为 0.2～0.3V。电路中 R 为限流电阻。记录二极管正向电压的测量值，判别二极管类型。

图 1 - 14　测量二极管的正向电压

（5）二极管应用电路的测试。

1）半波整流电路。按图 1 - 15 （a）所示电路在面包板上接线，在输入端加频率为 1kHz、幅度为 5V 的正弦信号 u_i，用示波器观察 u_i 和输出 u_o 的波形，并记录输入信号和输出信号的波形。

2）限幅电路。按图 1 - 15 （b）所示电路在面包板上接线，使直流基准电压为 $E=5V$，在输入端加频率为 1kHz、幅度为 8V 的正弦信号 u_i，用示波器观察 u_i 和输出 u_o 的波形，并记录。

3）门电路。按图 1 - 15 （c）所示电路在面包板上接线，调节电位器 RP，使 $U_I=3V$，按表 1 - 1 所列，将 U_I 分别接至二极管门电路的输入端 A 点和 B 点，用万用表测出相应输出电压 U_O，并记录表 1 - 1 中。

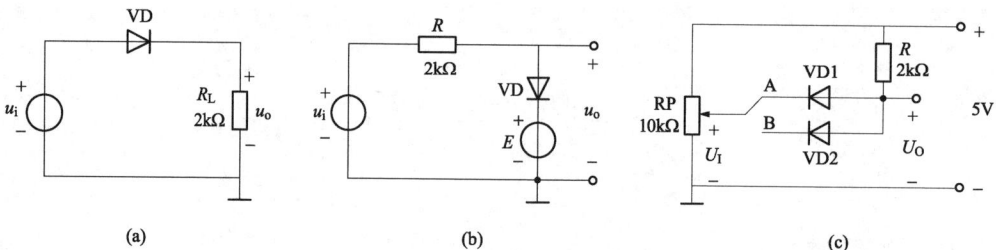

(a)　　　　　　　　　　(b)　　　　　　　　　　(c)

图 1 - 15　二极管应用电路

（a）半波整流电路；（b）限幅电路；（c）门电路

表 1 - 1	测量门电路的输出电压	
U_A（V）	U_B（V）	U_O（V）
0	0	
0	3	
3	0	
3	3	

四、训练要求

（1）整理被测二极管的类型、型号、正反向电阻等测试结果，分析二极管应用电路的功能。

（2）总结二极管的工作特性，撰写测试报告。

思考题

（1）什么是 PN 结的正向偏置和反向偏置？它为什么具有单向导电性？

（2）怎样用数字万用表判断二极管的正极和负极？

（3）简述稳压二极管的工作特性，使用中应注意哪些问题？

（4）比较发光二极管和光电二极管的工作特性和使用方法。

学习任务 1.2　直流稳压电源的分析与设计

知 识 学 习

1.2.1　单相桥式整流电路

在小功率直流稳压电路中，通常采用单相整流，常见的有单相半波整流、全波整流和桥式整流等电路。这里主要讨论单相桥式整流电路。

单相桥式整流电路原理图如图 1 - 16（a）所示，Tr 是电源变压器，VD1～VD4 四只整流二极管接成电桥的形式，R_L 为等效负载电阻。图 1 - 16（b）所示为桥式整流电路的简易画法。

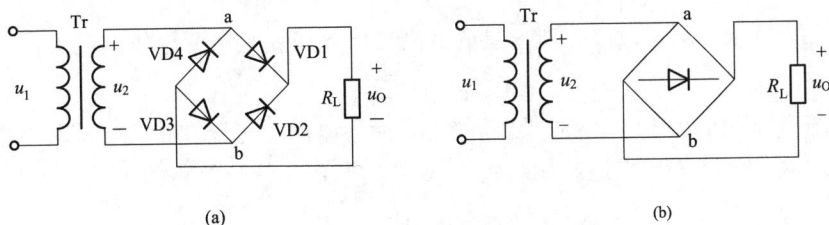

图 1 - 16　单相桥式整流电路

（a）电路原理图；（b）简易画法

一、工作原理

设电源变压器二次电压为 $u_2 = \sqrt{2}U_2\sin\omega t$ V，波形如图 1 - 17（a）所示。在 u_2 的正半周，即 a 点为正，b 点为负时，二极管 VD1、VD3 处于正偏而导通，VD2、VD4 因反偏而截止，电流通路为 a→VD1→R_L→VD3→b。这时，负载电阻 R_L 上得到一个半波的电压，如图 1 - 17（b）中的 0～π 段所示。若忽略二极管的正向压降，$u_O = u_2$。

在 u_2 的负半周时，即 a 点为负，b 点为正，则 VD1、VD3 截止，VD2、VD4 导通，电流通路为 b→VD2→R_L→VD4→a。同样，在负载电阻上得到一个半波电压，如图 1-17（b）中的 π～2π 段所示。若忽略二极管的正向压降，$u_O = -u_2$。

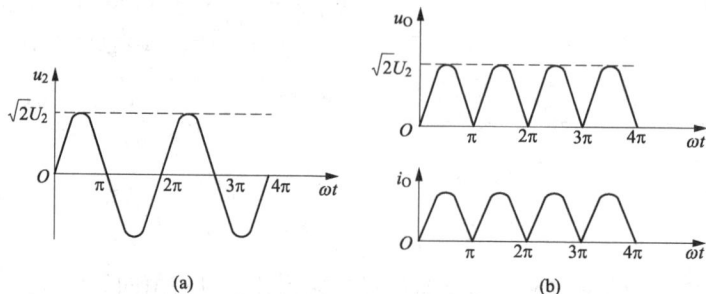

图 1-17　工作波形
(a) 二次电压波形；(b) 负载电压、电流波形

这样，在交流电压 u_2 变化一周时，在负载 R_L 上得到一个单向全波脉动电压 u_O 和电流 i_O。

二、参数计算

桥式整流电路的输出电压的平均值 U_O 为

$$U_O = \frac{1}{\pi}\int_0^\pi \sqrt{2}U_2 \sin\omega t \, \mathrm{d}(\omega t) = \frac{2\sqrt{2}}{\pi}U_2 \approx 0.9U_2 \qquad (1-3)$$

负载电阻中的平均电流 I_O 为

$$I_O = \frac{U_O}{R_L} = 0.9\frac{U_2}{R_L} \qquad (1-4)$$

由于每两只二极管只导通半个周期，故流过每个二极管的平均电流为负载电流的一半，即

$$I_D = \frac{1}{2}I_O = \frac{1}{2}\frac{U_O}{R_L} = 0.45\frac{U_2}{R_L} \qquad (1-5)$$

从图 1-17 可以看出，二极管所承受的最高反向电压就是电源电压的最大值，即

$$U_{RM} = \sqrt{2}U_2 \qquad (1-6)$$

桥式整流电路的输出电压较高，脉动较小，而且电源变压器在正负半周都有电流供给负载，利用率较高，因此得到广泛应用。表 1-2 列出了常用整流电路的特性。

表 1-2　　　　　　　　　常用整流电路的特性

电路类型	单相半波整流	单相全波整流	单相桥式整流	倍压电路
电路原理图				

续表

电路类型	单相半波整流	单相全波整流	单相桥式整流	倍压电路
输出平均电压 U_O	$0.45U_2$	$0.9U_2$	$0.9U_2$	$2\sqrt{2}U_2$
输出平均电流 I_O	$0.45\dfrac{U_2}{R_L}$	$0.9\dfrac{U_2}{R_L}$	$0.9\dfrac{U_2}{R_L}$	$2\sqrt{2}\dfrac{U_2}{R_L}$
二极管平均电流 I_D	I_O	$\dfrac{1}{2}I_O$	$\dfrac{1}{2}I_O$	I_O
二极管最高反向电压 U_{RM}	$\sqrt{2}U_2$	$2\sqrt{2}U_2$	$\sqrt{2}U_2$	$2\sqrt{2}U_2$
主要特点	电路简单，输出波形脉动大，性能最差	输出波形脉动减小，应用广泛，但变压器要有中心抽头	应用最广，但需要 4 只整流二极管	可实现 N 倍压整流，输出电压脉动大，适合于负载电流很小的场合

三、整流桥

将 4 只整流二极管接成桥路后，制作在一起封装成一个器件，称为整流桥。图 1-18 所示为常见整流桥的实物图。器件上的"～"或 AC 表示交流输入电压；"+"和"－"分别表示直流输出电压的正极性端和负极性端。选择整流桥时主要考虑其整流电流和工作电压（最大反向电压）。

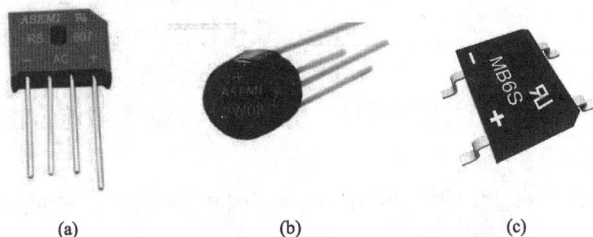

(a)　　　　　(b)　　　　　(c)

图 1-18　常见整流桥实物图
(a) 整流桥：扁桥；(b) 整流桥：圆桥；(c) 贴片整流桥

1.2.2　电容滤波电路

由于整流电路的输出电压是单向脉动电压，含有较大的交流成分（称为纹波电压），应在整流电路后加接滤波电路，以滤除输出电压的交流成分，获得平滑的直流电压。电容滤波电路是小功率整流电路中的主要滤波形式。

电容滤波电路利用电容器两端电压不能跃变的特性，使输出电压变得平滑。在桥式整流电路中，与负载并联一个大容量的电容器，就构成了电容滤波电路，如图 1-19（a）所示。

一、工作原理

设电容两端初始电压为零，在 $t=0$ 时刻接通电源，u_2 由零逐渐增大时，VD1、VD3 导通，电流经 VD1、VD3 向负载 R_L 供电，同时对电容 C 充电。若忽略二极管的正向压降和变压器的内阻，电容充电时常数就近似为零，则 $u_C \approx u_2$，当 u_2 到最大值时，u_C 也达到最大值。随后 u_2 开始下降，电容则开始对 R_L 放电，其放电时常数 $R_L C$ 较大，故 u_C 按指数规律缓慢下降。当 $u_2 < u_C$ 时，四个二极管均反偏截止，R_L 两端电压 u_O 依靠 C 放电维持。在 u_2 的负半周，当 $|u_2| > u_C$ 时，二极管 VD2、VD4 导通，电容再被充电，重复上述过程。

电容器两端电压 u_C 即为输出电压 u_O，其波形如图 1-19（b）所示。可见输出电压变得平滑、纹波大为减小，并且输出电压 U_O 较高。

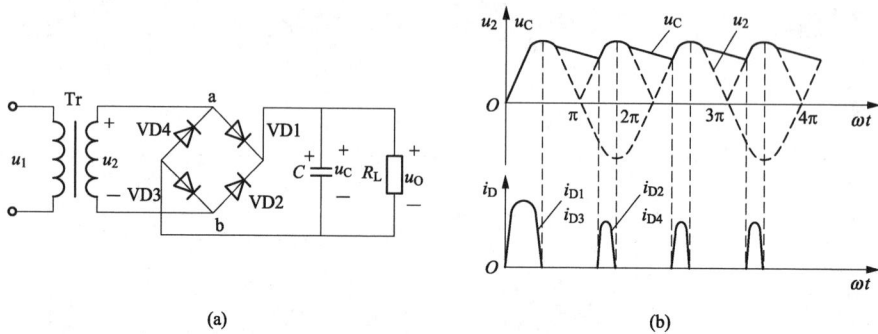

图 1-19　单相桥式整流电容滤波电路
（a）原理电路；（b）电压、电流波形

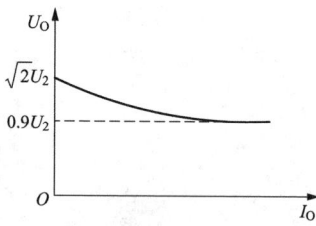

图 1-20　输出特性曲线

输出电压 U_O 的大小与放电时间常数 $R_L C$ 有关。在空载（$R_L = \infty$）时，$U_O = \sqrt{2} U_2$。随着负载的增加（R_L 减小，I_O 增大），放电时间常数 $R_L C$ 减小，放电加快，使 U_O 下降。整流滤波电路的输出电压 U_O 与输出电流 I_O 的变化关系曲线称为输出特性曲线或外特性曲线，如图 1-20 所示。由图可见，与无电容滤波时比较，输出电压随负载电阻的变化有较大的变化，即带负载能力较差。

二、参数计算

在工程上，为了得到比较平滑的输出电压，一般取

$$R_L C \geqslant (3 \sim 5) \frac{T}{2} \tag{1-7}$$

式中，T 是电源交流电压的周期。滤波电容的数值一般在几十微法到几千微法，由负载电流的大小而定，其耐压值应大于输出电压的最大值，通常都采用极性电容器。

满足式（1-7）时，全波整流滤波电路的输出电压的平均值可近似为

$$U_O \approx 1.2 U_2 \tag{1-8}$$

流过二极管的平均电流是负载电流的一半，即

$$I_D = \frac{1}{2} I_O = \frac{1}{2} \frac{U_O}{R_L} \approx 1.2 \frac{U_2}{2 R_L} \tag{1-9}$$

由于二极管的导通时间短，导通角 $\theta < \pi$，只有当 $|u_2| > u_C$ 时才导通，那么在二极管导通期间将流过一个较大的冲击电流，即浪涌电流，容易使管子损坏，因而在选择二极管的最大整流电流时要留有足够的裕量，一般可按（$2 \sim 3$）I_O 来选择。

二极管截止时所承受的最高反向电压为

$$U_{DRM} = \sqrt{2} U_2 \tag{1-10}$$

在桥式整流滤波电路中，流过变压器二次绕组的电流是非正弦波，其有效值可近似为

$$I_2 = (1.5 \sim 2) I_O \tag{1-11}$$

【例 1-6】　单相桥式整流电容滤波电路如图 1-19（a）所示，已知交流电源频率 $f =$

$50H_z$，负载电阻 $R_L=50\Omega$，交流电源电压为 220V。要求直流输出电压 $U_O=30V$，选择整流二极管及滤波电容器，确定整流变压器的变比及容量。

解：（1）选择整流二极管。流过二极管的平均电流 I_D 为

$$I_D = \frac{1}{2}I_O = \frac{1}{2}\frac{U_O}{R_L} = \frac{1}{2}\times\frac{30}{50} = 0.3(A)$$

根据式（1-8），变压器二次电压的有效值为

$$U_2 = \frac{U_O}{1.2} = \frac{30}{1.2} = 25(V)$$

二极管所承受的最高反向电压为

$$U_{RM} = \sqrt{2}U_2 = \sqrt{2}\times 25 = 35(V)$$

因此应选用 $I_F\geqslant$（2～3）$I_D=$（0.6～0.9）A，$U_{DRM}>35V$ 的二极管，查手册可选 4 只 2CZ55C 型硅整流二极管，其 $I_F=1A$，$U_{DRM}=100V$。

（2）选择滤波电容器。根据式（1-7），取 $R_LC=4\times\dfrac{T}{2}$，而 $T=\dfrac{1}{f}=\dfrac{1}{50}=0.02s$，则

$$C = \frac{4\times\dfrac{T}{2}}{R_L} = \frac{4\times 0.02s}{2\times 50\Omega} = 800(\mu F)$$

可选取 $1000\mu F$，耐压为 50V 的电解电容器。

（3）变压器的变比

$$K = \frac{220V}{25V} = 8.8$$

由式（1-11）取 $I_2=2I_O$，变压器二次绕组电流的有效值为

$$I_2 = 2\times\frac{U_O}{R_L} = 2\times\frac{30}{50} = 1.2(A)$$

变压器的容量为

$$S = U_2I_2 = 25\times 1.2 = 30(VA)$$

可选用容量为 30VA、220V/25V 的变压器。

电容滤波具有电路简单，输出电压较高，脉动较小等优点；但其外特性较差，且电流冲击大，一般用于要求输出电压较高，负载电流较小并且变化也较小的场合。除电容滤波之外还有电感滤波、LC 滤波、π 形滤波等电路。表 1-3 中比较了各种滤波电路的性能。

表 1-3　　　　各种滤波电路的性能比较

类型	电容滤波	电感滤波	LC 滤波	$CLC\pi$ 形滤波	$CRC\pi$ 形滤波
电路形式					
输出电压	$\approx 1.2U_2$	$\approx 0.9U_2$	$\approx 0.9U_2$	$\approx 1.2U_2$	$\approx 1.2U_2$
二极管冲击电流	大	小	小	大	大

类型	电容滤波	电感滤波	LC 滤波	$CLC\pi$ 形滤波	$CRC\pi$ 形滤波
带负载能力	差	强	强	较差	很差
特点	电路简单，适合小电流场合	电感较笨重，成本高，适应低电压、大电流场合	脉动成分小，适应性较强	脉动成分小，但电感较笨重，成本高，适合小电流场合	脉动成分小，但电阻上有直流压降，适合小电流场合

1.2.3 线性集成稳压器

整流滤波后的直流电压是不稳定的，它会因电网波动或负载变化而变化。因此，在整流滤波后还需连接稳压电路，保持输出直流电压的稳定。

稳压电路根据调整元件与负载的连接方法，可分为并联型和串联型。图 1-11 中，硅稳压管稳压电路就是并联型稳压电路，三端集成稳压器内部电路则采用串联型稳压电路。

集成稳压器具有高性能、高效率、低成本、体积小、易使用、外围元件少等优点，应用越来越广泛。目前，国内外生产的集成稳压器多达上千种，大致可分成线性集成稳压器和开关式集成稳压器两大类。在线性集成稳压器中，三端集成稳压器在小功率稳压电源中使用最为广泛。这种稳压器只有输入端、输出端和公共端三个接线端，分为固定式和可调式两种类型。

一、三端固定输出集成稳压器

1. 基本原理

三端固定输出集成稳压器通用产品有 CW7800 系列（输出正电压）和 CW7900 系列（输出负电压）。输出电压由具体型号中的后两个数字代表，有 5、6、9、12、15、18V 和 24V 等，其额定输出电流以 78（或 79）后面的字母来区分。L 表示 0.1A，M 表示 0.5A，无字母表示 1.5A。例如，CW78M12 表示输出电压为+12V，额定输出电流为 0.5A。

CW7800 系列和 CW7900 系列塑料直插式封装外形与引脚图如图 1-21 所示。图 1-22 中虚框内是 CW7800 系列集成稳压器的内部组成框图。因内部调整管与负载相串联且调整管工作在线性工作区，又称为串联调整式集成稳压器。它是将取样电路的取样电压和基准电压比较放大后，通过控制调整管来稳定输出电压。启动电路可以帮助稳压器在有输入电压时快速建立输出电压，稳压器中设有比较完善的保护电路，具有过电流、过电压保护和过热保护等功能。

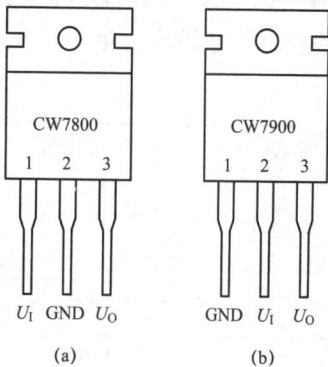

图 1-21　外形与引脚图
(a) CW7800 系列；(b) CW7900 系列

2. 应用电路

（1）典型应用电路。图 1-23 所示为 7800 系列的典型应用电路。整流滤波后的直流电压输入到引脚 1，从引脚 3 获得稳定的输出电压。为使电路正常工作，输入输出压差应大于 2.5～3V。输入端电容 C_1 用来抵消输入端接线较长时所产生的电感效应，防止自激振荡，并可消除高频脉冲干扰，一般取 $0.33\mu F$；输出端电容 C_2 用于消除输出电压中的高频噪声，一般取 $0.1\sim 1\mu F$；C_3 用于滤出输出电压中的纹波电压，一般取几十微法的电解电容。VD 是保护二极管，用来防止在输入端短路时输出电容 C_3 所存储电荷通过稳压器放电而损坏器件。

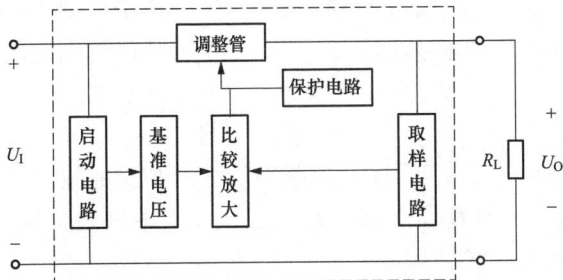

图 1-22　CW7800 系列集成稳压器内部电路组成框图

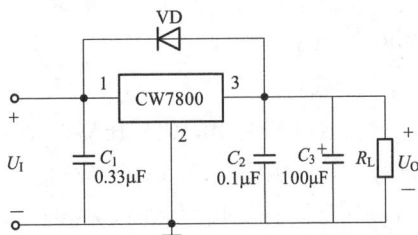

图 1-23　CW7800 系列典型应用电路

（2）提高输出电压的电路。提高输出电压电路如图 1-24 所示，I_Q 为公共端静态电流，一般为 5mA，最大可达 8mA。U_{XX} 为稳压器的标称输出电压，由图可得电路的输出电压 U_O 为

$$U_O = U_{XX} + (I_1 + I_Q)R_2 = U_{XX} + \left(\frac{U_{XX}}{R_1} + I_Q\right)R_2$$

$$= \left(1 + \frac{R_2}{R_1}\right)U_{XX} + I_Q R_2 \tag{1-12}$$

当 R_1、R_2 的阻值较小时，静态电流 I_Q 在电阻 R_2 两端的电压降 $I_Q R_2$ 可以忽略，则

$$U_O \approx \left(1 + \frac{R_2}{R_1}\right)U_{XX} \tag{1-13}$$

可见，输出电压仅与 R_2/R_1 的比值和 U_{XX} 有关，提高 R_2 与 R_1 的比值，可提高 U_O。但这种接法的缺点是，当输入电压变化时，稳压器的静态电流 I_Q 也变化，I_Q 的变化将降低稳压器的稳压精度。

（3）输出正、负电压电路。用 CW7815 和 CW7915 的三端稳压器可组成具有同时输出 $+15$、$-15V$ 电压的稳压电路，如图 1-25 所示。

图 1-24　提高输出电压电路

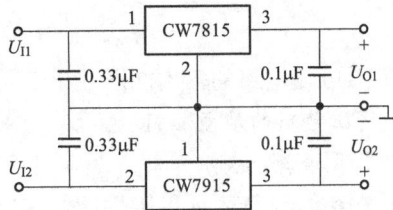

图 1-25　输出正、负电压电路

二、三端可调输出集成稳压器

1. 基本原理

三端可调输出集成稳压器的输出电压可调，不仅具备三端固定集成稳压器的优点，而且电压调整率和负载调整率均优于三端固定集成稳压器，内部保护措施完善，应用

更为灵活。

典型产品 CW117/217/317 系列为正电压输出，CW137/237/337 系列为负电压输出。同一系列的内部电路和工作原理相同，只是工作温度不同。其输出电压的调整范围为 $1.25\sim37V$（负电压为 $-1.25\sim-37V$），最大输出电流为 $1.5A$，输入输出电压差允许范围为 $3\sim40V$。CW117 和 CW137 的塑料直插式封装外形及引脚如图 1-26 所示，三个端子分别为输入端、输出端和调整端。输出端与调整端之间电压为基准电压 $U_{REF}=1.25V$，从调整端流出的电流 I_{ADJ} 约为 $50\mu A$。

2. 基本应用电路

三端可调输出集成稳压器的基本稳压电路如图 1-27 所示。电路中的 C_2 用以抑制输出纹波电压，二极管 VD1 用于防止输入端短路时，C_4 从稳压器输出端向稳压器放电使之损坏，VD2 用于防止输出短路时，C_2 通过调整端放电而损坏稳压器。

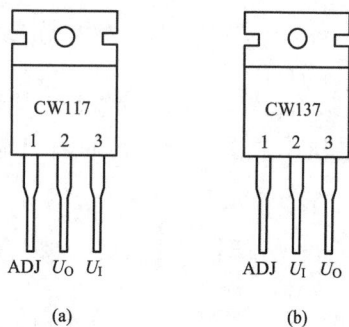

图 1-26　外形与引脚图
(a) CW117 系列；(b) CW137 系列

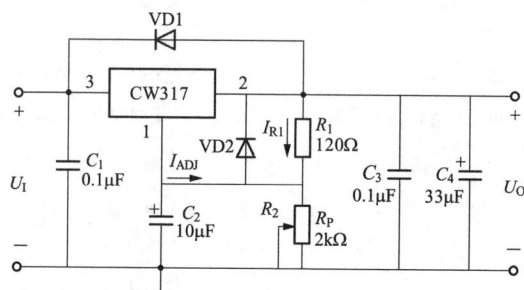

图 1-27　三端可调输出集成稳压器的基本稳压电路

为了保证稳压器在空载时也能正常工作，要求流过电阻 R_1 的电流不能太小。一般取 $I_{R1}=5\sim10mA$，故 $R_1=\dfrac{U_{REF}}{I_{R1}}\approx120\sim240\Omega$，则电路的输出电压为

$$U_O = \left(1+\frac{R_P}{R_1}\right)U_{REF} + I_{ADJ}R_P \tag{1-14}$$

由于 $I_{ADJ}\approx50\mu A$，可以略去；又 $U_{REF}=1.25V$，可得

$$U_O = 1.25\left(1+\frac{R_P}{R_1}\right) \tag{1-15}$$

调节 R_P 可使电路的输出电压在 $1.25\sim22V$ 之间变化。

三、稳压电路的质量指标

1. 电压调整率 S_U

电压调整率 S_U 是表征稳压性能优劣的重要指标，是指当负载电流和温度不变，输入电压变化时，输出电压的相对变化量与输入电压变化量的比值，即

$$S_U = \frac{\Delta U_O/U_O}{\Delta U_I}\bigg|_{\substack{\Delta I_O=0 \\ \Delta T=0}} \times 100\% \tag{1-16}$$

工程上常把电网电压波动 $\pm10\%$ 时，输出电压的变化量 ΔU_O 定义为电压调整率。S_U 值越小，稳压性能越好。

稳压性能优劣也常用稳压系数（也称为稳定系数）S_r 来说明，是指在负载电流和温度不

变时，稳压电路的输出电压相对变化量与输入电压的相对变化量的比值，即

$$S_r = \frac{\Delta U_O/U_O}{\Delta U_I/U_I}\bigg|_{\substack{\Delta I_O = 0 \\ \Delta T = 0}} \times 100\% \tag{1-17}$$

2．电流调整率 S_I

当输入电压和温度不变，输出电流 I_O 从零变到最大额定输出值时，输出电压的相对变化量称为电流调整率 S_I，即

$$S_I = \frac{\Delta U_O}{U_O}\bigg|_{\substack{\Delta U_I = 0 \\ \Delta T = 0}} \times 100\% \tag{1-18}$$

S_I 反映了负载电流变化对输出电压的影响。S_I 越小，输出电压受负载电流的影响越小。

3．输出电阻 R_o

当输入电压和温度不变时，输出电压的变化量与负载电流的变化量的比值，称为输出电阻 R_o，即

$$R_o = \frac{\Delta U_O}{\Delta I_O}\bigg|_{\substack{\Delta U_I = 0 \\ \Delta T = 0}} \tag{1-19}$$

R_o 的大小反映了直流电源带负载的能力，其值越小，负载能力越强。

4．温度系数 S_T

当输入电压 U_I 和负载电流 I_O 都不变时，单位温度变化所引起的输出电压相对变化量称为温度系数 S_T，即

$$S_T = \frac{\Delta U_O/U_O}{\Delta T}\bigg|_{\substack{\Delta U_I = 0 \\ \Delta I_O = 0}} \times 100\% \tag{1-20}$$

5．纹波抑制比 S_R

纹波抑制比 S_R 是指稳压电路输入纹波电压峰—峰值 U_{IPP} 与输出纹波电压峰—峰值 U_{OPP} 之比，一般用分贝数表示，即

$$S_R = 20\lg\frac{U_{IPP}}{U_{OPP}}\text{dB} \tag{1-21}$$

该指标反映了稳压电路对其输入端引入的交流纹波电压的抑制能力。

知识拓展

低压差线性集成稳压器

低压差线性稳压器（Low-dropout regulator，LDO）是 PNP 型低压差线性稳压器、准低压差线性稳压器和超低压差线性稳压器的统称。它与线性稳压器有类似的结构，但由于其调整管采用 PNP 型功率管或功率场效应管，使得 LDO 的输入、输出压差远低于线性稳压器。如 21 世纪初发展起来的新型线性集成稳压器——超低压差线性稳压器，它采用导通电阻非常低的功率场效应管作为调整管，其输入、输出压差可低至 45～150mV。

LDO 的种类繁多，具有快速响应能力、稳压性能好、低纹波、外围电路简单、成本低等优点，在电子、自动控制、通信、医疗和计算机及外围设备等领域应用广泛。

技能训练

直流稳压电源的设计与仿真

一、直流稳压电源的设计方法

小功率线性直流稳压电源一般由电源变压器、整流电路、滤波电路和稳压电路四个部分组成，下面分别介绍各部分电路的设计。

1. 稳压电路的设计

(1) 集成稳压器的选择。集成稳压器的选择依据是输出电压、负载电流、电压调整系数和输出电阻等指标。若输出固定，可选用固定输出三端稳压器 CW7800 系列（正电源）或 CW7900 系列（负电源）；若输出电压可调，则可选用可调输出三端稳压器 CW117/217/317 系列（正电源）或 CW137/237/337 系列（负电源）。

(2) 稳压器输入电压的确定。稳压器的输入电压 U_I 即为整流滤波电路的输出电压。U_I 过低将影响稳压器的性能，甚至不能正常工作；过高则会使稳压器功耗增大，引起电压效率降低。因此，U_I 要选择合适。对于 CW7800 系列，在满足稳压器正常工作的条件下，U_I 越小越好，但一般要求 U_I 大于输出电压 2～3V。

2. 电源变压器的选择

通常根据变压器二次侧输出的功率选择变压器。变压器二次侧电压有效值 U_2 与稳压器输入电压 U_I 的关系为

$$\frac{U_{Imin}}{1.2} \leqslant U_2 \leqslant \frac{U_{Imax}}{1.2} \tag{1-22}$$

在此范围内，U_2 越大，稳压器的压差越大，功耗也就越大，一般取二次侧电压为

$$U_2 \geqslant U_{Imin}/1.2 \tag{1-23}$$

则变压器的变匝比为

$$n = \frac{N_1}{N_2} = \frac{220}{U_2} \tag{1-24}$$

二次侧电流的有效值一般取为

$$I_2 = (1.1 \sim 3)I_O \tag{1-25}$$

式中：I_O 为稳压器输出电流。

则变压器的容量为

$$S = U_2 I_2 \tag{1-26}$$

3. 整流管的选择

对于单向桥式整流电路，二极管承受的最大反向电压为 $\sqrt{2}U_2$，考虑到电网电压 ±10% 的波动，故选择二极管的最高反向工作电压 U_{RM} 应满足

$$U_{RM} \geqslant 1.1\sqrt{2}U_2 \tag{1-27}$$

通过二极管的平均电流为负载电流的一半，考虑到电容充电时的瞬时电流较大，一般选择整流管最大整流电流 I_F 为

$$I_F = (2 \sim 3)I_O/2 \tag{1-28}$$

根据式（1-27）和式（1-28）可选择合适的整流二极管或整流硅桥。

4. 滤波电容的选择

为了获得较好的滤波效果，通常按下式选择电容的容量

$$RC \geqslant (3 \sim 5)T/2 \tag{1-29}$$

式中：T 为交流电压的周期，$T=$（1/50）s=0.02s；R 为整流滤波电路的负载，$R \approx U_I/I_O$。

电容器承受的最大峰值电压为 $\sqrt{2}U_2$，考虑到电网的波动，滤波电容器的工作电压常取为（1.5～2）U_2。由于滤波电容器的容量都较大，通常选用电解电容。

二、直流稳压电源的仿真

这里用 Multisim14 软件对整流滤波电路和稳压电路进行仿真测试，并用参数扫描分析方法，分析了负载对整流滤波电路输出电压的影响。（Multisim14 软件的使用请参照附录 1）。

1. 整流滤波电路的仿真测试

在 Multisim 中创建如图 1-28 所示的桥式整流滤波电路。在元器件库选取元件，元器件的库名称及参数见表 1-4。设置元器件参数，并连线。在虚拟仪表栏单击双踪示波器按钮 ![icon]，将示波器接入电路，用通道 A 观测变压器二次侧电压波形，通道 B 观测电路输出波形。

执行 Option/Sheet Properties 命令，在 Sheet Properties 对话框中选中 Sheet visibilty 页，在 Net names 区选中 Show all 项，单击"OK"按钮即可在电路中显示各节点的编号。

按 F5 或单击 ![icon] 按钮进行仿真。用电压表测量电路的输入电压和输出电压。双击示波器图标，打开示波器面板，可观测到整流电路的输出波形为单向脉动直流，如图 1-29（a）所示，测得输出电压为 6.625V（见图 1-28）。然后，用光标选中开关 S1，按控制键 A，使开关闭合，可观测到整流滤波后的输出波形得到了平滑，如图 1-29（b）所示，此时输出电压值提高了。

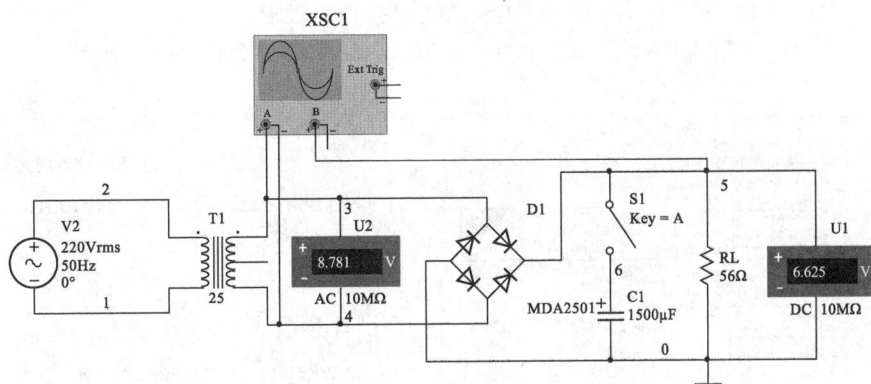

图 1-28　整流滤波电路的仿真

表 1-4　　　　　　　　　　　　　元器件的库名称及参数

序号	元件名称	器件库	族名称	型号（参数）
1	电阻器	![icon]	Resistor	56Ω

序号	元件名称	器件库	族名称	型号（参数）
2	电解电容器		CAP _ ELECTROLIT	1500μF
3	开关		Switch	SPST
4	变压器		Transform	TS _ VIRTUAL
5	整流桥		FWB	MDA2501
6	交流电压源		POWER _ SOURCE	AC _ POWER
7	地		POWER _ SOURCE	GROUND
8	电压表		VOLTMETER	VOLTMETER _ V

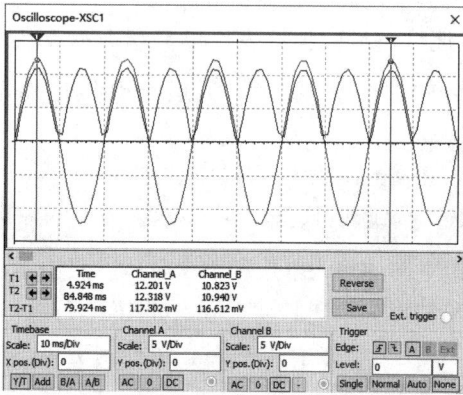

(a)　　　　　　　　　　　　　　　(b)

图 1 - 29　整流滤波电路的工作波形

（a）桥式整流电路输入和输出波形；（b）桥式整流电容滤波电路输入和输出波形

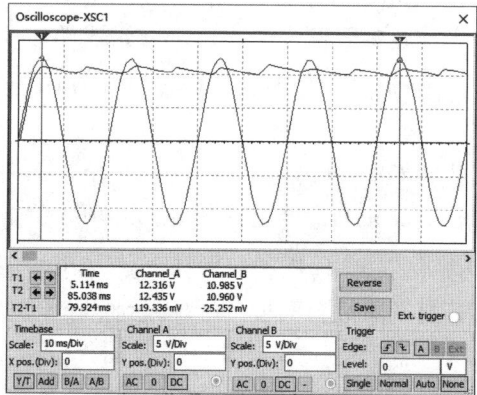

图 1 - 30　设置分析参数

2. 整流滤波电路负载特性的分析仿真

单击仿真工具栏上的分析按钮 Interactive，在弹出的 Analyses and Simulation 对话框中选中参数扫描分析（Parameter Sweep），如图 1 - 30 所示。在 Analysis Parameters 页设置参数如下：

Sweep Parameter 栏内选 Device Parameter；

在 Device type栏内选 Resistor 选项；

在 Name 栏内选择要仿真的电阻标识 RL；

在 Parameter 栏内选择 resistance（阻值）；

在 Sweep Variation type 栏内选 List 选项；

在 Value 栏内输入要仿真的阻值：56Ω、560Ω、5.6kΩ，用逗号（或空格、分号）分隔；

在 More Options 区的 Analysis to sweep 栏内选择 Transient。

在 More Options 区单击 Edit Analysis 按钮，在弹出 Sweep of Transient Analysis 对话框将 End time 栏内设置扫描结束时间为 0.05s，如图 1-31 所示。

然后在 Output variable 页中将节点 5 的电压值 V（5）添加到 Selected variables for analysis 栏中，如图 1-32 所示。单击仿真按钮 ▶ Run，仿真结果如图 1-33 所示。可以看到，负载值越大，输出波形越平滑。

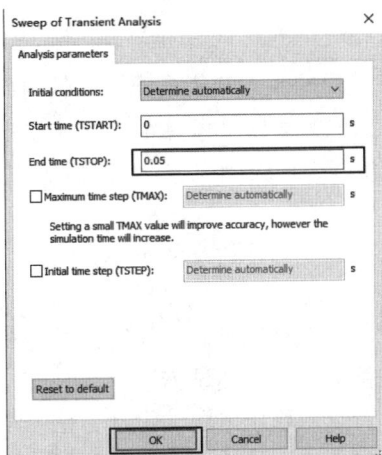

图 1-31   设置瞬态扫描时间

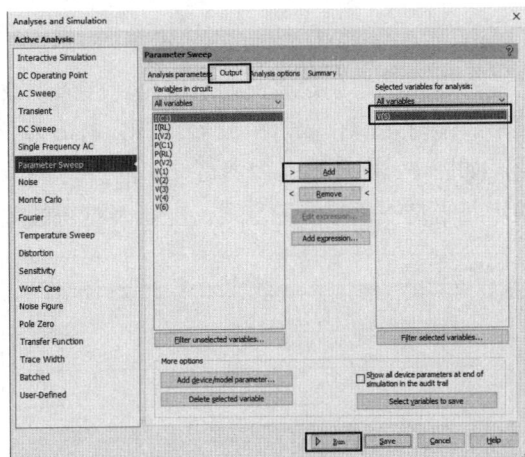

图 1-32   设置输出节点

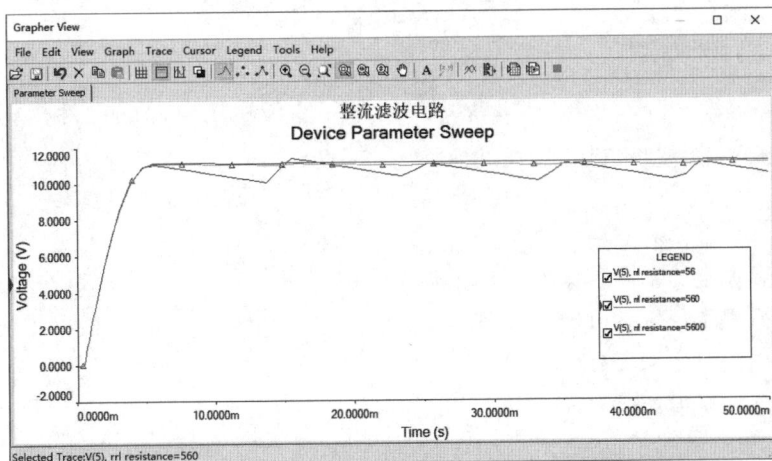

图 1-33   参数扫描分析结果

3. 直流稳压电路的仿真测试

直流稳压电路如图 1-34 所示，稳压电路采用三端集成稳压器 LM7805CT 稳定输出电压。LM7805CT 可在电源元器件库 的 VOLTAGE_REGULATOR 族中选取。

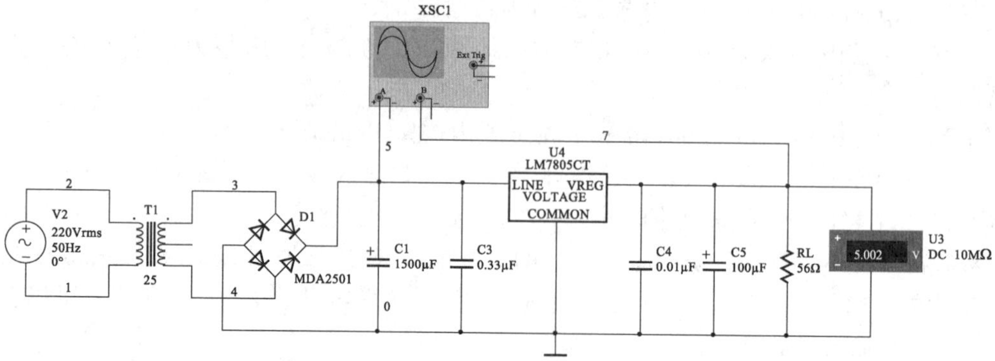

图 1-34 直流稳压电路

在电路窗口创建直流稳压电路，接入示波器分别观测滤波后的波形和集成稳压器的输出波形。运行仿真，双击示波器图标，打开示波器面板，观察滤波后波形和稳压器的输出波形，如图 1-35 所示。由图可知，滤波后的电压含有较大的纹波分量，经稳压电路稳压后，输出几乎是一条平滑的直线。电压表测得的输出电压约为 5V。

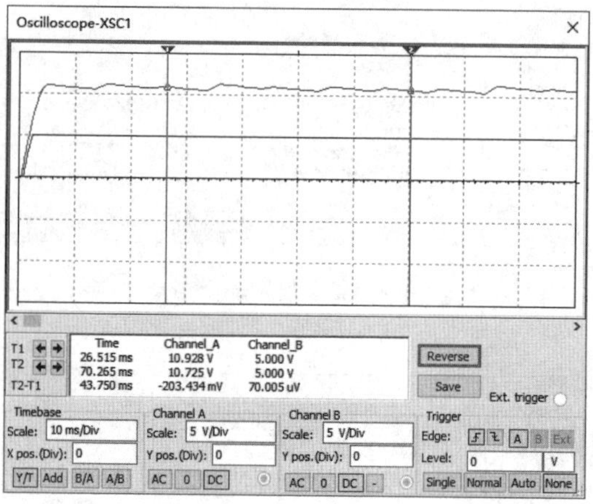

图 1-35 滤波后的波形和稳压器的输出波形

三、直流稳压电源的设计与仿真测试

1. 训练目的

（1）学习直流稳压电源工作特性的分析方法，以及性能参数的测试方法。

（2）学习直流稳压电源的设计方法，初步学会模拟电子电路的设计。

（3）学习 Multisim 软件的使用方法，能够用 Multisim 软件测试直流稳压电源的性能。

2. 设计指标

直流稳压电源的设计指标和条件具体如下：

（1）输入交流电压：220V ± 10%，50Hz。

（2）输出直流电压：固定输出 5V、500mA。

（3）电压调整率：$S_U \leqslant 0.5\%$。

（4）电源内阻：$R_o < 0.1\Omega$。

（5）纹波电压峰值：$< 5mV$。

3. 训练内容

（1）设计直流稳压电源。

按照直流稳压电源的设计指标要求，选择元器件型号和参数，画出电路图。

（2）用 Multisim 软件仿真测试直流稳压电源。

1）用 Multisim 搭建所设计的直流稳压电路，测试电路输出电压。

2）测量电路的输出电阻 R_o。用万用表测量稳压电路正常工作时的输出电压 U_O，然后

将负载 R_L 断开，重新测量输出电压值，记为 U'_o，利用公式 $R_o = (U'_o/U_o - 1) R_L$，计算稳压电路的输出电阻。

3）测量电路的电压调整率 S_U。在额定输出电压、输出电流的情况下，使交流输入电压变化 ±10%，即分别使交流输入电压为 242V 或 198V，测量两者对应的输出电压值，即可求得变化量 ΔU_o。利用式（1-16），计算稳压电路的电压调整率。

4）测量电路的纹波电压。在额定输出电压、输出电流的情况下，用示波器 AC 挡测量输出电压中纹波电压的峰峰值。

5）若实际测试结果不符合设计指标要求，修改设计参数，以满足设计要求。

4. 训练要求

（1）按照设计指标，计算和选择元器件参数。

（2）总结测试结果，说明指标不符合要求时的解决方法。

（3）撰写设计仿真测试报告。

思考题

（1）整流电路的作用是什么？滤波电路的作用是什么？

（2）在桥式整流电容滤波电路中，如何选择整流二极管和滤波电容的参数？

（3）稳压的作用是什么？串联型稳压电路是如何实现稳定输出电压的？

（4）比较三端固定输出集成稳压器和三端可调输出集成稳压器的工作特性有什么不同？

（5）如何用示波器测量直流稳压电源的纹波电压？

小　结

（1）二极管具有单向导电性：正偏时，二极管处于导通状态，正向电流大，正向压降小；反偏时，二极管处于截止状态，反向电流极小。常用于整流、检波、限幅等电路中。二极管是非线性器件，其主要参数有最大整流电流、最高反向工作电压和反向击穿电压。

（2）稳压二极管是一种常用的特殊二极管，它在反向击穿状态下具有很好的稳压特性，可用来构成稳压电路。它处于反向截止和正向导通状态时的特性与普通二极管相近。

（3）发光二极管和光电二极管的结构与普通二极管类似，是用以实现光、电信号转换的半导体器件，在信号处理、传输中获得广泛的应用。

（4）直流稳压电源是用来将交流电网电压变为稳定的直流电压。一般小功率直流电源由电源变压器、整流滤波电路和稳压电路等组成。

整流电路的作用是利用二极管的单向导电性，将交流电压变成单向的脉动直流电压，目前广泛采用整流桥构成桥式整流电路。

为了消除脉动电压中的纹波电压需采用滤波电路，单相小功率电源常采用电容滤波。在桥式整流电容滤波电路中，当 $R_L C \geq (3 \sim 5) T/2$ 时，输出电压 $U_o \approx 1.2 U_2$（U_2 为变压器二次侧电压的有效值）。

稳压电路用来在交流电网电压波动或负载变化时，稳定直流输出电压。目前广泛采用集成稳压器，在小功率供电系统中多采用线性集成稳压器。线性集成稳压器中调整管与负载相串联，工作在线性状态。

课堂小测

一、填空题

1. 常用的半导体材料是_____和_____。

2. 半导体中有_____和_____两种载流子参与导电。

3. PN 结在正向偏置时_____，在反向偏置时_____，这种特性称为_____性。

4. 普通二极管的反向电流越小，说明它的反向_____性能越好。

5. 当温度升高，二极管的正向压降_____，反向电流_____。

6. 硅稳压管的正常工作区是_____。

7. 发光二极管可以将_____信号转换成_____信号。

8. 常用小功率直流稳压电源系统由_____、_____、_____和_____四部分组成。

9. 整流电路是利用二极管的_____性，将交流电变为单向脉动的直流电。

10. 稳压电源主要是要求在_____和_____发生变化的情况下，其输出电压基本不变。

二、选择题

1. 由理想二极管组成的电路如图 1-36 所示，则 $U_O=$（　　）。

A. 6V　　　　　　B. $-10V$　　　　　　C. 0V　　　　　　D. $-6V$

2. 在图 1-37 电路中，所有二极管均为理想元件，则 VD1、VD2 的工作状态为（　　）。

　　A. VD1 导通，VD2 截止　　　　　　B. VD1 、VD2 均导通

　　C. VD1 截止，VD2 导通

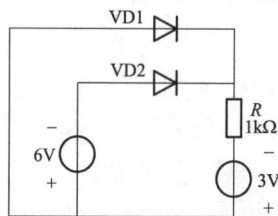

图 1-36　选择题 1 图　　　　图 1-37　选择题 2 图

3. 在桥式整流电容滤波电路中，已知变压器二次电压有效值 U_2 为 20V，且 $R_L C \geqslant$ $(3\sim 5)T/2$（T 为电网电压周期）。若测得输出电压平均值 U_O 可能的数值为

A. 28V　　　　　　B. 24V　　　　　　C. 18V　　　　　　D. 9V

（1）正常工作时，$U_O \approx$（　　）；

（2）电容虚焊时，$U_O \approx$（　　）；

（3）负载电阻 R_L 未接时，$U_O \approx$（　　）；

（4）一只整流二极管开路，且电容虚焊，$U_O \approx$（　　）。

4. 整流的目的是（　　　）。

A. 将交流变成直流　　　　　　　　　　　　　B. 将高频变成低频

C. 将正弦波变成方波

5. 三端式固定输出集成稳压器在使用时，要求输入电压比输出电压其绝对值至少（　　　）。

A. 大于 1V　　　　　　　B. 大于 2.5V　　　　　　　C. 大于 5V

三、判断题

1. 二极管只要正向电压就能导通。（　　　）

2. 硅二极管的反向电流很小，其大小随反向电压的增大而减小。（　　　）

3. 稳压管正常稳压时，应工作在正向导通区域。（　　　）

4. 直流电源是一种波形变换电路，能将正弦信号转换为直流信号。（　　　）

5. 整流电路可将正弦电压变为脉动的直流电压。（　　　）

6. 三端集成稳压器 CW7905 的输出电压为 +5V。（　　　）

习　题

1.1　二极管电路如图 1-38 所示，试判断图中的二极管是导通还是截止，并求出 AO 两端电压 u_{AO}。设二极管是理想的。

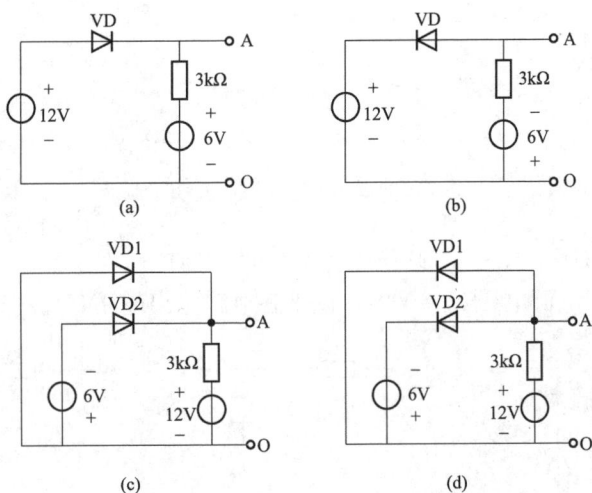

图 1-38　题 1.1 图

1.2　在图 1-39 所示电路中，设 VD 为理想二极管，已知输入电压 $u_i = 10\sin\omega t$（V），试画出输出电压 u_{AO} 的波形图。

1.3　图 1-40 所示电路是一种双向限幅电路，常用于集成运算放大电路的输入端，将输入电压限制在一定的范围内。图中，VD1、VD2 是硅二极管，正向压降为 0.6V，当输入电压 $u_i = 6\sin\omega t$（V），试画出输出波形。

1.4　电路如图 1-41 所示，稳压管 VZ 的稳定电压 $U_Z = 8$V，限流电阻 $R = 3$kΩ，当输入电压 $u_i = 16\sin\omega t$（V），试画出输出波形。

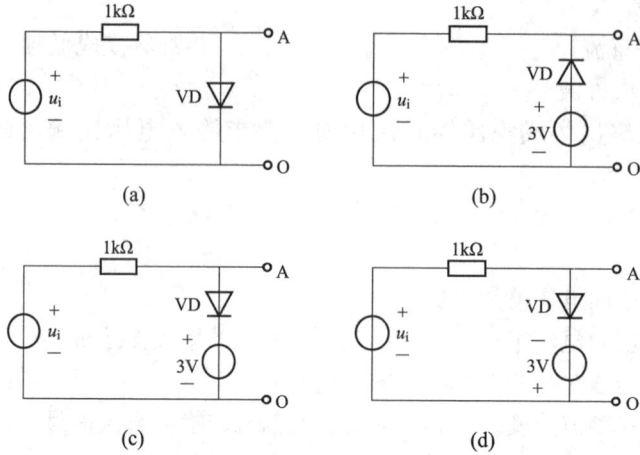

图 1-39　题 1.2 图

1.5　由二极管组成的开关电路如图 1-42 所示，二极管是理想二极管，试求下列几种情况下，电路的输出电压 u_o。

（1）$U_A = U_B = 0V$；（2）$U_A = 3V$，$U_B = 0V$；（3）$U_A = U_B = 3V$。

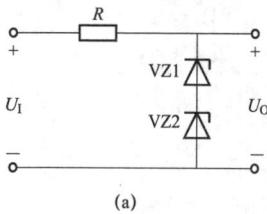

图 1-40　题 1.3 图

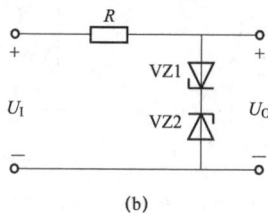

图 1-41　题 1.4 图

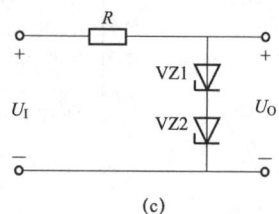

图 1-42　题 1.5 图

1.6　在图 1-43 所示电路中，硅稳压管 VZ1 的稳定电压为 6V，VZ2 的稳定电压为 9V，正向压降均为 0.7V，电源电压 $U_I = 18V$。试求各电路输出电压 U_O。

图 1-43　题 1.6 图

1.7　在图 1-44 所示桥式整流电路中，已知变压器二次绕组电压 $U_2 = 100V$，$R_L = 3k\Omega$，交流电源频率为 50Hz，若忽略二极管的正向电压和反向电流。试求：（1）R_L 两端电压的平均值 U_O；（2）流过 R_L 电流的平均值 I_O；（3）流过二极管的电流 I_D 及二极管承受的最高反向电压 U_{RM}。

1.8　在图 1-45 所示的单相桥式整流电路中，如果整流元件的极性连接发生下列错误中的一个，会造成什么后果？

（1）VD1 极性接反；（2）VD1、VD2 极性接反；（3）VD1、VD3 极性接反。

1.9　桥式整流滤波电路如图 1-45 所示，滤波电容 $C=220\mu F$，$R_L=1.5k\Omega$，电源频率为 50Hz。试思考：

（1）要求输出电压 $U_O=12V$，U_2 需要多少伏？（2）若该电路电容 C 值增大，U_O 是否变化？（3）改变 R_L 对 U_O 有无影响？若 R_L 增大 U_O 将如何变化？

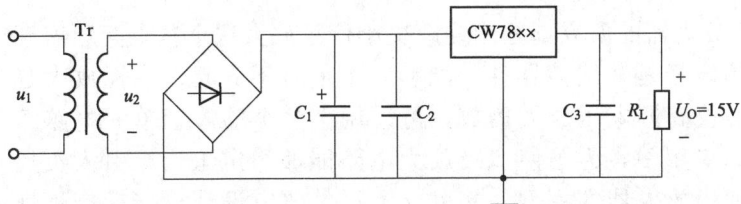

图 1-44　题 1.7 图　　　　　　　　图 1-45　题 1.8、1.9 图

1.10　已知一桥式整流电容滤波电路的交流电源电压有效值为 220V，$f=50Hz$，负载电阻 $R_L=40\Omega$，要求输出直流电压为 24V，纹波较小。试求：（1）选择整流管的参数；（2）选择滤波电容（容量和耐压值）；（3）确定电源变压器二次侧电压和电流。

1.11　采用三端固定输出集成稳压器的直流稳压电源电路如图 1-46 所示，试完成：

（1）写出应选用的稳压器的型号名称；

（2）当稳压器的输入端与输出端压降为 3V 时，其输入电压至少应取多大？

（3）此时桥式整流输入端的交流电压 u_2 的有效值应取多大？

1.12　电路如图 1-47 所示，试写出输出电压 U_O 的表达式。若 $R_P=220\Omega$，试计算输出电压范围。

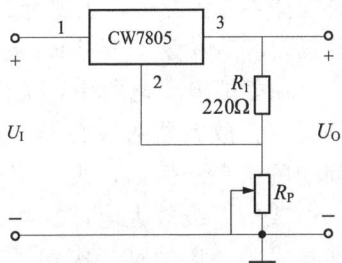

图 1-46　题 1.11 图　　　　　　　　图 1-47　题 1.12 图

学习情境 2　集成运算放大器的分析与应用

内容概要

本学习情境主要介绍了半导体三极管的结构与工作原理，讨论了由分立元件组成的各种基本放大电路的电路结构、分析方法和应用。还介绍了通用型集成运算放大器的电路结构、参数和电压传输特性，着重介绍了运放在模拟运算中的应用，讨论了集成运放电路中的负反馈。最后对用集成运放实现的两级交流放大电路进行了设计和仿真。

学习导入

在模拟电路中，将微弱的电信号增强到可以觉察或利用的程度，这种技术称为放大。放大后的信号波形应与放大前的波形相似或基本相等，而其功率则有所增加。放大电路就是实现放大功能的电路，习惯上称为放大器（Amplifier）。在现代电子系统中，电信号的产生、发送、接收、变换和处理，大多以放大电路为基础。

放大电路的核心是电子有源器件，如电子管、晶体管（Transistor）等。随着 20 世纪 40 年代末晶体管的问世，晶体管已取代电子管成为现代放大电路的核心器件。晶体管是一种固体半导体器件，主要分为两大类：双极性晶体管（Bipolar Junction Transistor，BJT）和场效应晶体管（Field Effect Transistor，FET）。

在模拟电子电路中，关于放大器的研究都是围绕解决小信号放大这个基本问题展开的。作为放大器的核心器件晶体管是非线性器件，能够对小信号不失真、线性放大是问题的重点。例如，为了获得较高的电压放大倍数，可采用由多个晶体管单元电路级联而成的多级放大电路。实际应用中，为了使多级放大电路能够稳定工作，引入负反馈技术等。科学家们构建了理想放大器的模型，并以此为目的研究设计出接近理想性能的放大器。

集成电路是利用半导体的制造工艺，将整个电路中的元器件制作在一块基片上，封装后构成特定功能的电路块，具有体积小、质量轻、功耗小、性能好、可靠性高、电路稳定等优点。自 20 世纪 60 年代第一块集成运算放大器诞生后，集成电路得到了广泛的应用。

集成运算放大器（简称运放）是由多级直接耦合放大电路组成的高增益模拟集成电路，由于早期用以实现加、减、微分、积分的模拟数学运算而得名。集成运算放大器的实际性能很接近理想放大器的模型，利用集成运算放大器很容易构建和设计各种功能的应用电路，因而集成运算放大器至今仍是重要的研究对象。随着半导体技术的发展，集成运算放大器已成为线性集成电路中品种和数量最多的一类器件。

学习任务 2.1　半导体三极管的特性分析

知 识 学 习

2.1.1　三极管的工作原理

一、三极管结构与类型

半导体三极管又称为双极型三极管，简称三极管。按照结构的不同，三极管分为 NPN 和 PNP 两种类型，其结构示意图和符号如图 2-1 所示。

图 2-1（a）中，NPN 型三极管由三层半导体制成，中间为 P 型半导体，两边为 N 型半导体，从上到下依序称为集电区、基区和发射区，发射区和基区之间的 PN 结称为发射结，基区和集电区之间的 PN 结称为集电结。相对于三个区域分别引出三个电极，称为集电极 C（Collector）、基极 B（Base）和发射极 E（Emitter），再加上某种形式的封装外壳，便构成 NPN 型三极管。在 NPN 型三极管符号中，发射极的箭头方向表示发射结正向导通时实际电流的方向，即发射极电流是流出的。

图 2-1（b）所示为 PNP 型三极管的结构与符号，与 NPN 型管相对应，因此它们的工作原理和特性也是对应的，但各电极的电压极性和电流流向正好相反，PNP 型管符号中发射极的箭头方向向内，表示发射极电流是流入的。

为了保证三极管具有放大电流的作用，三极管制造工艺的特点是发射区掺杂浓度很高，多数载流子浓度高；基区很薄，且掺杂浓度很低；集电结面积大，以利于收集载流子。虽然三极管的发射区和集电区都是相同类型的半导体，但它们并不对称，一般发射极和集电极不能对调使用。

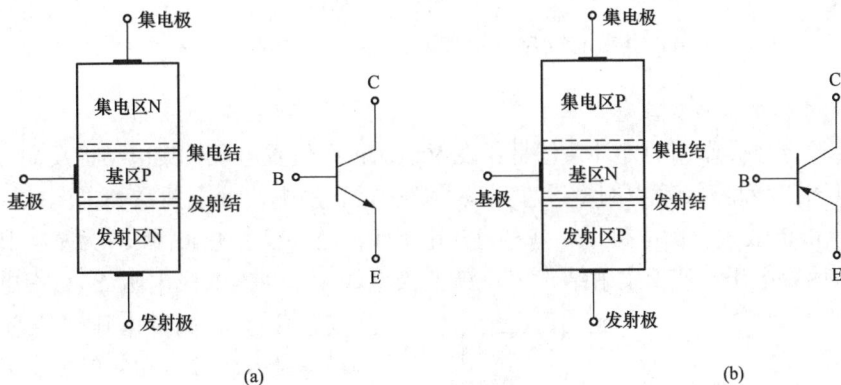

图 2-1　三极管的结构示意图与符号
（a）NPN 型；（b）PNP 型

三极管的封装主要有塑料封装和金属封装等，常见的封装外形与引脚排列如图 2-2 所示。需要指出，图中的引脚排列方式只是一般规律，在实际使用中，应当以器件手册为准。

三极管的种类很多，按使用材料不同，可分为硅管和锗管；按功率分类，有小、中、大

图 2-2　三极管封装外形与引脚排列图

功率管；按工作频率分，有低频管和高频管等；此外，根据特殊性能要求，又有开关管、低噪声管等。

二、三极管的工作原理

1. 三极管的三种组态

三极管是三端器件，有发射极、基极和集电极三个电极。用作四端网络时，其中任何一个电极都可作为输入和输出端口的公共端，因此三极管有三种连接方式，也称三种组态。三种电路组态如图 2-3 所示。

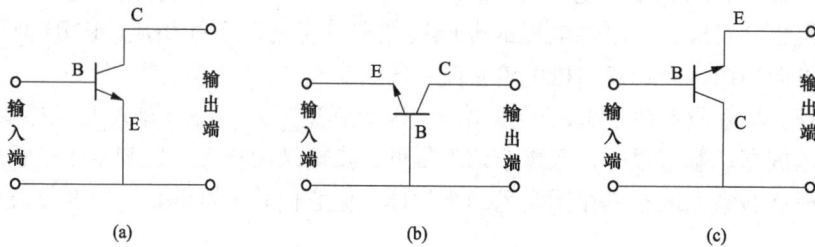

图 2-3　三极管的三种组态

（a）共发射极电路；（b）共基极电路；（c）共集电极电路

2. 三极管的电流放大原理

三极管具有放大作用的外部条件是：发射结加正向偏置电压，集电结加反向偏置电压。

下面以 NPN 型三极管为例，通过实验了解三极管的电流分配关系和电流放大原理。在图 2-4 所示电流放大实验电路中，基极直流电源 V_{BB} 经基极电阻 R_B 和 R_P 为基极和发射极之间加上正向偏置电压，使得发射结正偏；集电极电源 V_{CC} 经集电极电阻 R_C 为集电极和基极之间加上反向偏置电压，使得集电结反偏。通常，将基极和发射极组成的回路称为三极管的输入回路，集电极和发射极组成的回路称为三极管的输出回路，发射极是三极管输入回路和输出回路的公共端，因此这种连接方式的电路称为共发射极放大电路。

图 2-4　电流放大实验电路

改变电阻 R_P，则基极电流 I_B、集电极电流 I_C 和发射极电流 I_E 都发生变化，电流方向如图 2 - 4 所示。由此可以得到以下结论：

(1) 三个电流符合基尔霍夫定律，即

$$I_E = I_C + I_B \tag{2-1}$$

且基极电流 I_B 很小，忽略 I_B 不计，则有 $I_E \approx I_C$。

(2) 三极管具有电流放大作用，I_C 与 I_B 的比值近似为一个常数，即

$$\bar{\beta} \approx \frac{I_C}{I_B} \tag{2-2}$$

式中：$\bar{\beta}$ 为三极管的共发射极直流电流放大系数。当三极管制成后，$\bar{\beta}$ 值也就确定了，其值一般为几十至几百。

由式 (2-2) 可知：对应 I_B 很小的变化就能得到 I_C 很大的变化，这种以小电流控制大电流的作用，就称为三极管的电流放大作用。因此，三极管是电流控制器件。

2.1.2　三极管的特性曲线

三极管的伏安特性曲线是描述电极间电压与电流之间关系的曲线，它反映了三极管的外部性能，是分析放大电路的重要依据。由于半导体器件特性参数有较大的离散性，即使同一型号的三极管其特性也会有较大的差异。在实际应用中，三极管的特性曲线需要通过测试电路或利用晶体管特性图示仪测得。下面以 NPN 型三极管为例，介绍三极管共发射极接法下的输入特性曲线和输出特性曲线。

一、输入特性曲线

输入特性曲线是指在三极管的集电极与发射极之间的电压 u_{CE} 一定情况下，基极电流 i_B 与发射结电压 u_{BE} 之间的关系曲线，即

$$i_B = f(u_{BE})\big|_{u_{CE}=常数} \tag{2-3}$$

当 $u_{CE} = 0$ 时，三极管的输入特性与 PN 结的正向特性相似，如图 2 - 5 所示。

随着 u_{CE} 的增大，特性曲线相应地向右移动。当 $u_{CE} \geq 1\,V$ 以后，输入特性曲线基本上重合。通常只画出 $u_{CE} \geq 1V$ 的一条输入特性曲线。

硅管的死区电压约为 0.5V，锗管的死区电压约为 0.1V。正常工作时，NPN 型硅管的发射结导通电压 $U_{BE(ON)}$ 为 0.6～0.8V，PNP 型锗管的导通电压 $U_{BE(ON)}$ 为 -0.2～-0.3V。

二、输出特性曲线

输出特性曲线是指在基极电流 i_B 为某一固定值时，三极管集电极电流 i_C 与电压 u_{CE} 之间的关系曲线，即

$$i_C = f(u_{CE})\big|_{i_B=常数} \tag{2-4}$$

图 2 - 6 所示为共发射极输出特性曲线，根据各处的不同特点，将其划分为放大区、饱和区和截止区三个区域。

1. 放大区

在放大区内，三极管发射结正偏，集电结反偏。此时，i_C 几乎仅取决于 i_B，基本上不随 u_{CE} 改变，表现出 i_B 对 i_C 的控制作用，即 $I_C = \bar{\beta}I_B$，$\Delta i_C = \beta \Delta i_B$，所以在放大区，三极管可视为一个受基极电流 i_B 控制的受控电流源。在理想情况下，当 i_B 按等差变化时，输出特性曲线是一簇几乎与横轴平行的等间隔直线。

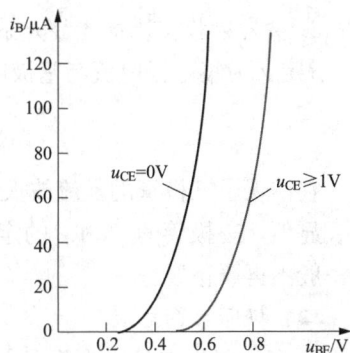

图 2 - 5　三极管输入特性曲线

对于 NPN 型三极管，处于放大区时的电位关系为：$U_C > U_B > U_E$；对于 PNP 型三极管，电位关系为：$U_E > U_B > U_C$。

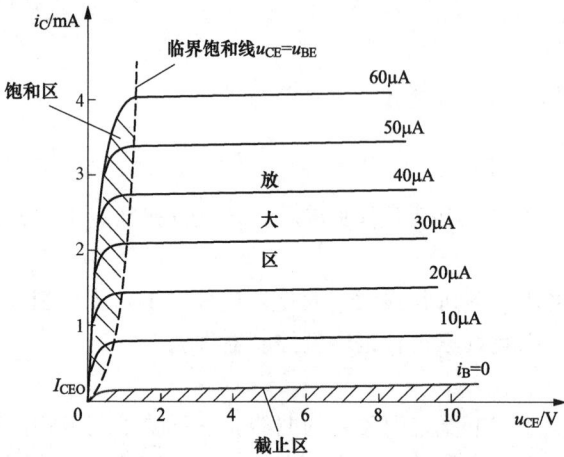

图 2-6　共发射极输出特性曲线

2. 饱和区

当 $u_{CE} < u_{BE}$ 时，三极管进入饱和区，发射结和集电结均处于正向偏置，由图 2-6 可见，不同 i_B 值的各条特性曲线几乎重叠在一起，集电极电流 i_C 对基本上不再受基极电流 i_B 的控制，三极管失去放大作用。不能用 β 来描述基极电流和集电极电流的关系。

当 $u_{CE} = u_{BE}$ 时，三极管处于临界饱和。三极管的饱和压降用 $U_{CE(sat)}$ 表示，一般小功率硅管的饱和压降约为 0.3V，小功率锗管约为 0.1V，所以三极管饱和时，集电极和发射极之间呈低阻态，相当于开关闭合。

3. 截止区

在输出特性曲线中，$i_B = 0$ 以下的区域称为截止区。三极管工作在截止区时，发射结和集电结均处于反向偏置，因基极电流为零，此时集电极电流也基本为零，三极管没有放大作用。严格地说，当 $i_B = 0$ 时，$i_C = I_{CEO}$，I_{CEO} 为集电极到发射极的反向饱和电流。通常 I_{CEO} 很小，因此在近似分析中可以认为三极管的集电极和发射极之间呈高阻态，$i_C \approx 0$，三极管截止，相当于开关断开。

2.1.3　三极管的主要参数

一、共发射极电流放大系数

1. 共发射极直流电流放大系数 $\bar{\beta}$

前面已介绍了共发射极直流电流放大系数 $\bar{\beta}$，它用来描述三极管集电极直流电流与基极直流电流之间的控制关系，即

$$\bar{\beta} = \frac{I_C}{I_B}$$

2. 共发射极交流电流放大系数 β

β 定义为集电极电流与基极电流的变化量之比，即

$$\beta = \frac{\Delta i_C}{\Delta i_B} \tag{2-5}$$

它体现了三极管的电流放大能力。

显然，三极管的 $\bar{\beta}$ 和 β 的定义是不同的，如果忽略 I_{CEO}，$\bar{\beta}$ 和 β 近似相等，在实际使用时一般不再严格区分。

二、极间反向电流

1. 集电极—基极反向饱和电流 I_{CBO}

I_{CBO} 是指三极管发射极开路，集电结加反向电压时的反向电流。

2. 集电极—发射极穿透电流 I_{CEO}

I_{CEO} 是指当基极开路时，集电极与发射极之间的反向电流，与 I_{CBO} 的关系是 $I_{CEO} = (1 + \bar{\beta}) I_{CBO}$。

反向电流受温度的影响大，对三极管的工作影响很大，要求反向电流越小越好。常温时，小功率锗管的 I_{CBO} 为几微安至几十微安，硅三极管可达到纳安级，所以常选用硅管。

三、极限参数

极限参数是指三极管使用时不允许超过的工作界限，超过此界限，管子性能下降，甚至损坏。

1. 集电极最大允许电流 I_{CM}

集电极电流 i_C 在相当大的范围内 β 值基本不变，但是当 i_C 的数值大到一定程度时，β 值将减小。通常 I_{CM} 表示 β 值降为正常 β 值的 2/3 时所允许的最大集电极电流。

2. 集电极最大允许功耗 P_{CM}

P_{CM} 是指集电结上允许耗散功率的最大值，超过此值，三极管的集电结会因过热而损坏。集电结上消耗的功率为 $P_C = I_C U_{CE}$，工作中只要使 $P_C \leqslant P_{CM}$，管子就能安全工作。

P_{CM} 值与环境温度有关，温度越高，P_{CM} 值越小。因此，三极管在使用时受到环境温度的限制。硅管的上限温度约为 150℃，锗管约为 70℃。

3. 集电极反向击穿电压 $U_{(BR)CEO}$

$U_{(BR)CEO}$ 是指基极开路时，集电极—射极之间的反向击穿电压。常将 $U_{(BR)CEO}$ 作为管子使用电压 U_{CE} 的限定条件。

综上所述，在三极管的输出特性曲线上，由 P_{CM}、I_{CM} 和 $U_{(BR)CEO}$ 所围成的区域是三极管的安全工作区，如图 2-7 所示。

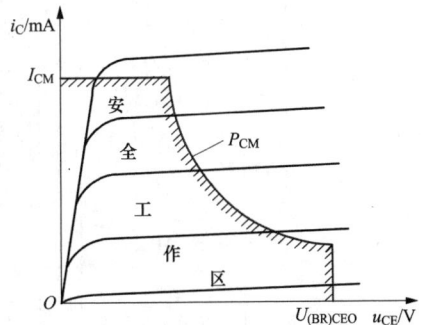

图 2-7　三极管的安全工作区

四、温度对三极管参数的影响

在使用三极管时，主要考虑温度对 I_{CBO}、U_{BE} 和 β 三个参数的影响。

1. 温度对 I_{CBO} 的影响

温度每升高 10℃，I_{CBO} 增加约 1 倍。通常硅管的 I_{CBO} 比锗管的要小，因此硅管比锗管受温度的影响要小。

2. 温度对 U_{BE} 的影响

三极管发射结正向导通电压 U_{BE} 具有负温度系数，温度每升高 1℃，U_{BE} 将减小 2～2.5 mV，使共发射极接法输入特性曲线向左平移。

3. 温度对 β 的影响

实验表明，温度每升高 1℃，β 将增加 0.5%～1.0%。

五、三极管的选用

(1) 确定管子的类型，是 NPN 型还是 PNP 型。

(2) 从满足电路所要求的功能出发选用所需型号的管子。例如，根据电路的工作频率确定选用高频管、中频管或低频管，根据输出功率确定选用大功率管、中功率管或小功率管。

(3) 根据电路要求，选择 β 值。一般情况下，β 值越大，温度稳定性越差，通常 β

取50～100。

（4）根据放大器通频带的要求，选择管子适当的截止频率或特征频率。

（5）根据抑制条件选择管子的极限参数。一般要求，最大集电极电流 $I_{CM}>2I_C$，击穿电压 $U_{BR(CEO)}<2V_{CC}$，最大允许管耗 $P_{CM}>$（1.5～2）P_{Cmax}。

国产半导体器件的命名见表 2-1。

表 2-1　　　　　　　　　　　　　国产半导体器件型号命名法

第一部分		第二部分		第三部分		第四部分	第五部分
用数字表示器件的电极数		用字母表示器件的材料和极性		用字母表示器件的类型		用数字表示器件的序号	用字母表示规格号
符号	意义	符号	意义	符号	意义	意义	意义
2	二极管	A	N型锗材料	P	小信号管	反映了极限参数、直流参数和交流参数等的差别	反映了承受反向击穿电压的程度。如规格号为 A、B、C、D 等，其中 A 承受的反向击穿电压最低，B 次之
		B	P型锗材料	V	混频检波器		
		C	N型硅材料	W	稳压管		
		D	P型硅材料	C	变容器		
				Z	整流管		
3	三极管	A	PNP型锗材料	GS	光电子显示器		
		B	NPN型锗材料	K	开关管		
		C	PNP型硅材料	X	低频小功率管（$f<3MHz$　$P<1W$）		
		D	NPN型硅材料	G	高频小功率管（$f\geqslant3MHz$　$P<1W$）		
		E	化合物材料	D	低频大功率管（$f<3MHz$　$P\geqslant1W$）		
				A	高频大功率管（$f\geqslant3MHz$　$P\geqslant1W$）		
				T	半导体闸流管		
				CS	场效应器件		
				BT	半导体特殊器件		
				FH	复合管		
				GJ	激光二极管		

知 识 拓 展

场效应管

场效应管（FET）也称为单极型三极管，它有三个电极，分别是栅极（Gate）、漏极（Drain）和源极（Source）。根据结构的不同，场效应管主要有结型场效应管（Junction type Field Effect Transistor，JFET）和金属—氧化物—半导体效应管（Metal Oxide Semiconductor，MOS）两大类。各类场效应管有 N 沟道和 P 沟道两种类型。MOS 场效应管又有增强型和耗尽型两种类型。图 2-8 所示为各类场效应管的符号，其中 MOS 管符号中的 B 是衬底引线，它通常已在管内与源极相连。

场效应管是电压控制元件，它利用电场效应来控制输出电流。通常用低频跨导（g_m）这个参数来衡量场效应管的栅源电压对漏极电流的控制能力。g_m 越大，表示 u_{GS} 对 i_D 的控制能力越强。g_m 的单位是西门子（S）。

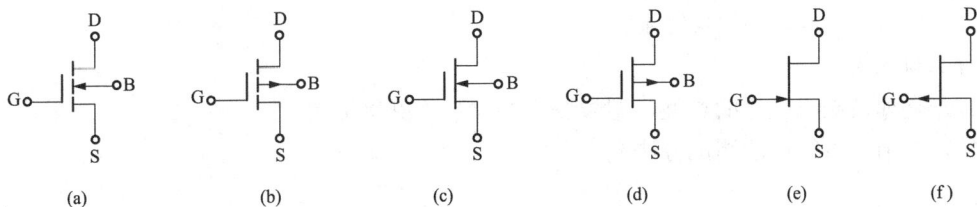

图 2-8　场效应管的符号

（a）增强型 NMOS；（b）增强型 PMOS；（c）耗尽型 NMOS；（d）耗尽型 NMOS；
（e）N 沟道 JFET；（f）P 沟道 JFET

由于场效管是通过输入电压控制输出电流，信号源无须提供电流，所以它的输入电阻很高，可达 $10^9 \sim 10^{14}\,\Omega$。同 BJT 相比，FET 具有输入电阻高、噪声小、热稳定性好、耐辐射能力强、制造工艺简单等优点，因而广泛应用于大规模和超大规模集成电路中。

技 能 训 练

三极管的识别与检测

一、训练目的

（1）学习三极管的工作特性和判别方法。

（2）学习查阅半导体器件手册的方法，熟悉三极管的类型、型号及主要性能参数。

（3）学会用数字万用表检测三极管的性能。

二、仪器设备及元器件

（1）仪器设备：数字万用表，1 只。

（2）元器件：不同规格类型三极管，若干。

三、训练内容

1. 识别型号及外形

查阅半导体器件手册，记录所给三极管的类别、型号及主要参数。

2. 用万用表检测三极管

（1）判断基极。将数字万用表调至二极管挡，先用红表笔任意接某个引脚，用黑表笔依次接触另外两个引脚，如果两次显示值均小于 1V 或都显示溢出符号"OL"或"1"（视不同的数字万用表而定），则红表笔所接的引脚就是基极 B。如果在两次测试中，一次显示值小于 1V，另外一次显示溢出符号"OL"或"1"，则表明红表笔接的引脚不是基极 B，此时应改换其他引脚重新测量，直到找出基极为止。

（2）判断三极管的类型和集电极、发射极。将数字万用表调至二极管挡，用红表笔接基极，用黑表笔先后接触其他两个引脚，如果显示屏上的数值都显示为 $0.6 \sim 0.8$V，则被测管属于硅 NPN 型中、小功率三极管；如果显示屏上的数值都显示为 $0.4 \sim 0.6$V，则被测管属于硅 NPN 型大功率三极管。其中，显示数值较大的一次，黑表笔所接的电极为发射极，则另外一个电极为集电极。

在上述测量过程中，如果显示屏上的数值都显示都小于 0.4V，则被测管属于锗三极管。

（3）测量三极管的电流放大系数 β。将数字万用表置于 h_{FE} 挡，若被测管是 NPN 型管，则将管子的各个引脚插入 NPN 插孔相应的插座中，此时屏幕上就会显示出被测管的 h_{FE} 值。

测量各三极管的 β 值，并记录结果。

四、训练要求

（1）整理被测三极管的类型、型号、主要参数等测量结果。

（2）总结三极管性能测试方法。

思考题

（1）三极管的发射极和集电极是否可以调换使用，为什么？

（2）试说明三极管处于放大区、饱和区和截止区的特点？

（3）温度对三极管特性有何影响？

学习任务 2.2　基本放大电路的分析

知识学习

2.2.1　放大电路的主要性能指标

放大电路是应用最广泛的电子电路之一，也是构成其他电子电路的基本单元电路。它利用有源器件的控制作用，将直流电源提供的部分能量转换为与输入信号成比例的输出信号，实现电信号的不失真放大。因此，放大电路实质上是一个受输入信号控制的能量转换器。

一、放大电路的组成框图

放大电路组成框图如图 2-9 所示。图中，信号源是需要放大的电信号，负载是接受放大电路输出信号的元件（或电路）。信号源和负载不是放大电路的本体，但由于实际电路中信号源内阻 R_S 及负载电阻 R_L 不是定值，因此它们都会对放大电路的工作产生一定的影响，特别是它们与放大电路之间的连接方式（耦合方式），将会直接影响到放大电路的正常工作。

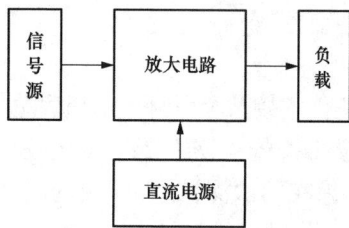

图 2-9　放大电路组成框图

直流电源用来供给放大电路工作时所需要的能量，其中一部分能量转变为输出信号输出，还有一部分能量消耗在放大电路中的电阻、器件等耗能元器件中。

基本单元放大电路由三极管构成，但由于单元放大电路性能往往达不到实际要求，所以实际使用的放大电路是由基本单元放大电路组成的多级放大电路或集成放大器件，这样才有可能将微弱的输入信号不失真地放大到所需大小。

二、放大电路的主要性能指标

一个放大电路性能如何，可以用许多性能指标来衡量。为了说明各指标的含义，将放大电路用图 2-10 所示有源线性四端网络表示，图中，1-1′端为放大电路的输入端，R_S 为信号源内阻，u_S 为信号源电压；2-2′端为放大电路的输出端，接负载电阻 R_L。图中的电压、电流的正方向符合四端网络的一般约定。

1. 电压放大倍数 A_u

放大倍数是衡量放大电路放大能力的指标，它有电压放大倍数、电流放大倍数和功率放大倍数等多种表示方法，其中电压放大倍数应用最多。

电压放大倍数是指输出电压 u_o 与输入电压 u_i 之比，记为 A_u。即

$$A_u = \frac{u_o}{u_i} \qquad (2-6)$$

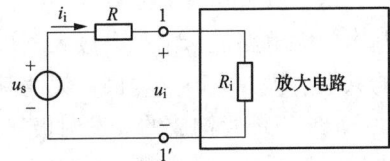

图 2-10　有源四端网络表示的放大电路

实验中，通常用交流毫伏表分别测出输出电压 u_o 和输入电压 u_i，按式（2-6）可求得电压放大倍数，但应在输出电压没有失真的情况下进行。

工程上常用分贝（dB）来表示放大倍数，称为增益（Gain），则电压增益定义为

$$G_u = 20\lg|A_u| \qquad (2-7)$$

例如，某放大电路的电压放大倍数 $|A_u| = 100$，则电压增益为 40dB。

2. 输入电阻 R_i

输入电阻 R_i 是指从输入端 1-1′ 向放大电路内看进去的等效电阻，如图 2-11 所示。输入电阻等于输入电压与输入电流之比，即

$$R_i = \frac{u_i}{i_i} \qquad (2-8)$$

输入电阻的大小表明了放大电路对信号源的影响程度。

实际中，通常采用外接电阻的方法测试放大电路的输入电阻，如图 2-12 所示。图中，R 为已知外接电阻，u_s 为信号源电压。测出 u_s 和 u_i，可得到放大电路的输入电阻 R_i 为

$$R_i = \frac{u_i}{i_i} = \frac{u_i}{(u_s - u_i)/R} = \frac{u_i R}{u_s - u_i} \qquad (2-9)$$

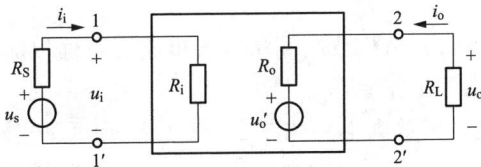

图 2-11　放大电路的等效电路

图 2-12　输入电阻的测试

图 2-13　输出电阻示意图

3. 输出电阻 R_o

放大电路的输出电阻是指当放大电路输入信号源短路时，从负载电阻 R_L 向放大器内看入的等效电阻，如图 2-13 所示。在输出端接入信号源电压 u，i 为 u 产生的电流，则放大电路的输出电阻为

$$R_o = u/i \qquad (2-10)$$

对负载而言，放大电路的输出端可等效为一个信号源，如图 2-11 所示，u_o' 为等效信号源的电压，等效信号源的内阻 R_o 就是放大电路的输出电阻。放大电路的实际输出电压为

$$u_o = \frac{R_L}{R_o + R_L} u_o' \qquad (2-11)$$

可见，输出电阻 R_o 的大小，反映了放大器带负载能力的强弱。输出电阻越小，输出电压 u_o 受负载 R_L 的影响越小，也就是说放大电路带负载能力越强。

由式（2-11）可以得到输出电阻的关系式为

$$R_o = \left(\frac{u'_o}{u_o} - 1\right)R_L \qquad (2-12)$$

实际中，通常利用式（2-12）测量放大电路的输出电阻。将放大电路的负载 R_L 开路时，测得的输出电压为等效信号源的电压 u'_o；带上已知负载 R_L 后测得输出电压 u_o，再利用上式计算出输出电阻 R_o。

4. 通频带

由于放大电路中含有电抗元件，所以电压放大倍数将随信号频率而变化。图 2-14 所示为放大电路的电压放大倍数 $|A_u(\mathrm{j}f)|$ 与频率的关系曲线。一般情况下，在中间频段，电抗影响可以忽略，放大倍数基本不变，记作 $|A_{um}|$；在低频段和高频段 $|A_u|$ 都要下降。当下降到 $|A_{um}|/\sqrt{2}$（即下降了 3dB）时的低端频率

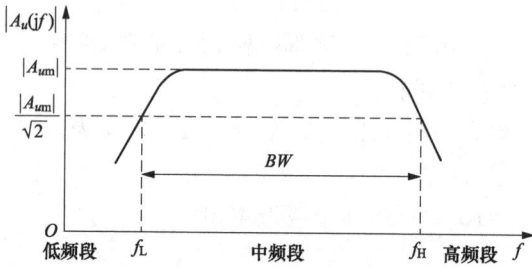

图 2-14　$|A_u(\mathrm{j}f)|$ 与频率的关系

和高端频率称为放大电路的下限频率和上限频率，分别记作 f_L 和 f_H。

通常将上、下限频率之差定义为放大器的通频带 BW，即

$$BW = f_H - f_L \qquad (2-13)$$

放大电路所需的通频带是由传送信号的频带（带宽）来确定的，为了不失真地放大，要求放大电路通频带必须大于信号的频带。

2.2.2　放大电路的分析方法

一、基本放大电路的组成

基本放大电路是指由一个放大器件（如三极管）所构成的简单放大电路。下面以应用最广泛的共发射极放大电路为例，说明其组成原则和工作原理。

由 NPN 三极管构成的共发射极接法的基本交流放大电路如图 2-15（a）所示。实际中，放大电路一般采用一个电源，由 V_{CC} 供电。常把输入电压、输出电压以及直流电压的公共端称为"地"，用符号"⊥"表示，作为参考电位点。电源的接地端一般不画出，因而习惯上常画成图 2-15（b）所示电路。放大电路输入电压 u_i 为正弦信号，输出端接负载 R_L，输出电压为 u_o。

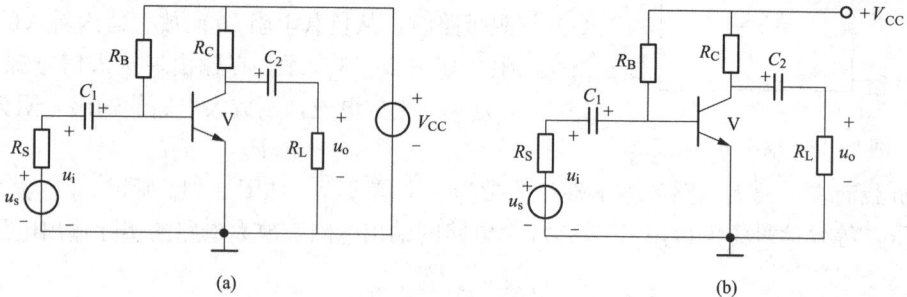

图 2-15　基本交流放大电路
（a）基本画法；（b）习惯画法

电路中各元件作用如下：

(1) 三极管 V：作为放大元件工作在放大区，使集电极电流 i_C 受基极电流 i_B 控制。

(2) 集电极电源 V_{CC}：为电路提供工作所需能源，其极性保证了三极管的发射结正偏、集电结反偏，取值一般为几伏到几十伏。

(3) 基极偏置电阻 R_B：与 V_{CC} 一起为三极管提供一个大小合适的基极偏置电流 I_B。当 V_{CC} 的值确定后，通过改变 R_B 的阻值就可以调整 I_B 的大小，进而控制三极管的集电极电流，R_B 的阻值一般为几十千欧到几百千欧。

(4) 集电极电阻 R_C：可将三极管集电极电流 i_C 的变化转变为集电极电压 u_{CE} 的变化，以实现电压放大，其阻值一般为几千欧到十几千欧。

(5) 耦合电容 C_1、C_2：这两个电容器有两种作用，一是隔直作用，即隔断放大电路与信号源之间、放大电路与负载之间的直流通路，使三者之间没有直流关系，互不影响；二是交流耦合作用，保证交流信号顺利通过放大电路，沟通信号源、放大电路和负载之间的交流通路。通常 C_1、C_2 采用电解电容，是有极性的。在连接时要考虑它们的极性。

二、放大电路的静态分析

静态是放大电路的输入端未加输入信号（即 $u_i=0$）时的工作状态。

静态时，电路中各处的电压、电流都是大小不变的直流量，将此时基极电流、集电极电流、发射极电流分别标记为 I_{BQ}、I_{CQ} 和 I_{EQ}（称为静态工作电流），三极管基极与发射极之间、集电极与发射极之间的电压标记为 U_{BEQ}、U_{CEQ}，如图 2-16（a）所示。对应于 I_{BQ}、I_{CQ}、U_{BEQ}、U_{CEQ} 的值，可在三极管输入特性、输出特性曲线上确定一点 Q，称为静态工作点，如图 2-16（b）和（c）所示。Q 点所对应的参数就是静态工作点的各参数。

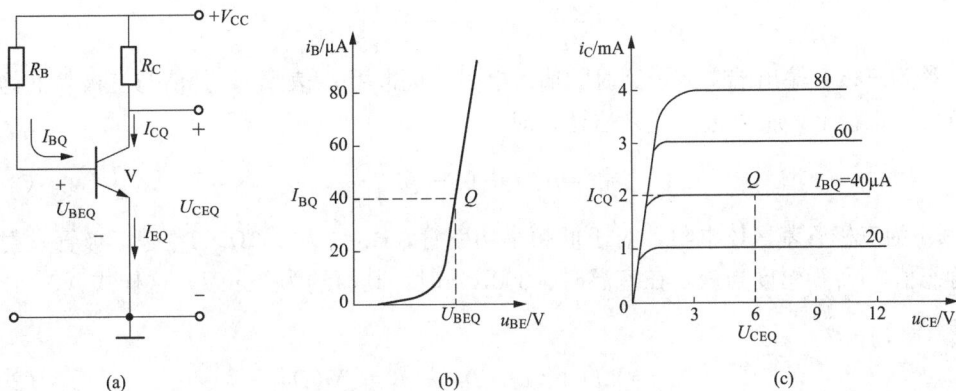

图 2-16　放大电路静态工作点
(a) 直流通路和静态参数；(b) 输入特性曲线上 Q 点参数；(c) 输出特性曲线上 Q 点参数

当放大电路中各元件的参数一定时，静态工作点的参数可以由图 2-16（a）求出。静态基极电流为

$$I_{BQ} = \frac{V_{CC} - U_{BEQ}}{R_B} \approx \frac{V_{CC}}{R_B} \tag{2-14}$$

由于三极管导通时，U_{BE} 变化很小，可以近似认为是常数，一般有

$$U_{BEQ}（硅管）= 0.7V$$

$$U_{\text{BEQ}}(锗管) = 0.2\text{V}$$

在式（2-14）中，考虑到 V_{CC} 一般为几伏到十几伏，而 U_{BEQ} 很小，满足 $V_{\text{CC}} \gg U_{\text{BEQ}}$，故计算时将 U_{BEQ} 略去。当电路中的 V_{CC} 和 R_{B} 值确定后，I_{BQ} 就是一个固定值，所以图 2-16（a）所示的偏置电路称为固定偏置电路。

静态集电极电流为

$$I_{\text{CQ}} = \beta I_{\text{BQ}} \tag{2-15}$$

静态管压降为

$$U_{\text{CEQ}} = V_{\text{CC}} - I_{\text{CQ}}R_{\text{C}} \tag{2-16}$$

利用式（2-14）～式（2-16）就可以估算出固定偏置电路静态工作点的各参数值。

三、放大电路的动态分析

放大电路的输入端加输入信号，即 $u_{\text{i}} \neq 0$ 时的工作状态称为动态。这时电路中的各电量将在静态直流分量的基础上叠加一个交流分量。放大电路的动态分析主要有图解法和小信号等效电路法。这里主要介绍小信号等效电路分析法。

在小信号输入时，只要静态工作点（Q 点）位置选得合适，信号在静态工作点附近的小范围变动，这时三极管的特性曲线可以近似地视为线性关系，因而可以用线性等效电路取代三极管。

1. 三极管的 H 参数小信号等效电路模型

由图 2-17（a）所示三极管输入特性曲线可知，当输入交流信号很小时，可将静态工作点 Q 附近的一段曲线当作直线，因此，当 U_{CE} 为常数时，输入电压的变化量 Δu_{BE}（即交流量 u_{be}）与输入电流的变化量 Δi_{B}（即交流量 i_{b}）之比是一个常数，可用符号 r_{be} 表示，即

$$r_{\text{be}} = \frac{\Delta u_{\text{BE}}}{\Delta i_{\text{B}}}\bigg|_{U_{\text{CE}}=常数} = \frac{u_{\text{be}}}{i_{\text{b}}}\bigg|_{U_{\text{CE}}=常数} \tag{2-17}$$

r_{be} 称为三极管输出端交流短路时的输入电阻（也常用 h_{ie} 表示），其值与三极管的静态工作点有关。工程上，r_{be} 可近似式来估算，即

$$r_{\text{be}} = r_{\text{bb}'} + (1+\beta)\frac{U_T}{I_{\text{EQ}}} \tag{2-18}$$

式中：$r_{\text{bb}'}$ 为三极管基区体电阻，对于低频小功率管，$r_{\text{bb}'}$ 约为 200Ω。I_{EQ} 是三极管发射极电流的静态值，U_T 为温度当量，在室温时（300K）时，其值约为 26mV，这样式（2-18）可写成

$$r_{\text{be}} = 200 + (1+\beta)\frac{26(\text{mV})}{I_{\text{EQ}}(\text{mA})}\text{V}(\Omega) \tag{2-19}$$

图 2-17（b）所示为三极管的输出特性曲线，当三极管工作在放大区时，输出特性曲线是一组近似等间距的平行直线。当 U_{CE} 为常数时，三极管的电流放大系数 β 为

$$\beta = \frac{\Delta i_{\text{C}}}{\Delta i_{\text{B}}}\bigg|_{U_{\text{CE}}=常数} = \frac{i_{\text{c}}}{i_{\text{b}}}\bigg|_{U_{\text{CE}}=常数} \tag{2-20}$$

在小信号工作情况下，β 是一常数，由它确定 i_{c} 与 i_{b} 的控制关系。当 u_{ce} 在较大范围内变化时，i_{c} 几乎不变，具有恒流特性。这样三极管 C、E 间可等效为一个受输入电流 i_{b} 控制的恒流源，即 $i_{\text{c}} = \beta i_{\text{b}}$，$\beta$ 也常用 h_{fe} 表示。

综上所述，三极管在小信号放大状态时，它的 H 参数简化电路模型如图 2-18 所示。

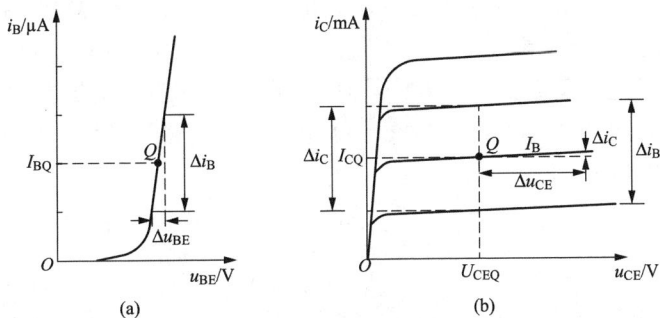

图 2-17　从三极管特性曲线上求 r_{be} 和 β

（a）输入特性；（b）输出特性

图 2-18　三极管的 H 参数简化小信号等效电路

2. 放大电路的小信号等效电路分析法

由放大电路的交流通路和三极管的 H 参数小信号等效电路，可画出放大电路的小信号等效电路。图 2-19（a）是图 2-15 所示放大电路的交流通路，图 2-19（b）为它的小信号等效电路。电路中的电压和电流都是交流分量，图中标出的是参考方向。

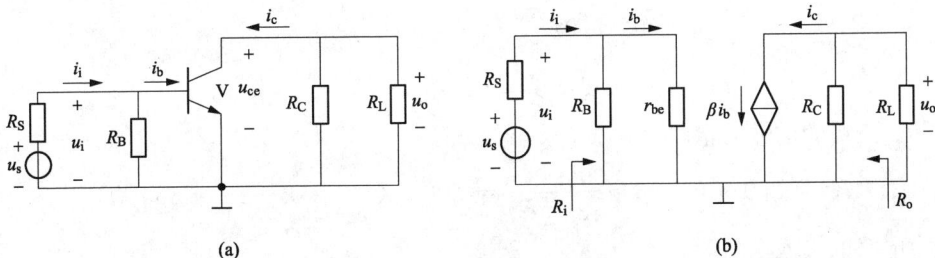

图 2-19　放大电路的小信号等效电路

（a）交流通路；（b）小信号等效电路

（1）电压放大倍数的计算。根据图 2-19（b）可知，电路的输入电压 u_i 和输出电压 u_o 分别为

$$u_i = i_b r_{be} \qquad (2-21)$$

$$u_o = -i_c(R_C /\!/ R_L) = -\beta i_b R'_L \qquad (2-22)$$

其中 $R'_L = R_C /\!/ R_L$，为放大电路的交流负载电阻。

因此，放大电路的电压放大倍数 A_u 为

$$A_u = \frac{u_o}{u_i} = -\beta \frac{R'_L}{r_{be}} \qquad (2-23)$$

式（2-23）中的负号说明输出电压与输入电压反相。可见，放大电路的电压放大倍数与 R'_L、β 及 r_{be} 有关。适当提高 R_C 的值可使电压放大倍数增大，而提高工作点电流 I_{EQ} 可使 r_{be} 减小，故可更有效地提高电压放大倍数，但 I_{EQ} 的增大是有限制的。

（2）输入电阻的计算。由图 2-19（b）可知，放大电路的输入电流 $i_i = u_i/R_B + u_i/r_{be}$，则放大电路的输入电阻 R_i 为

$$R_i = \frac{u_i}{i_i} = \frac{u_i}{\dfrac{u_i}{R_B} + \dfrac{u_i}{r_{be}}} = R_B \,/\!/\, r_{be} \qquad (2-24)$$

（3）输出电阻的计算。

在图 2-19（b）中，当 $u_s = 0$ 时，$i_b = 0$，则受控恒流源开路，因此放大电路的输出电阻 R_o 为

$$R_o = R_C \qquad (2-25)$$

（4）源电压放大倍数的计算。由于信号源有一定的内阻 R_S，因而信号源 u_s 就不可能全部加到放大电路输入电阻 R_i 上。由图 2-19（b）可知

$$u_i = \frac{R_i}{R_i + R_S} u_s \qquad (2-26)$$

因此，放大电路的源电压放大倍数 A_{us} 为

$$A_{us} = \frac{u_o}{u_s} = \frac{u_o}{u_i} \times \frac{u_i}{u_s} = \frac{R_i}{R_i + R_S} A_u \qquad (2-27)$$

【例 2-1】 在图 2-15（b）所示的放大电路中，设 $V_{CC} = 12\text{V}$，$R_B = 300\text{k}\Omega$，$R_C = 2\text{k}\Omega$，$R_L = 3.9\text{k}\Omega$，信号源内阻 $R_S = 1\text{k}\Omega$，三极管的 $\beta = 50$。试计算该放大电路 R_i、R_o、A_u 和 A_{us} 的值。

解： 先计算静态电流 I_{EQ}，即

$$I_{BQ} = \frac{V_{CC} - U_{BEQ}}{R_B} \approx \frac{V_{CC}}{R_B} = \frac{12}{300} = 0.04(\text{mA})$$

$$I_{EQ} = (1 + \beta)I_{BQ} = 51 \times 0.04 = 2.04(\text{mA})$$

于是，三极管的输入电阻为

$$r_{be} = 200 + (1 + \beta)\frac{26(\text{mV})}{I_{EQ}(\text{mA})} = 200 + (1 + 50)\frac{26}{2.04} = 850(\Omega)$$

放大电路的输入电阻为

$$R_i = R_B \,/\!/\, r_{be} = 300 \,/\!/\, 0.85 \approx 0.85(\text{k}\Omega)$$

放大电路的输出电阻为

$$R_o = R_C = 2\text{k}\Omega$$

放大电路的等效负载为

$$R'_L = R_C \,/\!/\, R_L = 2 \,/\!/\, 3.9 \approx 1.3(\text{k}\Omega)$$

电压放大倍数为

$$A_u = -\beta\frac{R'_L}{r_{be}} = -50 \times \frac{1.3}{0.85} \approx -76.5$$

放大电路对信号源 u_s 的放大倍数为

$$A_{us} = \frac{R_i}{R_i + R_S} A_u = \frac{0.85}{0.85 + 1} \times (-76.5) \approx -35.1$$

通过以上的计算可以看到，当考虑了信号源内阻 R_S 以后，放大对信号源的电压放大倍数比信号源内阻为零时要小得多。

【例 2 - 2】　对图 2 - 15（b）所示的放大电路进行调试时，测得其在输出端开路时的输出电压为 $u_o' = 3V$，当接上负载电阻 $R_L = 3.9k\Omega$ 以后，输出电压降为 $u_o = 2V$。试求该放大电路的输出电阻。

解：由式（2 - 12）可得

$$R_o = \left(\frac{u_o'}{u_o} - 1\right)R_L = \left(\frac{3}{2} - 1\right) \times 3.9 = 1.95(k\Omega)$$

2.2.3　三种基本组态放大电路性能分析

由晶体管组成的基本放大电路有共发射极、共集电极和共基极三种基本接法，它们的组成原则和分析方法完全相同，但动态参数具有不同的特点，使用时应根据需要合理选用。

一、分压式偏置共发射极放大电路

放大电路不但要设置合适的静态工作点，同时还要求稳定，但由于电源电压的波动、环境温度的变化、电路元件参数的老化等，会引起放大电路工作点的变化。这种变化严重时，会使放大电路无法工作，因而在设计电路时，通常要求放大电路具有一定的自动稳定静态工作点的能力。

固定偏置电路虽然简单、易调整，但它没有自动稳定静态工作点的能力，其静态工作点会随温度变化、电源电压波动等变化。如当温度升高时，三极管的 I_{CEO} 和 β 等参数随着增大，导致 I_{CQ} 增加，管压降 U_{CEQ} 减小，如果 U_{CEQ} 减小到小于 1V，三极管因进入饱和区而不能放大信号了。为此，需要改进偏置电路，以使工作点稳定。

分压式电流负反馈偏置电路如图 2 - 20（a）所示，它是利用 R_{B1}、R_{B2} 的分压作用来固定基极电位 U_{BQ}，并依靠发射极电阻 R_E 上的直流负反馈来稳定静态工作点的，故称为分压式电流负反馈偏置电路。

要使这种电路静态工作点稳定的条件是：$I_1 \gg I_{BQ}$，$U_{BQ} \gg U_{BEQ}$。在设计上常取

$$\begin{cases} I_1 \geqslant (5 \sim 10)I_{BQ} \\ U_{BQ} \geqslant (5 \sim 10)U_{BEQ} \end{cases} \tag{2 - 28}$$

在图 2 - 20（b）所示的直流通路中，可列出

$$I_1 = I_2 + I_{BQ}$$

由于

$$I_1 \gg I_{BQ}$$

因此，$I_1 \approx I_2$，则基极的电位

$$U_{BQ} \approx \frac{R_{B2}}{R_{B1} + R_{B2}}V_{CC} \tag{2 - 29}$$

式（2 - 29）表明：基极电位 U_{BQ} 只取决于直流电压源和 R_{B1}、R_{B2} 电阻值，而与三极管的参数无关，不受温度的影响。

$$U_{BEQ} = U_{BQ} - U_{EQ} = U_{BQ} - I_{EQ}R_E \tag{2 - 30}$$

由于 $U_{BQ} \gg U_{BEQ}$，则

$$I_{CQ} \approx I_{EQ} = \frac{U_{BQ} - U_{BEQ}}{R_E} \approx \frac{U_{BQ}}{R_E} \tag{2 - 31}$$

$$U_{CEQ} = V_{CC} - I_{CQ}R_C - I_{EQ}R_E \approx V_{CC} - I_{CQ}(R_C + R_E) \tag{2 - 32}$$

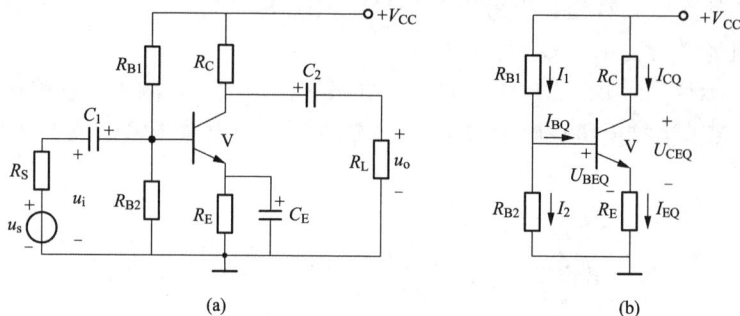

图 2-20　分压式电流负反馈偏置电路

(a) 放大电路；(b) 直流通路

由以上分析可知，由于 U_{BQ} 固定，而 $U_{BEQ}=U_{BQ}-I_{EQ}R_E$，通过 I_{EQ} 的反馈，可以使静态工作点稳定。例如，当温度（T）升高时，其稳定静态工作点的过程为

$$T\uparrow \to I_{CQ}\uparrow \to U_{EQ}\uparrow \to U_{BEQ}\downarrow \to I_{BQ}\downarrow \to I_{CQ}\downarrow$$

可以看出这种自动调节过程是将输出电流 I_{CQ} 通过发射极电阻 R_E 引到输入端，使输入电压 U_{BEQ} 变化，而达到稳定工作点的目的，这实际上就构成了直流负反馈。显然，R_E 越大，R_E 上的压降越大，自动调节能力越强，电路稳定性越好。但是，R_E 太大，会使电压放大倍数下降，所以 R_E 应适当取值。

为了不削弱交流信号的放大作用，通常在电阻 R_E 的两端并联一个容量较大（约为几十到几百微法）的发射极旁路电容 C_E，由于 C_E 具有"隔直流，通交流"的作用，因此它对静态工作点没有影响，但是对交流信号起旁路作用，即交流信号作用时，C_E 将 R_E 短接，使发射极电阻 R_E 上的交流压降几乎为零，防止了放大倍数的下降。

【例 2-3】　在图 2-20（a）中，已知 $V_{CC}=12V$，$\beta=30$。若要求静态值 $I_{CQ}=1.5mA$，$U_{CEQ}=6V$，试估算 R_{B1}、R_{B2}、R_E 及 R_C 的阻值。

解：根据 $U_{BQ}\geq (5\sim 10)U_{BEQ}$，取 $U_{BQ}=4V$，可得

$$R_E = \frac{U_{BQ}-U_{BEQ}}{I_{EQ}} \approx \frac{4-0.7}{1.5} = 2.2(k\Omega)$$

$$I_{BQ} = \frac{I_{CQ}}{\beta} = \frac{1.5}{30} = 0.05(mA)$$

根据 $I_1\geq (5\sim 10)I_{BQ}$，取 $I_1=8I_{BQ}$，则有

$$I_1 = 8I_{BQ} = 8\times 0.05 = 0.4(mA)$$

$$R_{B1}+R_{B2} \approx \frac{V_{CC}}{I_1} = \frac{12}{0.4} = 30(k\Omega)$$

根据式（2-29），可计算出 $R_{B1}=20k\Omega$，$R_{B2}=10k\Omega$。

再由式（2-32），可计算出 $R_C=1.8k\Omega$。

【例 2-4】　在图 2-20（a）所示分压式共发射极放大电路中，已知 $V_{CC}=12V$，$R_{B1}=20k\Omega$，$R_{B2}=10k\Omega$，$R_E=2k\Omega$，$R_C=2k\Omega$，$R_L=6k\Omega$，三极管的 $\beta=37.5$。C_1、C_2、C_3 对交流信号均可视为短路。试求：

（1）静态工作点 I_{BQ}、I_{CQ}、U_{CEQ} 的值；

（2）绘制其小信号等效电路；

（3）计算该放大电路 R_i、R_o、A_u 的值。

解：（1）计算静态工作点

$$U_{BQ} = \frac{V_{CC}}{R_{B1}+R_{B2}}R_{B2} = \frac{12}{20+10} \times 10 = 4(V)$$

$$I_{CQ} \approx I_{EQ} = \frac{U_{BQ}-U_{BEQ}}{R_E} = \frac{4-0.7}{2} = 1.65(mA)$$

$$I_{BQ} = \frac{I_{CQ}}{\beta} = \frac{1.65}{37.5} = 0.044mA = 44(\mu A)$$

$$U_{CEQ} \approx V_{CC} - I_{CQ}(R_C+R_E) = 12 - 1.65 \times (2+2) = 5.4(V)$$

（2）绘制小信号等效电路，如图 2-21 所示。

图 2-21 ［例 2-4］的小信号等效电路

(a) 交流通路；(b) 小信号等效电路

（3）求 A_u、R_i、R_o 的值。

先求 r_{be}、R'_L

$$r_{be} = 200 + (1+\beta)\frac{26(mV)}{I_{EQ}(mA)} = 200 + (1+37.5) \times \frac{26}{1.65} = 0.8(k\Omega)$$

$$R'_L = R_C \mathbin{/\mkern-5mu/} R_L = 2 \mathbin{/\mkern-5mu/} 6 \approx 1.5(k\Omega)$$

则电压放大倍数为

$$A_u = -\beta\frac{R'_L}{r_{be}} = -37.5 \times \frac{1.5}{0.8} \approx -70.3$$

放大电路的输入电阻为

$$R_i = R_{B1} \mathbin{/\mkern-5mu/} R_{B2} \mathbin{/\mkern-5mu/} r_{be} \approx r_{be} = 0.8(k\Omega)$$

放大电路的输出电阻为

$$R_o = R_C = 2k\Omega$$

【例 2-5】 放大电路如图 2-22 所示，图中 $V_{CC}=15V$，$R_{B1}=62k\Omega$，$R_{B2}=13k\Omega$，$R_C=4.7k\Omega$，$R_{E1}=100\Omega$，$R_{E2}=1.8k\Omega$，$R_L=5.6k\Omega$，三极管 $\beta=60$，$U_{BEQ}=0.7$ V，C_1、C_2、C_E 容量足够大。试求：

（1）放大电路的静态工作点；

（2）电压放大倍数、输入电阻和输出电阻；

（3）如果改换一个 $\beta=100$ 的三极管，其他电路参数不变，静态工作点有何变化？

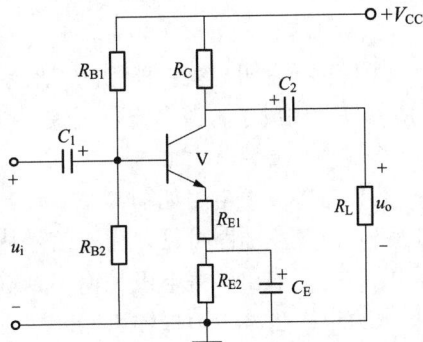

图 2-22 ［例 2-5］电路

解: (1) 根据式 (2 - 29)、式 (2 - 31) 和式 (2 - 32),可得

$$U_{BQ} = \frac{R_{B2}}{R_{B1} + R_{B2}} V_{CC} = \frac{13}{62 + 13} \times 15 = 2.6(V)$$

$$I_{CQ} \approx I_{EQ} = \frac{U_{BQ} - U_{BEQ}}{R_{E1} + R_{E2}} = \frac{2.6 - 0.7}{0.1 + 1.8} = 1(mA)$$

$$I_{BQ} = \frac{I_{CQ}}{\beta} = \frac{1}{60} = 16.7(\mu A)$$

$$U_{CEQ} \approx V_{CC} - I_{CQ}(R_C + R_{E1} + R_{E2}) = 15 - 1 \times (4.7 + 0.1 + 1.8) = 8.4(V)$$

(2) 先计算 r_{be}

$$r_{be} = 200 + (1 + \beta) \frac{26(mV)}{I_{EQ}(mA)} = 200 + (1 + 60) \times \frac{26}{1} \approx 1.79(k\Omega)$$

图 2 - 23 所示为电路的交流通路和小信号等效电路。

$$R'_L = R_C // R_L = 4.7 // 5.6 \approx 2.56(k\Omega)$$

$$A_u = -\beta \frac{R'_L}{r_{be} + (1 + \beta)R_{E1}} = -60 \times \frac{2.56}{1.79 + 61 \times 0.1} \approx -19.5$$

$$R_i = R_{B1} // R_{B2} // [r_{be} + (1 + \beta)R_{E1}] = 62 // 13 // (1.79 + 61 \times 0.1) = 4.55(k\Omega)$$

$$R_o = R_C = 4.7k\Omega$$

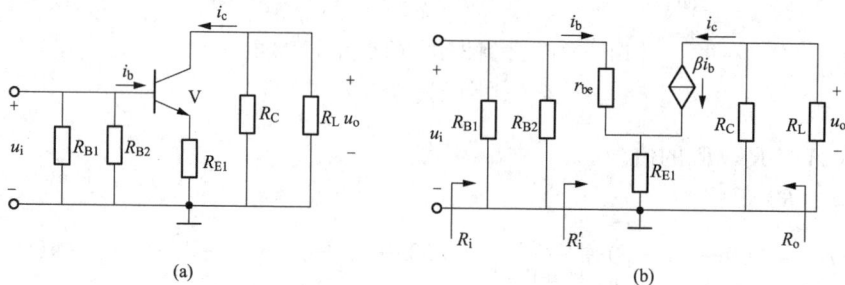

图 2 - 23 [例 2 - 5] 的小信号等效电路

(a) 交流通路;(b) 小信号等效电路

(3) 如果更换三极管,$\beta = 100$,电路其他参数不变,根据静态工作点的计算公式,U_{BQ} 保持不变,I_{CQ} 和 U_{CEQ} 也不变,只有 I_{BQ} 变化,即

$$I_{BQ} = \frac{I_{CQ}}{\beta} = \frac{1}{100} \approx 10(\mu A)$$

I_{BQ} 减小了。

以上分析表明:当三极管的 β 值发生变化,分压式偏置电路的静态工作点基本不变,因为 R_{E1}、R_{E2} 构成了直流电流负反馈,使电路具有自动调节 I_{CQ} 的能力。

二、共集电极放大电路

共集电极放大电路如图 2 - 24 (a) 所示。图 2 - 24 (b)、(c) 分别为它的直流通路和交流通路。由交流通路可见,输入信号从基极与集电极(即地)之间加入,输出信号从发射极与集电极之间取出,集电极是输入、输出回路的公共端。又因为输出信号从发射极引出,故共集放大电路也称为射极输出器。

1. 静态分析

根据图 2 - 24 (b) 的直流通路,可列出输入回路方程

$$V_{CC} = I_{BQ}R_B + U_{BEQ} + I_{EQ}R_E \tag{2-33}$$

由于 $I_{EQ} = (1+\beta)I_{BQ}$，所以

静态基极电流为

$$I_{BQ} = \frac{V_{CC} - U_{BEQ}}{R_B + (1+\beta)R_E} \tag{2-34}$$

静态集电极电流为

$$I_{CQ} = \beta I_{BQ} \tag{2-35}$$

静态管压降为

$$U_{CEQ} = V_{CC} - I_{EQ}R_E \approx V_{CC} - I_{CQ}R_E \tag{2-36}$$

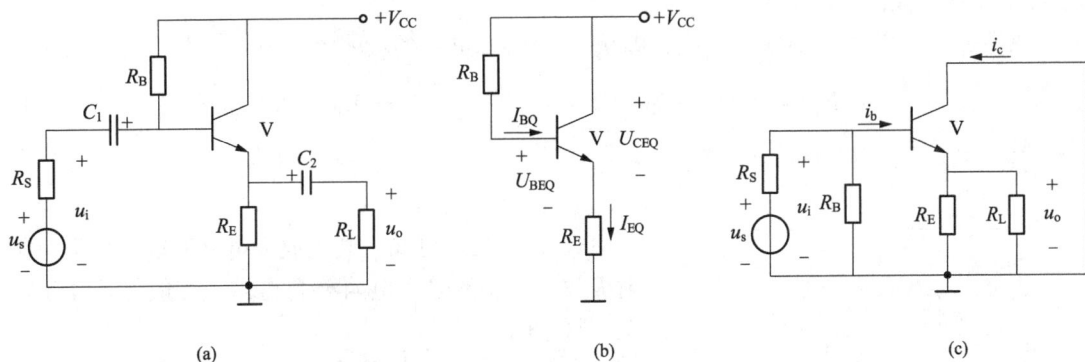

图 2-24　共集电极放大电路

（a）放大电路；（b）直流通路；（c）交流通路

共集放大电路具有较强的自动稳定静态工作点的作用。例如，当温度（T）升高引起其静态集电极电流 I_{CQ} 增大时，有如下自动稳定 I_{CQ} 的过程：

温度升高 $T\uparrow \rightarrow I_{CQ}\uparrow \rightarrow U_{EQ}\uparrow \rightarrow U_{BEQ}\downarrow \rightarrow I_{BQ}\downarrow \rightarrow I_{CQ}\downarrow$

自动反馈的结果使 I_{CQ} 基本不变。

2. 动态分析

根据交流通路画出放大电路的小信号等效电路如图 2-25 所示。

（1）电压放大倍数 A_u。由图 2-23 可知，输入电压为

$$u_i = i_b r_{be} + (1+\beta)i_b R_L'$$

其中，$R_L' = R_E /\!/ R_L$。

输出电压为

$$u_o = i_e R_L' = (1+\beta)i_b R_L'$$

电压放大倍数为

$$A_u = \frac{u_o}{u_i} = \frac{(1+\beta)i_b R_L'}{i_b r_{be} + (1+\beta)i_b R_L'} = \frac{(1+\beta)R_L'}{r_{be} + (1+\beta)R_L'} \tag{2-37}$$

一般有 $r_{be} \ll (1+\beta)R_L'$，所以式（2-38）可近似为

图 2-25　共集放大电路的小信号等效电路

$$A_u \approx 1 \tag{2-38}$$

式（2-38）表明：共集放大电路的电压放大倍数小于1，但近似等于1。因输出电压与输入电压大小近似相等、相位相同，故共集放大电路又称为射极跟随器。

在图2-24中，若忽略R_B的分流影响，则$i_i \approx i_b$、$i_o \approx i_e$，可得电流放大倍数为

$$A_i = \frac{i_o}{i_i} = \frac{i_e}{i_b} = 1 + \beta \tag{2-39}$$

所以，共集放大电路虽然没有电压放大，但仍具有电流放大和功率放大的作用。

（2）输入电阻。根据图2-25，若暂不考虑R_B，输入电阻R_i'为

$$R_i' = \frac{u_i}{i_b} = \frac{i_b r_{be} + (1+\beta)i_b R_L'}{i_b} = r_{be} + (1+\beta)R_L' \tag{2-40}$$

式中，$R_L' = R_E /\!/ R_L$，由于流过R_L'上的电流i_e比i_b大$1+\beta$倍，所以把发射极回路的电阻R_L'折算到基极回路应扩大$1+\beta$倍。

现将R_B考虑进去计算输入电阻，即从R_B两端看进去的输入电阻为

$$R_i = \frac{u_i}{i_i} = \frac{u_i}{i_{R_B} + i_b} = \frac{u_i}{u_i/R_B + u_i/R_i'} = R_B /\!/ R_i' \tag{2-41}$$

因此共集放大电路的输入电阻为

$$R_i = R_B /\!/ [r_{be} + (1+\beta)R_L'] \tag{2-42}$$

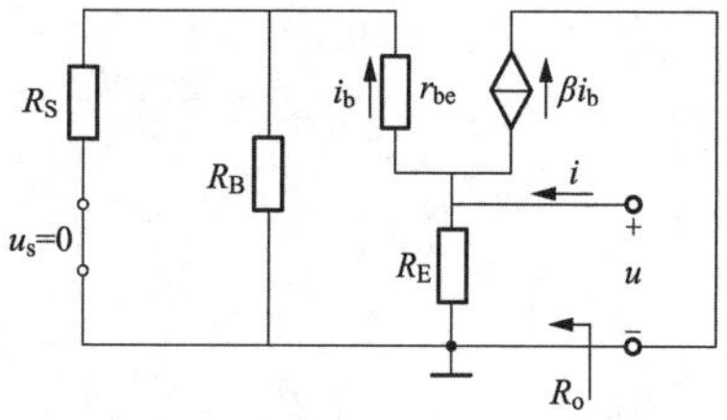

图2-26　计算射极输出器输出
电阻的等效电路

由式（2-42）可知，共集放大电路的输入电阻比共发射极放大电路的输入电阻要高得多，一般可达几十千欧至几百千欧。

（3）输出电阻。将信号源短路，但保留其内阻，并将输出端断开外接负载，加一个测试电压u，则会产生相应的电流i，u与i之比就是该放大电路的输出电阻。计算输出电阻的等效电路如图2-26所示，可以得到

$$R_o = R_E /\!/ \frac{r_{be} + R_S'}{1+\beta} \tag{2-43}$$

式中，$R_S' = R_S /\!/ R_B$，R_S为信号源内阻。

共集放大电路的输出电阻R_o很低，一般只有几十欧。

3. 共集电极放大电路的特点

由以上分析可知，共集电极放大电路具有以下特点：

（1）电压放大倍数小于1，但接近于1，即输出电压与输入电压大小相等、相位相同，具有电压跟随的特点；

（2）输入电阻很高，只从信号源吸取很小的功率，有利于信号的传输；

（3）输出电阻很低，具有较好的带负载能力。

因此，共集电极放大电路常用在要求输入电阻高的输入级、要求输出电阻低的输出级和在中间级作阻抗匹配作用（由于其隔离了前后两级之间的相互影响，也称为缓冲级）。

【例2-6】　在图2-24（a）所示电路中，已知$V_{CC} = 12V$，$R_B = 260k\Omega$，$R_E = 6k\Omega$，$R_L = 6k\Omega$，$R_S = 10k\Omega$，三极管的$\beta = 50$，$U_{BEQ} = 0.7V$。试估算静态工作点Q，并计算A_u、R_i和R_o。

解： (1) 计算静态值。

根据式 (2-34) ～式 (2-36) 可得

$$I_{BQ} = \frac{V_{CC} - U_{BEQ}}{R_B + (1+\beta)R_E} = \frac{12 - 0.7}{260 + (1+50) \times 6} \approx 0.02(\text{mA}) = 20(\mu\text{A})$$

$$I_{CQ} = \beta I_{BQ} = 50 \times 0.02 = 1(\text{mA})$$

$$U_{CEQ} \approx V_{CC} - I_{CQ}R_E = 12 - 1 \times 6 = 6(\text{V})$$

(2) 计算 A_u、R_i 和 R_o。

根据式 (2-37)、式 (2-42)、式 (2-43) 可得

$$r_{be} = r'_{bb} + (1+\beta)\frac{26}{I_{EQ}} = 200 + (1+50) \times \frac{26}{1} \approx 1.53(\text{k}\Omega)$$

$$R'_L = R_E \mathbin{/\mkern-5mu/} R_L = 6 \mathbin{/\mkern-5mu/} 6(\text{k}\Omega) = 3(\text{k}\Omega)$$

电压放大倍数为

$$A_u = \frac{(1+\beta)R'_L}{r_{be} + (1+\beta)R'_L} = \frac{(1+50) \times 3}{1.53 + (1+50) \times 3} \approx 0.99$$

输入电阻为

$$R_i = R_B \mathbin{/\mkern-5mu/} [r_{be} + (1+\beta)R'_L] = 260 \mathbin{/\mkern-5mu/} [1.53 + (1+50) \times 3] \approx 97(\text{k}\Omega)$$

输出电阻为

$$R'_S = R_S \mathbin{/\mkern-5mu/} R_B = 10 \mathbin{/\mkern-5mu/} 260 = \frac{10 \times 260}{10 + 260} \approx 9.6(\text{k}\Omega)$$

$$R_o = R_E \mathbin{/\mkern-5mu/} \frac{r_{be} + R'_S}{1+\beta} = 6 \mathbin{/\mkern-5mu/} \frac{1.53 + 9.6}{1+50} \approx 0.21(\text{k}\Omega) = 210(\Omega)$$

三、共基极放大电路

1. 电路组成和静态工作点

共基极放大电路如图 2-27 所示，它由发射极输入信号，集电极输出信号，基极交流接地，是输入回路与输出回路的公共端。

共基极放大电路的直流通路与共发射极放大电路相同，构成分压式偏置电路，因而静态工作点的计算也一样。

2. 主要性能指标

(1) 电压放大倍数 A_u。

图 2-27　共基极放大电路

共基极放大电路的电压放大倍数公式与共射放大电路一样，但输出电压与输入电压同相。

$$A_u = \frac{u_o}{u_i} = \beta\frac{R'_L}{r_{be}} \tag{2-44}$$

(2) 输入电阻 R_i

$$R_i = R_E \mathbin{/\mkern-5mu/} \frac{r_{be}}{1+\beta} \tag{2-45}$$

与共发射极放大电路和共集电极放大电路相比，共基放大电路输入电阻小。

(3) 输出电阻 R_o。

$$R_o = R_C \tag{2-46}$$

共基放大电路的特点是通频带宽、稳定性好，输出电流恒定，多用于高频和宽频带电路

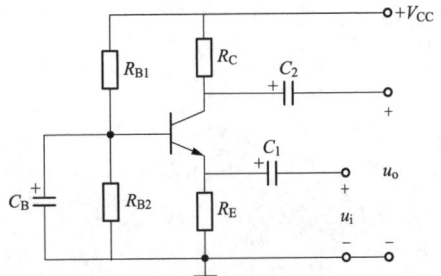

中，在声像及通信技术中应用较广。

知 识 拓 展

场效应管放大电路

场效应管也具有放大作用，可以用来组成放大电路。根据场效应管在放大电路中的接法，分为共栅极、共源极和共漏极三种组态放大电路。场效应管放大电路的组成原则和分析方法与双极性三极管放大电路类似，但是由于场效应管是电压控制器件，在电路组成上仍有其特点。

场效应管放大电路主要优点是输入电阻极高、噪声低、热稳定性好等。由于场效应管的跨导较小，所以场效应管放大电路在相同的负载下其电压放大倍数一般比三极管的要低，常用作多级放大器的输入级。

技 能 训 练

单管共发射极放大电路测试

一、训练目的

（1）学习和理解晶体管放大电路的静态工作点对其性能的影响。

（2）学习放大电路性能指标的测试方法。

（3）学会简单电子电路的安装。

二、仪器设备及元器件

（1）仪器设备：示波器、函数发生器、直流稳压电源各 1 台，万用表 1 只。

（2）元器件：三极管 1 只（自选），电阻 20kΩ 1 个、10kΩ 1 个、3kΩ 2 个、510Ω 1 个，电位器 150kΩ 1 个，电解电容 10μF 2 个、47μF 1 个。

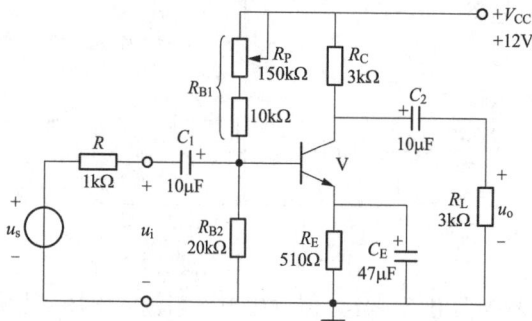

图 2-28　共发射极放大电路

三、训练内容

1. 测量静态工作点

（1）单管共发射极放大电路如图 2-28 所示，按图连接好电路，经检查无误后接通电源。

（2）在无输入信号的情况下，调节上偏置电阻器 R_P，使输出 $U_{Rc} = 6V$，即 $I_{CQ} = U_{Rc}/R_C = 2mA$。然后用万用表测量放大电路的静态工作点，记录于表 2-2。

表 2-2 放大电路的静态工作点

	U_{BQ} （V）	U_{BEQ} （V）	U_{CEQ} （V）	I_{BQ} （μA）
测量值				

2. 电压放大倍数的测量

（1）输入由函数发生器提供的频率为 1kHz、幅度为 30mV 的正弦信号 u_s，输出端接

$3k\Omega$ 负载电阻 R_L，用示波器分别观测信号源电压 u_s、输入电压 u_i 和输出电压 u_o 的波形和大小，填入表 2 - 3 中，并计算电压放大倍数。

（2）保持信号源电压 u_s 不变，将输出端负载开路（$R_L=\infty$），用示波器测量此时的输出电压 u_o'，填入表 2 - 3 中。计算电压放大倍数，并分析负载对放大电路电压放大倍数的影响。

（3）用双踪示波器观察 u_o 和 u_i 的波形，比较它们之间的相位关系。

表 2 - 3　　　　　　　　　　　　**电压放大倍数的测量**

测试条件	实测值				理论值
	U_s（mV）	U_{im}（mV）	U_{om}（或 U_{om}'）（V）	A_u	A_u
$f=1kHz$，$R_L=3k\Omega$					
$f=1kHz$，$R_L=\infty$					

3. 输入电阻和输出电阻的测量

（1）根据表 2 - 3 所测得的 $f=1kHz$ 时 U_s 和 U_i 以及已知电阻 R 的阻值，利用式（2 - 9）计算出放大电路的输入电阻；

（2）根据表 2 - 3 所测得的 $f=1kHz$ 时 U_{om}、U_{om}'，利用式（2 - 12）计算出放大电路的输出电阻。

4. 观察静态工作点对输出波形的影响

将频率为 1kHz 的正弦信号加在放大器的输入端，调节 u_s，使输出 u_O 为不失真的正弦波。

（1）将电位器 R_P 的阻值调为最大，用示波器观察输出波形的失真，记录波形，若波形失真不够明显，可适当增大 u_s；

（2）将电位器 R_P 的阻值调为最小，观察输出波形的失真，记录波形。将结果记录于表 2 - 4。

表 2 - 4　观察静态工作点对输出波形的影响

调节 R_P	失真波形	失真性质
R_P 增大		
R_P 减小		

5. 测量最大不失真输出电压幅度

在放大电路的输入端输入一个频率为 1kHz 的信号，同时用示波器观察放大器输出波形。逐步增大输入信号幅度，若出现上下波形失真、不对称，可调节 R_P 使输出波形不失真。继续增加输入信号幅度，直到再次出现不对称、失真，再次调节 R_P，使失真消除，如此反复，达到最大不失真输出。测量并记录此时输出电压的大小。

四、训练要求

（1）记录测量和观察结果。

（2）分析电路放大倍数在不同测试条件下变化的原因。

（3）总结共射放大电路的特点及性能测试方法，撰写测试报告。

思考题

（1）放大电路的主要性能指标是什么？理想放大器的性能指标是什么？

（2）如何测量放大电路的输入电阻和输出电阻？

（3）试说明静态工作点不稳定对放大电路的工作有何影响？

（4）三极管用小信号等效电路来替代的条件是什么？

（5）试比较共发射极、共集电极和共基极放大电路的特点，说出各自的主要用途。

（6）若调节图 2-28 所示，电路中电位器 R_P 的阻值时，输出始终为失真信号，试分析其原因。

学习任务 2.3　差分放大电路的分析

知识学习

差分放大电路又称差动放大电路，是另一类基本放大电路。它有两个输入端，一个输出端，其输出电压与两个输入电压之差成正比。差分放大电路在电路和性能方面具有很多的优点，被广泛用于集成电路中。

2.3.1　基本差分放大电路

基本差分放大电路如图 2-29（a）所示，图中，V1、V2 均为共发射极电路，它们结构对称，对应电阻元件参数相同。电路采用双电源 $+V_{CC}$ 和 $-V_{EE}$ 供电。R_C 为集电极负载电阻，R_E 是发射极共模反馈电阻，用来抑制零点漂移。输入信号 u_{i1}、u_{i2} 从 V1、V2 的基极加入，称为双端输入，输出信号 u_o 从 V1、V2 的集电极之间输出，称为双端输出。

一、对零点漂移的抑制能力

零点漂移是指放大电路在静态时，由于工作点不稳定，造成放大电路零输入时输出不为零，且输出电压随时间缓慢变化的现象。因温度变化而引起的零点漂移，称为温度漂移，简称温漂。

图 2-29（a）所示电路在静态时，即 $u_{i1} = u_{i2} = 0$ 时，由于温度等因素变化所引起的静态工作点的漂移，对 V1、V2 是相同的，因此两管的集电极电位将同时上升或下降相同的数值。在采用双端输出时，输出电压将保持为零。也就是说，差分放大电路是利用电路的对称性来将两管的零点漂移相互抵消的。

若采用单端输出，由于发射极共模反馈 R_E 的作用，将大大抑制每只三极管的零点漂移。例如，温度升高使三极管集电极电流增加，将引起如下过程：

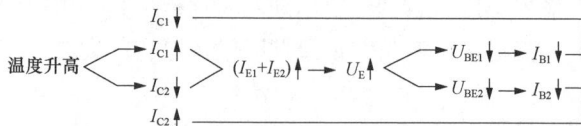

温度升高 $\left\{ \begin{array}{l} I_{C1} \uparrow \\ I_{C2} \uparrow \end{array} \right.$ > $(I_{E1}+I_{E2}) \uparrow \rightarrow U_E \uparrow \left\{ \begin{array}{l} U_{BE1} \downarrow \rightarrow I_{B1} \downarrow \rightarrow I_{C1} \downarrow \\ U_{BE2} \downarrow \rightarrow I_{B2} \downarrow \rightarrow I_{C2} \downarrow \end{array} \right.$

上述过程表明：每只管子产生的零点漂移，通过发射极电阻 R_E 上电压的自动调节作用而受到抑制。

二、静态分析

差分放大电路的直流通路如图 2-29（b）所示。V1、V2 管特性相同，$\beta_1 = \beta_2 = \beta$，且电路参数对称，V2 管的静态值与 V1 管相同。由 V1 管的基极输入回路有

$$V_{EE} = U_{BEQ1} + 2I_{EQ1}R_E$$

图 2 - 29　基本差分放大电路
(a) 电路；(b) 直流通路

则 V1、V2 管的集电极电流为

$$I_{CQ1} = I_{CQ2} \approx I_{EQ1} = \frac{V_{EE} - U_{BEQ1}}{2R_E} \tag{2 - 47}$$

静态基极电流为

$$I_{BQ1} = I_{BQ2} = \frac{I_{CQ1}}{\beta} \approx \frac{V_{EE} - U_{BEQ1}}{\beta 2R_E} \tag{2 - 48}$$

V1、V2 管的集电极对地电压为

$$U_{CQ1} = U_{CQ2} = V_{CC} - I_{CQ1}R_C \tag{2 - 49}$$

可见，静态时两管集电极之间电压差为零，即电路输出电压 $u_O = 0$。

由式 (2 - 47) 可见，就静态而言，对于每只三极管，发射极相当于接入一个 $2R_E$ 的电阻，发射极电阻越大，每管工作点的稳定性越好，所以差分放大电路的静态工作点比单管放大电路稳定，抑制温漂的性能也好。

三、动态分析

1. 差模输入与差模特性

在差分放大电路输入端加入两个大小相等、极性相反的输入信号，即 $u_{i1} = -u_{i2}$，这种输入方式称为差模输入，此时两管输入端之间的信号之差称为差模输入信号，用 u_{id} 表示，则

$$u_{id} = u_{i1} - u_{i2} = 2u_{i1} \tag{2 - 50}$$

在差模信号的作用下，两三极管各极电流的变化正好相反。当 V1 的电流（i_{b1}、i_{c1} 和 i_{e1}）增大时，V2 的对应电流（i_{b2}、i_{c2} 和 i_{e2}）减小，且对应的电流变化量在数值上是相同的。于是流过 R_E 的差模信号电流彼此抵消，结果在 R_E 上差模信号电压降为零，因而对于差模信号而言，R_E 可视为短路。差分放大电路的差模信号交流通路如图 2 - 30 所示。

此时，两管集电极之间的输出电压为

$$u_o = u_{o1} - u_{o2}$$

$$u_{o1} = A_{ud1} \frac{1}{2} u_{i1}$$

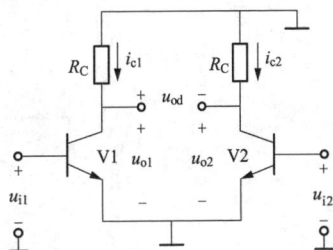

图 2 - 30　差模信号交流通路

$$u_{o2} = A_{ud2}\left(-\frac{1}{2}u_{i2}\right)$$

A_{ud1}、A_{ud2} 分别为 V1、V2 两管单管电压放大倍数，由于电路参数是对称的，有 $A_{ud1} = A_{ud2}$，则差分放大电路双端输出差模电压放大倍数为

$$A_{ud} = \frac{u_{od}}{u_{id}} = \frac{u_{o1} - u_{o2}}{2u_{i1}} = \frac{A_{ud1}\frac{1}{2}u_{i1} - A_{ud2}\left(-\frac{1}{2}u_{i2}\right)}{2u_{i1}} = A_{ud1} = -\beta\frac{R_C}{r_{be}} \qquad (2-51)$$

式（2-51）说明：差分放大电路的电压放大倍数与单级共射放大器的电压放大倍数相同。

当 V1、V2 两管的集电极输出端接有负载电阻 R_L 时，差模信号引起一个管子的集电极电位降低时，而另一个管子的集电极电位必然升高，可以认为 R_L 中点处的电位保持不变，也就是说 R_L 中点处相当于交流接地。此时的集电极交流等效负载为 $R'_L = R_C \,/\!/ \frac{1}{2}R_L$，则

差模电压放大倍数 A_{ud} 为

$$A_{ud} = -\beta\frac{R'_L}{r_{be}} \qquad (2-52)$$

差模输入电阻 R_{id} 为

$$R_{id} = 2r_{be} \qquad (2-53)$$

输出电阻 R_o 为

$$R_o = 2R_C \qquad (2-54)$$

2. 共模输入与共模抑制比

在差分放大电路的两个输入端分别加入一对大小相等、极性相同的信号，即 $u_{i1} = u_{i2}$，这种输入方式称为共模输入。两输入端分别对地的信号称为共模信号，用 u_{ic} 表示，$u_{i1} = u_{i2} = u_{ic}$。

在共模信号作用下，V1、V2 两管的发射极电流同时增加或同时减小，由于电路参数对称，$i_{e1} = i_{e2} = i_e$。流过 R_E 上的电流为 $2i_e$，R_E 两端压降的变化量为 $u_e = 2i_e R_E = i_{e1}(2R_E)$。因此，共模信号交流通路如图 2-31 所示，对共模信号来说，R_E 对每个三极管的共模信号都有 $2R_E$ 的负反馈效果，使得从每个管子集电极输出时的共模电压大大减小。

在双端输出的差分放大电路中，理想情况下电路完全对称，输出的共模电压 $u_{oc} = u_{c1} - u_{c2} = 0$，共模电压放大倍数为 0，即

$$A_{uc} = \frac{u_{oc}}{u_{ic}} = 0 \qquad (2-55)$$

如果电路不完全对称，则 $A_{uc} \neq 0$，但 A_{uc} 也是很小的。

将差分放大电路的零点漂移折算到放大电路的输入端，相当于在两个输入端加上了一对共模信号，输出端共模电压的减小就意味着对零点漂移的抑制。为了减小输出端的共模电压，要求电路的管子和元件尽可能对称，R_E 尽可能大。R_E 越大，单端输出时，共模输出电压就越小，零漂也就越小。

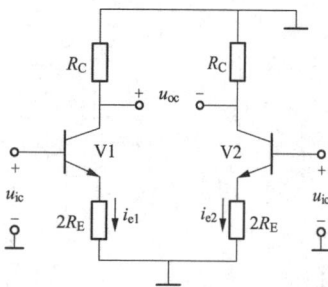

图 2-31　共模信号交流通路

为了衡量差分放大电路放大差模信号及抑制共模信号的能力，定义差模电压放大倍数与共模电压放大倍数之比的绝对值为共模抑制比 K_{CMR}，通常用分贝表示，即

$$K_{\mathrm{CMR}} = 20\lg\left|\frac{A_{ud}}{A_{uc}}\right| \mathrm{dB} \tag{2-56}$$

K_{CMR} 越大，表示差分放大电路对共模信号的抑制能力越强。

3. 输入任意信号

在实际应用中，输入到差分放大电路输入端的电压信号往往是任意的电压信号 u_{i1}、u_{i2}，它们既不是差模信号，也不是共模信号，可以把它们用差模信号和共模信号来表示，分别求出差模信号作用下的差模输出电压和共模信号作用下的共模输出电压，然后利用叠加定理，将差模输出电压和共模输出电压相叠加，即得到任意信号作用下的输出电压。

当输入任意信号时，电路的差模输入电压等于两任意信号的电压之差，即

$$u_{\mathrm{id}} = u_{\mathrm{i1}} - u_{\mathrm{i2}} \tag{2-57}$$

因此，V1 管的差模输入电压为 $\frac{1}{2}u_{\mathrm{id}}$，V2 管的差模输入电压为 $-\frac{1}{2}u_{\mathrm{id}}$。

电路的共模输入电压等于两任意信号的电压平均值，即

$$u_{\mathrm{ic}} = \frac{u_{\mathrm{i1}} + u_{\mathrm{i2}}}{2} \tag{2-58}$$

由此可见，当用共模信号和差模信号表示两个输入电压时，则有

$$u_{\mathrm{i1}} = u_{\mathrm{ic}} + \frac{1}{2}u_{\mathrm{id}}$$

$$u_{\mathrm{i2}} = u_{\mathrm{ic}} - \frac{1}{2}u_{\mathrm{id}}$$

【例 2-7】　在图 2-29（a）所示差分放大电路中，已知 $V_{\mathrm{CC}} = V_{\mathrm{EE}} = 12\mathrm{V}$，$R_{\mathrm{C}} = 10\mathrm{k\Omega}$，$R_{\mathrm{E}} = 10\mathrm{k\Omega}$，三极管 $\beta = 50$，$U_{\mathrm{BEQ}} = 0.7\mathrm{V}$，并在输出端外接负载电阻 $R_{\mathrm{L}} = 20\mathrm{k\Omega}$。试求：（1）放大电路的静态工作点；（2）差模电压放大倍数、差模输入电阻和输出电阻。

解：（1）求静态工作点

$$I_{\mathrm{CQ1}} = I_{\mathrm{CQ2}} \approx \frac{V_{\mathrm{EE}} - U_{\mathrm{BEQ}}}{2R_{\mathrm{E}}} = \frac{12 - 0.7}{2 \times 10} = 0.565(\mathrm{mA})$$

$$I_{\mathrm{BQ1}} = I_{\mathrm{BQ2}} = \frac{I_{\mathrm{CQ1}}}{\beta} = \frac{0.565}{50} = 0.011\mathrm{mA} = 11(\mu\mathrm{A})$$

$$U_{\mathrm{CQ1}} = U_{\mathrm{CQ2}} = V_{\mathrm{CC}} - I_{\mathrm{CQ1}}R_{\mathrm{C}} = 12 - 0.565 \times 10 = 6.35(\mathrm{V})$$

（2）求 A_{ud}、R_{id} 和 R_{o}

$$r_{\mathrm{be}} = r'_{\mathrm{bb}} + (1 + \beta)\frac{26(\mathrm{mV})}{I_{\mathrm{EQ}}(\mathrm{mA})} = 200 + (1 + 50)\frac{26}{0.565} \approx 2.55(\mathrm{k\Omega})$$

$$R'_{\mathrm{L}} = R_{\mathrm{C}} \mathbin{/\mkern-5mu/} \frac{1}{2}R_{\mathrm{L}} = 10 \mathbin{/\mkern-5mu/} \frac{20}{2} = 5(\mathrm{k\Omega})$$

$$A_{ud} = -\beta\frac{R'_{\mathrm{L}}}{r_{\mathrm{be}}} = -\frac{50 \times 5}{2.55} \approx -98$$

$$R_{\mathrm{id}} = 2r_{\mathrm{be}} = 2 \times 2.55 = 5.1(\mathrm{k\Omega})$$

$$R_{\mathrm{o}} = 2R_{\mathrm{C}} = 2 \times 10 = 20(\mathrm{k\Omega})$$

2.3.2　具有恒流源的差分放大电路

由以上分析可知，差分放大电路的发射极电阻 R_E 阻值越高，对共模信号的负反馈能力越强，共模抑制比就越高。但 R_E 阻值的增加，会使负电源电压 $-V_{EE}$ 的电压也要相应地提高，电路的功耗增大，而且过高阻值的电阻在集成电路中工艺难以实现。

因此，在集成电路中常用恒流源来代替电阻 R_E 电阻，组成具有恒流源的差分放大电路，如图 2-32（a）所示。V3 和电阻 R_{B1}、R_{B2}、R_{E3} 构成恒流源电路，当 V3 工作在放大区时，其集电极电流 I_{C3} 为一恒定值。通常用图 2-32（b）所示的简化恒流源符号来表示恒流源，I_0 即为 I_{C3}。

在三极管输出特性的恒流区，当集电极电压有一个较大的变化量 Δu_{CE} 时，集电极电流 i_C 基本不变，此时三极管 C、E 之间的等效电阻 $r_{ce}=\Delta u_{CE}/\Delta i_C$ 的值很大。用恒流源充当一个阻值很大的电阻 R_E，既可有效地抑制零漂，又适合于集成电路制造工艺中用三极管代替大电阻的特点，因而在集成电路中被广泛应用。

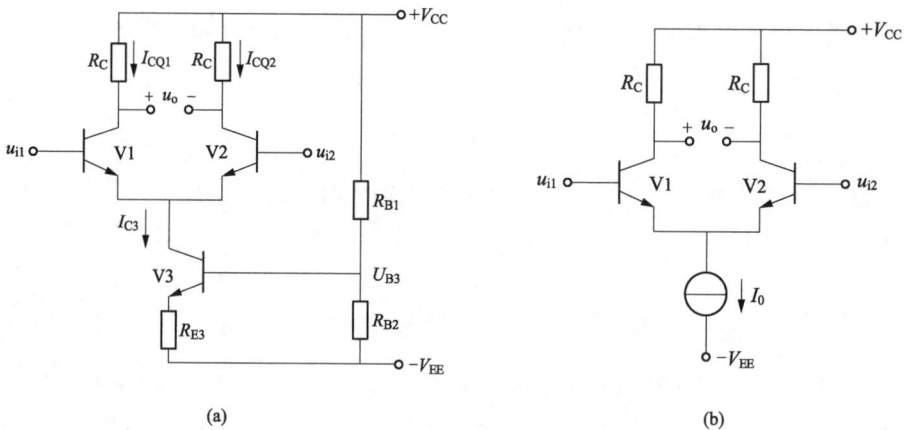

图 2-32　具有恒流源的差分放大电路
（a）电路图；（b）简化电路

由图 2-32（a）可见，恒流管 V3 的基极电位 U_{B3} 由电阻 R_{B1}、R_{B2} 分压得到，可认为基本不受温度变化的影响，则 V3 管的发射极电流 I_{E3} 也基本保持恒定。

$$U_{B3} = \frac{R_{B2}}{R_{B1}+R_{B2}}(V_{CC}+V_{EE})$$

则恒流管 V3 的静态电流为

$$I_{CQ3} \approx I_{EQ3} = \frac{U_{B3}-U_{BEQ}}{R_{E3}}$$

于是得到两个差分放大管的静态集电极电流和电压为

$$I_{CQ1} = I_{CQ2} = \frac{1}{2}I_{CQ3}$$

$$U_{CQ1} = U_{CQ2} = V_{CC} - I_{CQ1}R_C$$

可见，恒流源电路在不高的电源电压下，既为差分放大电路设置了合适的静态工作点，又增强了抑制共模信号的能力。采用恒流源的差分放大电路，其共模抑制比可提高 1～2 个数量级。

2.3.3 差分放大电路的输入、输出方式

以上介绍的差分放大电路均采用双端输入、双端输出方式，输入、输出信号都没有接地端。在实际使用中，常需要单端输入或单端输出的方式。

1. 单端输出

所谓单端输出，就是输出信号取自三极管 V1 或 V2 的集电极与地之间的信号。图 2-33 (a) 所示负载电阻 R_L 接在 V1 集电极和地之间，由于输出电压 u_o 与输入电压 u_i 反相，称为反相输出；图 2-33 (b) 所示负载电阻 R_L 接在 V2 集电极和地之间，这时输出电压 u_o 与输入电压 u_i 同相，称为同相输出。

单端输出差分放大电路输出电压 u_o 只有双端输出电压的一半，若带上负载，则负载电阻 R_L 直接并联在输出管的集电极与地之间，输出管交流等效负载电阻为 $R'_L = R_C /\!/ R_L$，由此单端输出时的差模电压放大倍数为

$$A_{ud}(单端) = -\frac{1}{2}\frac{\beta R'_L}{r_{be}}(反相输出) \qquad (2-59)$$

$$A_{ud}(单端) = \frac{1}{2}\frac{\beta R'_L}{r_{be}}(同相输出) \qquad (2-60)$$

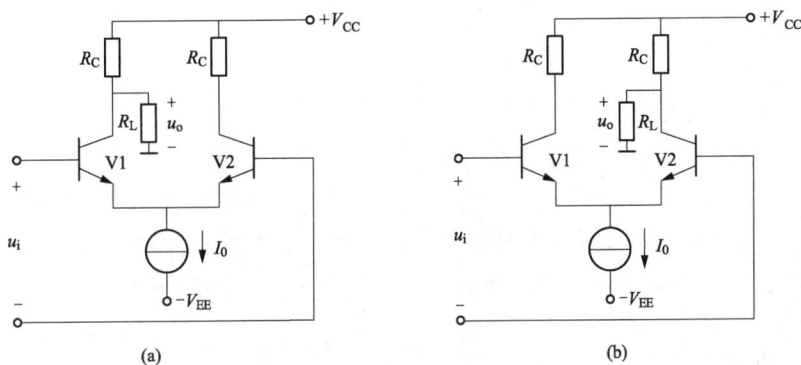

图 2-33 双端输入、单端输出差分放大电路
(a) 反相输出；(b) 同相输出

单端输出时的共模电压放大倍数为

$$A_{uc}(单端) = \frac{u_{oc1}}{u_{ic}} = -\frac{\beta R'_L}{r_{be} + 2(1+\beta)R_E} \qquad (2-61)$$

此时，差分放大电路的共模抑制比为

$$K_{CMR} = 20\lg\left|\frac{A_{ud}(单端)}{A_{uc}(单端)}\right| dB \qquad (2-62)$$

单端输出时，差分放大电路的差模输入电阻与输出方式无关，但输出电阻是双端输出时的一半，即

$$R_o(单端) = R_C \qquad (2-63)$$

2. 单端输入

所谓单端输入，就是差分放大电路的两个输入端，有一个输入端直接接地，信号从另一个输入端与地之间加入，如图 2-34 所示。

单端输入的差分放大电路可以看成是任意信号输入的一个特例，即 $u_{i1} = u_i$，$u_{i2} = 0$，差

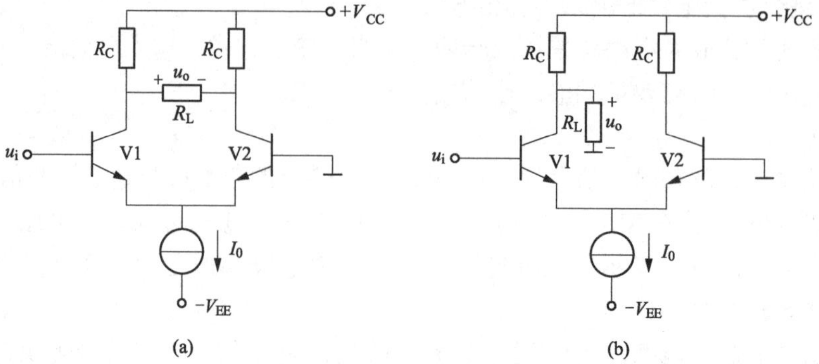

图 2 - 34　单端输入差分放大电路

（a）单端输入、双端输出；（b）单端输入、单端输出

模输入电压等于

$$u_{id} = u_{i1} - u_{i2} = u_i$$

因此，V1 管的差模输入电压为 $\dfrac{1}{2}u_i$，V2 管的差模输入电压为 $-\dfrac{1}{2}u_i$。

共模输入电压为

$$u_{ic} = \frac{u_{i1} + u_{i2}}{2} = \frac{u_i}{2}$$

由此可见，输入方式的改变不影响电路差模电压放大倍数。

单端输入分析方法与双端输入完全相同，不再赘述。需要注意的是，单端输入与双端输入的区别在于：单端输入在差模信号输入的同时，伴随着共模信号输入。

表 2 - 5 列出了差分放大电路四种连接方式及其性能，以供使用参考。

技能训练

具有恒流源的差分放大电路的仿真测试

一、差模输入特性的仿真测试

用 Multisim 软件创建差分放大电路，如图 2 - 35 所示。在晶体管库 的 BJT ＿ NPN 族中选取三极管 2N2222，在电源库 选取的 SIGNAL ＿ VOLTAGE ＿ SOURCE 族中的 AC ＿ VOLTAGE 作为信号源 V$_s$。双击信号源图标，在信号源属性对话框中将其幅值设置为 50mV。

1. 测试静态工作点

点击仿真工具栏上的分析按钮 ，在弹出的 "Analyses and Simulation" 对话框中选中直流工作点分析（DC Operating Point），如图 2 - 36 （a）所示。在 Output 页中的 "Variables in circuit" 区，分别单击 V1、V2、V3 的集电极电流，以及节点 1、2、4、7 的电压，按 "Add" 按钮添加到右边的 "Selected variables for analysis" 栏中，单击 "Run" 按钮进行分析，分析结果显示在 "Grapher View" 窗口，如图 2 - 36 （b）所示。

表 2 - 5　差分放大电路的输入、输出方式

连接方式	双端输出		单端输出	
	双端输入	单端输入	双端输入	单端输入
典型电路				
差模电压放大倍数	$A_{ud} = \dfrac{u_o}{u_i} = -\beta\dfrac{R_L'}{r_{be}}$　$R_L' = R_C /\!/ \dfrac{R_L}{2}$		$A_{ud} = \dfrac{u_o}{u_i} = -\dfrac{1}{2}\dfrac{\beta R_L'}{r_{be}}$　$R_L' = R_C /\!/ R_L$	
共模电压放大倍数 共模抑制比	$A_{uc} = \dfrac{u_{oc}}{u_{ic}} \to 0$　$K_{CMR} = \left|\dfrac{A_{ud}}{A_{uc}}\right| \to \infty$		$A_{uc} = \dfrac{u_{oc1}}{u_{ic}}$　$K_{CMR} = \left|\dfrac{A_{ud}}{A_{uc}}\right|$	
差模输出电阻	$R_o \approx 2R_C$		$R_o \approx R_C$	
差模输入电阻	$R_{id} = 2r_{be}$			
用途	适用于输入、输出都不需接地，对称输入、对称输出的场合	适用于单端输入转为双端输出的场合	适用于双端输入转为单端输出的场合	适用于输入、输出都需要接地的场合

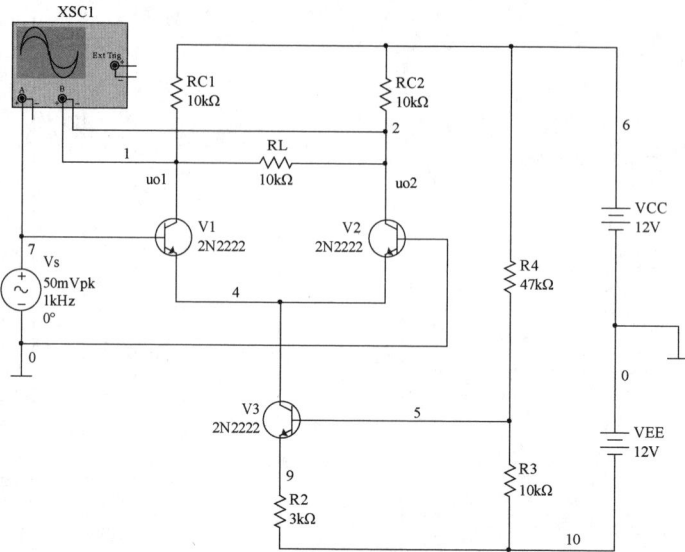

图 2-35　差模输入特性测试电路

由分析结果可知，V1、V2 的集电极电流和集电极电压均相等，V1 和 V2 的集电极电流之和等于 V3 的集电极电流。

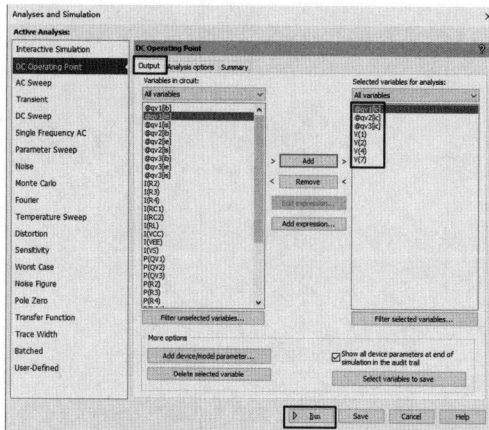

图 2-36　测试静态工作点

（a）Output 页的设置；（b）静态工作点分析结果

2. 测试差模电压放大倍数

将示波器通道 A 接输入信号，用通道 B 观测电路的双端输出电压，可观测到电路的输入波形和输出波形如图 2-37（a）所示。输出信号的幅值约为 2.84V，其波形相位与输入信号相位相反，故差模放大倍数为 $A_{ud} = -2.84V/50mV = -56.8$。

若此时再用示波器同时观测 V1、V2 的集电极输出电压 u_{o1} 和 u_{o2} 的波形，如图 2-37（b）所示，可以看到两输出电压 u_{o1} 和 u_{o2} 大小相等，极性相反，因此负载 R_L 上的输出电压 u_o 为 $2(u_{o1} - u_{o2}) = 2u_{o1}$，即电路可以放大差模信号。

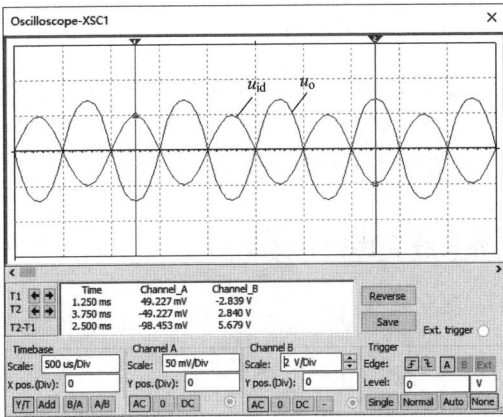 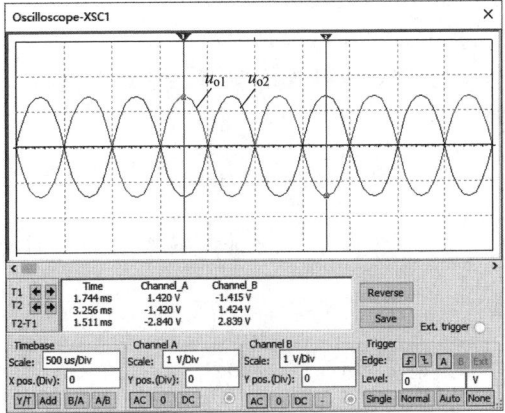

图 2-37　输入波形和输出波形

（a）差模输入信号和输出信号波形；（b）V1 和 V2 集电极输出波形

二、共模输入特性的仿真测试

共模输入的差分放大电路如图 2-38（a）所示，V1、V2 的基极接相同输入信号。用示波器可以观测到 V1、V2 的输出电压 u_{o1} 和 u_{o2} 大小相等，极性相同〔见图 2-38（b）〕，则负载 R_L 上的输出电压为 $2(u_{o1} - u_{o2}) \approx 0$，即共模放大倍数为 $A_{uc} = 0$。因此，差分放大电路具有抑制共模信号的特性。

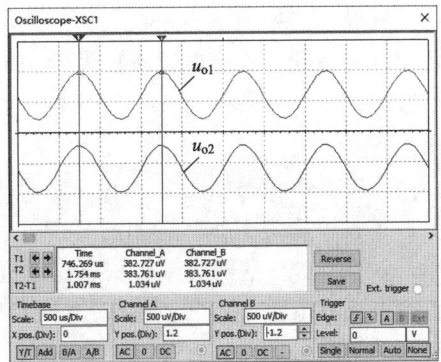

图 2-38　共模输入特性测试

（a）共模输入特性测试电路；（b）共模输入时的输出波形

🔧 **思考题**

（1）差分放大电路在结构上有何特点？

（2）什么是差模信号？什么是共模信号？若 $u_{i1}=1.01V$，$u_{i2}=0.99V$，则差模输入电压和共模输入电压各为多少？

（3）在差分放大电路中，发射极电阻 R_E 对差模信号有何影响？对共模信号有何影响？为什么？

（4）在差分放大电路中，单端输出与双端输出在性能上有何区别？

学习任务 2.4 互补对称功率放大电路的分析

知 识 学 习

功率放大电路具有较高的功率输出，可提供较大的输出动态范围，一般用于多级放大电路的末级、集成功率放大器、集成运算放大器等模拟集成电路的输出级。不同于前面讨论的小信号放大电路，对功率放大电路有以下三个基本要求：

（1）要求输出功率足够大。为了获得足够大的输出功率，三极管一般工作在极限状态，必须考虑三极管的极限参数 P_{CM}、I_{CM} 和 $U_{(BR)CEO}$。

（2）效率要求高。所谓效率，是指负载得到的交流信号功率与电源供给的直流功率之比。

（3）尽量减小非线性失真。功率放大器在大信号状态工作，即动态范围大，因此不可避免地会产生非线性失真。在要求输出功率足够大的情况下，应尽量减小非线性失真。

所以，功率放大电路主要研究电路的输出功率和效率等问题。

放大电路按照三极管在一个信号周期内导通时间的不同，可分为甲类、乙类和甲乙类三种类型。甲类工作状态如图 2-39（a）所示，输入信号在整个周期内都有电流流过放大器件，三极管的导通角为 $360°$，如前面所讨论的电压放大电路。它的特点是波形失真小，但管耗大、效率低。直流电源所提供的功率在没有信号输入时，全部消耗在管子和电阻上；当有信号输入时，一部分转化为有用的输出功率，另一部分消耗在器件上，其效率一般只能达到 25%。

乙类工作状态如图 2-39（b）所示，一个周期内只有半个周期 $i_C>0$，三极管导通角等于 $180°$；甲乙类工作状态如图 2-39（c）所示，有半个周期以上 $i_C>0$，三极管导通角大于 $180°$小于 $360°$。这两类工作状态是通过把静态工作点向下移动，使输入信号等于零时，电源的输出功率也等于零（或很小），减小管子损耗，使电源所提供的功率尽可能多地转化为有用的信号输出功率。

在甲乙类和乙类状态工作时，虽然提高了效率，但会出现严重的波形失真，因此既要保持静态时管耗小，又要使波形不产生严重失真，就必须改进电路结构。在实际电路中均采用互补推挽电路以减小失真。

功率放大电路通常工作在乙类或甲乙类状态，这里主要介绍工作于乙类或甲乙类状态的互补对称功放率放大电路。

2.4.1 乙类双电源互补对称放大电路

一、电路组成及工作原理

乙类互补对称放大电路如图 2-40（a）所示。电路采用正、负电源供电，且 $V_{CC}=V_{EE}$。

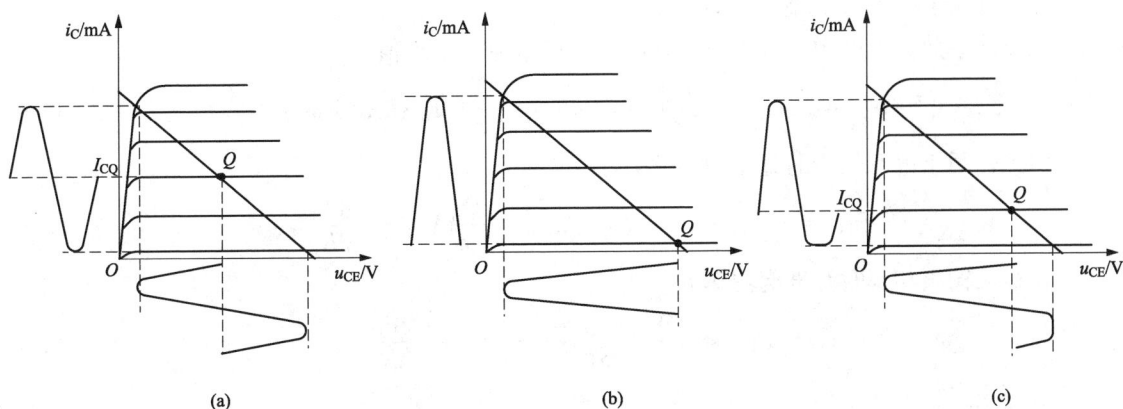

图 2-39　放大电路的工作状态
（a）甲类；（b）乙类；（c）甲乙类

V1、V2 分别为 NPN 型管和 PNP 型管，要求两管特性对称。V1、V2 分别与 R_L 组成射极输出器，故又称互补射极输出器。

静态时，输入信号 $u_i = 0$，两管的基极电位为零，V1、V2 都截止，静态工作电流 $I_{CQ} = 0$，输出电压 $u_o = 0$，电源不消耗功率。

动态时，在输入信号的正半周，即 $u_i > 0$ 时，V1 导通，V2 截止，正电源供电，V_{CC} 通过 V1 向 R_L 提供电流 i_{C1}，方向如图 2-40（a）中实线所示，输出电压 $u_o \approx u_i$；在输入信号的负半周，即 $u_i < 0$ 时，V1 截止，V2 导通，负电源供电，$-V_{EE}$ 通过 V2 向 R_L 提供电流 i_{C2}，方向如

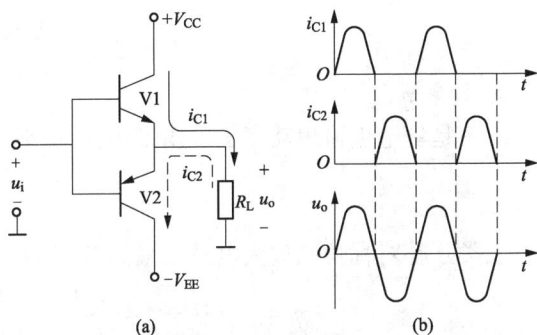

图 2-40　乙类互补对称功率放大电路及工作波形
（a）电路；（b）工作波形

图 2-40（a）中虚线所示，输出电压 $u_o \approx u_i$。这样，在输入信号一个周期，V1、V2 交替工作，管子工作在乙类放大状态，互相补充对方所缺少的半个周期，在负载 R_L 上得到一个完整的输出波形，如图 2-40（b）所示，故称这种电路为乙类互补对称功率放大电路。又因为静态时 V1、V2 公共发射极电位为零，不必采用电容耦合，又简称 OCL（Output Capacitorless）电路。

二、输出功率、效率和管耗的计算

1. 输出功率 P_o

输出电流 i_o 和输出电压 u_o 有效值的乘积，就是功率放大电路的输出功率，即

$$P_o = \frac{I_{cm}}{\sqrt{2}} \frac{U_{om}}{\sqrt{2}} = \frac{1}{2} I_{cm} U_{om} = \frac{U_{om}^2}{2R_L} \qquad (2-64)$$

考虑到三极管的饱和压降 $U_{CE(sat)}$，则电路最大不失真输出电压的幅值为 $U_{omm} = V_{CC} - U_{CE(sat)}$。由于饱和压降 $U_{CE(sat)}$ 通常很小，可以忽略不计，则最大不失真输出功率为

$$P_{om} = \frac{(V_{CC} - U_{CE(sat)})^2}{2R_L} \approx \frac{V_{CC}^2}{2R_L} \qquad (2-65)$$

2. 电源供给三极管的直流功率 P_{DC}

乙类功率放大电路中，每个三极管的集电极电流的平均值为

$$I_{C1(AV)} = I_{C2(AV)} = \frac{1}{2\pi}\int_0^{2\pi} i_c \mathrm{d}(\omega t) = \frac{1}{2\pi}\int_0^{\pi} I_{cm}\sin\omega t \mathrm{d}(\omega t) = \frac{I_{cm}}{\pi} \qquad (2-66)$$

因此，两组电源供给的直流功率 P_{DC} 为

$$P_{DC} = I_{C1(AV)}V_{CC} + I_{C2(AV)}V_{EE} = \frac{2I_{cm}}{\pi}V_{CC} = \frac{2U_{om}}{\pi R_L}V_{CC} \qquad (2-67)$$

在最大输出功率时，直流功率 P_{DC} 为

$$P_{DC} = \frac{2(V_{CC} - U_{CE(sat)})}{\pi R_L}V_{CC} \approx \frac{2V_{CC}^2}{\pi R_L} \qquad (2-68)$$

3. 管耗 P_C

管耗是指每管的集电极损耗功率。每个三极管的集电极管耗 P_C 为

$$P_{C1} = P_{C2} = \frac{1}{2}(P_{DC} - P_o) \qquad (2-69)$$

令 $\dfrac{\mathrm{d}P_{C1}}{\mathrm{d}U_{om}} = 0$，则当 $U_{om} = \dfrac{2V_{CC}}{\pi} = 0.636V_{CC}$ 时，管耗 P_C 达到最大值，为

$$P_{C1m} = \frac{1}{R_L}\frac{V_{CC}^2}{\pi^2} \approx 0.2P_{om} \qquad (2-70)$$

4. 效率 η

效率是集电极输出功率 P_o 与电源供给功率 P_{DC} 之比，即

$$\eta = \frac{P_o}{P_{DC}} = \frac{\pi}{4}\frac{U_{om}}{V_{CC}} \qquad (2-71)$$

乙类互补对称功率放大电路的最高效率为

$$\eta_m = \frac{\pi}{4}\frac{U_{omm}}{V_{CC}} = \frac{\pi}{4}\frac{V_{CC} - U_{CE(sat)}}{V_{CC}} \approx \frac{\pi}{4} = 78.5\% \qquad (2-72)$$

三、交越失真及其消除

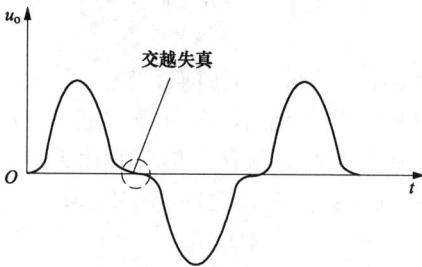

图 2-41　交越失真

在乙类功率放大电路中，由于 V1、V2 为零偏置，当输入信号小于三极管的死区电压时，V1、V2 两管仍处于截止状态，从而使输出波形在正、负半周交接处出现失真，这种乙类互补对称功放所特有的失真称为交越失真，如图 2-41 所示。

为了消除交越失真，应设置合适的静态工作点，使两只三极管均工作在临界导通或微导通状态，此时三极管工作在甲乙类状态，既可以基本上克服交越失真，又不会对效率有很大的影响。常见甲乙类互补对称功率放大电路形式如图 2-42 所示，图中，R_1、R_2、VD1、VD2、R_3 组成偏压电路，利用 R_2、VD1、VD2 上的电压降给 V1、V2 管的发射极提供一个小的正向偏压，这样在 $u_i = 0$ 时，两个管子已处于微导通状态，每个管子的基极各自存在一个较小的基极电流 i_{B1} 和 i_{B2}。同样，在两管的集电极也存在着较小的集电极电流 i_{C1} 和 i_{C2}，但是静态时，负载电流为零，所以输出电压 u_o 为零。

当接入信号 u_i 时，由于二极管 VD1、VD2 的动态电阻很小，而且 R_2 的阻值也很小，因

此可忽略 VD1、VD2 管及电阻 R_2 上的交流压降，认为 $u_{B1} \approx u_{B2} \approx u_i$。当 $u_i > 0$ 时，随着 u_i 的增大，V1 管的电流逐渐增大，负载 R_L 上得到正方向的电流；当 $u_i < 0$ 时，随着 u_i 的减小，V2 管的电流逐渐增大，负载 R_L 上得到负方向的电流。这样，即使 u_i 很小，也总能保证至少有一只三极管导通，因而消除了交越失真。通过上述分析可知，两管的导通时间都比输入信号的半个周期长，因此 V1、V2 管工作在甲乙类状态。

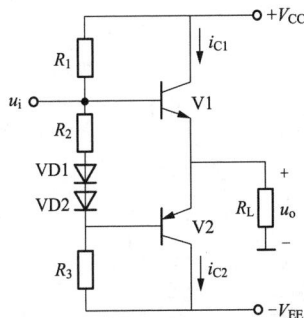

图 2-42　甲乙类互补对称功率放大电路

四、复合管互补对称放大电路

1. 复合管

互补对称放大电路要求输出管为一对特性相同的异型管，这很难实现，在实际电路中常采用复合管。

复合管是由两只或两只以上的三极管按照一定的连接方式，组成一只等效的三极管。构成复合管的原则是：

（1）复合后的管子类型应和第一只管子的类型相同；

（2）若用两只管子或多只管子组成复合管，必须保证每只管子各电极的电流都能顺着各个管子的正常工作方向流动；

（3）复合管外加电压的极性应保证复合中的管子都工作在放大区。

图 2-43 所示为两只三极管组成复合管的四种情况，其中图（a）和图（b）为同型复合，图（c）和图（d）为异型复合。

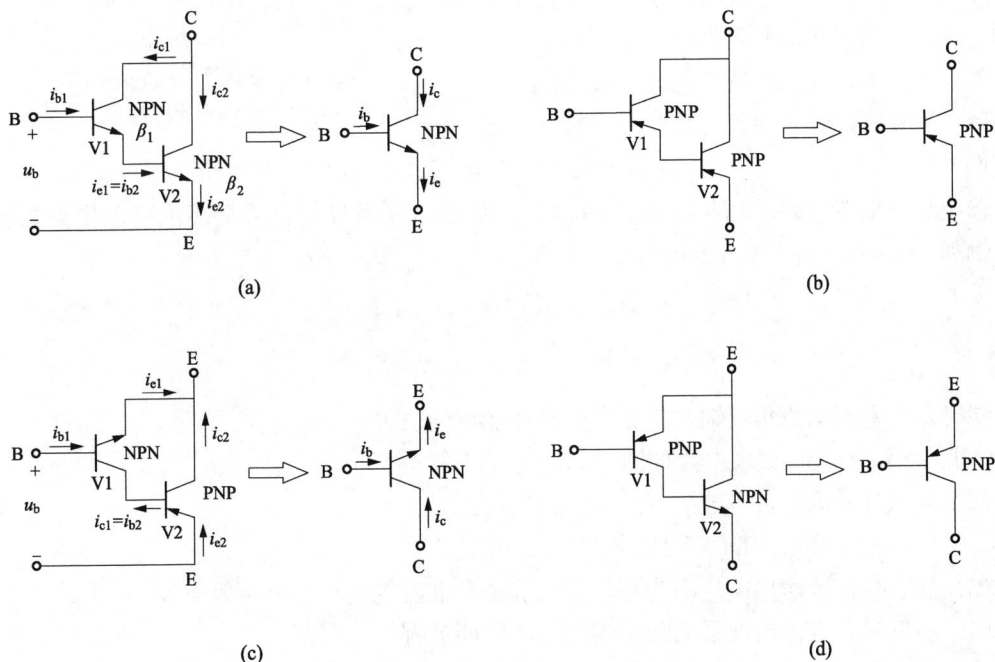

图 2-43　复合管

（a）NPN 同型复合；（b）PNP 同型复合；（c）NPN，PNP 异型复合；（d）PNP、NPN 异型复合

复合管的电流放大系数近似等于组成该复合管的各三极管 β 值的乘积。由图 2-43（a）可得

$$\beta = \frac{i_c}{i_b} = \frac{i_{c1} + i_{c2}}{i_{b1}} = \frac{\beta_1 i_{b1} + \beta_2 i_{b2}}{i_{b1}} = \frac{\beta_1 i_{b1} + \beta_2 (1+\beta_1) i_{b1}}{i_{b1}}$$

$$= \beta_1 + \beta_2 + \beta_1 \beta_2 \approx \beta_1 \beta_2 \qquad (2-73)$$

同型复合管的输入电阻为

$$r_{be} = r_{be1} + (1+\beta) r_{be2} \qquad (2-74)$$

异型复合管的输入电阻为

$$r_{be} = r_{be1} \qquad (2-75)$$

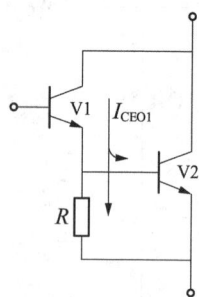

图 2-44　接有泄放电阻的复合管

复合管虽然电流放大系数大，但穿透电流较大，高频特性变差。为了减小穿透电流，常在两只三极管之间接一个泄放电阻 R，如图 2-44 所示。电阻 R 的接入会使复合管的电流放大系数下降。

2. 复合管互补对称放大电路

图 2-45 所示是由复合管组成的甲乙类互补对称放大电路。图中，V1、V3 复合等效为 NPN 型管，V2、V4 复合等效为 PNP 型管，由于 V1、V2 是同一类型管，输出级可以很好的对称，通常把这种复合管互补对称电路称为准互补对称放大电路。VD1、VD2、R_5 构成输出级偏置电路以克服交越失真。V1、V2 管的发射极电阻 R_8、R_9，一般为 $0.1 \sim 0.5\Omega$，具有直流负反馈作用，提高电路工作的稳定性外，还具有过电流保护的作用。R_6、R_7 为穿透电流的泄放电阻，用来减小复合管的穿透电流，提高复合管的温度稳定性。V5、R_1、R_2、R_3 等组成前置电压放大级，VD1、VD2、R_5 既是 V5 的集电极负载，

图 2-45　复合管组成的甲乙类互补对称放大电路

又是输出级的偏置电路。R_1 接在输出端 A 点，构成电压负反馈，可提高电路工作点的稳定性。例如，某种原因使 A 点电位升高，则

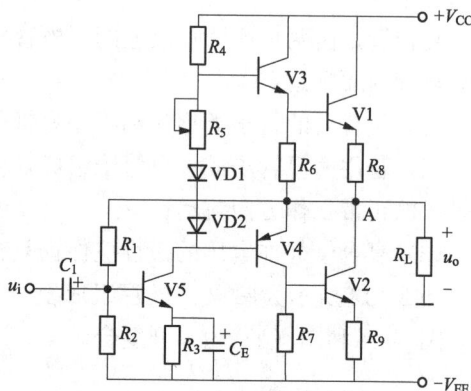

$$U_A \uparrow \to U_{B5} \uparrow \to I_{B5} \uparrow \to I_{C5} \uparrow \to I_{B3} \downarrow$$
$$U_A \downarrow \text{—————————————}$$

同时，也引入交流负反馈，使放大电路性能得到改善。

【例 2-8】　OCL 放大电路如图 2-42 所示。试求：

（1）静态时，流过负载电阻 R_L 的电流有多大？

（2）R_1、R_2、R_3、VD1、VD2 各起什么作用？

（3）静态时，若输出电压不为零，应调节哪个电阻能使输出电压等于零？

（4）动态时，若输出波形出现交越失真，应调节哪个电阻？

解：（1）静态时，输出电压应为零。所以负载电流等于零。

（2）R_1、R_3 为功放管 V1、V2 提供基极直流通路，同时也为二极管支路提供电流通路。R_2、VD1、VD2 为 V1、V2 提供静态偏置电压 U_{BE1}、U_{BE2}，使之工作在甲乙类状态。

（3）调节 R_1 或 R_3 可使输出端对称，使静态时输出电压为零。

（4）R_2、R_3、VD1、VD2 上产生的压降之和应略大于 V1、V2 两管的导通电压之和，从而使 V1、V2 管有一个小的静态电流，并可由 R_2 来调节静态电流的大小。动态时，输出波形出现交越失真，是因为 V1、V2 静态偏置电压小，应增大 R_2。

2.4.2　甲乙类单电源互补对称功率放大电路

OCL 电路采用双电源供电，使用不便，因此可采用单电源供电的互补对称电路，又称为 OTL（Output Trantsformerless）电路，如图 2-46 所示。

静态时，A 点电位为 $V_{CC}/2$，输出耦合电容 C 上的电压等于 $V_{CC}/2$。

当输入正弦信号时，在 u_i 正半周，V1 导通，V_{CC} 通过 V1 向 R_L 提供电流，同时向 C 充电，由于电容上的直流电压为 $V_{CC}/2$，所以两管的实际工作电压为 $V_{CC}/2$。在 u_i 的负半周 V2 导通，负电源供电，已充电的电容 C 起负电源的作用，通过 V2 向 R_L 放电。只要选择时间常数 $R_L C$ 足够大，就可以认为电容 C 上的直流压降基本不变。

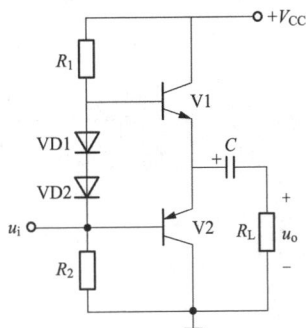

图 2-46　单电源甲乙类互补
对称放大电路

OTL 电路的输出功率、效率、功耗等的计算方法与 OCL 电路的完全相同，只需用 $V_{CC}/2$ 取代公式中的 V_{CC} 即可。

【例 2-9】　OTL 放大电路如图 2-46 所示，试求：

（1）静态 $u_i=0$ 时，A 点电位应调到多少伏？

（2）电容 C 起什么作用？

（3）电源电压 $V_{CC}=16V$，负载 $R_L=4\Omega$，三极管饱和压降 $U_{CE(sat)}=2V$，试求电路最大不失真输出功率 P_{om} 和效率 η。

解：（1）该电路为单电源电路，静态时，A 点电位为
$$U_A = V_{CC}/2 = 16/2 = 8(V)$$

（2）在信号的负半周，V1 截止、V2 导通，C 通过 V2 向负载 R_L 放电，电容 C 起到负电源的作用。

（3）考虑到三极管的饱和压降 $U_{CE(sat)}$，电路最大不失真输出电压的幅度为
$$U_{omm} = V_{CC}/2 - U_{CE(sat)}$$

则最大不失真输出功率为
$$P_{om} = \frac{1}{2} \frac{(V_{CC}/2 - U_{CE(sat)})^2}{R_L} = \frac{1}{2} \frac{(8-2)^2}{4} = 4.5(W)$$

效率为
$$\eta = \frac{\pi}{4} \frac{V_{CC}/2 - U_{CE(sat)}}{V_{CC}/2} \times 100\% = \frac{\pi}{4} \frac{8-2}{8} \times 100\% = 58.9\%$$

🧪 **技能训练**

功率放大电路的仿真测试

一、OCL 电路的仿真

OCL 仿真电路图如图 2-47 所示。在晶体管库 🔲 的 BJT_NPN 和 BJT_PNP 族中分别

选取三极管 2N3904 和 2N3905。输入频率为 3kHz 的正弦信号，用直流电流表测量电源 V_{CC} 和 V_{EE} 的工作电流，用交流电压表测量负载 R_L 上的输出电压。

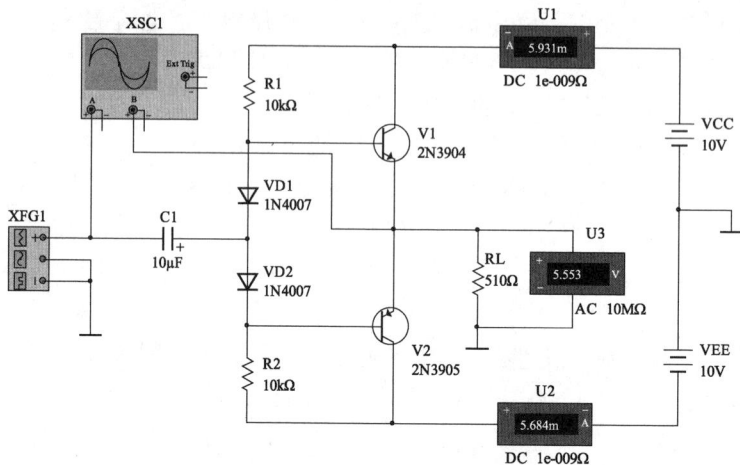

图 2-47　OCL 仿真电路图

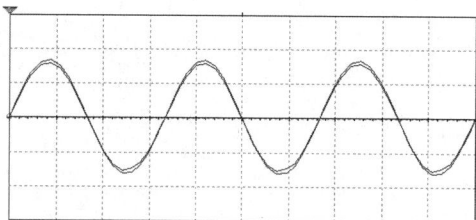

图 2-48　输入波形和输出波形

1. 测量最大不失真输出功率和效率

用示波器观测电路输出波形，调节函数发生器，改变输入信号的电压幅值，使波形输出为最大不失真，如图 2-48 所示。由图中可知，输出电压波形几乎与输入电压波形重合，只是在幅值上比输入电压略小。

从交流电压表上可读出此时的最大不失真输出电压值约为 5.533V，可以计算电路的最大不失真输出功率为

$$P_{omax} = U_o^2/R_L = 5.533^2/510 = 60(mW)$$

从直流电流表上可读出两电源的电流值分别为 5.931mA 和 5.684mA，则电源提供的功率为

$$P_{DC} = (5.931 + 5.684) \times 10 = 116.15(mW)$$

因此，电路的效率为

$$\eta = P_{omax}/P_{DC} \times 100\% = 60/116.15 = 51.7\%$$

2. 观测输出波形的交越失真

分别双击二极管 VD1 和 VD2 符号，在弹开的二极管属性对话框中 [见图 2-49（a）] 单击"Fault"页，选中 A、K，以及故障 short（短路），单击"OK"。将输入信号幅值设置为 2V，用示波器可观测到输出电压的交越失真波形，如图 2-49（b）所示。

二、OTL 电路的仿真测试

OTL 仿真电路图如图 2-50 所示，输入频率为 3kHz 的正弦信号。OTL 电路的性能测试同 OCL 电路，学生可自行分析。

思考题

（1）如何区分三极管放大电路的甲类、乙类和甲乙类工作状态？

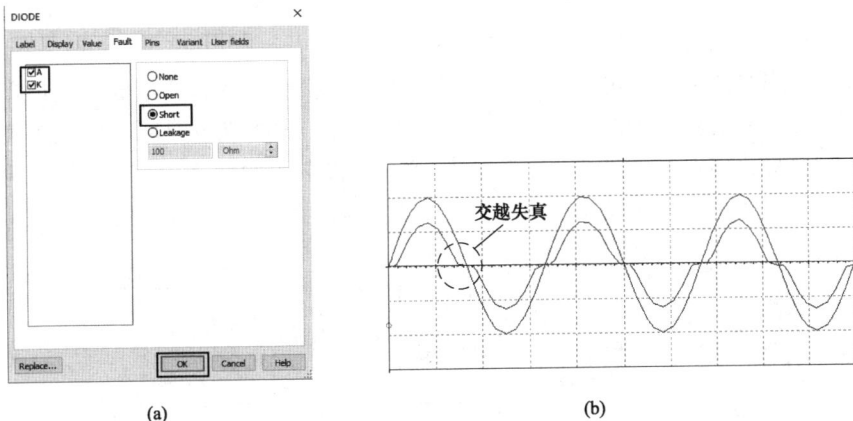

图 2-49　观测交越失真

（a）二极管故障设置对话框；（b）输出交越失真波形

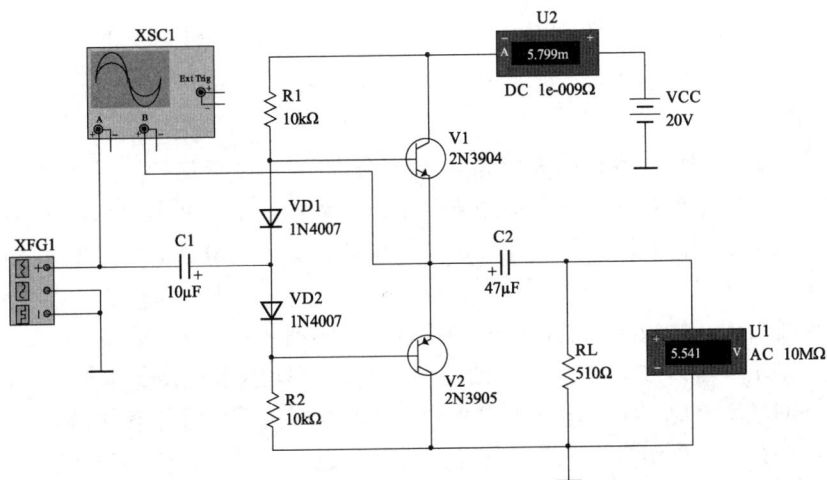

图 2-50　OTL 电路仿真图

（2）互补对称功率放大电路是如何工作的，为什么存在交越失真？怎样克服交越失真？

（3）试比较 OCL 电路和 OTL 电路，说出它们之间有什么不同。

（4）在 OTL 电路中，为什么输出电容 C 的容量必须足够大？

学习任务 2.5　集成运算放大器的分析与应用

知 识 学 习

2.5.1　多级放大电路的分析

一、多级放大电路的组成

通常情况下，放大电路的输入信号都很微弱，一般为毫伏或微伏级，输入功率常在

1mW 以下。为能达到推动负载工作的目的，微弱信号需要经过多级放大电路的放大后，在输出端才可获得必要的电压幅值或足够的功率。

一般来说，多级放大电路可以分为输入级、中间级和输出级，其组成框图如图 2-51 所示。输入级主要完成与信号源的衔接并对信号进行放大；中间级主要用于电压放大。输入级和中间级有时也称为前置级，属于小信号工作状态，将微弱的输入电压放大到足够的幅度。输出级是大信号放大，常采用功率放大电路，以提供满足输出负载需要的功率。

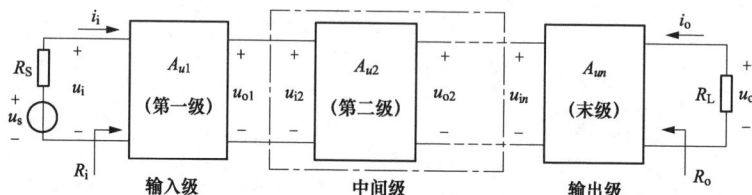

图 2-51　多级放大电路的组成框图

二、多级放大电路的耦合方式

在多级放大电路中，从前级到后级，信号的传输方式称为耦合方式。对于多级放大电路，耦合方式有三种：阻容耦合、直接耦合和变压器耦合。而电压放大电路常采用直接耦合和阻容耦合如图 2-52 所示。

阻容耦合是通过耦合电容将两级放大电路连接起来，图 2-52 中，V1 和 V2 之间为阻容耦合。其优点是电路简单，前、后级电路静态工作点相互独立，互不影响，给电路的分析计算和调试带来很大方便。其缺点是不能传送频率很低、变化缓慢的信号，也无法应用在集成电路中。

直接耦合是将前、后级直接连接的一种耦合方式，图 2-52 中，V2 和 V3 之间为直接耦合。它的优点是不仅可以放大频率较高的交流信号，而且还能放大变化频率很低或直流信号，具有很好的频率响应，集成电路中多采用直接耦合方式。但采用直接耦合后，必须注意两方面问题：一是前、后级静态工作点相互影响的问题；二是零点漂移的问题。

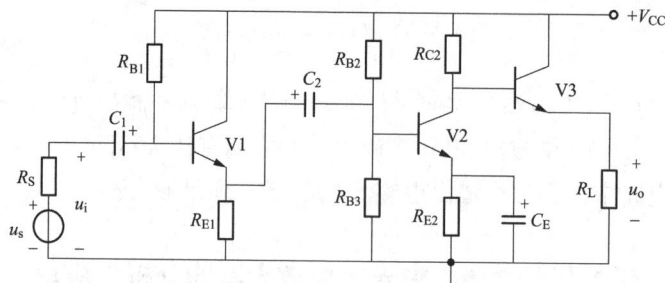

图 2-52　多级放大电路的级间耦合方式

引起零点漂移的原因很多，如电源电压的波动、元件的老化、器件参数随温度的变化等。一般来说，直接耦合放大电路的零点漂移主要取决于第一级，而且级数越多，放大倍数越大，零点漂移越严重。因此，抑制第一级的零点漂移至关重要。通常输入级采用差分放大电路来有效抑制零点漂移。

三、多级放大电路的性能分析

在多级放大电路中，前级的输出信号就是后级的输入，所以多级放大电路总的电压放大倍数为各级电压放大倍数的乘积，即

$$A_u = \frac{u_o}{u_i} = \frac{u_{o1}}{u_i} \times \frac{u_{o2}}{u_{i2}} \times \cdots \times \frac{u_o}{u_{in}} = A_{u1} A_{u2} \cdots A_{un} \tag{2-76}$$

若用分贝表示，多级放大电路的电压总增益等于各级电压增益的和，即

$$G_u = G_{u1} + G_{u1} + \cdots + G_{un} \tag{2-77}$$

应当指出，在计算各级电压放大倍数时，要注意级与级之间的相互影响。比较常用的方法是认为后级的输入电阻相当于前级的负载，即计算前级的放大倍数时，将后级的输入电阻作为负载电阻计算在内。

多级放大器的输入电阻就是输入级的输入电阻，即

$$R_i = \frac{u_i}{i_i} = R_{i1} \tag{2-78}$$

多级放大器的输出电阻为输出级的输出电阻，即

$$R_o = R_{on} \tag{2-79}$$

2.5.2　集成运算放大器的特性分析

集成电路的种类很多，按其功能不同可分为模拟集成电路和数字集成电路两大类型。模拟集成电路又有集成运算放大器、集成功率放大器、集成稳压电源、集成数模和模数变换器等多种电路，其中集成运算放大器（简称集成运放）是应用最为广泛的一类模拟集成器件。

运算放大器本质上是一个高电压增益的多级直接耦合的放大器，因其最早应用在模拟计算机中完成各种数学运算而得名。随着电子技术的发展，现在运算放大电路均由集成电路构成，其应用已远远超出运算这一范畴，在信号运算、信号处理、信号测量及波形产生方面获得广泛应用。

一、集成运放的特点

由于集成工艺的特点，集成运放与分立元件电路在结构上有较大的区别，集成运放电路结构有如下特点：

（1）集成工艺无法制作大电容，所以集成运放各级均采用直接耦合方式。必须使用电容的场合，也大多采用外接的方法。

（2）采用集成工艺可使相邻元器件参数一致性好，尤其是差分放大电路，采用集成工艺可使输入端两管具有良好的对称性，受环境温度和干扰等影响后的变化也相同。

（3）由于制作大电阻比较困难，故集成运放中常用电流源取代大电阻，组成有源负载共射放大电路及有源负载差分放大电路。

（4）集成工艺作三极管最简单，集成电路中的二极管是在三极管的基础上将集电极和基极短路而成，电阻是利用三极管的基区电阻做成，电容则采用 PN 结的结电容。

由上述分析可知，集成运算放大电路均采用多晶体管的复杂电路，使电路性能较分立元件更加优越。

二、通用型集成运放的组成

通用型集成运放一般由输入级、中间电压放大级、输出级和偏置电路等组成，如图 2-53所示。

图 2-53　集成运算放大器电路组成框图

（1）输入级均采用差分放大电路，以获得尽可能低的零点漂移和尽可能高的共模抑制比，它的两个输入端可以扩大集成运放的应用范围；

（2）中间电压放大级大多采用有源负载的共发射极电路，其主要作用是提高电压增益；

（3）输出级一般采用互补推挽电路，用以提高放大器输出端的负载能力，并加有保护电路；

（4）偏置电路由各种电流源组成，用以供给各级直流偏置电流。

图 2-54 所示为一个通用型集成运放 741 的简化电路。图中，V1～V6 组成共集—共基差分输入级，V7、V8、I_{03} 组成有源负载共射放大电路，作为中间放大级，V9、V10、V11 及 V12、V13 组成互补输出级。R_P 为 741 外接调零电位器。

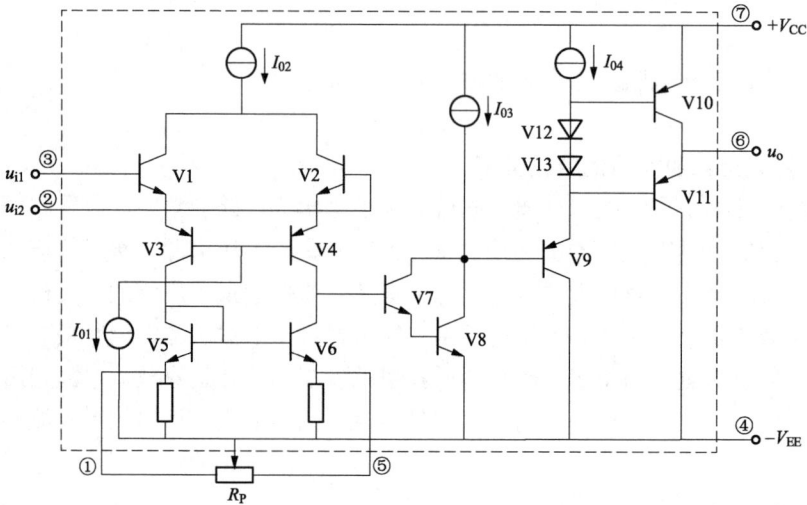

图 2-54　通用型集成运放 741 简化电路

集成运放经外壳封装，只引出几条功能引脚。在实际应用集成运算放大器时，需要知道的是放大器引脚的功能，以及放大器的主要参数。

三、集成运放的电路符号与引脚排列

1. 集成运放的电路符号

集成运放的电路符号如图 2-55 所示，图（a）为标准符号，图中"▷"表示信号的传输方向，"∞"表示理想条件。它有两个输入端和一个输出端。"—"表示反相输入端，输入信号由此加入，由它产生的输出信号与输入信号反相；"＋"表示同相输入端，输入信号由此加入，由它产生的输出信号与输入信号同相。图 2-55（b）是集成运放电路符号的习惯画法。

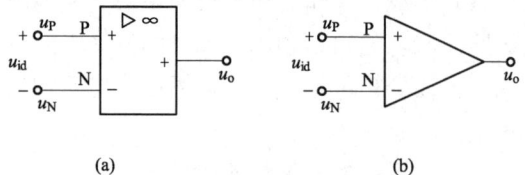

2. 集成运放的封装与引脚排列

目前市场上流行的集成运放的封装主要有金属圆形和塑料双列直插式两种。图2-56

图 2-55　集成运放的电路符号

（a）标准符号；（b）习惯画法

所示为集成运放封装外形及引脚排列图。

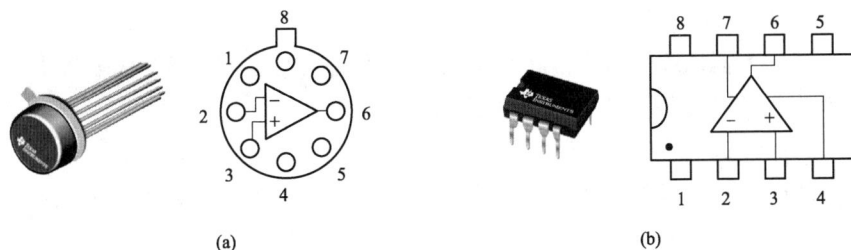

图 2-56　集成运放的封装形式和引脚排列

（a）圆形；（b）双列直插形

四、通用型集成运放的主要性能指标

评价实际运算放大器的性能参数很多，下面介绍主要性能指标。

1. 开环差模电压增益 A_{ud}

A_{ud} 是指运算放大器放在无外加反馈情况下，工作在线性区时的差模电压增益，其值可达 $100\sim140\text{dB}$。

2. 输入失调电压 U_{IO} 及其温漂 $\dfrac{dU_{IO}}{dT}$

为使运算放大器的输入电压为零时输出电压为零，需在输入端施加的补偿电压称为输入失调电压 U_{IO}，其值一般为 $1\sim10\text{mV}$。

通常将输入失调电压对温度的平均变化率称为输入失调电压温度漂移，用 $\dfrac{dU_{IO}}{dT}$ 表示。一般以 $\mu\text{A}/℃$ 为单位。

U_{IO} 可以通过调零电位器进行补偿，但不能使 $\dfrac{dU_{IO}}{dT}$ 为 0。

3. 输入失调电流 I_{IO}

输入信号为零时，运算放大器两个输入端的静态基极电流之差，称为输入失调电流 I_{IO}。若 I_{BN} 为反相端偏流，I_{BP} 为同相端偏流，则 $I_{IO}=|I_{BP}-I_{BN}|$，其值一般为 $1\text{nA}\sim0.1\mu\text{A}$。

4. 输入偏置电流 I_{IB}

输入信号为零时，运算放大器两个输入端的静态基极电流的平均值称为输入偏置电流 I_{IB}，即 $I_{IB}=(I_{BP}+I_{BN})/2$。一般运放有 $I_{IB}<1\mu\text{A}$。

5. 差模输入电阻 R_{id} 和输出电阻 R_{o}

R_{id} 是运算放大器两个输入端间对差模信号的动态电阻，其值为几十千欧到几兆欧。R_{o} 是集成运放开环时，输出端对低的动态电阻，其值为几十到几百欧。

6. 共模抑制比 K_{CMR}

K_{CMR} 是运算放大器的开环电压放大倍数 A_{ud} 与共模电压放大倍数 A_{uc} 之比，用 dB 表示，即为 $20\lg\left|\dfrac{A_{ud}}{A_{uc}}\right|$，其值一般大于 80dB。

7. 最大差模输入电压 U_{IDM}

U_{IDM} 是运算放大器反相端与同相端之间能承受的最大电压。若输入信号超过此值，则会使输入级某一侧管子发生 PN 结反向击穿，从而使运放性能明显恶化，甚至可能造成永久性损坏。一般运放有 $U_{IDM} > 5V$。

8. 最大共模输入电压 U_{ICM}

U_{ICM} 是运算放大器在线性区内能承受的最大共模输入电压。如果共模输入电压超过这一限度，运算放大器的共模抑制特性将显著变坏。

9. 最大输出电压 U_{OM}

U_{OM} 是指在特定的负载条件下，运放能输出的最大不失真电压幅度。通常与电源电压相差 $1 \sim 2V$。

10. 单位增益带宽 BW_G

BW_G 是指运算放大器开环差模电压增益下降到 0dB 时所对应的信号频率。集成运算放大器在闭环应用时，BW_G 就是电路的闭环增益与闭环带宽的乘积，即增益带宽积。

11. 转换速率 S_R

转换速率又称压摆率，是指集成运放在闭环状态下，输入大信号时输出电压对时间的最大变化率。通常要求运算放大器的 S_R 要大于信号变化斜率的绝对值，否则输出电压波形会产生失真。

总之，集成运算放大器具有开环电压放大倍数高、输入电阻高、输出电阻低、漂移小、可靠性高、体积小等特点，已成为一种通用器件广泛而灵活地应用于各个技术领域中。

五、理想运算放大器及其传输特性

1. 理想运算放大器

具有理想参数的集成运算放大器称为理想运算放大器。其主要特点如下：

（1）开环电压放大倍数 $A_{ud} \to \infty$；

（2）差模输入电阻 $R_{id} \to \infty$；

（3）输出电阻 $R_o \to 0$；

（4）共模抑制比 $K_{CMR} \to \infty$；

（5）通频带为无限宽，并且各种失调及其温漂均趋于零。

由于集成运放制造工艺的不断改进，其性能指标越来越接近理想运放，因此在分析集成运放的时候，常常将实际运放看成理想运放。而实际运放与理想运放间所引起的误差，在工程上是允许的，并且也可以大大简化分析过程。本书在集成运放电路的分析中，均将运放看成理想运放。

2. 集成运算放大器的传输特性

（1）传输特性。图 2-57 所示为集成运放的电压传输特性，即表示集成运放的输出电压 u_o 与其两输入端的电压（$u_P - u_N$）之间关系的特性曲线。AB 段为集成运放工作的线性区，AB 段以外的区域为非线性区（饱和区）。由于集成运放的开环电压增益 A_{ud} 很高，因此 AB 段十分靠近纵坐标 u_o。

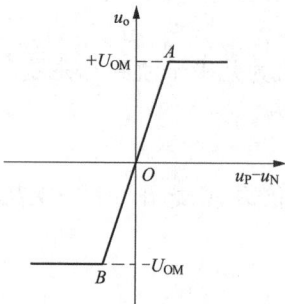

（2）集成运放工作在线性区的特点。由于集成运放的 A_{ud} 高，很小的输入电压或运放本身的失调都可使它超出线性范围，因此要使运放工作在线性区，通常要引入深度负反馈。

理想集成运放工作在线性区时，具有两个重要特点：

1）虚短。在线性区，输出电压与输入电压成线性关系，即 $u_o = A_{ud}(u_P - u_N)$。因为理想运放的 $A_{ud} \to \infty$，而 u_o 为有限

图 2-57　集成运放的
电压传输特性

值（其绝对值小于电源电压值），所以 $u_P-u_N=u_o/A_{ud}\approx0$，即

$$u_P \approx u_N \tag{2-80}$$

由于两个输入端间的电压趋于零，实际上并不是真正的短路，故称为"虚短"。

2）虚断。由于理想运放的 $R_{id}\rightarrow\infty$，故可以认为两个输入端几乎没有电流流入，即

$$i_P \approx i_N \approx 0 \tag{2-81}$$

这样，输入端相当于断路，而实际又没有断开，称为"虚断"。

虚短和虚断是分析工作在线性区的集成运放电路的基本依据。另外，由于理想集成运放输出电阻 R_o 趋近于 0，一般可认为集成运放的输出电压与负载电阻的大小没有关系。

（3）集成运放工作在非线性区的特点。集成运放处于开环状态或引入正反馈时，它就工作在非线性区。其工作特点为：

1）理想运放两个输入端的输入电流仍为零。

2）输出电压 u_o 有两种取值：

当 $u_P>u_N$ 时，$u_o=+U_{OM}$；

当 $u_P<u_N$ 时，$u_o=-U_{OM}$。

其中，U_{OM} 是集成运放输出电压的最大值。

可见，理性运放工作在非线性区时，两输入端的"虚短"概念已不成立，但仍满足"虚断"。上述两点是分析集成运放工作在非线性区的应用电路（如电压比较器电路）的基本出发点。

六、集成运放使用中的基础知识

1. 集成电路的型号命名方法

根据国家标准 GB/T 3430—1989《半导体集成电路型号命名方法》，集成电路器件型号由五个部分组成，其各部分组成符号及意义见表 2-6。

表 2-6　　　　　　　　　　**集成电路器件型号组成部分的符号及意义**

第一部分		第二部分		第三部分	第四部分		第五部分	
用字母表示器件符号国家标准		用字母表示器件的类型		用数字和字符表示器件的系列和品种代号	用字母表示器件的工作温度范围		用字母表示器件的封装	
符号	意义	符号	意义		符号	意义	符号	意义
C	符合国家标准	T	TTL		C	0～70℃	F	多层陶瓷扁平
		H	HTL		G	−25～70℃	B	塑料扁平
		E	ECL		L	−25～85℃	H	黑瓷扁平
		C	CMOS		E	−40～85℃	D	多层陶瓷双列直插
		M	存储器		R	−55～85℃	J	黑瓷双列直插
		μ	微型机电路		M	−55～125℃	P	黑瓷双列直插
		F	线性放大器				S	塑料双列直插
		W	稳压器				K	塑料单列直插
		B	非线性电路				T	金属菱形
		J	接口电路				C	金属圆形
		AD	A/D 转换器				E	陶瓷片状载体
		DA	D/A 转换器				G	塑料片状载体
		D	音响、电视电路					网格阵列
		SC	通信专用电路					
		SS	敏感电路					
		SW	钟表电路					

2. 集成运算放大器的使用注意事项

（1）集成运放的选择。集成运算放大器的种类很多，按技术指标可分为通用型和专用型两类，其中专用型包括高精度、高速型、高输入电阻、低功耗、宽频带、高压型和功率型等集成运放。在结构上还有单片多运放。在实际选用时，应在满足给定输入、负载、精度及环境要求条件下，尽可能选用通用型、低成本的运放，以够用并留有适当裕度即可。

（2）自激振荡的消除。由于集成运放内部晶体管的极间电容及其他寄生参数的影响，在构成闭环工作时很容易产生自激振荡，破坏正常工作，因此在使用时必须设法消振。通常采取外接 RC 消振电路或消振电容进行补偿，具体参数和接法可查阅器件手册。消振应在调零之前进行。

目前大多数集成运算放大器内部电路已设置有消振措施的补偿网络，如 F007（5G24）、OP−07D、CF741 等，使用时不需要补偿。

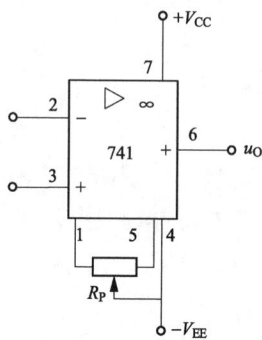

（3）集成运放的调零。集成运放在使用时，要求零输入时为输出也为零。因此，除了要求运放的同相和反相两个输入端的外接直流通路等效电阻保持平衡之外，还要采用外接调零电位器或专用调零电路调整，使输出电压为零。

对于有专用调零引脚的运放，可外接调零电位器 R_P，将输入端接地，调节 R_P 使输出为零，如图 2-58 所示。

（4）集成运放的保护。集成运放由于电源电压极性接反或电源电压突变、输入信号电压过大、输出端负载短路、过载或碰到外部高压造成电流过大等，都可能损坏器件。因此，必须采取保护措施。常采取的保护措施有输入保护、输出保护和电源极性保护。

图 2-58 集成运放的调零

1）输入保护。当运放的差模或共模输入信号电压过大时，会引起运放输入级的损坏。为此，可在运放输入端加限幅保护，如图 2-59（a）所示。输入保护电路可用于反相输入差模信号过大的限幅保护。

2）输出保护。为防止集成运放输出端过载或短路时损坏运放，一些集成运放在内部设置了过流或短路保护电路。对于没有内部保护电路的集成运放，可采用图 2-59（b）所示输出过电压保护电路。它利用稳压管，将输出电压限制在稳压管的正、负稳压值内。集成运放的输出端绝对不允许短路，否则会损坏器件。

3）电源极性保护。为了防止正、负电源接反，可在电源连接线中串接二极管来实现保护，如图 2-59（c）所示。

2.5.3 运算放大电路中的负反馈分析

反馈是电子技术的一个重要概念。基本放大电路虽然都具有放大的功能，但其性能指标往往不能满足实际需要，几乎所有的实用放大电路都是带反馈的放大电路。在放大电路中引入负反馈，是改善放大电路性能的重要手段。

一、反馈的基本概念

1. 反馈的概念

将放大电路的输出量（电压或电流）的部分或全部，通过一定的电路（反馈网络），再引回到输入回路中，从而影响电路输入信号作用的过程称为反馈。反馈放大电路可用图

图 2-59 集成运放的保护

（a）输入保护电路；（b）输出保护电路；（c）电源极性保护电路

2-60所示的框图来表示，它包含两个部分：一个是无反馈的基本放大电路 $\dot{A}$，它可以是单级或多级的；一个是反馈网络 $\dot{F}$，通常由电阻、电容元件构成。

图中，箭头表示信号的传输方向。放大电路的输入信号、反馈信号、净输入信号和输出信号分别用 $\dot{X}_i$、$\dot{X}_{id}$、$\dot{X}_f$ 和 $\dot{X}_o$ 表示，它们可以表示电压，也可以表示电流。由于放大电路的输入信号常为正弦量，因此图中信号均使用相量来表

图 2-60 反馈放大电路组成框图

示。符号 ⊗ 表示比较环节，用以比较输入信号 $\dot{X}_i$ 和反馈信号 $\dot{X}_f$，产生净输入信号 $\dot{X}_{id}$ 为

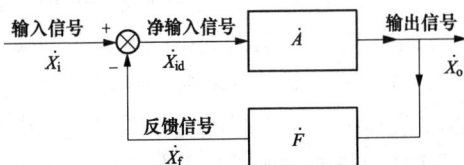

$$\dot{X}_{id} = \dot{X}_i - \dot{X}_f \tag{2-82}$$

如果反馈信号使输入信号增强，满足 $|\dot{X}_i| < |\dot{X}_{id}|$ 关系，这种反馈称为正反馈；反之，反馈信号减弱输入信号，满足 $|\dot{X}_i| > |\dot{X}_{id}|$ 关系，则为负反馈。无论是正反馈还是负反馈，都十分有用。正反馈主要用于振荡电路及波形发生电路；负反馈则用于改善放大电路的性能。在实际放大电路中，负反馈应用更为普遍。

2. 负反馈放大电路的基本反馈关系式

由图 2-60 可知，基本放大电路的放大倍数（也称开环增益）为

$$\dot{A} = \dot{X}_o / \dot{X}_{id} \tag{2-83}$$

反馈网络的反馈系数为

$$\dot{F} = \dot{X}_f / \dot{X}_o \tag{2-84}$$

放大电路的闭环放大倍数（也称闭环增益）为

$$\dot{A}_f = \dot{X}_o / \dot{X}_i \tag{2-85}$$

将式（2-82）～式（2-84）代入式（2-85）中，可得到

$$\dot{A}_f = \frac{\dot{A}}{1 + \dot{A}\dot{F}} \tag{2-86}$$

式（2-86）称为负反馈放大电路的基本关系式。$|1 + \dot{A}\dot{F}|$ 称为反馈深度，$\dot{A}\dot{F}$ 称为环路增益，即 $\dot{A}\dot{F} = \dot{X}_f / \dot{X}_o$。

若输入信号处于中频段，反馈网络为纯电阻，以上各量可用实数表示，式（2-86）可

写作

$$A_f = \frac{A}{1+AF} \tag{2-87}$$

反馈深度（$1+AF$）越大，则 A_f 下降越多，即引入负反馈的程度越深。负反馈对放大电路各种性能指标的改善均与反馈深度（$1+AF$）有关，若（$1+AF$）$\gg 1$，称放大电路引入深度负反馈，在这种条件下，闭环放大倍数 A_f 可表示为

$$A_f = \frac{A}{1+AF} \approx \frac{A}{AF} = \frac{1}{F} \tag{2-88}$$

这时，A_f 只取决于反馈系数 F，而与基本放大电路的增益几乎无关。反馈网络一般选用性能比较稳定的无源线性元件组成，从而保证了 A_f 的稳定性。在实际工程中，也常利用式（2-88）对深度负反馈放大电路进行近似估算。

二、反馈的极性和类型

1. 反馈极性与判断

根据反馈的效果可以区分反馈的极性：使放大电路净输入信号增大的反馈称为正反馈；使放大电路净输入信号减小的反馈称为负反馈。

通常采用瞬时极性法判别反馈极性。先假设输入信号为某一瞬时极性，然后根据各级电路输出端与输入端信号的相位关系，标出电路各点的瞬时极性，得到反馈信号的极性，最后判断反馈的极性是增强还是削弱输入信号，如果是削弱输入信号，便可判定是负反馈，反之为正反馈。

例如，在图 2-61（a）中，假设输入信号 u_i 在某一瞬时极性为正，记为 $\oplus$，由于 u_i 加在集成运放的反相输入端，故输出电压 u_o 的瞬时极性为负，记为 $\ominus$，而反馈电压 u_f 是经电阻分压 u_o 后得到的，因此反馈电压 u_f 的瞬时极性也为 $\ominus$，并且加在了集成运放的同相输入端。集成运放的净输入电压为 $u_{id} = u_i + u_f$，是增大的，故引入的反馈是正反馈。

在图 2-61（b）中，假设输入信号 u_i 在某一瞬时极性为 $\oplus$，由于 u_i 加在集成运放的同相输入端，故输出电压 u_o 的瞬时极性为 $\oplus$，则 u_o 经电阻分压后得到的反馈电压 u_f 的瞬时极性也为 $\oplus$，此时集成运放的净输入电压 $u_{id} = u_i - u_f$ 减小，因此引入的反馈是负反馈。

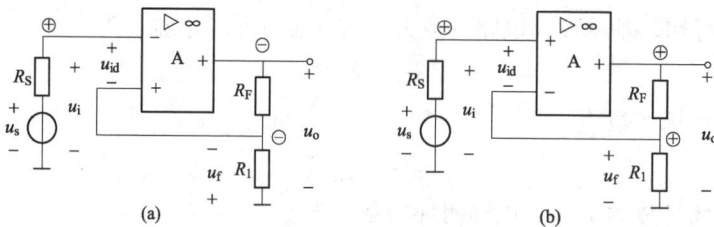

图 2-61　反馈极性的判断

（a）正反馈极性判断；（b）负反馈极性判断

2. 直流反馈和交流反馈

放大电路中存在着直流分量与交流分量，反馈信号也是如此。若反馈信号是交流量，则对输入信号中的交流成分产生影响，只会影响放大电路的交流性能；若反馈信号是直流量，只会影响电路的静态工作点等。通常，存在于交流通路中的反馈称为交流反馈；存在于直流通路中反馈称为直流反馈。

　　根据反馈信号的交、直流性质，可分为直流反馈和交流反馈。如果反馈信号中只有直流分量，则称为直流反馈；如果反馈信号中仅有交流分量，则称为交流反馈。在很多情况下，反馈信号中同时存在直流信号和交流信号，则交、直流反馈并存。

　　对于放大电路中直流反馈和交流反馈的判断，可根据上述对直流、交流反馈的定义，通过画直流通路与交流通路的方法来区分。

　　3. 串联反馈与并联反馈

　　根据输入端比较方式的不同，反馈可分为串联反馈和并联反馈。串联反馈是反馈网络与基本放大电路在输入端串联连接，将反馈电压 u_f 与输入电压 u_i 进行比较，如图 2-62（a）所示。串联反馈是一般要求输入信号源应接近恒压源，即信号源内阻 R_S 的值越小，其反馈效果越好。

　　并联反馈是反馈网络与基本放大电路在输入端并联连接，将反馈电流 i_f 和输入电流 i_i 进行比较，如图 2-62（b）所示。一般要求输入信号源应接近恒流源，即信号源内阻 R_S 的值越大，其反馈效果越好。

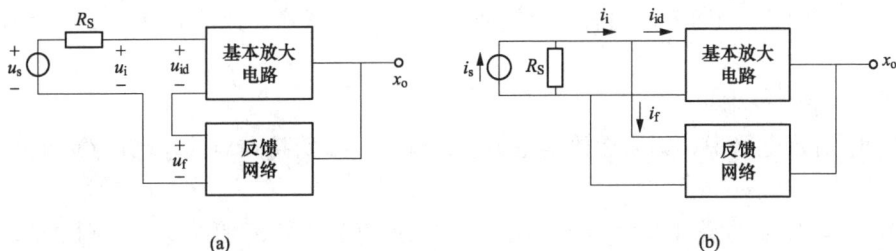

图 2-62　输入端比较方式
（a）串联反馈；（b）并联反馈

　　4. 电压反馈和电流反馈

　　根据输出端取样方式的不同，反馈又可分为电压反馈和电流反馈。若反馈网络与基本放大电路、负载 R_L 在输出端并联连接，反馈信号与输出电压成正比，取样于输出电压，称为电压反馈，如图 2-63（a）所示。其特点是：将负载 R_L 短路（即令 $u_o=0$）时，反馈信号 x_f 消失。

　　若反馈网络与基本放大电路、负载 R_L 在输出端串联连接，反馈信号与输出电流成正比，取样于输出电流，称为电流反馈，如图 2-63（b）所示。其特点是：将负载 R_L 短路（即令 $u_o=0$）时，反馈信号仍然存在。

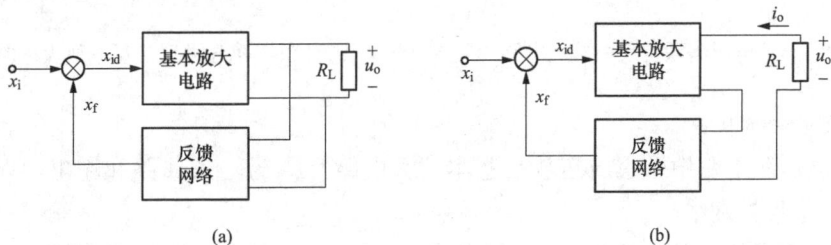

图 2-63　输出端采样方式
（a）电压反馈；（b）电流反馈

三、负反馈放大电路的基本类型

按反馈信号的两种取样方式和两种不同的输入比较方式，可以构成四种类型的负反馈放大电路：电压串联负反馈、电压并联负反馈、电流串联负反馈和电流并联负反馈。

1. 电压串联负反馈

图 2-64 所示电路中，集成运放是基本放大电路，R_F 跨接在电路输出回路与输入回路之间，输出电压 u_o 通过 R_F 与 R_1 的分压反馈到输入回路，因此 R_F 与 R_1 构成反馈网络。

假设输入电压 u_i 的瞬时极性为 $\oplus$，如图 2-64 中所示，输入电压从运算放大器同相端输入，则电路输出电压 u_o 的瞬时极性也为 $\oplus$，u_o 经 R_F、R_1 分压后得 u_f，u_f 瞬时极性也为 $\oplus$，则有 $u_{id} = u_i - u_f$，显然 u_f 削弱了净输入信号 u_{id}，故为负反馈。

在输入端，输入电压 u_i 与反馈电压 u_f 进行比较，所以是串联反馈。在输出端，u_f 为输出电压 u_o 经 R_F、R_1 分压后所得，说明反馈信号取样于输出电压，故为电压反馈。

综上所述，图 2-64 所示电路为电压串联负反馈放大电路。

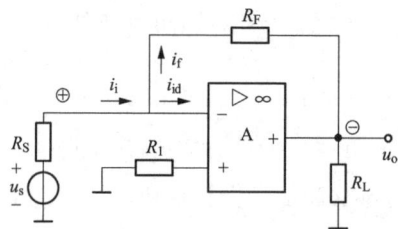

电压负反馈具有稳定输出电压的作用。由图 2-64 可知，当输入电压 u_i 不变时，若负载 R_L 增大导致输出电压 u_o 增大，则通过反馈使 u_f 增大，u_{id} 下降，迫使 u_o 减小，从而稳定了输出电压。

2. 电压并联负反馈

图 2-65 所示电路中，集成运放是基本放大电路，R_F 跨接在电路输出回路与输入回路之间构成反馈网络。

假设输入电压 u_i 的瞬时极性为 $\oplus$，输入电压从运算放大器反相端输入，则电路输出电压 u_o 的瞬时极性为 $\ominus$，故反馈电流 i_f 的瞬时流向如图 2-65 中所示，则有 $i_{id} = i_i - i_f$，显然 i_f 削弱了净输入信号 i_{id}，故为负反馈。

在输入端，输入电流 i_i 与反馈电流 i_f 进行比较，所以是并联反馈；在输出端，若将负载电阻 R_L 短路（即 $u_o = 0$），则反馈信号 i_f 消失，说明反馈信号取样于电压，故为电压反馈。因此，该电路为电压并联负反馈放大电路。

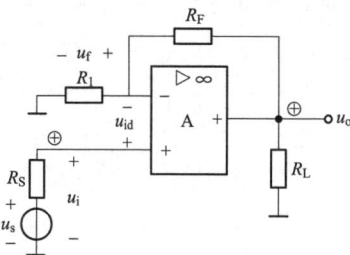

图 2-64　电压串联负反馈放大电路　　　图 2-65　电压并联负反馈放大电路

3. 电流串联负反馈

图 2-66 所示电路中，集成运放是基本放大电路，R_F 为输入回路和输出回路的公共电阻，故 R_F 构成反馈网络。

假设输入电压 u_i 的瞬时极性为 $\oplus$，则电路输出电压 u_o 的瞬时极性也为 $\oplus$，输出电流 i_o 瞬时流向如图 2-66 中所示，可知反馈电压 u_f 瞬时极性为 $\oplus$，则有 $u_{id} = u_i - u_f$，显然 u_f 削弱了净输入信号 u_{id}，故为负反馈。

在输入端，输入信号电压 u_i 与反馈电压 u_f 进行比较，所以是串联反馈。在输出端，反馈信号 $u_f = i_o R_F$，因此反馈取样于输出电流，为电流反馈。因此，该电路为电流串联负反馈放大电路。

电流负反馈具有稳定输出电流 i_o 的作用。由图 2-66 可知，当输入电压 u_i 不变时，若运放内部三极管 β 值增大导致输出电流 i_o 增大时，通过反馈使 u_f 增大，u_{id} 下降，迫使 i_o 减小，从而稳定了输出电流。

图 2-66　电流串联
负反馈放大电路

4. 电流并联负反馈

图 2-67 所示电路中，集成运放是基本放大电路，R_F 跨接在电路输出回路与输入回路之间，R_F 与 R_1 构成反馈网络。

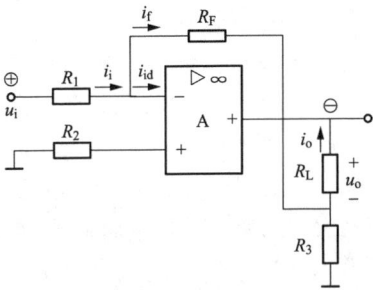

图 2-67　电流并联负反馈放大电路

假设输入电压 u_i 的瞬时极性为 ⊕，则电路的输出电压 u_o 的瞬时极性为 ⊖，输入电流 i_i 和反馈电流 i_f 的瞬时流向如图 2-67 中所示，则有 $i_{id} = i_i - i_f$，故为负反馈。

在输入端，输入信号电流 i_i 与反馈电流 i_f 进行比较，所以是并联反馈。在输出端将负载 R_L 短路（即 $u_o = 0$），反馈信号 i_f 依然存在，即反馈取样于输出电流，故为电流反馈。因此，图 2-67 所示电路为电流并联负反馈放大电路。

【例 2-10】　在图 2-68 所示电路中是否引入了反馈？若引入了反馈，试判断该反馈极性和反馈类型。

解：该电路是两级放大电路，电阻 R_{F1} 和 R_{F2} 引入的是局部反馈，即对于第一级集成运放 A1，由 R_{F1} 引入了电压并联负反馈；对于第二级 A2，由 R_{F2} 引入的也是电压并联负反馈。另外，一条导线将输出回路和输入回路连接了起来，因此整个电路也引入了反馈，故将此称为级间反馈。

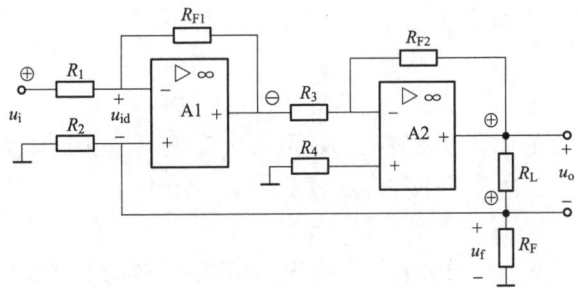

图 2-68　[例 2-10] 图

通常主要讨论的是级间反馈。根据瞬时极性法，假设输入信号 u_i 的瞬时极性为 ⊕，经过集成运放 A1 和 A2 后，输出电压 u_o 的瞬时极性为 ⊕，反馈电压 u_f 的瞬时极性也为 ⊕，由此可判断出反馈电压使得净输入电压 u_{id} 减小，所以说该反馈是负反馈。

在输入端，输入信号电压 u_i 与反馈电压 u_f 进行比较，所以是串联反馈。在输出端，若将 R_L 短路，由于输出电流的作用，反馈电压 u_f 将依然存在，所以是电流反馈。由此可得该电路所引入的反馈是电流串联负反馈。

四、负反馈对放大电路性能的影响

负反馈使放大电路的增益下降，但可使放大电路的许多方面的性能得到改善。

1. 提高增益的稳定性

由于电源电压、环境温度以及晶体管参数的变化，造成放大电路增益的不稳定。引入负反馈后可以大大提高增益的稳定性。

增益的稳定性可用增益的相对变化量来描述，根据式（2-87），则有

$$\frac{\mathrm{d}A_f}{A_f} = \frac{1}{1+AF}\frac{\mathrm{d}A}{A} \tag{2-89}$$

式（2-89）表明，引入负反馈后，增益的相对变化量 $\dfrac{\mathrm{d}A_f}{A_f}$ 是未加负反馈时增益相对变化量 $\dfrac{\mathrm{d}A}{A}$ 的 $1/（1+AF）$。反馈越深，增益稳定性越高。

2. 减小了非线性失真

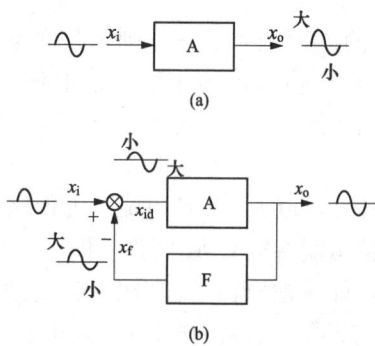

图 2-69　非线性失真的改善
（a）无反馈时信号波形；（b）有反馈后信号波形

由于放大电路中放大元件伏安特性的非线性，使信号在被放大的同时产生非线性失真。

当放大电路开环时，假设正弦信号 x_i 经过放大器 A 后，变成了正半周大、负半周小的放大波形，如图 2-69（a）所示。如果反馈网络是不会引入失真的纯阻无源网络，这时将得到正半周大、负半周小的反馈波形 x_f，如图 2-69（b）所示。那么净输入信号 x_{id} $=x_i-x_f$，则是正半周小、负半周大的失真波形，经过基本放大电路放大后，就可使输出波形趋于正弦波，减小了非线性失真。

非线性失真的减小只限于反馈放大电路内部产生的非线性失真，对外来信号中已有的非线性失真不起作用。引入负反馈还可以抑制电路内部的干扰和噪声。

3. 展宽通频带

通频带是放大电路的性能指标之一，在某些场合，往往要求有较宽的通频带。开环放大电路的通频带是有限的，引入负反馈可以展宽放大电路的通频带。可以证明，引入负反馈后，放大电路的频带展宽了约 $1+AF$ 倍。

4. 对输入电阻和输出电阻影响

（1）对输入电阻的影响：串联负反馈和并联负反馈影响放大电路的输入电阻。

由图 2-62（a）可知，在串联负反馈放大电路中，反馈网络与基本放大电路相串联，使放大电路的输入电阻增大，可以证明输入电阻增大了 $1+AF$ 倍。

由图 2-62（b）可知，在并联负反馈放大电路中，反馈网络与基本放大电路相并联，使放大电路的输入电阻减小，可以证明输入电阻减小为原来的 $1/（+AF）$。

（2）对输出电阻的影响：电压负反馈和电流负反馈影响放大电路的输出电阻。

由图 2-63（a）可知，在电压负反馈放大电路中，反馈网络与基本放大电路相并联，而且电压负反馈具有稳定输出电压的作用，使其接近于恒压源，故使输出电阻减小。可以证明输出电阻减小为原来的 $1/（+AF）$。

由图 2-63（b）可知，在电流负反馈放大电路中，反馈网络与基本放大电路相串联，而且电流负反馈具有稳定输出电流的作用，使其接近于恒流源，故使输出电阻增大。可以证明

输出电阻增大了 $1+AF$ 倍。

五、深度负反馈放大电路的分析方法

在深度负反馈条件下，$|1+AF|\gg1$，放大电路的增益表达式可用式（2-88）表示，即

$$A_f \approx \frac{1}{F}$$

则

$$\frac{x_o}{x_i} \approx \frac{x_o}{x_f}$$

故有

$$x_i \approx x_f \qquad (2-90)$$

这就是说，在深度负反馈条件下，反馈信号 x_f 与外加输入信号 x_i 近似相等，则净输入信号 $x_{id}\approx0$。在分析计算时，对于串联反馈，应取输入电压与反馈电压近似相等，即 $u_i\approx u_f$，而 $u_{id}\approx0$；对于并联反馈，应取输入电流与反馈电流近似相等，即 $i_i\approx i_f$，而 $i_{id}\approx0$。但对负反馈放大电路的分析近似估算，必须满足深度反馈的条件，否则将会引起较大的误差。

深度负反馈放大电路的输入电阻和输出电阻可以近似看成零或无穷大。即深度串联反馈时，$R_{if}\to\infty$；深度并联反馈时，$R_{if}\to0$；深度电流反馈时，$R_{of}\to\infty$；深度电压反馈时，$R_{of}\to0$。

【例 2-11】 试估算图 2-70 所示放大电路的电压放大倍数 A_{uf}、输入电阻 R_{if} 和输出电阻 R_{of}。

解： 在图 2-70 中，R_1、R_F 构成电压串联负反馈，由于运放开环增益很大，因此电路构成深度负反馈。

根据深度串联负反馈放大电路的特点，可知 $u_i\approx u_f$，而

$$u_f = \frac{R_1}{R_1+R_F}u_o$$

所以电路的闭环电压放大倍数 A_{uf} 为

$$A_{uf} \doteq \frac{u_o}{u_i} \approx \frac{u_o}{u_f} = \frac{R_1+R_F}{R_1} = \frac{10+100}{10} = 11$$

由于深度串联负反馈环路的输入电阻 $R'_{if}\to\infty$，

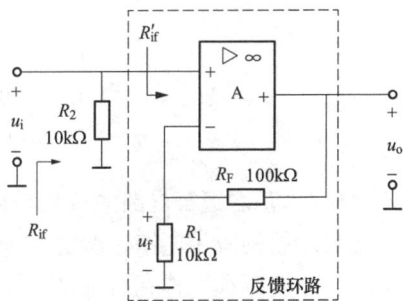

图 2-70 [例 2-11] 图

而电路中的 R_2 与反馈环路无关，是环外电阻，所以放大电路的输入电阻 R_{if} 为

$$R_{if} = R_2 /\!/ R'_{if} \approx R_2 = 10k\Omega$$

放大电路的输出电阻即为反馈环路的输出电阻，由于是深度电压负反馈，故 $R_{of}\approx0$。

【例 2-12】 试估算图 2-71 所示放大电路的电压放大倍数 A_{uf}。

解： 电路构成电流并联负反馈。根据并联负反馈的特点，$i_i\approx i_f$，i_f 为 i_o 的分支电流，故有

$$\frac{u_i}{R_1} = \frac{-R}{R_F+R}i_o$$

则

$$A_{uf} = \frac{u_o}{u_i} = \frac{i_oR_L}{u_i} = -\frac{R_F+R}{R}\frac{R_L}{R_1}$$

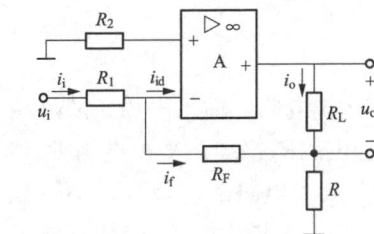

图 2-71 [例 2-12] 图

六、负反馈放大电路的稳定性

放大电路引入负反馈后，当 $1+\dot{A}\dot{F}=0$，由式（2-86）可知 $\dot{A}_f=\infty$，即此时不加输入信号，放大电路也有信号输出，这种现象称为自激。由于负反馈只是在中频段时，反馈信号与输入信号的相位差为 $180°$，当在高或低频段时，放大电路和反馈网络都会产生附加相移 φ，导致反馈信号与输入信号相差不再是 $180°$。若在某一频率处，使放大器的反馈信号与输入信号同相，负反馈变成正反馈，放大器就将自激振荡，不能稳定工作。放大器级数越多，附加相移越大，越易产生自激。而且负反馈越强，反馈放大器也越容易产生自激振荡。

为了使反馈放大器既有足够的反馈深度，又能稳定工作，通常需要采用相位补偿技术，人为地破坏自激条件。图 2-72 所示为几种常用的补偿方法。图中，R_φ 和 C_φ 为引入的补偿元件。

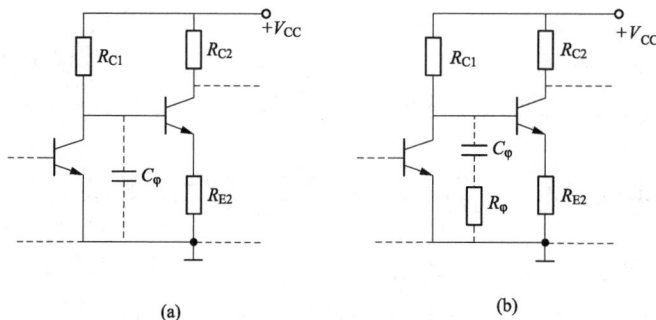

图 2-72　相位补偿网络

（a）电容滞后补偿；（b）RC 滞后补偿

2.5.4　基本运算电路的分析与应用

集成运放的应用电路一般可分为线性应用电路和非线性应用电路两大类。在线性应用电路中时，运放必须工作在线性区，为保证运放工作在线性区，电路一般加有深度负反馈。在定量分析时，始终将运放工作在线性区时的两个特点，即"虚短"和"虚断"作为基本出发点。

这里主要介绍由集成运放组成的模拟信号运算电路，包括比例运算、加减、积分和微分运算电路。

一、比例运算

比例运算包括同相比例运算和反相比例运算，它们是最基本的运算电路，也是组成其他各种运算电路的基础。

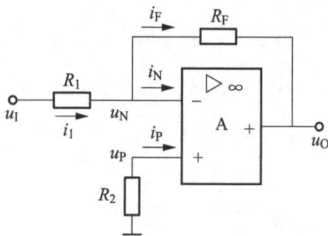

图 2-73　反相比例运算电路

1. 反相比例运算

图 2-73 所示为反相比例运算电路。输入信号 u_I 从反相输入端输入，同相输入端通过电阻 R_2 接地。平衡电阻 $R_2 = R_1 /\!/ R_F$，用于提高输入级差分放大电路的对称性，消除放大器的偏置电流及其漂移的影响。反馈电阻 R_F 跨接在输出端和反相输入端之间。

根据"虚短" $u_P \approx u_N$ 和"虚断" $i_P \approx i_N \approx 0$，可得 $i_1 \approx$

i_F，$u_P \approx 0$。此时反相输入端相当于接地，称为"虚地"。因此

$$i_1 \approx \frac{u_I}{R_1}, \; i_F \approx \frac{u_N - u_O}{R_F} = -\frac{u_O}{R_F}$$

由 $i_1 \approx i_F$ 可得输入、输出电压关系为

$$u_O = -\frac{R_F}{R_1} u_I \tag{2-91}$$

式（2-91）表明输出电压与输入电压成比例运算关系，式中的负号表示 u_O 与 u_I 反相，该电路也称为反相放大器。电路的电压放大倍数 A_{uf} 为

$$A_{uf} = \frac{u_O}{u_I} = -\frac{R_F}{R_1} \tag{2-92}$$

若令 $R_F = R_1$ 时，由式（2-92）可得

$$u_O = -u_I \tag{2-93}$$

可见，此电路的功能是把输入电压反相，但幅值保持不变，称为反相器。

由于 $u_N = 0$，由图 2-73 可得，反相比例运算电路的输入电阻为 R_1，输入电阻较小。

2. 同相比例运算电路

如果输入信号从同相输入端输入，而反相输入端通过电阻接地，并引入负反馈，如图 2-74 所示，称为同相比例运算电路。

根据"虚短" $u_P \approx u_N$ 和"虚断" $i_P \approx i_N \approx 0$，可得

$$u_P \approx u_N = u_I \tag{2-94}$$

式（2-94）表明：集成运放有共模输入电压 u_I，这是同相比例运算电路的主要特征。它要求在组成同相比例运算电路时，应选用共模抑制比高，最大共模输入电压大的集成运放。

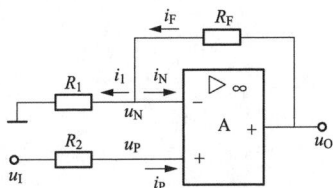

图 2-74　同相比例运算电路

因为 $i_N \approx 0$，所以 $i_1 \approx i_F$，得

$$u_I = u_N = \frac{R_1}{R_1 + R_F} u_O \tag{2-95}$$

将式（2-95）代入式（2-94），整理后可得

$$u_O = \left(1 + \frac{R_F}{R_1}\right) u_P = \left(1 + \frac{R_F}{R_1}\right) u_I$$

由此可得同相比例运算电路的电压放大倍数为

$$A_{uf} = \frac{u_O}{u_I} = 1 + \frac{R_F}{R_1} \tag{2-96}$$

式（2-96）表明：同相比例运算电路的输出电压与输入电压成正比，并且相位相同，其电压放大倍数总是大于或等于 1。

由于同相端 $i_P \approx 0$，因此同相比例运算电路的输入电阻为无穷大。

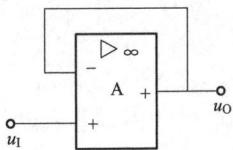

图 2-75　电压跟随器

将图 2-74 电路中的 R_F 短路，R_1 开路，就构成图 2-75 所示的电压跟随器。

由图可知，$u_O = u_N$，而 $u_O = u_N \approx u_P = u_I$，因此

$$u_O = u_I \tag{2-97}$$

因为理想运放的开环差模增益为无穷大，所以电压跟随器的跟

图 2-76　电压—电流变换器

随特性比射极输出器好。

【例 2-13】　电压—电流变换器如图 2-76 所示，试分析输入电压和输出电流的关系。

解：根据"虚短" $u_P \approx u_N$ 和"虚断" $i_P \approx i_N \approx 0$，有

$$U_Z = u_P \approx u_N = u_{R2}, \quad i_L = i_2$$

可知负载中电流为

$$i_L = U_Z / R_2$$

由上式可知，电压—电流变换器的输出电流与负载电阻 R_L 大小无关。这种电路输入、输出电阻高，接近于理想的电流源。

二、反相加法运算电路

如果在反相输入端增加若干输入电路，则构成反相加法运算电路。图 2-77 所示为两输入反相加法运算电路，实际应用中可根据输入信号的数目增加输入端的数目。平衡电阻 $R_3 = R_1 /\!/ R_2 /\!/ R_F$。

图 2-77　反相加法运算电路

根据"虚地" $u_P \approx u_N \approx 0$ 和"虚断" $i_P \approx i_N \approx 0$ 的概念，由图 2-77 可得

$$i_1 + i_2 = i_F$$

即

$$\frac{u_{I1}}{R_1} + \frac{u_{I2}}{R_2} = \frac{0 - u_O}{R_F}$$

所以

$$u_O = -R_F \left(\frac{u_{I1}}{R_1} + \frac{u_{I2}}{R_2} \right) \tag{2-98}$$

当 $R_1 = R_2$ 时，则

$$u_O = -\frac{R_F}{R_1} (u_{I1} + u_{I2}) \tag{2-99}$$

可见，输出电压 u_O 与两个输入电压 u_{I1}、u_{I2} 之和成正比。反相加法运算电路可以十分方便地调整 R_1、R_2 而改变各支路的比例系数，而对其他输入端不产生影响，因此反相加法运算电路应用比较广泛。

【例 2-14】　试用集成运放设计一个函数电路，实现 $u_O = -(2u_{I1} + 5u_{I2})$。

解：根据函数关系式可以选择图 2-77 所示反相加法运算电路来实现此功能。

若取 $R_F = 100\text{k}\Omega$，则只要选取

$$R_F / R_1 = 2, \quad R_1 = R_F / 2 = 50\text{k}\Omega$$
$$R_F / R_2 = 5, \quad R_2 = R_F / 5 = 20\text{k}\Omega$$

则 $R_3 = R_1 /\!/ R_2 /\!/ R_F = 50\text{k}\Omega /\!/ 20\text{k}\Omega /\!/ 100\text{k}\Omega = 12.5\text{k}\Omega$，即可实现此功能。

三、减法运算电路

图 2-78 所示为减法运算电路，输入信号 u_{I1} 和 u_{I2} 分别加至反相输入端和同相输入端，这种形式的电路也称为差分运算电路。

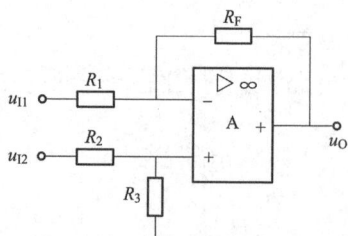

图 2-78　减法运算电路

利用叠加定理，先设反相端输入信号 u_{I1} 单独作用时

（$u_{I1} \neq 0$），令 $u_{I2} = 0$，此时电路为反相比例运算电路，输出电压 u_{O1} 为

$$u_{O1} = -\frac{R_F}{R_1} u_{I1}$$

再设同相端输入信号 u_{I2} 单独作用时（$u_{I2} \neq 0$），令 $u_{I1} = 0$，此时电路为同相比例运算电路，由图可得输出电压 u_{O2} 为

$$u_{O2} = \left(1 + \frac{R_F}{R_1}\right) u_P = \left(1 + \frac{R_F}{R_1}\right) \frac{R_3}{R_2 + R_3} u_{I2}$$

由此可得输出电压 u_O 为

$$u_O = u_{O1} + u_{O2} = -\frac{R_F}{R_1} u_{I1} + \left(1 + \frac{R_F}{R_1}\right) \frac{R_3}{R_2 + R_3} u_{I2} \tag{2-100}$$

为了保证运放的两个输入端对地的电阻平衡，并消除共模信号，通常要求两输入端电阻严格匹配，即满足 $R_1 = R_2$，$R_F = R_3$，则输出电压可简化为

$$u_O = \frac{R_F}{R_1}(u_{I2} - u_{I1}) \tag{2-101}$$

当 $R_1 = R_F$ 时，有

$$u_O = u_{I2} - u_{I1} \tag{2-102}$$

实现了减法运算。

【例 2-15】　试写出图 2-79 所示运算电路的输入、输出关系。

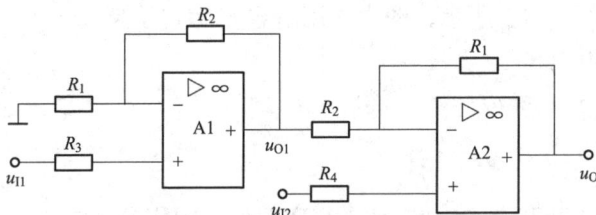

图 2-79　高输入电阻的减法运算电路

解： A1 组成同相比例运算电路，故

$$u_{O1} = \left(1 + \frac{R_2}{R_1}\right) u_{I1}$$

由于理想运放输出阻抗 $R_o = 0$，故前级输出电压 u_{O1} 即为后级输入信号。故由 A2 组成差分放大电路的两个输入信号分别为 u_{O1}、u_{I2}，由叠加原理，输出电压 u_O 为

$$u_O = -\frac{R_1}{R_2} u_{O1} + \left(1 + \frac{R_1}{R_2}\right) u_{I2}$$

$$= -\frac{R_1}{R_2}\left(1 + \frac{R_2}{R_1}\right) u_{I1} + \left(1 + \frac{R_1}{R_2}\right) u_{I2}$$

$$= \left(1 + \frac{R_1}{R_2}\right)(u_{I2} - u_{I1})$$

由上式可知，图 2-79 所示也是一个减法运算电路，该电路具有很高的输入电阻。

【例 2-16】　图 2-80 所示是测量放大电路，试分析电路的输入、输出关系。

解： 测量放大器又称精密放大器或仪用放大器，具有较高的精度和良好的性能，在弱信号检测中得到广泛应用。图 2-80 所示为由三个运放组成的测量放大电路，图中

图 2-80　测量放大器

A1、A2 组成差分输入级，均接成同相输入方式，因而输入阻抗极高。A3 组成后级差分运算电路。

由 A1、A2 输入端虚短可得

$$u_{R1} = u_{I1} - u_{I2}$$

又由 A1、A2 反相端虚断可知，流过 R_1、R_2 的电流相等，因此第二级电路的差模输入电压为

$$u_{O1} - u_{O2} = (R_1 + 2R_2) \frac{u_{R1}}{R_1}$$
$$= \left(1 + \frac{2R_2}{R_1}\right)(u_{I1} - u_{I2})$$

根据差分运算电路输出电压的计算公式，可得

$$u_O = \left(1 + \frac{2R_2}{R_1}\right) \frac{R_4}{R_3} (u_{I2} - u_{I1})$$

可见，输出 u_O 与输入（$u_{I2} - u_{I1}$）之间成线性放大关系。

四、积分电路和微分电路

1. 积分电路

积分运算电路如图 2-81 所示，图中，用电容 C 替代了反相比例运算电路中的电阻 R_F。

根据 $i_P \approx i_N \approx 0$，故 $u_P \approx u_N \approx 0$，可得

$$i_1 = i_C = \frac{u_I}{R_1}$$

由于电容 C 上的电压等压流过电容的电流对时间的积分，即 $u_C = \frac{1}{C} \int i_C dt$，故可得输出电压为

图 2-81　积分运算电路

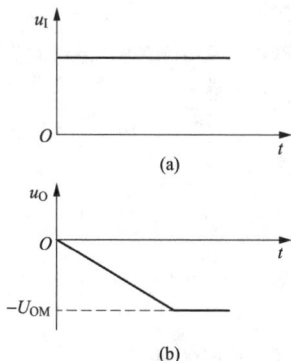

$$u_O = -u_C = -\frac{1}{C} \int i_C dt = -\frac{1}{R_1 C} \int u_1 dt \qquad (2-103)$$

式（2-103）表示输出电压 u_O 与输入电压 u_1 的积分成正比，故能完成积分功能。$R_1 C$ 称为积分时间常数。

如果需要求某一时间段 $[t_1, t_2]$ 内的积分值，则有

$$u_O = -\frac{1}{R_1 C} \int_{t_1}^{t_2} u_1(t) dt + u_C(t_1)$$

式中：$u_C(t_1)$ 为积分运算时电容的初值，即积分起始时刻的电压值。

若输入信号 u_i 为阶跃信号 [见图 2-82（a）]，并设 $u_C(0) = 0$，则

$$u_O = -\frac{U_I}{R_1 C} t$$

图 2-82　积分运算电路
阶跃响应波形
(a) 阶跃信号；(b) 响应波形

其波形如图 2-82（b）所示，最后达到负饱和值 $-U_{OM}$。

积分运算电路是一种应用比较广泛的模拟信号运算电路，

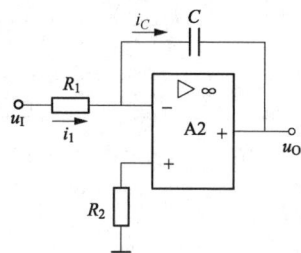

也是控制和测量系统的重要单元，利用其充放电过程可以实现延时、定时；也可以应用在模—数转换电路中，将电压量转换为与之成正比的时间量；还可应用于波形变换电路，以实现各种波形变换产生和变换。

【例 2 - 17】 积分电路如图 2 - 81 所示。已知 $R_1 = 100\text{k}\Omega$，$C = 0.1\mu\text{F}$。设电容上的起始电压 $u_C(0) = 0$，输入方波信号 u_I 如图 2 - 83（a）所示，试画出对应于 u_I 的输出信号 u_O 的波形。

解： 由于输入信号 u_I 为周期性方波信号，应采用分段积分，前一段积分的终值作为后一段 u_C 的初值。当时间在 $0 \sim 10\text{ms}$ 期间时：

$$u_{O1}(t) = -\frac{1}{R_1 C} u_I t = -\frac{5}{R_1 C} t$$

即 u_{O1} 随时间线性减小，在 $t = 10\text{ms}$ 时：

$$u_{O1}(t = 10\text{ms}) = -\frac{5}{10^5 \times 0.1 \times 10^{-6}} \times 0.01 = -5(\text{V})$$

当时间 t 在 $10 \sim 30\text{ms}$ 期间时：

$$u_{O2}(t) = -\frac{1}{R_1 C} u_I(t - 10\text{ms}) + u_{O1}(t = 10) = \frac{5}{R_1 C}(t - 10\text{ms}) - 5(\text{V})$$

即 u_{O2} 随时间线性增大，在 $t = 30\text{ms}$ 时：

$$u_{O2}(t = 30\text{ms}) = \frac{5}{10^5 \times 0.1 \times 10^{-6}} \times (30 - 10) - 5 = 5(\text{V})$$

当时间在 $30 \sim 50\text{ms}$ 期间时：

$$u_{O3}(t) = -\frac{1}{R_1 C} u_I(t - 30\text{ms}) + u_{O2}(t = 30) = -\frac{5}{R_1 C}(t - 30) + 5(\text{V})$$

则

$$u_{O3}(t = 50\text{ms}) = -\frac{5}{10^5 \times 0.1 \times 10^{-6}} \times (30 - 10) + 5 = -5(\text{V})$$

由于 u_I 为周期性方波信号，u_O 的波形也呈周期性变化，如图 2 - 83（b）所示。由图可见，积分电路可将输入方波变换成三角波，即实现了波形变换。

2. 微分电路

如果将积分电路中反相输入端的电阻与反馈电容位置互换，就构成了微分运算电路，如图 2 - 84 所示。

由图 2 - 84 可知

$$i_C = i_F, \ u_P \approx u_N \approx 0$$

所以

$$u_O = -i_F R_F = -R_F C \frac{\text{d}u_I}{\text{d}t} \qquad (2 - 104)$$

式（2 - 104）表明：输出电压 u_O 与输入电压 u_I 的微分成正比，可实现微分运算。

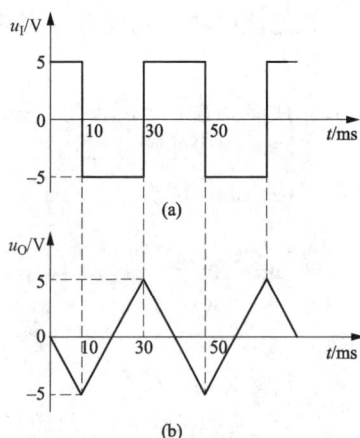

图 2 - 83 积分电路的输入、输出波形

微分电路可以实现波形变换，当输入信号为阶跃信号时，输出信号变为尖脉冲，如图 2 - 85所示。在图 2 - 84 所示的微分电路中，由于电容 C 在输入回路，对于输入信号的快速变化分量十分敏感，抗干扰能力较差。

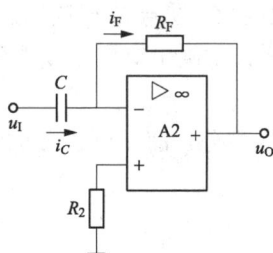

图 2-84　微分运算电路

图 2-85　微分电路的输入、输出波形
（a）输入波形；（b）输出波形

知识拓展

有源滤波器

构成有源滤波器是集成运算放大器的一个重要应用。滤波器是让指定频段的信号通过，而对其余频段的信号加以抑制或使其急剧衰减的电路。滤波器可分为无源滤波器和有源滤波器，无源滤波器一般由电容、电感和电容等无源器件组成，而有源滤波器则是由运算放大器与 R、C 元件构成的滤波电路，具有体积小、质量轻、增益和品质因数容易控制等优点，因而被广泛应用于通信、测量及控制系统等领域。但是由于集成运放的带宽有限的，目前有源滤波电路的工作频率只可达 1MHz。

滤波电路可分为低通、高通、带通和带阻等电路。低通滤波电路指低频信号能通过而高频信号不能通过的电路，高通滤波电路则是高频信号能通过而低频信号不能通过的电路。带通滤波电路只允许某一频带内的信号通过，带阻滤波电路则是阻止某一频带内的信号通过。

集成有源滤波器一般为单片集成芯片，可实现低通、高通、带通或全通等滤波器。与由分立有源器件构成的滤波器相比，集成有源滤波器具有动态范围大、可靠性高、设计简化、成本低和功耗低等优点。

技能训练

1　基本运算电路的安装与测试

一、训练目的

（1）学习集成运算放大器的基本特性，以及基本运算电路的构成和特性。

（2）学会集成运放的使用方法，以及基本运算电路性能测试的方法。

（3）学会电子电路的安装和测试方法。

二、仪器设备及元器件

（1）仪器设备：稳压电源、示波器和函数发生器，各 1 台；万用表，1 只。

（2）元器件：集成运放 μA741，1 只；电阻 10kΩ、100kΩ 各 2 个，9.1kΩ、5.1kΩ 各 1 个；电位器 1kΩ，1 个。

三、训练内容

1. 集成运放的检测

(1) 安装前，应认真查阅有关手册，了解 μA741 的主要特性和各引脚排列位置。

(2) 外观检查。运放型号是否相符，引脚有无缺少或断裂；封装有无损坏等。

(3) 在安装时，要根据电路原理图和所用运放的引脚图，确定实际安装接线图。图 2-86 (a) 所示是反相比例运算电路的电路原理图，图 2-86 (b) 所示是 μA741 组成电路的接线图。要注意图中用两路电源构成运放正、负电源的接法。

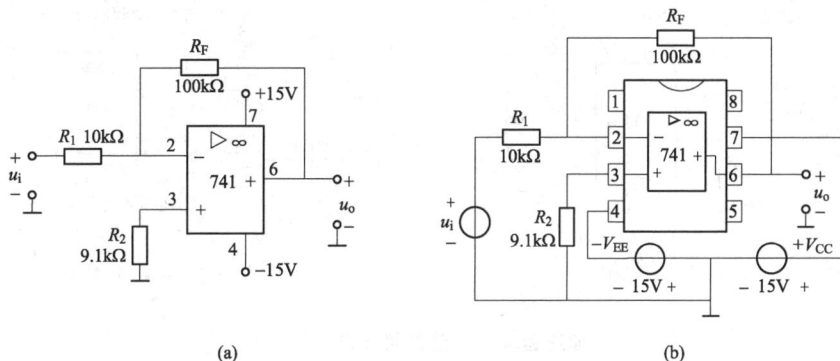

图 2-86　反相比例运算电路

(a) 原理图；(b) 接线图

(4) 当元件、连线都安装好后，用万用表电阻挡检查安装是否正确，有无断路或短路现象。尤其应注意，运放输出端、电源端和接地端之间不能短路，否则将损坏器件和电源。

(5) 经上述检查无误后，接通直流电源，进行静态调试。即将电路的输入端对地短路，用示波器观察输出端有无自激现象。将数字示波器输入设置为直流耦合，若电路输出电压扫描迹线在零电平附近，则说明器件是好的。

2. 反相比例运算电路的测试

(1) 当静态检查正常后，接入信号源进行测试。

(2) 在输入端加入频率为 1kHz 的正弦信号，其幅值分别为 0.1、0.2、0.3V，用示波器分别测量输出电压 u_o 的大小，记于表 2-7，并观察 u_i 与 u_o 的相位关系。

(3) 计算电压增益，是否符合理论值。

3. 同相比例运算电路的测试

(1) 按图 2-87 所示电路接线，检查无误后接通正、负直流电源。

(2) 重复内容 2 的步骤，将测量结果记于表 2-7。

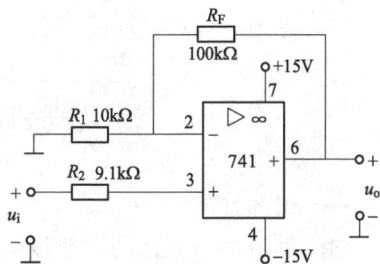

图 2-87　同相比例运算电路

表 2-7　　　　　　　　　　反相比例运算和同相比例运算电路的测试

U_{im}(V)　　U_{om}(V)	反相比例运算			同相比例运算		
	0.1	0.2	0.3	0.1	0.2	0.3
测量值						
理论值						

4.反相加法运算电路的测试

(1) 按图 2-88 所示反相加法运算电路接线，检查无误后接通正、负直流电源。

(2) 在输入端输入频率为 1kHz 的正弦信号，调节信号发生器和电位器 R_P，使 u_{i1}、u_{i2} 的幅值分别为 0.3、0.2V，用示波器测量输出电压 u_o 的大小，记于表 2-8。

5.减法运算电路

按图 2-89 所示减法运算电路接线，重复上述内容（4）的步骤，将测量结果记于表 2-8。

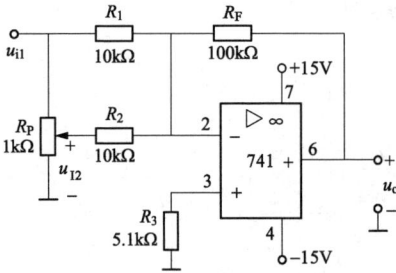

图 2-88　反相加法运算电路　　　　　图 2-89　减法运算电路

表 2-8　　　　　　　　　　　　加法运算和减法运算电路的测试

电路形式	输入电压（V）		输出电压 U_{om}（V）	
	U_{i1m}	U_{i2m}	测量值	理论值
反相加法运算				
减法运算				

四、训练要求

(1) 整理测试数据，并与理论值进行比较。

(2) 记录反相比例和同相比例的输入、输出波形，分析 u_o 与 u_i 的关系。

(3) 总结各运算电路的特点，撰写测试报告。

2　两级交流放大电路的设计与仿真

一、训练目的

(1) 学习电子电路的一般设计方法，能够设计单元电路、计算电路参数和合理选择元器件。

(2) 学会电路性能指标的测试，能够解决电路测试中出现的问题。

二、设计指标

工作频率 10Hz～10kHz，最大不失真输出电压幅度 $U_{om}=5V$，负载电阻 $R_L=2k\Omega$，输入电阻 $R_i=20k\Omega$，中频放大倍数 $A_u=1000$。

三、参考设计

1.确定放大电路级数和电路形式

由于集成运放同相放大器的放大倍数为 1～100，而反相放大器为 0.1～100，本设计要求 $A_u=1000$，则至少需要两级放大。设计指标要求输入电阻 $R_i=20k\Omega$，输入级采用同相放大电路或反相放大电路均能满足输入电阻的要求。

参考电路中采用一级同相放大电路与一级反相放大电路以阻容耦合的方式级联，如图 2-90 所示。对于高增益放大电路，为了尽量降低放大电路的信噪比，第一级的增益应适当小些，使运放工作在小信号条件下，而只有后一级运放工作在大信号条件下。这样，在选择第一级所用运放时，只需要考虑满足带宽要求，无需考虑转换速率的影响。故可选取 $A_{u1}=10$，$A_{u2}=100$。

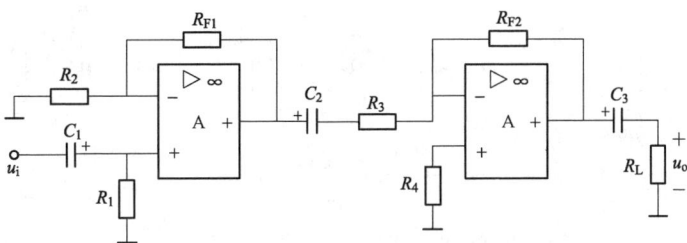

图 2-90　两级交流放大电路

2. 集成运放的选择

选择集成运放时，应尽量选用失调温漂小、开环电压增益高、输入电阻高、输出电阻低的运算放大器，以提高放大电路的工作稳定性。为减小放大电路的动态误差（即频率失真和相位失真），要求集成运放的增益带宽积 BW_G 和转换速率 S_R 要满足

$$BW_G \geqslant A_u f_{max} \tag{2-105}$$

$$S_R \geqslant 2\pi f_{max} U_{om} \tag{2-106}$$

式中：f_{max} 为输入信号的最高工作频率；U_{om} 为输出电压的最大幅值。

由于第一级运放工作在小信号状态，主要考虑满足其频带宽度，即应选用的集成运放为 $BW_G \geqslant A_{u1} f_{max}=10\times10\mathrm{kHz}=100\mathrm{kHz}$。

第二级运放工作在大信号状态，选择运放主要是满足转换速率 S_R 的要求，即 $S_R \geqslant 2\pi f_{max} U_{om}=2\pi\times10\mathrm{kHz}\times5\mathrm{V}=0.314\mathrm{V}/\mu\mathrm{s}$。

可选择通用型运放 $\mu\mathrm{A}741$，其主要指标为 $S_R=0.5\mathrm{V}/\mu\mathrm{s}$，$BW_G=1\mathrm{MHz}$，满足设计要求。

3. 电阻、电容元件的选择

电路中的反馈电阻 R_F 的阻值不宜过大或太小，通常 R_F 取值应在几千欧至 $1\mathrm{M}\Omega$ 之间。

在第一级中，由输入电阻的要求，可取 $R_1=R_i=20\mathrm{k}\Omega$。再由 $A_{u1}=1+R_{F1}/R_2=10$ 和 $R_1=R_{F1}//R_2$，确定电阻 $R_2=22\mathrm{k}\Omega$ 和 $R_{F1}=200\mathrm{k}\Omega$。对于第二级，由于 $A_{u2}=100$，若取 $R_3=10\mathrm{k}\Omega$，则 $R_{F2}=1\mathrm{M}\Omega$，$R_4=10\mathrm{k}\Omega$。

耦合电容的数值可由放大器的最低工作频率 f_L 得到，即

$$C_1 \geqslant \frac{3\sim10}{2\pi f_L R_1},\ C_2 \geqslant \frac{3\sim10}{2\pi f_L R_3},\ C_3 \geqslant \frac{3\sim10}{2\pi f_L R_L} \tag{2-107}$$

四、电路仿真

1. 观测两级交流放大电路的输入和输出波形

在 Multisim 软件工作窗口创建图 2-91 电路。其中，集成运放 $\mu(u)\mathrm{A}741\mathrm{CD}$ 在模拟集成电路库 ❖ 的 OPAMP 族中选取。单击仪器栏上 ▤ 按钮，放置波特图仪 XBP1，将波特图

仪的 IN（输入）端接电路的输入端，OUT（输出）端接电路的输出端。

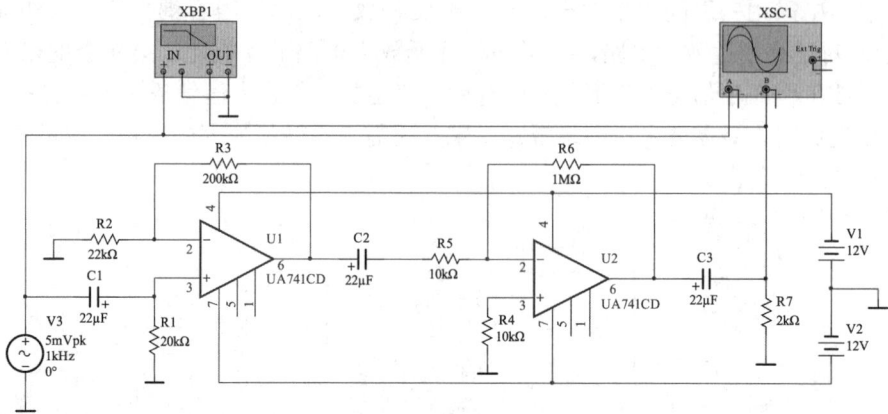

图 2-91　两级交流放大仿真电路

单击仿真运行按钮进行仿真。双击示波器图标，打开示波器面板，观察输入、输出波形。可测量接示波器通道 A 的输入信号电压幅值约为 5mV，接通道 B 的输出信号电压幅值约为 5V，即电路的电压放大倍数约为 1000，如图 2-92 所示。

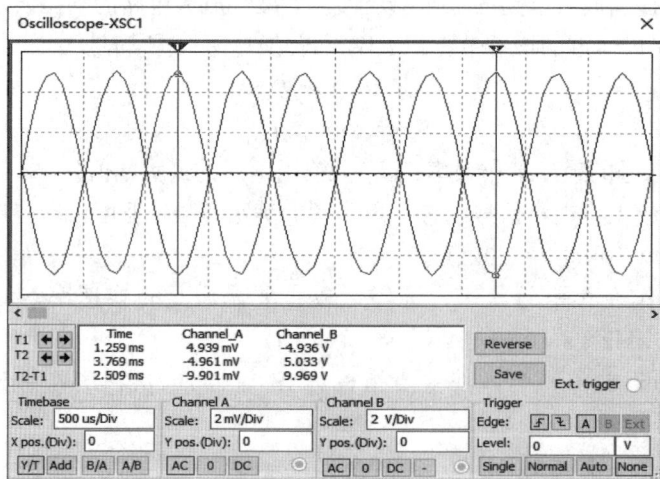

图 2-92　测量放大电路的输入和输出波形

2. 测量放大电路的通频带

双击波特仪图标，打开波特仪面板，选择 Mode 区 Magnitude 按钮观察电路的幅频特性曲线。在 Horizontal 区设置横坐标（频率）范围为 1Hz～50kHz；在 Vertical 区设置纵坐标（增益）范围为 0～80dB。移动波形显示区的游标，测量幅度下降 3dB（增益为 57dB）时的频率，即可测量放大电路的上限频率约为 10kHz，下限频率约为 3.8Hz，如图 2-93 所示。

五、训练要求

（1）按照设计指标的要求，计算各级电路的元件参数，并选择器件。

（2）用 Multisim 软件模拟仿真，修改电阻、电容的设计数值，以满足放大器设计指标。

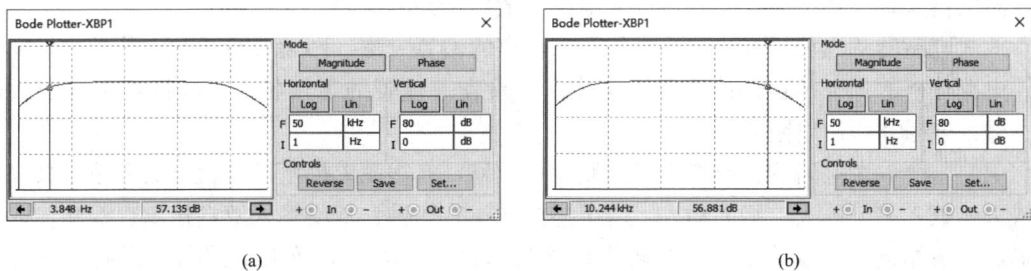

(a)　　　　　　　　　　　　　　　　　(b)

图 2-93　交流放大电路的幅频特性
(a) 测试下限频率；(b) 测试上限频率

(3) 撰写测试报告。

思考题

(1) 多级放大电路的电压增益与各级电压增益有何关系？在计算各级电压增益时应注意什么问题？

(2) 集成运放一般由哪几部分组成？各部分一般采用什么样的电路形式？

(3) 什么是理想集成运算放大器？理想集成运算放大器工作在线性区和非线性区时各有何特点？

(4) 什么是正反馈和负反馈？如何判断？

(5) 什么是串联负反馈和并联负反馈？如何判断？它们对信号源内阻有何要求？

(6) 什么是电压负反馈和电流负反馈？如何判断？它们对放大电路输出电压和输出电流的稳定性各有什么影响？

(7) 试比较运算放大器分别在反相输入、同相输入和差分输入时，电路各有什么特点？

(8) 用集成运算构成交流放大电路时，应注意哪些问题？

小　　结

(1) 三极管有 NPN 和 PNP 两种类型，实现电流放大作用的外部条件是发射结正偏、集电结反偏。

描述三极管电压电流关系的伏安特性有输入特性和输出特性曲线，三极管属于非线性器件，其输出特性曲线分为饱和区、放大区和截止区。描述三极管电流控制能力的重要参数是电流放大系数，只有在放大区才有电流控制作用。为了保证三极管安全工作，在使用时应注意它的极限参数。

(2) 放大电路的性能指标主要有电压放大倍数、输入电阻、输出电阻和通频带等，它们是衡量放大电路性能的重要参数。放大的本质是能量控制，放大的对象是变化量。

(3) 共射、共集、共基是三极管放大电路的三种基本组态。共发射极放大电路输出电压与输入电压反相，电压放大倍数较大，输入、输出电阻大小适中，适用于一般放大或多级放大电路的中间级。共集电极放大电路（射极输出器）的输出电压与输入电压同相，电压放大倍数小于 1 而近似等于 1，具有电压跟随的特点，输入电阻高，输出电阻低，多用于多级放大电路的输入级和输出级。共基极放大电路一般用于高频电路。

放大电路的基本分析方法主要有静态工作点的估算方法、图解分析法和小信号等效电路法。电路分析的任务是：①计算静态工作点，检查三极管的工作状态；②计算电压放大倍数、输入电阻和输出电阻。

（4）差分放大电路的主要作用是抑制零点漂移，有很高差模电压放大倍数和很低共模电压放大倍数。差分放大电路的输入、输出连接方式有四种：双端输入双端输出、双端输入单端输出、单端输入双端输出、单端输入单端输出。实际的差分放大电路为了提高共模抑制比、减小温漂，通常利用恒流源或公共发射极电阻引入一个共模负反馈。

（5）功率放大电路的主要作用是进行功率放大。低频功率放大电路常采用乙类或甲、乙类工作状态来降低管耗，提高输出功率和效率。

（6）多级放大电路的级间耦合方式主要有直接耦合、阻容耦合等。多级放大电路的电压放大倍数等于各级电压放大倍数的乘积，在计算时要考虑前后级的影响；输入电阻由第一级电路的输入电阻决定；输出电阻由最后一级的输出电阻决定。

（7）通用型集成运放实质上是一个高增益直接耦合多级放大电路，一般由差分输入级、中间放大级、互补输出级和偏置电路四部分组成。集成运放最主要的性能指标有 A_{ud}、R_{id}、R_o、K_{CMR} 及失调参数等。由于采用集成工艺，集成运放的性能指标非常接近理想化参数，可把集成运放看成理想运放。

（8）反馈放大电路由基本放大电路和反馈网络两个部分组成。反馈有正负极性之分，可采用瞬时极性法加以判断。交流负反馈按取样内容和比较方式的不同，可分为电压串联负反馈、电压并联负反馈、电流串联负反馈、电流并联负反馈四种组态。交流负反馈虽然降低了放大电路的放大倍数，但可稳定放大倍数、减小非线性失真、展宽通频带，改变放大电路的输入输出电阻。

（9）利用集成运放引入深度负反馈，使集成运放工作在线性区，可以实现信号的比例、加减、积分、微分等运算。从输入方式来看，主要有反相输入方式、同相输入方式和差分输入方式三种。反相输入运算电路的输入端具有"虚地"特性，提高了电路的抗干扰能力，对运放的 K_{CMR} 要求不高，但电路的输入电阻不高；同相输入运算电路的输入端较大的共模输入信号，对运放的 K_{CMR} 要求较高，但电路的输入电阻可趋于无穷大。差分输入方式实际是前两种方式的线性叠加。

课堂小测

一、填空题

（1）晶体管按结构方式可以分成_____和_____两种类型。

（2）晶体管工作在放大状态时，外加电源的极性和大小应使发射结_____，集电结_____。

（3）已知晶体管 $\beta=99$，$I_E=5\text{mA}$，则 $I_C=$_____ mA，$I_B=$_____ mA。

（4）由晶体管组成的基本放大电路有_____放大电路、_____放大电路和_____放大电路三种组态。

（5）放大电路的输入电压 $U_i=10\text{mV}$，输出电压 $U_o=1\text{V}$，则放大电路的放大倍数为

_____倍，电压增益为_____ dB。

（6）射极输出器的输出电压与输入电压相位_____，电压放大倍数近似_____、输入电阻_____和输出电阻_____。

（7）差分放大电路对_____输入信号有良好的放大作用，对_____输入信号有很强的抑制作用。

（8）差分放大电路的差模电压放大倍数为 50，共模电压放大倍数为 -0.5，则电路的共模抑制比为_____ dB。

（9）乙类互补对称功放的主要优点是_____，但其固有失真是_____。

（10）两个晶体管组成一个复合管时，复合管的类型与第一个管子的类型_____，复合管的 β 值近似等于组成它的各个三极管的 β 值之_____。

（11）理想集成运放工作在线性状态时，两输入端电压近似相等，称为_____；输入电流近似为零，称为_____。

（12）负反馈放大电路中，A 为开环放大倍数，F 为反馈系数，则放大电路的闭环放大倍数 $A_f=$_____，在深度负反馈条件下，A_f 近似为_____。

（13）负反馈对放大电路的影响有：_____放大倍数，_____放大倍数的稳定性，_____放大电路引起的非线性失真，_____通频带，_____放大电路的输入和输出电阻。

（14）并联负反馈可以使放大电路的输入电阻_____，电流负反馈可以稳定_____。

（15）运算电路中的集成运算放大器应工作在_____区，为此运算电路中需引入_____反馈。

二、选择题

1. 测得晶体管各电极对地电位如图 2-94 所示，则此管处于（   ）。

A. 放大状态   B. 饱和状态
C. 截止状态   D. 无法判断

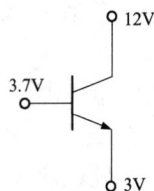

图 2-94 选择题 1 图

2. 在图 2-95（a）所示放大电路中，从示波器上观察到输出电压 u_o 分别出现图 2-95（b）～（d）所示三种波形，下列关于这三种波形的说法不正确的是（   ）。

图 2-95 选择题 2 图

A. 图（b）是放大电路工作点位置过高，引起饱和失真

B. 图 (c) 是放大电路工作点位置过高，引起截止失真

C. 图 (d) 是放大电路的输入信号过大引起的失真

D. 三种失真波形都是放大电路非线性引起的

3. 某放大电路在负载开路时的输出电压为 4V，接入 $6k\Omega$ 的负载后，输出电压降为 3V，这说明放大电路的输出电阻为（　　　）。

A. $2.5k\Omega$　　　　　　　　　　　　　B. $1.5k\Omega$

C. $1.25k\Omega$　　　　　　　　　　　　D. $2k\Omega$

4. 将差分放大电路中的 R_E 改为恒流源可以（　　　）。

A. 提高差模电压增益　　　　　　　　B. 提高共模电压增益

C. 提高共模抑制比　　　　　　　　　D. 提高差模输入电阻

5. 差分放大电路的两个输入电压分别为 $u_{i1}=5V$，$u_{i2}=3V$，则其共模输入电压为（　　　）。

A. 1V　　　　　　　　　　　　　　　B. 2V

C. 3V　　　　　　　　　　　　　　　D. 4V

6. 功率放大电路采用乙类工作状态是为了提高（　　　）。

A. 输出功率　　　　　　　　　　　　B. 放大倍数

C. 放大电路效率　　　　　　　　　　D. 负载能力

7. 两级放大电路中，第一级电压放大倍数为 20，第二级电压放大倍数为 50，则两级总的电压放大倍数为（　　　）。

A. 30　　　　　　　　　　　　　　　B. 60

C. 70　　　　　　　　　　　　　　　D. 1000

8. 需要放大电路的输入电阻大，输出电流稳定，应引入（　　　）负反馈。

A. 电压串联　　　　　　　　　　　　B. 电压并联

C. 电流串联　　　　　　　　　　　　D. 电流并联

9. 集成运放构成的放大电路如图 2 - 96 所示，已知集成运放最大输出电压 $U_{OM}=\pm10V$，$u_I=5V$，则该放大电路的输出电压为（　　　）。

A. 10V　　　　　　　　　　　　　　B. $-10V$

C. 5V　　　　　　　　　　　　　　　D. $-5V$

10. 集成运放构成的放大电路如图 2 - 97 所示，$R_1=100k\Omega$，$R_2=91k\Omega$，$R_F=100k\Omega$，则电路的输入电阻 R_i 的值为（　　　）。

A. 无穷大　　　　　　　　　　　　　B. $200k\Omega$

C. $100k\Omega$　　　　　　　　　　　　D. $91k\Omega$

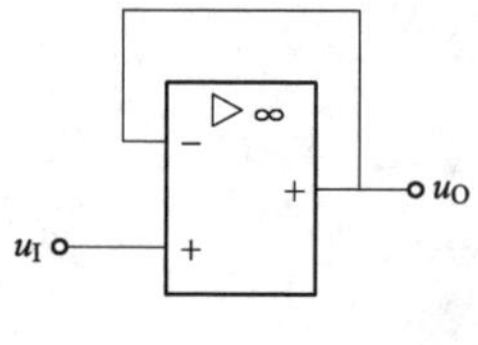

图 2 - 96　选择题 9 图 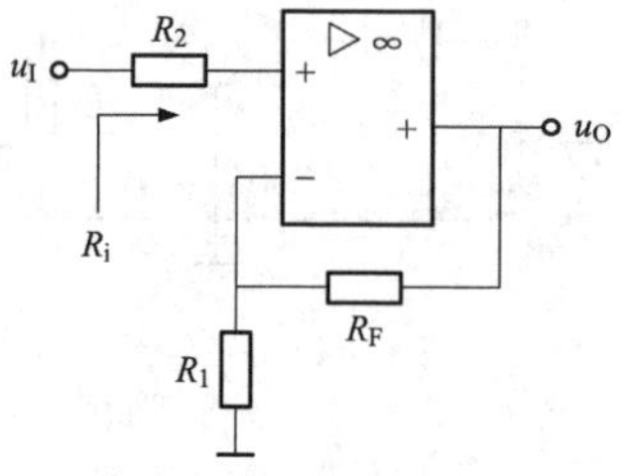　　　　　　　　　图 2 - 97　选择题 10 图

三、判断题

1. 三极管具有放大作用，在用其构成放大电路时，应加上合适的直流电压才有放大作用。（　　）

2. 共发射极放大电路中的输出电压与输入电压的同相。（　　）

3. 共集放大电路因为其电压放大倍数小于 1，所以它没有功率放大作用。（　　）

4. 直接耦合放大电路只能用来放大直流信号。（　　）

5. 放大电路的静态工作点设置不合适，会产生饱和失真或截止失真。（　　）

6. 放大电路的输出电阻越小，放大电路带负载的能力越强。（　　）

7. 差分放大电路的共模抑制比越大，对共模信号的抑制能力越强。（　　）

8. 功率放大器是一种能量转换电路，其能量是由输入信号提供。（　　）

9. 乙类互补推挽功放，输入信号越小，交越失真越明显。（　　）

10. 多级放大电路总的电压放大倍数是各级电压放大倍数的和。（　　）

11. 负反馈只能改善反馈环路以内电路的放大性能，对反馈环路之外电路无效。（　　）

12. 放大电路的输入电阻很大，信号源内阻越小，负反馈效果越好。（　　）

13. 理想运放工作在线性区的特点是虚断和虚短。（　　）

14. 同相比例运算电路的输入电阻高，其共模输入信号为零。（　　）

习　题

2.1　测得电路中晶体管对地电位如图 2-98 所示。试判断各晶体管处于放大区、饱和区还是截止区？

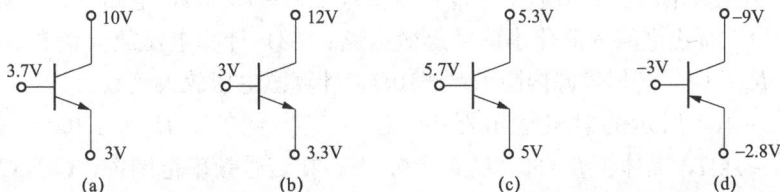

图 2-98　题 2.1 图

2.2　已知晶体管都工作在放大区，测得各脚对地电位如图 2-99 所示，试判断各管脚的名称，说明晶体管是 NPN 型还是 PNP 型？是硅管还是锗管？

2.3　测得两只晶体管各极电流如图 2-100 所示，试判断①、②、③哪个是基极、发射极和集电极，说明该管是 NPN 型还是 PNP 型管，计算两管的电流放大系数 β。

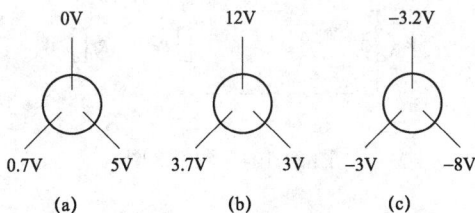

图 2-99　题 2.2 图

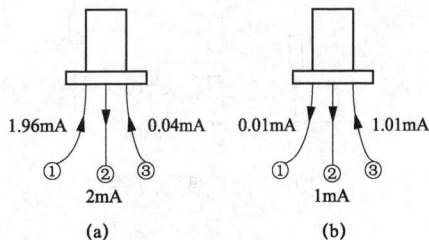

图 2-100　题 2.3 图

2.4　某放大电路空载时的输出电压 $u'_o=5V$，接上 $R_L=10k\Omega$ 的负载后输出电压 $u_o=4V$，试求此放大电路的输出电阻 R_o 值。

2.5　固定偏置共发射极放大电路如图 2-101 所示，已知三极管 $\beta=50$，I_{CEO} 可忽略不计。试求：(1) 若 $V_{CC}=12V$，$R_C=3k\Omega$，如果要将静态值 I_{CQ} 调到 1.5mA，R_B 阻值应调到多大？(2) 如果调至 $U_{CEQ}=3V$，R_B 阻值又应调到多大？(3) 在调节静态工作点的过程中，如不慎将 R_B 调到零，将可能出现什么问题？如何解决？

2.6　放大电路如图 2-102 所示，晶体管 $\beta=60$，$V_{CC}=12V$，$R_{B1}=100k\Omega$，$R_{B2}=33k\Omega$，$R_C=R_L=3k\Omega$，$R_E=2k\Omega$，$U_{BEQ}=0.7V$，C_1、C_2、C_E 容量足够大。试完成：(1) 估算放大电路的静态工作点；(2) 画出电路的简化小信号等效电路；(3) 计算电压放大倍数，当输入交流信号 u_i 的幅值为 10mV 时，输出电压 u_o 的幅值为多少？(4) 计算输入电阻 R_i 和输出电阻 R_o。

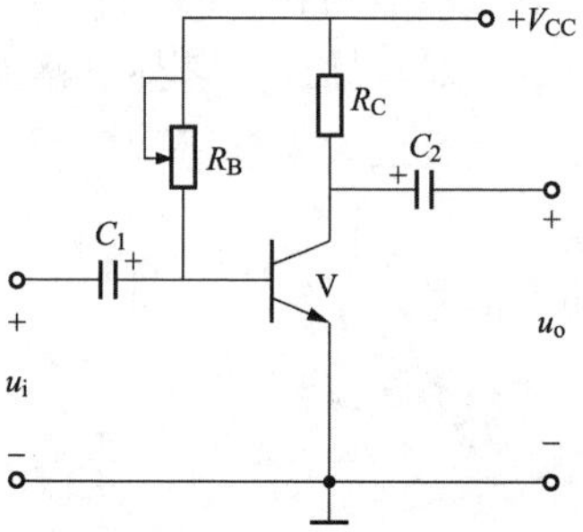

图 2-101　题 2.5 图 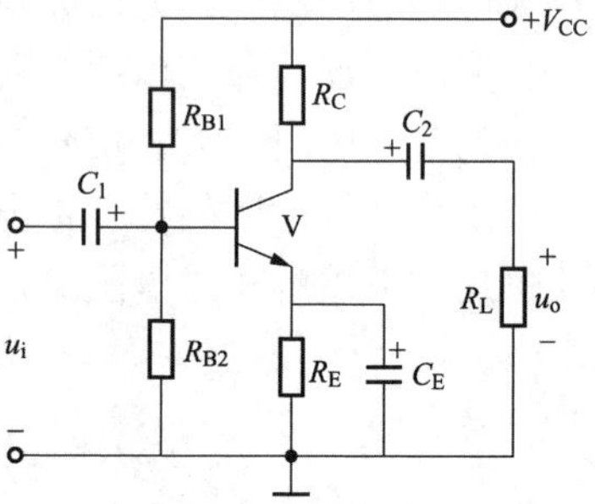　　　　　　　　　　　　图 2-102　题 2.6 图

2.7　放大电路如图 2-103 所示，$R_{E1}=200\Omega$，$R_{E2}=1.8k\Omega$，电路其他参数与题 2.6 相同。试完成：(1) 画出电路的简化小信号等效电路；(2) 计算电压放大倍数 A_u、输入电阻 R_i 和输出电阻 R_o；(3) 若信号源内阻 $R_S=510\Omega$，计算源电压放大倍数 A_{us}。

2.8　图 2-104 所示的射极输出器中，已知 $V_{CC}=12V$，$R_B=470k\Omega$，$R_E=4.3k\Omega$，$R_L=2k\Omega$，$R_S=1k\Omega$，晶体管 $\beta=60$，$U_{BEQ}=0.7V$。在信号频率范围内，C_1、C_2 容抗可忽略不计。试完成：(1) 估算静态工作点；(2) 画出放大电路的小信号等效电路；(3) 估算电压放大倍数 A_u、输入电阻 R_i 和输出电阻 R_o。

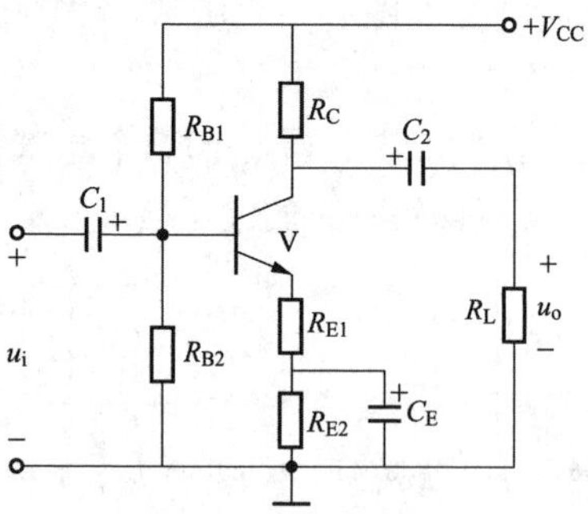

图 2-103　题 2.7 图 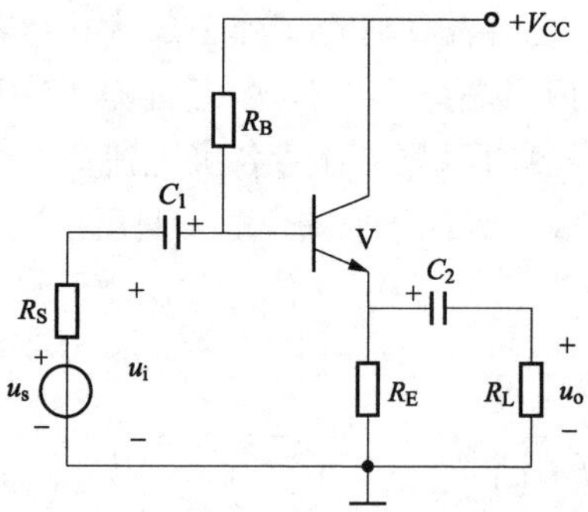　　　　　　　　　　　　图 2-104　题 2.8 图

2.9　差分放大电路如图 2-105 所示，已知晶体管的 $\beta=50$，$U_{BEQ}=0.7V$。试完成：

（1）估算静态时 I_{CQ1}、I_{CQ2}、U_{CQ1} 和 U_{CQ2} 的值；（2）估算差模电压放大倍数 A_{ud}、差模输入电阻 R_{id} 和输出电阻 R_o。

2.10　具有恒流源的差分放大电路如图 2 - 106 所示，图中晶体管的 $\beta = 100$，电流源 $I_o = 1\text{mA}$。试计算：（1）静态 U_{CQ1}、U_{CQ1} 的值；（2）差模电压放大倍数 A_{ud}；（3）输入电阻 R_{id} 和输出电阻 R_o。

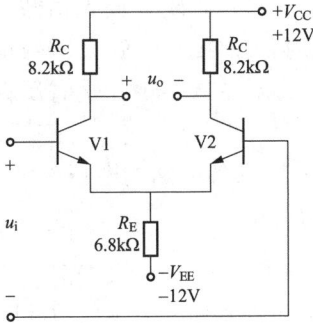

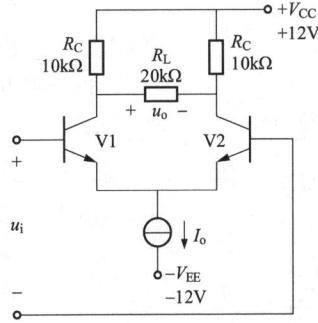

图 2 - 105　题 2.9　　　　　　　　　　　图 2 - 106　题 2.10 图

2.11　差分放大电路如图 2 - 107 所示，晶体管的 $\beta = 100$，$I_o = 1\text{mA}$。试估算电路的差模电压放大倍数 A_{ud}、输入电阻 R_{id} 和输出电阻 R_o。

2.12　互补对称功率放大电路如图 2 - 108 所示，晶体管的饱和压降 $U_{CE(sat)} = 2\text{V}$，u_i 为正弦信号，试求电路最大不失真输出功率 P_{om} 和效率。

图 2 - 107　题 2.11 图　　　　　　　　　图 2 - 108　题 2.12 图

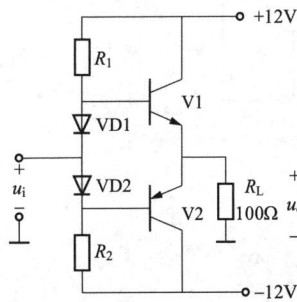

2.13　互补对称功率放大电路如图 2 - 109 所示，试回答下列问题：（1）$u_i = 0$ 时，流过 R_L 的电流有多大？（2）R_1、R_2、VD1、VD2 各起什么作用？（3）若 VD1、VD2 中有一个接反，会出现什么后果？（4）为保证输出波形不失真，输入信号 u_i 的最大幅值为多少？管耗为最大时，求输入信号的幅值 U_{im}。

2.14　OTL 功率放大电路如图 2 - 110 所示，电源电压 $V_{CC} = 16\text{V}$，负载 $R_L = 4\Omega$，晶体管饱和压降 $U_{CE(sat)} = 2\text{V}$，试求：（1）静态时，A 点的电位是多少？（2）电路的最大不失真输出功率 P_{om} 和效率。

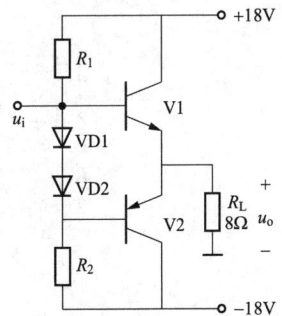

图 2 - 109　题 2.13 图

图 2 - 110　题 2.14 图

2.15　试说明在图 2 - 111 所示各电路中存在哪些反馈支路，并分析它们是正反馈还是负反馈，是直流反馈还是交流反馈（假设图中电容的容抗可以忽略）。

2.16　试判断图 2 - 112 所示的电路中负反馈的类型，估算这些电路的电压放大倍数 A_{uf}。

2.17　某负反馈放大电路，其闭环放大倍数 A_{uf} 为 100，当开环放大倍数变化 10% 时，要求闭环放大倍数的变化不超过 1%，试问开环放大倍数 A_u 至少选多少？这时反馈系数 F 应选多少？

2.18　试求图 2 - 113 所示各电路的电压放大倍数和输入电阻，说明反相输入端是否虚地。

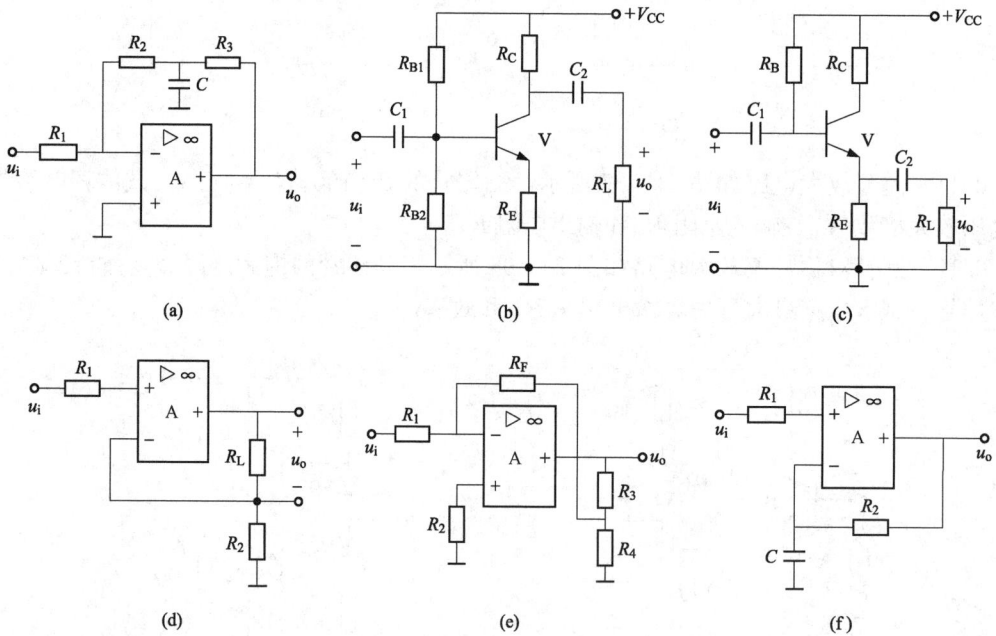

图 2 - 111　题 2.15 图

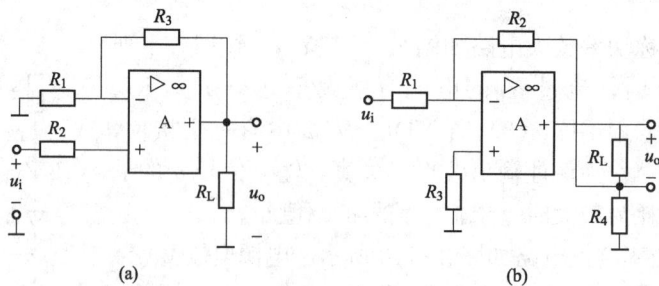

图 2 - 112　题 2.16 图

图 2 - 113　题 2.18 图

2.19　试求图 2 - 114 所示各电路输出电压与输入电压的运算关系式。

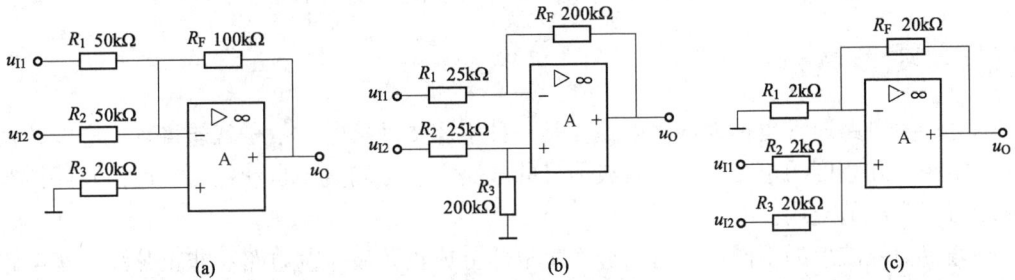

图 2 - 114　题 2.19 图

2.20　试求图 2 - 115 所示各电路的输出电压 u_O 值。

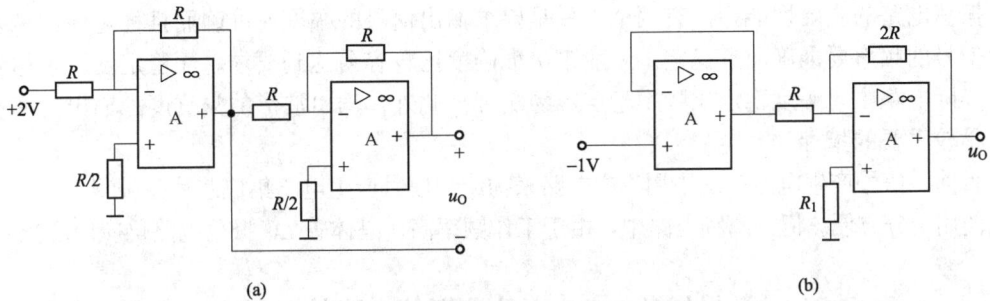

图 2 - 115　题 2.20 图

2.21　已知积分电路和输入信号如图 2 - 116 所示，试画出电路的输出信号 u_O 的波形。设电容上的电压为 0V。

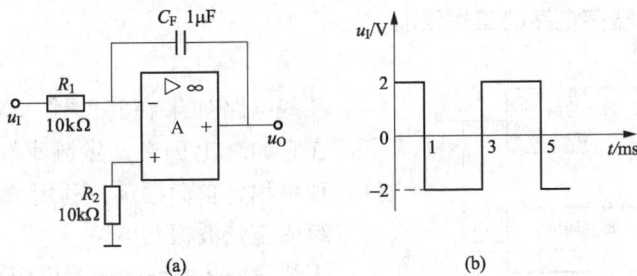

图 2 - 116　题 2.21 图

学习情境 3 信号产生电路的分析

内 容 概 要

　　本学习情境介绍了常用的正弦波产生电路和非正弦波产生电路,对信号产生电路进行了仿真和测试,最后利用单片集成函数发生器设计了多波形发生电路。

学 习 导 入

　　信号产生电路通常也称为振荡电路,是一种不需要外接输入信号就能将直流电能转换为具有一定频率和幅度的正弦或非正弦波信号的电路,它在测量、自动控制、通信及遥控等许多领域有着广泛的应用。

　　按输出信号波形的不同,可将信号产生电路分成正弦波振荡电路和非正弦波振荡电路两大类。正弦波振荡电路常按选频网络所用元件的不同,可分为 RC 振荡电路、LC 振荡电路和石英晶体振荡电路;非正弦波振荡电路按信号形式又可分为方波振荡电路、三角波振荡电路和锯齿波振荡电路等。

　　振荡电路的主要性能指标有两个:一是要求输出信号的幅度要准确而且稳定;二是要求输出信号的频率要准确而且稳定。一般来讲准确度比较容易达到要求,而稳定度较难达到要求,实际电路中,幅度稳定比频率稳定容易实现。此外,输出波形的失真度、输出功率和效率也是较重要的指标。

　　目前,信号产生电路广泛采用集成电路来构成。信号产生电路集成芯片品种很多,性能可靠,使用十分方便。但在高频电路中,由于工作频率高,晶体管 LC 振荡电路仍应用广泛。

学习任务 3.1 正弦波振荡电路的分析

知 识 学 习

3.1.1 正弦波振荡电路的工作原理

一、自激振荡

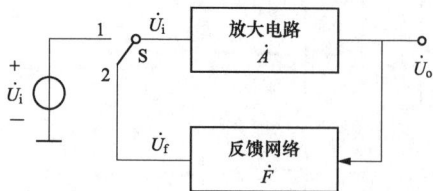

图 3-1 振荡电路的原理框图

　　某些电路如果在它的输入端不接信号的情况下,在它的输出仍有一定频率和幅度的信号输出,这种现象称为自激振荡。利用放大电路的自激振荡可以组成正弦波振荡电路。

　　正弦波振荡电路的原理框图如图 3-1 所示。假如开关 S 合在 1 端,即在放大电路的输入端外接一定频率、一定幅度的正弦信号 $\dot{U}_i$，此信号经放大电路放大后产生输出信号 $\dot{U}_o$。而 $\dot{U}_o$ 又作为反馈网络的输入信号，在反馈网络输出端产生反馈信号 $\dot{U}_f$。如果 $\dot{U}_f$ 和原来输入信号 $\dot{U}_i$ 大小相等而且相位相同，若这时将开关 S 接至 2 端，放大电路和反馈网络就组成闭环系统，在没有外加输入信号的情况下，输出端可维持一定频率和幅度的信号 $\dot{U}_o$ 输出，从而实现了自激振荡。

由于振荡电路输出的是一个单一频率、幅度稳定的正弦波信号，因此图 3-1 所示的闭环系统内，除了放大电路和正反馈网络两部分，必须还含有选频网络和稳幅环节。选频网络使振荡电路从各种频率的信号中，选择所需频率的信号以满足振荡条件，输出单一频率的正弦信号，常用的有 RC 选频网络、LC 选频网络和石英晶体选频网络。选频网络可以单独存在，也可以和放大电路或反馈网络结合在一起。稳幅环节保证振荡电路输出稳定且基本不失真的正弦波形，一般是靠放大电路中的非线性元件的非线性来实现的。

二、振荡产生的条件

1. 振荡的平衡条件

当反馈信号 $\dot{U}_f$ 等于放大电路的输入信号 $\dot{U}_i$ 时，电路就能够维持稳定输出，达到平衡状态。由图 3-1 可知，放大电路的输出为

$$\dot{U}_o = \dot{A}\dot{U}_i \tag{3-1}$$

反馈网络的输出为

$$\dot{U}_f = \dot{F}\dot{U}_o \tag{3-2}$$

当 $\dot{U}_i = \dot{U}_f$ 时，则有

$$\dot{A}\dot{F} = 1 \tag{3-3}$$

这就是振荡电路的平衡条件。它实际包含：

（1）振幅平衡条件

$$|\dot{A}\dot{F}| = 1 \tag{3-4}$$

即放大电路和反馈网络所组成的闭合环路的增益模值应为 1，使反馈信号与输入信号大小相等。

（2）相位平衡条件

$$\varphi_A + \varphi_F = 2n\pi, \ n = 0,1,2,\cdots \tag{3-5}$$

即放大电路的相移与反馈网络的相移之和为 $2n\pi$，使反馈信号与输入信号相位相同，以保证正反馈。

对于一个已进入稳态的振荡电路，必须同时满足振幅平衡条件和相位平衡，振荡才能得以维持。

2. 振荡的起振条件

式（3-3）是使已进入稳态的振荡维持下去的条件。为使振荡在接通电源后能够自动起振，则在相位上要求反馈信号 $\dot{U}_f$ 与输入信号 $\dot{U}_i$ 同相，在幅度上要求 $\dot{U}_f > \dot{U}_i$，因此振荡的起振条件也包括振幅条件和相位条件，即

（1）振幅起振条件

$$|\dot{A}\dot{F}| > 1 \tag{3-6}$$

（2）相位起振条件

$$\varphi_A + \varphi_F = 2n\pi, \ n = 0, 1, 2, \cdots \tag{3-7}$$

当振荡电路接通电源时，电路中就会产生微弱的不规则的噪声或扰动信号，它包含各种频率的谐波分量，经选频网络选频，只有某一频率的信号满足相位条件，反馈到放大器的输入端。如果反馈信号同时又满足 $|\dot{A}\dot{F}| > 1$ 的条件，经过正反馈和不断放大后，输出信号就会逐渐由小变大，使振荡电路起振。经过不断地反馈、放大，输出信号逐渐变大，最后使放大器进入的非线性工作区，放大器的增益下降，从而达到 $|\dot{A}\dot{F}| = 1$，使输出幅度稳定。也可以通过其他的稳幅环节实现稳幅。

三、正弦波振荡电路的分析方法

判断电路能否产生稳定的正弦波振荡，一般可以采用下列步骤：

（1）检查电路的组成，是否含有放大电路、反馈网络、选频网络、稳幅环节等，分析放大电路的静态工作点设置是否能保证放大电路正常工作；

（2）用瞬时极性法判断电路是否满足正弦振荡的相位条件，即是否引入正反馈；

（3）根据选频网络参数，估算振荡频率。

3.1.2　RC 振荡电路

RC 正弦波振荡电路是由电阻、电容作为选频和正反馈元件的振荡器，它适用低频振荡，一般用于产生 1Hz~1MHz 的低频信号。常用的 RC 正弦波振荡电路采用 RC 串并联选频网络，适用于产生频率调节范围宽、波形好的正弦波。

一、RC 串并联选频网络

RC 串并联选频网络如图 3-2（a）所示。Z_1 为 RC 串联电路，Z_2 为 RC 并联电路。

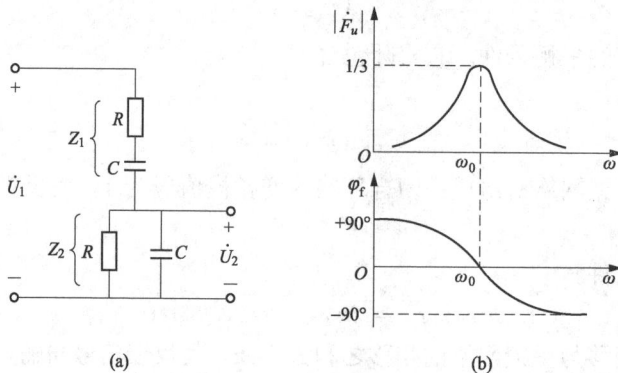

图 3-2　RC 串并联网络
（a）电路图；（b）幅频和相频特性

由图 3-2 可得 RC 串并联选频网络的电压传输系数为

$$\dot{F}_u = \frac{\dot{U}_2}{\dot{U}_1} = \frac{Z_2}{Z_1 + Z_2} = \frac{R // \dfrac{1}{j\omega C}}{R + \dfrac{1}{j\omega C} + R // \dfrac{1}{j\omega C}} \tag{3-8}$$

$$= \frac{1}{3 + j\left(\omega RC - \dfrac{1}{\omega RC}\right)} = \frac{1}{3 + j\left(\dfrac{\omega}{\omega_0} - \dfrac{\omega_0}{\omega}\right)}$$

式中
$$\omega_0 = \frac{1}{RC} \tag{3-9}$$

可得 RC 串并联选频网络的幅频特性和相频特性分别为

$$|\dot{F}_u| = \frac{1}{\sqrt{3^2 + \left(\dfrac{\omega}{\omega_0} - \dfrac{\omega_0}{\omega}\right)^2}} \tag{3-10}$$

$$\varphi_f = -\arctan\frac{\dfrac{\omega}{\omega_0} - \dfrac{\omega_0}{\omega}}{3} \tag{3-11}$$

其幅频特性和相频特性曲线如图 3-2（b）所示。当 $\omega = \omega_0$ 时，$|\dot{F}_u|$ 达到最大值并等于 $1/3$，相移 φ_f 为 $0°$，输入电压和输出电压同相，所以 RC 串并联选频网络具有选频性。

二、RC 桥式振荡电路

将 RC 串并联选频网络和放大器结合起来即可构成 RC 振荡电路，放大器可采用集成运算放大器，如图 3-3 所示。

图中，RC 串并联选频网络构成正反馈，R_F、R_1 构成负反馈。由 RC 串并联选频网络与负反馈支路构成的 RC 电桥称为文氏电桥。这种振荡电路称为 RC 桥式振荡电路或文氏电桥振荡器。

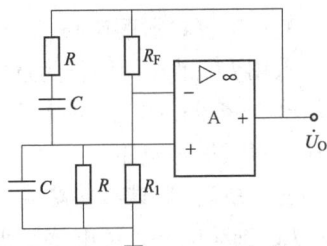

同相放大器的闭环增益为 $\dot{A}_u = 1 + R_F/R_1$，而 RC 串并联选频网络在 $\omega = \omega_0 = 1/RC$ 时，$\dot{F}_u = 1/3$，$\varphi_f = 0$，只要 $\dot{A}_u > 3$，即 $R_F > 2R_1$，振荡电路就满足自激振荡的振幅和相位起振条件，产生振荡，振荡频率为

图 3-3　文氏电桥振荡电路

$$f_0 = \frac{1}{2\pi RC} \tag{3-12}$$

因此，$R_F > 2R_1$ 是文氏电桥振荡器的起振条件。但它会使正反馈过强，随着振荡幅度的不断增大，只有当运放进入非线性区才能使增益下降，达到 $|\dot{A}\dot{F}|$ 的振幅平衡条件，这将导致输出波形严重失真。为了实现自动稳幅，R_F 大多采用具有负温度系数的热敏电阻。当输出电压增大时，R_F 温度升高，阻值减小，使负反馈加深，$|\dot{A}_u|$ 自动下降，在运放还未进入非线性区时，R_F 阻值下降到 $R_F = 2R_1$，振荡电路就达到幅度平衡条件，从而实现自动稳幅。也可将 R_1 大多采用具有正温度系数的热敏电阻，同样可以达到稳幅的目的。

【例 3-1】　正弦波振荡电路如图 3-3 所示。若 $R = 8.2\text{k}\Omega$，$C = 0.01\mu\text{F}$，$R_1 = 10\text{k}\Omega$，试求：

（1）电路的振荡频率 f_0；

（2）R_F 至少取多大阻值，该电路才能起振？

解：（1）由式（2-12）可得振荡频率 f_0 为

$$f_0 = \frac{1}{2\pi RC} = \frac{1}{2\pi \times 8.2 \times 10^3 \times 0.01 \times 10^{-6}} = 1.94(\text{kHz})$$

（2）$R_F > 2R_1 = 2 \times 10\text{k}\Omega = 20\text{k}\Omega$

即 R_F 取值应为 $20\text{k}\Omega$ 以上，才能满足起振条件。

图 3-4 所示是一实用文氏电桥振荡电路，VD1、VD2 和 R_3 相并联构成自动稳幅网络。

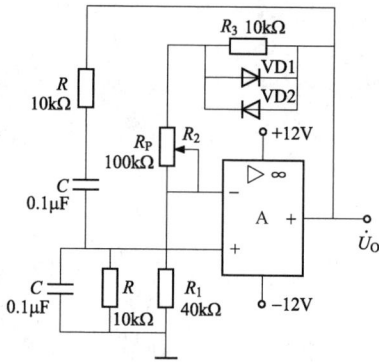

图 3-4　实用文氏电桥振荡电路

起振时，由于输出电压很小，VD1、VD2 接近开路，该网络的等效电阻近似等于 R_3，此时 $|\dot{A}_u| = 1 + (R_2 + R_3)/R_1 > 3$，电路产生振荡。随着输出电压的增大，VD1、VD2 导通，稳幅网络的等效电阻减小，$|\dot{A}_u|$ 随之下降，使 $|\dot{A}_u| = 3$，幅度趋于稳定。

RC 桥式振荡电路的优点是起振容易，且调节振荡频率时方便，只要设法改变 R 和 C 的参数即可。当要求振荡频率 f_0 较高时，R 和 C 均要取小，当与 R 并联的电容 C 的容量小到一定程度时，晶体管的极间电容和电路的分布电容将影响 f_0。因此，在振荡频率要求较高时，采用 LC 振荡电路。

3.1.3　LC 振荡电路

采用 LC 谐振回路作为选频网络的振荡电路称为 LC 振荡电路，它主要用来产生高频正弦信号，一般频率在几兆赫兹以上。根据反馈形式的不同，LC 振荡电路可分为变压器反馈式和三点式振荡电路。

一、LC 并联谐振回路

LC 选频电路是由电感 L 和电容 C 组成，通常采用 LC 并联回路，如图 3-5 所示。图中，R 表示回路的等效耗损电阻（主要是电感线圈的电阻，通常 R 值很小）。

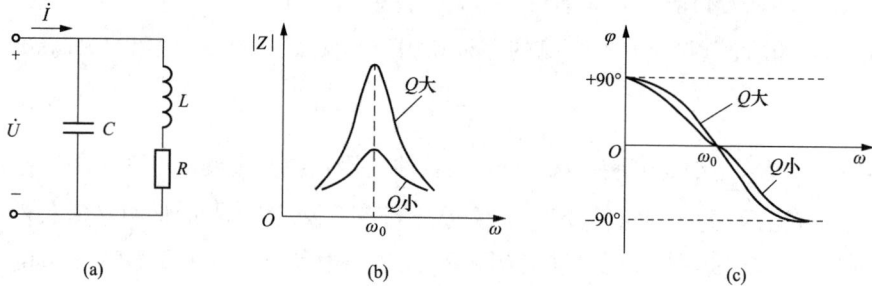

图 3-5　LC 串并联网络
（a）电路图；（b）幅频特性；（c）相频特性

由图可知，LC 并联回路的等效阻抗为

$$Z = \frac{1}{j\omega C} /\!/ (R + j\omega L) \qquad (3-13)$$

式中：ω 是信号的角频率，通常 $R \ll \omega L$，则有

$$Z = \frac{\dfrac{L}{C}}{R + j\left(\omega L - \dfrac{1}{\omega C}\right)} \qquad (3-14)$$

由式（3-14）可知，Z 与信号频率有关，因此，幅值相同但频率不同的信号经 LC 并联回路时，因呈现的阻抗不同，在回路两端的电压不同，这表明 LC 回路具有选频特性。当信号角频率 $\omega = \omega_0\left(\omega_0 = \dfrac{1}{\sqrt{LC}}\right)$ 时，$\omega L - \dfrac{1}{\omega C} = 0$，产生并联谐振，谐振频率为

$$f_0 = \frac{\omega_0}{2\pi} = \frac{1}{2\pi\sqrt{LC}} \tag{3-15}$$

并联谐振时，回路的阻抗最大，且为纯电阻，即

$$Z_0 = \frac{L}{RC} = Q\omega_0 L = \frac{Q}{\omega_0 C} \tag{3-16}$$

所以并联谐振时的信号电流 $\dot{I}$ 与回路两端的电压 $\dot{U}$ 同相。图 3-5 中所示为 Q 值不同的两个并联谐振回路的谐振曲线。从图中可以看出，Q 值越大则曲线越尖锐，回路抑制偏离谐振频率 f_0 的那些信号的能力越强，表示回路的选频特性越好。

二、变压器反馈式 LC 振荡电路

变压器反馈式 LC 振荡电路如图 3-6 所示，它以变压器作为反馈元件。由 LC 并联网络为选频网络，并代替共射放大电路的集电极负载电阻 R_C，反馈信号由变压器二次绕组 N_2 送到基本放大器的输入端。

判断该电路是否满足相位平衡条件，只要将图中的反馈端 A 点断开，引入一个频率为 f_0 的输入信号 $\dot{U}_i$，则输出信号 $\dot{U}_o$ 与 $\dot{U}_i$ 反相。由于变压器同名端相位相同，在图 3-6 中，反馈电压 $\dot{U}_f$ 与输出电压 $\dot{U}_o$ 必然反相，因此引回的反馈为正反馈，满足相位平衡条件，在幅度条件满足时即可起振。

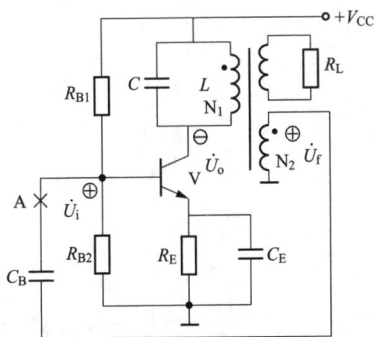

图 3-6 变压器反馈式 LC 振荡电路

变压器反馈式放大电路的幅度条件很容易满足，只要放大电路的静态工作点合适，且三极管的 β 值不是太小即可。关键是变压器绕组的同名端接线要正确，而电路的振荡频率就是 LC 并联谐振频率，即

$$f_0 = \frac{1}{2\pi\sqrt{LC}} \tag{3-17}$$

三、三点式振荡器

由 LC 谐振回路引出三个端点，分别与放大管的三个电极相连，所以常称为三点式振荡器。如果反馈电压取自分压电感，称为电感三点式；如果反馈电压取自分压电容，称为电容三点式。

1. 电感三点式振荡器

电感三点式振荡器又称为哈特莱（Hartley）振荡器，电路如图 3-7 所示。L_1、L_2 与 C 构成正反馈选频网络，反馈信号 $\dot{U}_f$ 取自电感线圈 L_2 两端电压，故也称为电感反馈式振荡电路。

由于谐振时 LC 并联回路阻抗为纯电阻，输出电压 $\dot{U}_o$ 与输入电压 $\dot{U}_i$ 反相，而 $\dot{U}_f$ 与 $\dot{U}_o$ 反相，所以 $\dot{U}_f$ 与 $\dot{U}_i$ 同相，电路在回路谐振频率上构成正反馈，满足了振荡的相位平衡条件。电路的振荡频率为

$$f_0 = \frac{1}{2\pi\sqrt{LC}} = \frac{1}{2\pi\sqrt{(L_1+L_2+2M)C}} \tag{3-18}$$

式中：L 为回路的总电感；M 为之间的互感系数。

电感三点式振荡电路简单，只要反馈电感线圈 L_2 选取适当（一般取 $L_1/L_2 = 1/8 \sim 1/4$），电路很容易起振，且振荡幅度也很大。但由于其反馈电压取自电感支路，对高次谐波呈现高阻抗，因此振荡波形中含高次谐波成分多，信号波形较差。电感三点式振荡电路的振荡频率不易作高，一般最高可达几十兆赫兹。

2. 电容三点式振荡器

电容三点式振荡器又称为考毕兹（Colpitts）振荡器，电路如图 3-8 所示。L 与 C_1、C_2 构成正反馈选频网络，反馈信号 $\dot{U}_f$ 取自电容 C_2 两端，故也称为电容反馈式振荡电路。可以判断出在 LC 回路谐振频率上 $\dot{U}_f$ 与 $\dot{U}_i$ 同相，满足振荡的相位平衡条件。电路的振荡频率为

$$f_0 = \frac{1}{2\pi\sqrt{LC}} = \frac{1}{2\pi\sqrt{L\dfrac{C_1 C_2}{C_1 + C_2}}} \tag{3-19}$$

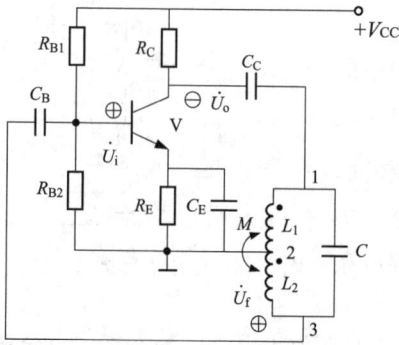

图 3-7　电感三点式振荡电路　　　　　图 3-8　电容三点式振荡电路

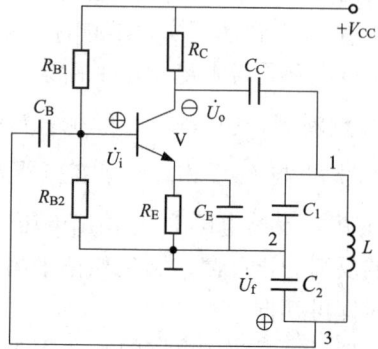

电容三点式振荡电路由于其反馈电压取自电容支路，对振荡回路高次谐波阻抗小，因此振荡波形中含高次谐波成分小，波形失真小。其振荡频率很高，可达 100MHz 以上。调节 L 或 C_1、C_2 可改变振荡频率，但如果 L 太小，电感的 Q 值就很低；如果改变 C_1、C_2，又会改变分压比，从而影响正反馈量，甚至会因不满足振荡条件而停振。

图 3-9 所示电路为改进型电容三点式振荡电路，也称为克拉波（Clapp）电路。它在电感支路中串入了一个容量很小的微调电容 C_3，当 $C_1 \gg C_3$，$C_2 \gg C_3$ 时，电路的振荡频率为

$$f \approx \frac{1}{2\pi\sqrt{LC_3}} \tag{3-20}$$

因此，振荡频率就取决于 L 与 C_3，而与 C_1、C_2 基本无关，这样将决定振荡频率的回路元件与提供反馈信号的反馈元件分开，减小了晶体管参数对 LC 振荡回路的影响，提高了频率的稳定性，其频率稳定度可高达 10^{-5}。

【例 3-2】　试根据相位平衡条件，判断图 3-10 所示电路能否产生正弦波振荡？为什么？

解：图 3-10（a）为变压器反馈式 LC 振荡电路。反馈信号从二次绕组取出，加到 E 极，C_B 为旁路电容，

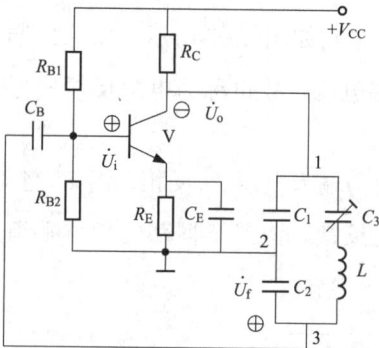

图 3-9　改进型电容三点式振荡电路

放大器为共基接法。断开反馈，给 E 极加频率为 f_0 的输入电压，假设其极性为 $\oplus$，则 C 极同相为 $\oplus$，即选频网络的上"一"下"十"，同名端为负极性，反馈信号为负极性，不满足相位平衡条件，电路不能振荡。

图 3-10（b）由 C_1、C_2、L 组成的电容三点式振荡电路。反馈信号取自 C_2 上电压，加到 B 极，放大器为共射接法。假设输入端 B 极电位的瞬时极性为 $\oplus$，C 极反相为 $\ominus$，LC 并联选频网络的极性为左"一"右"十"，即反馈信号为正极性，满足相位平衡条件，电路能够振荡。

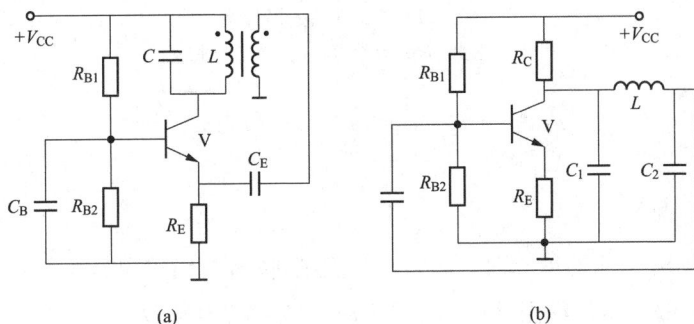

图 3-10　[例 3-2] 图

3.1.4　石英晶体振荡电路

石英晶体振荡电路是以高稳定度、高 Q 值的石英晶体谐振器替代 LC 谐振回路中的元器件而构成的正弦波振荡器，适用于振荡频率稳定性要求高的电路。

一、石英晶体谐振器的阻抗特性

石英晶体谐振器又称为石英晶体，俗称晶振。由于石英晶体谐振器体积小、质量轻、品质因数极高，且频率及温度稳定性好，目前已成为构成各种高精度振荡器的核心元件，用于稳定频率和选择频率。

石英晶体由具有一定尺寸和几何形状并按照一定轴向切割下来的石英晶片外接电极引线组成。若在晶片两极之间加入电场，石英晶片就会机械变形；相反，若在石英晶片上施加机械用力，则在晶片相应的方向上就会产生一定的电场，这种物理现象称为压电效应。当外加交变电压的频率等于晶片的固有机械振动频率时，晶片的机械振动最强，电路中交变电流最大，这种现象称为压电谐振。晶片的固有机械振动频率称为谐振频率，它只与晶片的几何尺寸和振动形式有关。

石英晶体的符号如图 3-11（a）所示，图（b）是其等效电路。图中，C_0 为石英晶体不振动时两极间的电容，称为静态电容。L_q、C_q 分别为晶片振动时的动态电感和动态电容，R_q 为晶片振动时的等效摩擦损耗，数值约为 100Ω。

石英晶体谐振的阻抗特性如图 3-11（c）所示，可以看到石英晶体有两个谐振频率：一个是由 L_q、C_q、R_q 串联谐振时的频率 f_s；另一个是由 L_q、C_q、R_q 与 C_0 并联谐振时的频率 f_p，即

$$f_s = \frac{1}{2\pi\sqrt{L_q C_q}} \tag{3-21}$$

图 3-11　石英晶体谐振器

(a) 符号；(b) 等效电路；(c) 阻抗特性

$$f_p = \frac{1}{2\pi\sqrt{L_q\dfrac{C_0 L_q}{C_0 + L_q}}} = f_s\sqrt{1 + \frac{C_q}{C_0}} \qquad (3-22)$$

由于 $C_0 \gg C_q$，所以 $f_s \approx f_p$。

由特性曲线可知：当 $f = f_s$ 时，L_q、C_q、R_q 串联谐振回路呈纯阻性，等效电阻为 R_q，故可近似认为石英晶体也呈纯阻性；当 $f < f_s$ 时，C_0、C_q 电抗较大，起主导作用，石英晶体呈容性；当 $f > f_p$ 时，电抗主要取决于 C_0 较大，石英晶体也呈容性；只有在 $f_s < f < f_p$ 时，石英晶体才呈感性，且 f_s 与 f_p 越接近，石英晶体呈感性的频带越窄。

石英晶体的品质因数 Q 由其动态参数决定，即

$$Q = \frac{\omega L_q}{R_q} = \frac{1}{\omega C_q L_q} \qquad (3-23)$$

由于 L_q 很大，C_q、R_q 很小，因此 Q 值很高，为 $10^4 \sim 10^6$，而且由于石英晶体的振荡频率几乎仅取决于晶片的尺寸，其频率稳定度一般为 $10^{-6} \sim 10^{-8}$。因此，石英晶体的选频特性是其他选频网络不能比拟的。

二、石英晶体振荡电路

由石英晶体构成的正弦波振荡电路一般可分为并联型晶体振荡电路和串联型晶体振荡电路。图 3-12 所示为并联型晶体振荡电路，微调电容 C_L 使石英晶体工作在 f_s 与 f_p 之间，石英晶体呈电感性，与 C_1、C_2 构成 LC 并联振荡回路。它实质上就构成了电容三点式振荡电路。

图 3-13 所示为串联型晶体振荡电路，石英晶体和 R 构成正反馈通路。当石英晶体工作在串联谐振频率 f_s 上，石英晶体呈纯阻性，满足正弦波振荡的相位平衡条件。调节 R 的阻值，可使电路满足正弦波振荡的振幅平衡条件。

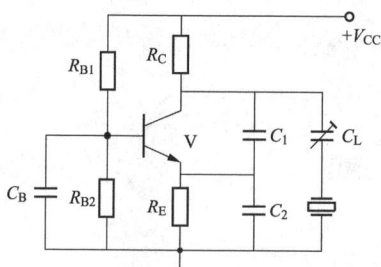

图 3-12　并联型晶体振荡电路

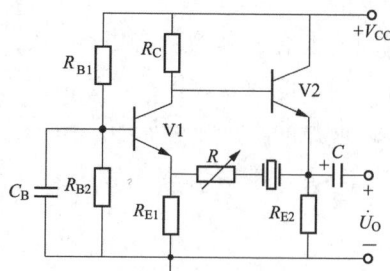

图 3-13　串联型晶体振荡电路

技 能 训 练

正弦波信号产生电路的仿真与测试

一、RC 振荡电路的仿真分析

RC 振荡电路的仿真电路如图 3-14 所示。

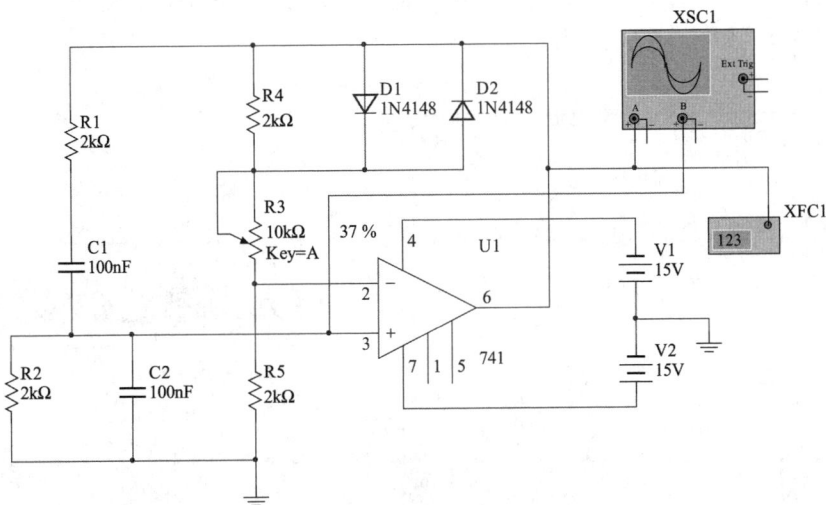

图 3-14　RC 振荡电路

1. 观测振荡波形

在 Multisim 电路窗口中创建图 3-14 电路进行仿真。双击示波器图标，打开示波器面板，观察振荡电路输出波形。当电位器 R3 阻值调节为 50% 时，输出波形为方波，如图 3-15（a）所示；按电位器的控制键 A 调节电位器 R3，当调节为 37% 时，电路输出波形为最大不失真正弦波。此时重新运行电路，经过较长的起振时间，输出为正弦波，如图 3-15（b）所示。

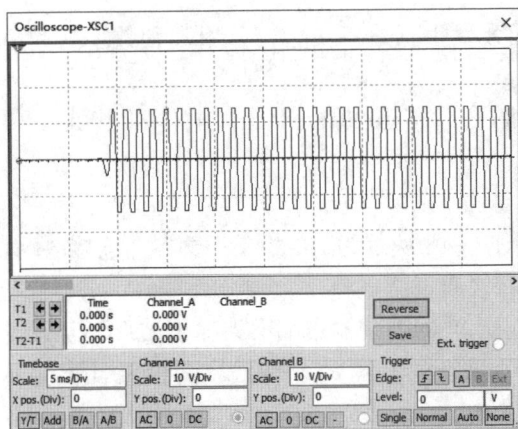

(a)

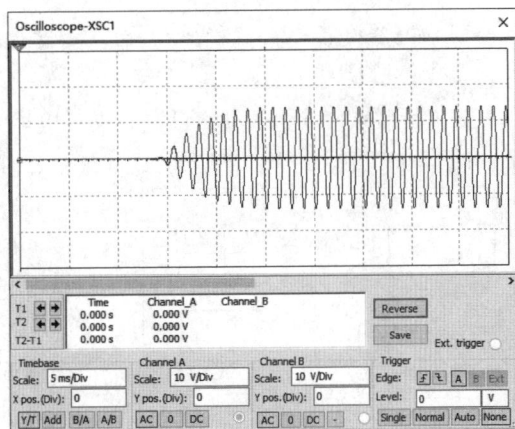

(b)

图 3-15　RC 振荡电路的输出波形

（a）电位器调节为 50% 时；（b）电位器调节为 37% 时

2. 测量反馈系数

将示波器通道 B 接到运放的同相输入端，同时观测输出信号和反馈信号，如图 3-16 所示。输出电压幅度为 14.107V，反馈电压为 4.77V。反馈系数为反馈电压和输出电压之比，则反馈系数约为 1/3。

3. 测量振荡频率

运行电路，双击频率计图标，打开其控制面板，单击 Freq 按钮，即可显示输出信号的频率约为 791Hz，如图 3-17 所示。

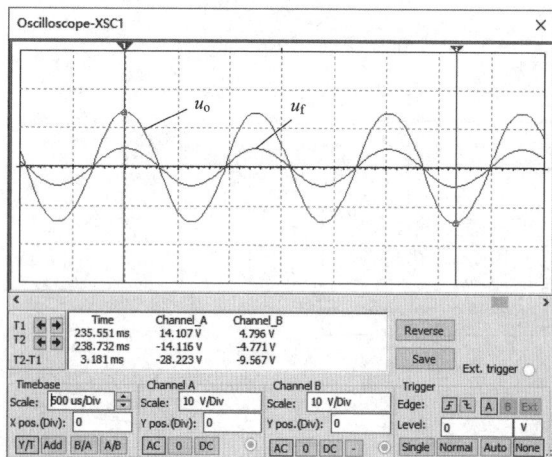

图 3-16　RC 振荡电路的输出和反馈信号

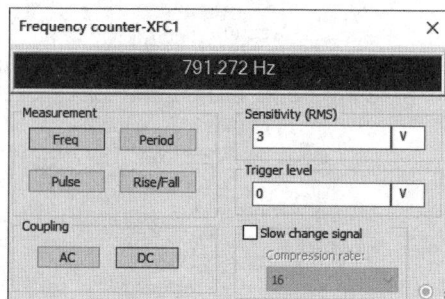

图 3-17　测量输出信号的频率

二、RC 桥式振荡电路的安装与测试

1. 训练目的

(1) 学习 RC 桥式振荡器的工作特性。

(2) 学会 RC 桥式振荡器的调整和测试方法。

2. 仪器设备与元器件

(1) 仪器设备：直流稳压电源、示波器、函数发生器，各 1 台；万用表和数字式频率计，各 1 块。

(2) 元器件：运放 μA741，1 块；电阻 2kΩ，2 个，100kΩ，1 个；电位器 100kΩ，1 个；电容 0.1μF，2 个；二极管 1N4148，2 个。

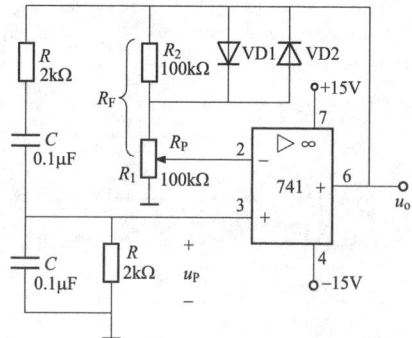

图 3-18　RC 桥式振荡器

3. 训练内容

(1) 图 3-18 所示为 RC 桥式振荡器，连接电路，检查无误后接通直流电源。

(2) 用示波器观察输出端有无输出波形，若无输出波形，可调节电位器 R_P，使输出为稳定且无明显失真的正弦波。

(3) 利用式（3-12）计算输出信号的振荡频率，再用数字频率计测量振荡频率，将测量值与理论值进行比较。

（4）调节 R_P，改变负反馈的强弱，观察输出波形有何变化。保证输出电压最大、稳定不失真的条件下，用示波器测量 u_o 和 u_P 的大小，计算反馈系数 $F_u = u_P/u_o$。

4．训练要求

（1）分析负反馈（调节 R_P）引起输出波形变化的原因。

（2）分析比较振荡频率的实验测量值和仿真结果的差异。

（3）撰写测试报告。

思考题

（1）信号产生电路的作用是什么？对信号产生电路有哪些要求？

（2）RC 桥式振荡电路中，输出电压为方波，说明产生的原因？如何调整？

（3）电容三点式振荡电路与电感三点式振荡电路比较，其输出的谐波成分小，输出波形较好，为什么？

（4）试比较 RC 正弦波振荡电路、LC 正弦波振荡电路和石英晶体正弦波振荡电路的频率稳定度，说明哪一种频率稳定度最高，哪一种最低，为什么？

学习任务 3.2　非正弦波信号产生电路的分析

知识学习

3.2.1　电压比较器

电压比较器的基本功能是将一个输入电压与一个参考电压进行比较，并根据比较结果输出高电平或低电平电压。电压比较器在测量、控制以及波形发生等方面有着广泛的应用。

一、单限电压比较器

由集成运放组成的单限电压比较器如图 3-19（a）所示，集成运放为开环工作状态。加在反相输入端的信号 u_I 与同相输入端的参考信号 U_{REF} 进行比较。

由于集成运放具有很高的开环电压增益，当 $u_I > U_{REF}$ 时，集成运放输出为负最大值 $U_{OL} = -U_{OM}$；当 $u_I < U_{REF}$ 时，集成运放输出为正最大值 $U_{OH} = +U_{OM}$，其传输特性如图 3-19（b）所示。若电路的输入为正弦波时，其输出波形为矩形波，如图 3-19（c）所示。

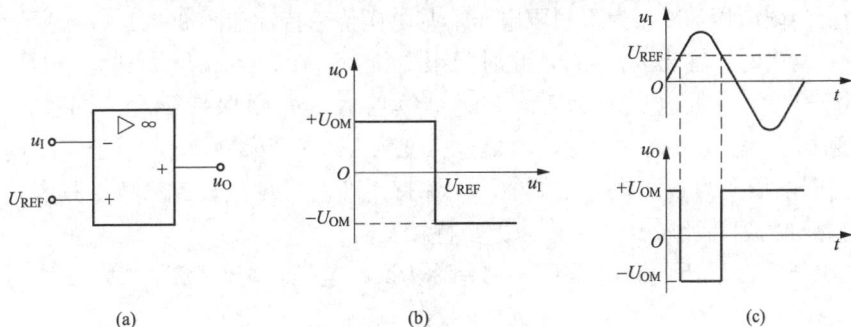

图 3-19　单限电压比较器

（a）电路图；（b）电压传输特性；（c）输入波形和输出波形

由于集成运放的输出状态在 $u_1=U_{REF}$ 时发生跳变翻转，则称 U_{REF} 为门限电压，记为 U_T。由于上述电路中只有一个门限电压，故称为单限电压比较器。

若图 3-19（a）电路中的 $U_{REF}=0$，这时的电压传输特性将平移到与纵坐标重合，称为过零电压比较器。图 3-20（a）所示的是同相输入的过零电压比较器，输出端与地之间接了一个双向稳压管，作双向限幅用，稳压管的电压为 U_Z。R 为稳压管限流电阻。电路的电压传输特性和工作波形如图 3-20（b）、（c）所示。若过零电压比较器的输入为正弦波时，其输出波形为方波。

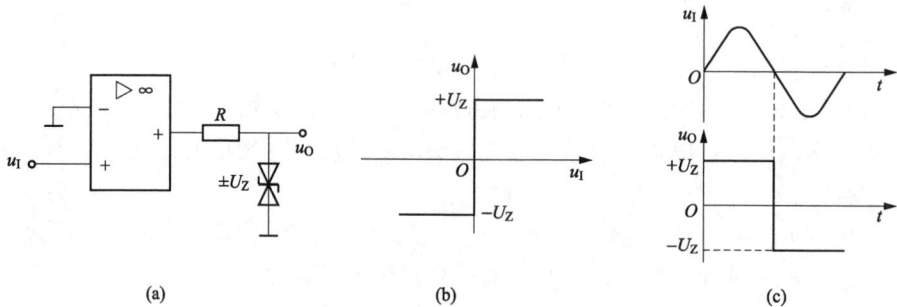

图 3-20　过零电压比较器
(a) 电路图；(b) 电压传输特性；(c) 输入波形和输出波形

二、迟滞比较器

迟滞比较器是一种带有正反馈的比较器，由集成运放组成的迟滞比较器如图 3-21（a）所示。输出端所接稳压管用以限定输出高低电平幅度，R 为稳压管限流电阻。

由图可知，当输入电压 u_1 和同相端电压 u_P 相同时，比较器的输出电压产生翻转，即可在达到 u_P 时来确定门限电压。利用叠加原理可得

$$U_T = u_P = \frac{R_F}{R_F + R_2}U_{REF} + \frac{R_2}{R_F + R_2}u_O \tag{3-24}$$

由于 $u_O=\pm U_Z$，可得两个门限电压分别为

$$U_{T+} = \frac{R_F}{R_F + R_2}U_{REF} + \frac{R_2}{R_F + R_2}U_Z \tag{3-25}$$

$$U_{T-} = \frac{R_F}{R_F + R_2}U_{REF} - \frac{R_2}{R_F + R_2}U_Z \tag{3-26}$$

U_{T+} 为上门限电压，U_{T-} 为下门限电压。其电压传输特性如图 3-21（b）所示。当 u_1 由小（$<U_{T-}$）增大时，输出 $u_O=U_Z$，此时门限电压为 U_{T+}；当 u_1 增大到大于 U_{T+} 时，输出跳变翻转为 $-U_Z$，门限电压变为 U_{T-}；u_1 继续增大，u_O 则保持不变。同理，当 u_I 由大（$>U_{T+}$）变小时，输出 $u_O=-U_Z$，门限电压变为 U_{T-}；当 u_1 减小到小于 U_{T-} 时，输出翻转为 U_Z，门限电压变为 U_{T+}；u_1 再减小，u_O 保持不变。可见，其传输特性具有迟滞回线形状，因此电路称为迟滞比较器，又称为施密特触发器。

上门限电压 U_{T+} 和下门限电压 U_{T-} 之差称为回差电压，记作 ΔU，即

$$\Delta U = U_{T+} - U_{T-} \tag{3-27}$$

可以看出，当输出状态一旦转换后，只要在门限电压值附近的干扰不超过 ΔU，输出电压的值就是稳定的。ΔU 越大，比较器的抗干扰能力越强，但分辨率降低，即不能分辨差别

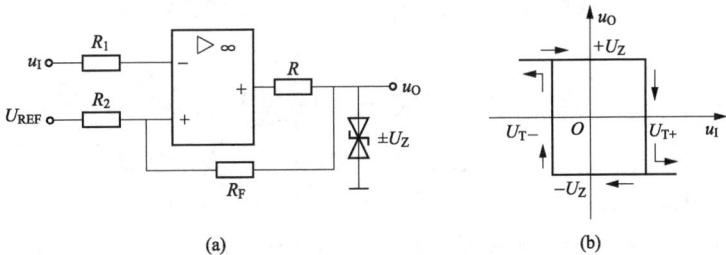

图 3 - 21 迟滞比较器

（a）电路图；（b）电压传输特性

小于 ΔU 的两个输入电压值。此外，由于迟滞比较器加有很强的正反馈，可以加快比较器输出电压的转变过程，改善输出波形跃变时的陡度。

【例 3 - 3】 在图 3 - 21（a）所示的迟滞比较器中，若 $U_{REF}=2V$，$R_F=10k\Omega$，$R_2=10k\Omega$，$R_1=5.1k\Omega$，稳压管双向稳压值为 $\pm 6V$，试求：

（1）两个门限电压 U_{T+} 和 U_{T-} 以及回差电压 ΔU；

（2）如果输入信号 $u_1=5\sin\omega t$（V）［见图 3 - 22（a）］，试画出 u_O 的波形。

解：（1）由式（3 - 25）和式（3 - 26）可得：

$$U_{T+}=\frac{R_F}{R_F+R_2}U_{REF}+\frac{R_2}{R_F+R_2}U_Z$$

$$=\frac{10}{10+10}\times 2+\frac{10}{10+10}\times 6=4(V)$$

$$U_{T-}=\frac{R_F}{R_F+R_2}U_{REF}-\frac{R_2}{R_F+R_2}U_Z$$

$$=\frac{10}{10+10}\times 2-\frac{10}{20+10}\times 6=-2(V)$$

$$\Delta U=U_{T+}-U_{T-}=4-(-2)=6(V)$$

（2）输出波形如图 3 - 22（b）所示。迟滞比较器将输入的正弦波信号变换成了矩形波。

3.2.2 方波、三角波和锯齿波产生电路

以电压比较器为基本环节，就可以构成非正弦波信号发生电路。常用的非正弦波信号发生电路有矩形波发

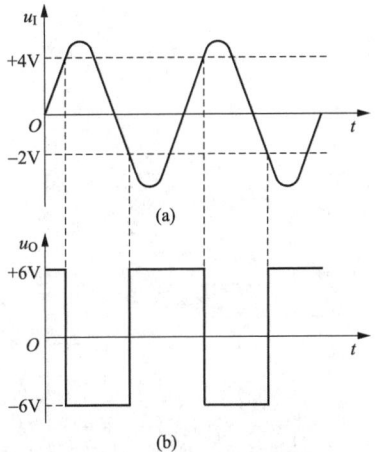

图 3 - 22 ［例 3 - 3］图

（a）输入波形；（b）输出波形

生电路、三角波发生电路和锯齿波发生电路等，常用作脉冲和数字系统的信号源。

一、方波发生电路

矩形波发生电路如图 3 - 23（a）所示。它是由迟滞比较器和 RC 组成的具有延时作用的负反馈回路组成的。由于矩形波包含极丰富的谐波，因此也称为多谐振荡器。

如果忽略稳压管的正向压降，迟滞比较器的两个门限电压分别为

$$U_{T+}=\frac{R_1}{R_1+R_2}U_Z,\quad U_{T-}=-\frac{R_1}{R_1+R_2}U_Z$$

其工作波形如图 3 - 23（b）所示。当加上电源时，电容 C 上的初始电压 $u_C=0$，设此时的 $u_O=U_Z$，则 $u_P=U_{T+}$，u_O 就通过 R 向 C 充电，u_C 按指数曲线上升。当 $u_C>U_{T+}$ 时，输出电压 $u_O=-U_Z$，使 $u_P=U_{T-}$，电容 C 通过 R 放电，u_C 按指数曲线下降。当 $u_C<U_{T-}$ 时，输

出电压 $u_O = U_Z$。这样，通过电容的交替充电和放电，电路就形成振荡，输出矩形波。

电路的振荡周期为

$$T = 2RC\ln\left(1 + \frac{2R_1}{R_2}\right) \tag{3-28}$$

振荡频率为 $f = 1/T$。改变 R_1、R_2 或 R 的值，就能改变振荡频率。

图 3-23 所示电路中输出电压的波形是正负半周对称的矩形波，即占空比为 50%，通常称这种矩形波为方波。若希望能够调节矩形波的占空比，可采用图 3-24 所示电路，它是占空比可调的矩形波发生电路，调节 R_P 可调节输出波形的占空比。

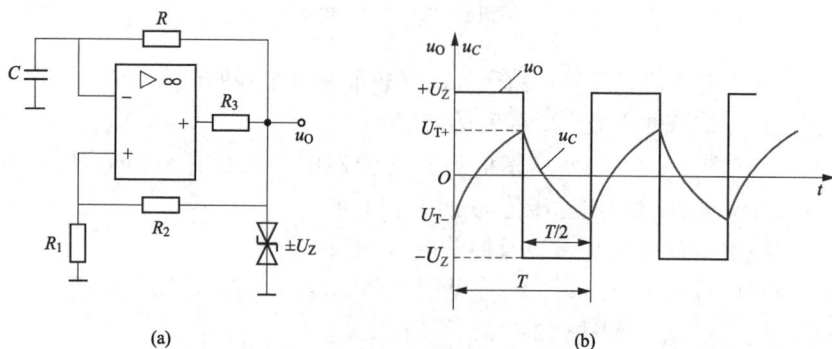

图 3-23　方波发生电路

(a) 电路图；(b) 工作波形

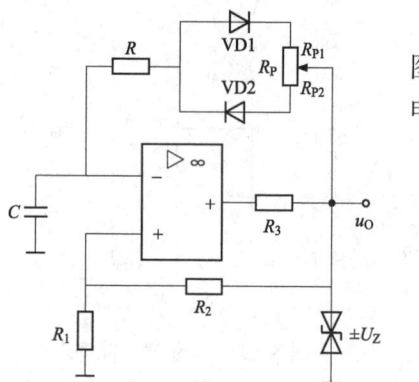

图 3-24　占空比可调的
矩形波发生电路

电路中的二极管 VD1、VD2 用来隔离充放电回路，图中，VD1、R_{P1}、R 为放电回路，VD2、R_{P2}、R 为充电回路。其工作过程同矩形波发生电路。

其振荡周期为

$$T = T_1 + T_2 = (2R + R_P)C\ln\left(1 + \frac{2R_1}{R_2}\right) \tag{3-29}$$

占空比为

$$q = \frac{T_1}{T} = \frac{R + R_{P2}}{2R + R_P} \tag{3-30}$$

可见，改变 R_P 可调节输出波形的占空比，但并不改变其振荡周期。

二、方波—三角波产生电路

对称的方波和三角波产生电路由同相输入迟滞比较器 A1 和积分器 A2 组成，A2 的输出 u_O 反送到 A1 作为输入信号，如图 3-25 (a) 所示。

迟滞比较器 A1 的门限电压可由 u_P 过零的条件得到，根据叠加原理可知

$$u_P = \frac{R_1}{R_1 + R_2}u_{O1} + \frac{R_2}{R_1 + R_2}u_O \tag{3-31}$$

当 $u_P = 0$ 时，电路的门限电压为 $U_T = u_{O1} = -\dfrac{R_1}{R_2}u_{O1}$。由于 $u_{O1} = \pm U_Z$，故

当 $u_{O1} = -U_Z$ 时，

$$U_{T+} = \frac{R_1}{R_2}U_Z \tag{3-32}$$

当 $u_{O1}=+U_Z$ 时，　　　　　　　　$U_{T-}=-\dfrac{R_1}{R_2}U_Z$　　　　　　　　　（3-33）

其工作波形如图 3-25（b）所示。当加上电源时，电容 C 上的初始电压 $u_C=0$，则 A2 的输出 $u_O=0$。若设此时 A1 的输出 $u_{O1}=+U_Z$，其门限电压为 U_{T-}。$+U_Z$ 就通过 R 向 C 充电，u_O 线性下降。当 $u_O<U_{T-}$ 时，u_{O1} 翻转为 $-U_Z$，那么此时的门限电压变为 U_{T+}。$-U_Z$ 使电容 C 通过 R 放电，u_O 线性下降。当 $u_O>U_{T+}$ 时，u_{O1} 又翻转为 $+U_Z$，开始对电容 C 充电，u_O 线性下降。这样，通过电容的交替充放电，电路就形成振荡，u_O 为三角波，u_{O1} 为方波。可以得到电路的振荡频率为

$$f=\frac{R_2}{4R_1RC}\qquad\qquad(3-34)$$

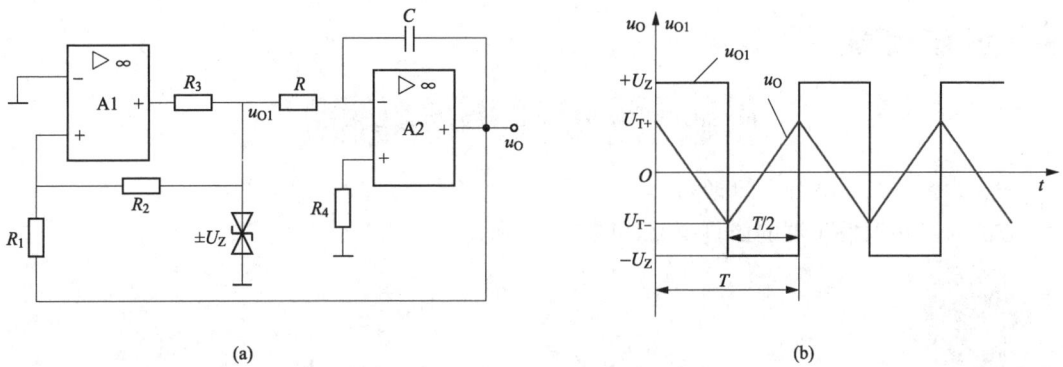

图 3-25　三角波产生电路

（a）电路图；（b）工作波形

由分析可知，三角波的幅度为门限电压 U_{T+} 和 U_{T-}，仅与 R_1、R_2 和 U_Z 有关；而振荡频率不仅与 R、C 有关，也与 R_1、R_2 有关。因此在调节时，应先调整 R_1 和 R_2，使三角波的幅值满足要求后，再调整 R 和 C，使振荡频率达到所需值。

三、锯齿波发生电路

若在三角波发生电路中，用二极管 VD1、VD2 和电位器 R_P 代替原来的积分电阻，利用二极管的单向导电性，可将充电回路与放电回路分离，构成锯齿波电路，如图 3-26（a）所示。

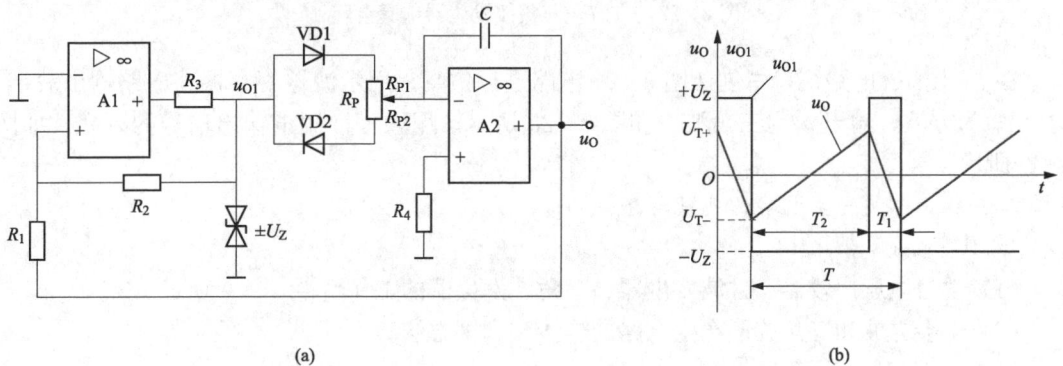

图 3-26　锯齿波发生电路

（a）电路图；（b）工作波形

当 A1 的输出 u_{O1} 为 $+U_Z$ 时，$+U_Z$ 就通过 VD1、R_{P1} 向 C 充电，充电时间常数为 $R_{P1}C$；当 $u_{O1} = -U_Z$，$-U_Z$ 使电容 C 通过 VD2、R_{P2} 放电，放电时间常数为 $R_{P2}C$。正是由于两个充、放电时间常数的不一致，使 u_O 输出为锯齿波，而 u_{O1} 输出为矩形波，其工作波形如图 3-26（b）所示。电路的振荡频率为

$$f = \frac{R_2}{2R_1 R_P C} \tag{3-35}$$

占空比为

$$q = \frac{T_1}{T} = \frac{R_{P1}}{R_P} \tag{3-36}$$

可见调节 R_P 可调节输出波形的占空比，但并不改变电路的振荡频率。

🧪 技能训练

1　非正弦信号产生电路的仿真与测试

一、方波—三角波发生器的仿真

方波—三角波发生器的仿真电路如图 3-27 所示。

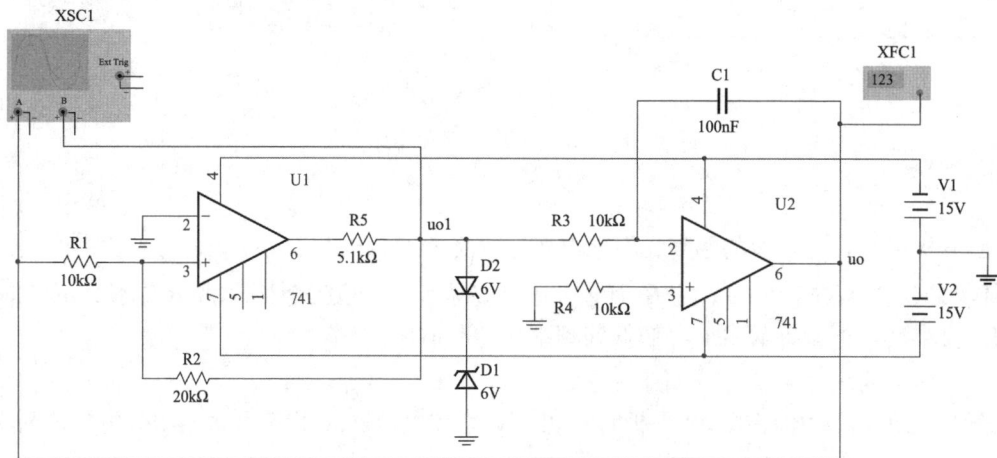

图 3-27　方波—三角波发生器仿真电路

在 Multisim 电路窗口中创建图 3-27 电路进行仿真。用示波器观察振荡电路输出波形，输出 u_{o1} 为方波，输出 u_o 为三角波，如图 3-28 所示。用频率计测量输出信号的频率，如图 3-29 所示。

二、非正弦波发生电路的安装与测试

1. 训练目的

（1）学习电压比较器、方波发生器、三角波发生器的工作特性。

（2）学会方波和三角波形产生电路的连接和调试方法。

2. 仪器设备与元器件

（1）仪器仪器：直流稳压电源、示波器、函数发生器，各 1 台；万用表和数字式频率计，各 1 块。

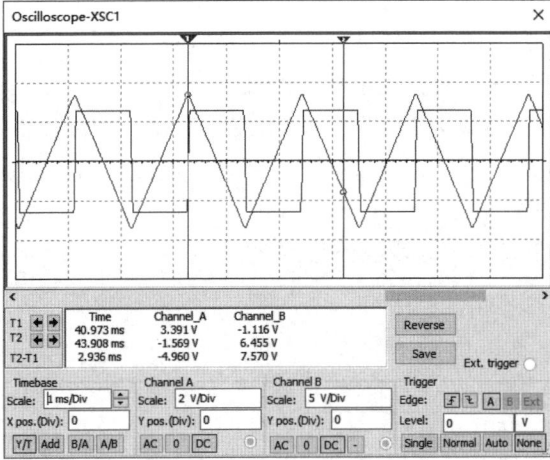

图 3 - 28　电路的输出波形

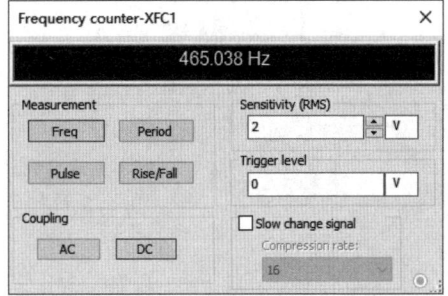

图 3 - 29　测量输出信号的频率

（2）元器件：运放 μA741，2 块；电阻 10kΩ，3 个；电阻 20、100kΩ，各 1 个；电容 0.1μF，1 个；双向稳压管，1 个。

3. 训练内容

（1）过零电压比较器的测试。

1）图 3 - 30 所示为过零电压比较器，按图接好电路，检查无误后接通直流电源。

2）从反相输入端加入 300Hz 正弦波，用双踪示波器同时观察输入和输出波形，比较它们之间的频率、相位等有何差别，并记录电路的阈值电压。

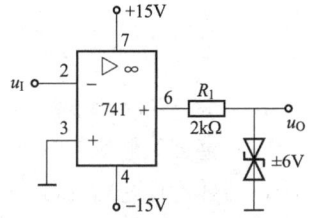

图 3 - 30　过零电压比较器

3）调节输入信号的幅度大小，观察并记录输出信号 u_O 的变化。

4）调节输入信号的频率大小，观察并记录输出信号 u_O 的变化。

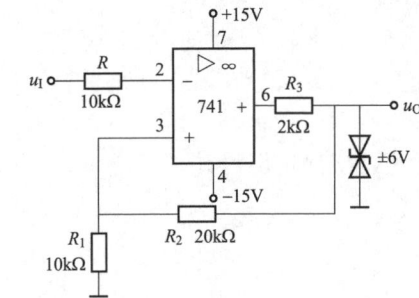

图 3 - 31　迟滞比较器

（2）迟滞比较器的测试。

1）图 3 - 31 所示为迟滞比较器，按图接好电路，检查无误后接通直流电源。

2）输入正弦波信号 300Hz，用示波器观察 u_1 和 u_O 的波形。从 0 逐渐加大 u_1，直到 u_O 出现 ±6V 的方波，记录此时电路的阈值电压。

3）不要拆掉电路，加上电容元件即构成下面的实验电路。

（3）方波发生器的测试。

1）图 3 - 32 所示为方波发生器，按图接好电路，然后接通电源，用示波器观察 u_O 和电容器两端电压 u_C 的波形。

2）测量 u_O 的大小和周期，记录结果。利用式（3 - 28）计算 u_O 的周期，比较周期的测量值和理论值。

3）关掉电源，换接 $R = 100$kΩ，观察波形变化，并测出 u_O 的幅值和周期。

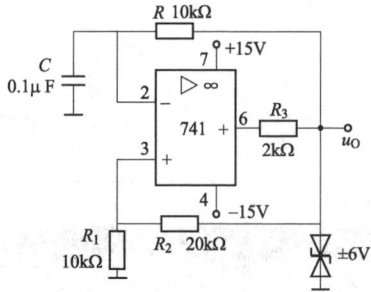

图 3-32　方波发生器

4) 不要全部拆掉电路，只需去掉 R、C，再加一级积分器即构成方波—三角波发生器实验电路。

（4）方波—三角波发生器的测试。

1) 图 3-33 所示为方波—三角波发生器，按图接好电路，通电后观察并记录 u_{O1} 和 u_O 波形，测量 u_O 的周期与幅值。

2) 改变 R 阻值，观察波形的变化。

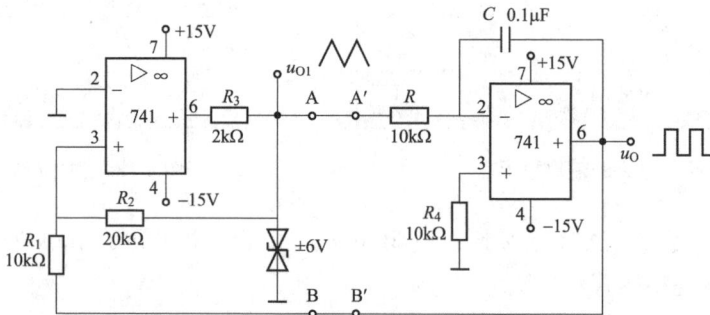

图 3-33　方波—三角波发生器

4. 训练要求

（1）整理实验数据，画出过零比较器和滞回电压比较器的 u_I 和 u_O 的波形，并求出阈值电压，与理论值进行比较。

（2）画出方波发生器和方波—三角波发生器的工作波形，测量输出波形的周期。

（3）撰写测试报告。

2　多波形发生电路的设计

一、训练目的

（1）学习产生多波形发生电路的方法。

（2）学会查阅集成专用芯片手册，能够应用集成芯片进行应用电路设计。

二、设计指标

（1）能够产生正弦波、方波和三角波。

（2）输出幅度为 0～5V，可连续调节。

（3）输出信号频率范围为 1Hz～100kHz。

三、设计参考

多波形发生电路可以用集成运放实现。这里主要介绍用单片集成函数发生器实现多波形发生电路。常用的集成函数发生器有 ICL8038 和 MAX038 两种型号，其中后者的最高频率可达 20MHz。ICL8038 是性能优良的集成函数发生器，可以产生高精度的方波（或矩形波）、三角波（或锯齿波）和正弦波，其频率可调范围为 0.01Hz～300kHz，占空比可调范围为 2%～98%。

1. ICL8038 介绍

ICL8038 引脚如图 3-34 所示。图中，引脚 8 为调频偏置电压输入端，调频电压是指电源 V_{CC}（引脚 6）与引脚 8 之间的电压值，其变化范围不应超过 $(V_{CC}+V_{EE})/3$。电路的振荡频率与调频电压成正比，线性度为 0.5%。引脚 7 输出调频偏置电压，它与引脚 8 之间的电压为 $(V_{CC}+V_{EE})/5V$，也可作为引脚 8 的输入电压。引脚 9 的输出为集电极开路形式，需要接一个 $10k\Omega$ 的上拉电阻。ICL8038 可用双电源供电（$\pm5\sim\pm15V$），也可单电源供电，即引脚 11 接地，引脚 6 接 $+V_{CC}$（$10\sim30V$）。

图 3-35 所示为 ICL8038 的基本应用电路。图中，引脚 7 接引脚 8；引脚 12 接电阻 $82k\Omega$，用于减小正弦波失真。R_A、R_B 为定时电阻，阻值范围为 $1k\Omega\sim1M\Omega$。调节 R_A、R_B 能改变振荡频率以及矩形波的占空比。C 为定时电容，与 R_A、R_B 及 8 脚的电压决定了电路的振荡频率。

图 3-34 ICL8038 引脚图

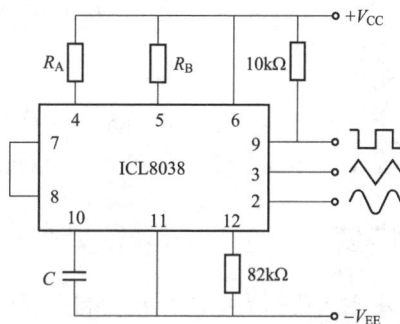

图 3-35 ICL8038 的基本应用电路

电路的振荡频率计算式为

$$f = \cfrac{1}{\cfrac{R_A C}{0.66}\left(1+\cfrac{R_B}{2R_A-R_B}\right)} \tag{3-37}$$

占空比的表达式为

$$q = \frac{2R_A-R_B}{2R_A} \tag{3-38}$$

由式（3-38）可知，当 $R_A=R_B$ 时，占空比 q 为 50%，引脚 9 输出为方波，引脚 3 输出为三角波，引脚 2 输出为正弦波。当 $R_A\neq R_B$ 时，引脚 9 输出为矩形波，引脚 3 输出为锯齿波，引脚 2 输出不再是正弦波了。

2. 多波形发生电路

图 3-36 所示是由 ICL8038 组成的多波形发生电路，可产生三角波、方波和正弦波，频率范围为 0.1Hz～100kHz。

与 R_A、R_B 串接的电位器 R_{P1} 可以对占空比进行微调，使其达到 50%。在 R_A 和 R_B 不变的情况下，调节 R_{P2} 可以改变引脚 8 的电压，使电路振荡频率最大值与最小值之比达到 100：1。振荡频率量程可用开关 S1 选择。双联电位器 R_{P4}、R_{P5} 可以减小输出正弦波的失真度，使失真度达到 0.5% 左右。

由于正弦波输出阻抗较大，为了使函数发生器实现低阻抗输出，在输出端接一个集成运放，调节 R_{P5} 可调节运放的放大倍数。输出波形用开关 S2 选择。

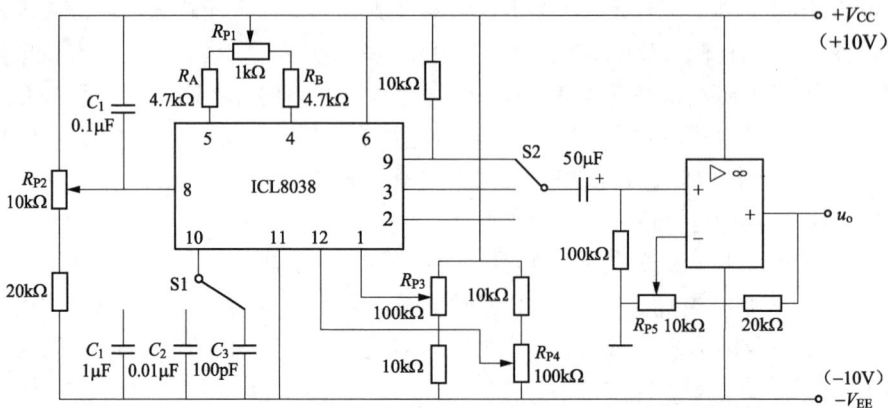

图 3-36　ICL8038 组成的多波形发生电路

四、训练要求

(1) 查阅 ICL8038 手册，清楚其工作特性，设计多波形发生电路，画出电路图。

(2) 安装、调试多波形发生电路，测试电路的性能指标，以达到设计指标。

思考题

(1) 集成运放作为电压比较器和运算电路使用时，它们的工作状态有什么区别？

(2) 过零电压比较器和迟滞比较器各有什么特点？

(3) 试比较非正弦波产生电路与正弦波振荡电路的工作原理有什么不同？

小　结

(1) 信号产生电路通常称为振荡器，用于产生一定频率和幅度的正弦波和非正弦波信号。因此，它有正弦波和非正弦波振荡电路两类。正弦波振荡电路又有 RC、LC、石英晶体振荡电路等。

(2) 正弦波振荡电路利用选频网络，通过正反馈产生自激振荡的。振荡电路的平衡条件是 $\dot{A}\dot{F}=1$；振荡电路的起振条件是 $\dot{A}\dot{F}>1$。

(3) RC 正弦波振荡器适用于低频振荡。一般在 1MHz 以下，常采用 RC 桥式振荡电路，当 RC 串并联选频网络中的 $R_1=R_2=R$，$C_1=C_2=C$ 时，其振荡频率为 $f_0=\dfrac{1}{2\pi RC}$。为了满足振荡条件，要求 RC 桥式振荡电路中的放大器应满足下列条件：①同相放大，$A_u\geq3$；②高输入阻抗；③为了起振容易、改善输出波形及稳幅，放大电路需采用非线性元件构成负反馈电路，使放大电路的增益自动随输出电压的增大（或减小）而下降（或增大）。

(4) LC 振荡电路的选频网络由 LC 回路构成，它可以产生较高频率的正弦波振荡信号。它有变压器耦合、电感反馈式和电容反馈式等电路，其振荡频率近似等于 LC 谐振回路的谐

振频率 $f_0 = \dfrac{1}{2\pi\sqrt{LC}}$。

（5）石英晶体振荡电路是采用石英晶体谐振器作为选频回路，其谐振频率的准确性和稳定性很高。石英晶体振荡电路有并联型和串联型，并联型晶体振荡电路中，石英晶体的作用相当于一电感；而串联型晶体振荡电路中，利用石英晶体的串联谐振特性，以低阻抗接入电路。

（6）比较器处于大信号运用状态，受非线性特性的限制，输出只有高电平和低电平两种状态。电压比较器可用来对两个输入电压进行比较，并根据比较结果输出高电平或低电平，它广泛应用于信号产生电路。

电压比较器的工作状态在门限电压处翻转，此时 $u_N = u_P$。单限电压比较器中的运放通常工作在开环状态，只有一个门限电压；加有正反馈的比较器称为迟滞比较器（或施密特触发器），它有上、下两个门限电压。与单限电压比较器相比，迟滞比较器抗干扰能力强，输出电压的转变过程快。

（7）非正弦波产生电路通常由电压比较器、积分电路和反馈电路等组成，其状态的翻转依靠电路中定时电容能量的变化，改变定时电容的冲、放电电流的大小，就可以调节振荡周期。

课堂小测

一、填空题

1. 正弦波振荡电路的幅度平衡条件是指_____；相位平衡条件是指_____。

2. RC 串并联网络的振荡频率 $f_0 =$_____，此时其输出电压是输入电压的_____，而其相位差为_____。因此，组成 RC 桥式正弦波振荡电路时，必须配备电压放大倍数 $A_u \geqslant$_____的_____相放大电路。

3. LC 振荡电路利用电感和电容元件组成的谐振回路作为选频网络，其谐振频率为_____，适用于产生_____正弦振荡信号。

4. 在电感三点式振荡电路中，晶体管集电极与发射极之间的回路元件是_____，基极与发射极之间的回路元件是_____，集电极与基极之间的回路元件是_____。

5. 由集成运放构成的电压比较器中，集成运放工作在_____状态，电压比较器的输出只有_____和_____两种状态。

6. 迟滞电压比较器的两个门限电压之差，称为_____，其值越大，则说明比较器的_____能力越强。

二、选择题

1. 信号产生电路的作用是在（　　）情况下，产生一定频率和幅度的正弦或非正弦信号。

　　A. 没有输入信号　　　　　　　　　　B. 外加输入信号

　　C. 没有反馈信号　　　　　　　　　　D. 没有直流电源电压

2. 正弦波振荡电路的振荡频率是由（　　）确定。

　　A. 基本放大电路　　　　　　　　　　B. 反馈网络

C. 选频网络 D. 稳幅环节

3. 正弦波振荡电路的平衡条件是 （　　　）。

A. $\dot{A}\dot{F}=1$ B. $\dot{A}\dot{F}>1$

C. $AF=1$ D. $AF>1$

4. 在图 3 - 3 所示的 RC 桥式振荡电路中，当 R_F 增大时，有可能使 （　　　）。

A. 振荡停止 B. 输出波形失真

C. 输出波形无变化 D. 输出波形得到改善

5. 常用正弦波振荡电路中，适用于产生低频正弦波信号的是 （　　　） 振荡电路。

A. 电感三点式 B. 电容三点式

C. 石英晶体 D. RC 桥式

6. 在反相输入的过零电压比较器中，当输入为正弦波时，输出的波形为 （　　　）。

A. 与输入同相的正弦波 B. 与输入反相的正弦波

C. 与输入同相的方波 D. 与输入反相的方波

三、判断题

1. 在放大电路中，只要有正反馈，就会产生自激振荡。（　　　）

2. 若放大电路中，存在着负反馈，是不可能产生自激振荡的。（　　　）

3. 一个正弦波振荡器因为它能自己产生信号，所以它不需要能量。（　　　）

4. RC 桥式振荡电路中，RC 串并联网络既是选频网络又是正反馈网络。（　　　）

5. 由 LC 元件组成的并联谐振回路谐振时的阻抗呈纯电阻性，且为最小值。（　　　）

6. 迟滞电压比较器具有滞回特性，可以有效地提高电路的抗干扰能力。（　　　）

习　题

3.1　试用相位平衡条件来判断图 3 - 37 所示两个电路能否产生自激振荡，并说明理由。

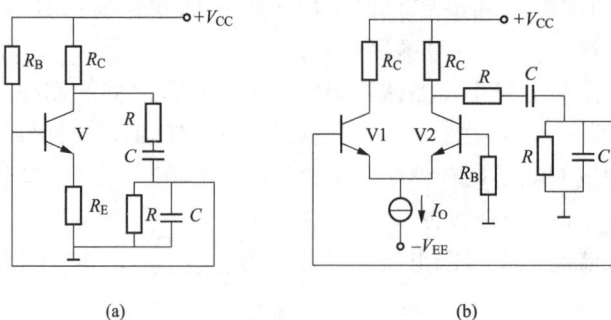

(a)　　　　　　　　　　　(b)

图 3 - 37　题 3.1 图

3.2　在图 3 - 3 所示 RC 桥式振荡电路中，试回答：

(1) 若 $R_1=10\text{k}\Omega$，R_F 至少取多大阻值，该电路才能起振？

(2) 为了稳定输出电压幅度，R_1 应采用什么温度系数的热敏电阻？

(3) 若 $R=20\text{k}\Omega$，$C=0.01\mu\text{F}$，电路的振荡频率为多少？

3.3　试用相位平衡条件来判断图 3 - 38 所示各电路能否产生自激振荡，并说明理由。

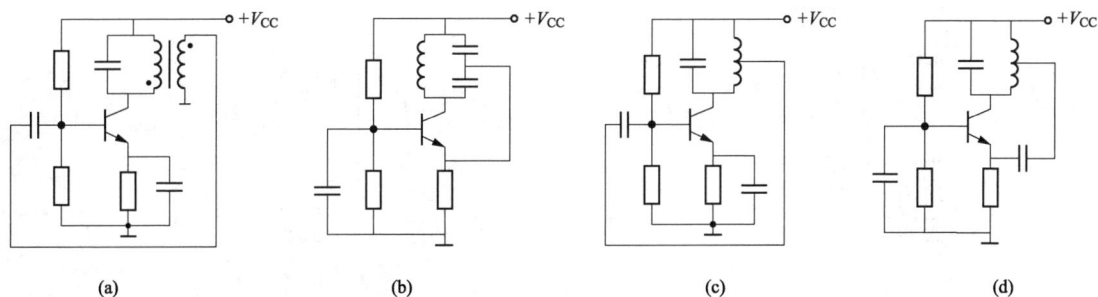

图 3 - 38　题 3.3 图

3.4　电路如图 3 - 39 所示，已知 $V_{CC}=12V$，$R_{B1}=10k\Omega$，$R_{B2}=40k\Omega$，$R_C=4k\Omega$，$R_E=1k\Omega$，$C_B=0.1\mu F$，$C_1=C_2=4700pF$，C_3 的可调节范围为 $10\sim220pF$，$L=50\mu H$，试估算振荡频率 f_0 的调节范围。

3.5　图 3 - 40 所示为石英晶体振荡电路，试说明其振荡的工作原理，指出石英晶体工作在它的哪一个谐振频率，电路的振荡频率由什么决定？

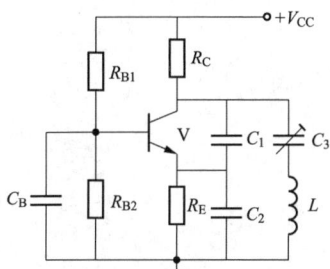

图 3 - 39　题 3.4 图

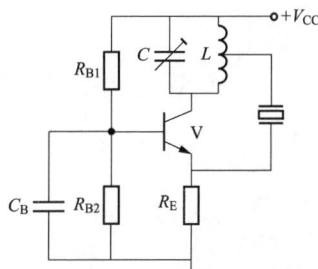

图 3 - 40　题 3.5 图

3.6　同相输入单限电压比较器如图 3 - 41 所示，试画出它的电压传输特性；当输入电压 $u_I=4\sin\omega t$ V 时，画出输出电压 u_O 的波形。

3.7　图 3 - 42 运算放大器的最大输出电压 $U_{OM}=\pm12V$，稳压管的稳定电压 $U_Z=6V$，其正向压降为 0.7V，$u_I=5\sin\omega t$ V。当参考电压 $U_{REF}=+3V$ 时，试分别画出电压传输特性和输出电压 u_O 的波形。

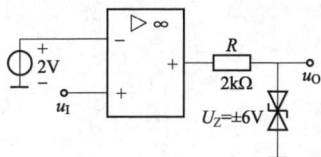

图 3 - 41　题 3.6 图

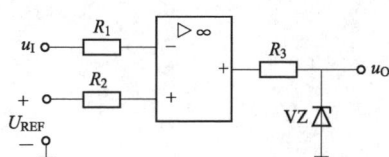

图 3 - 42　题 3.7 图

3.8　迟滞比较器电路如图 3 - 43 所示，试计算两个门限电压和回差电压；当输入电压 $u_I=6\sin\omega t$ V 时，画出输出电压 u_O 的波形。

3.9　同相输入迟滞比较器电路如图 3 - 44 所示，试计算两个门限电压，画出电压传输特性。

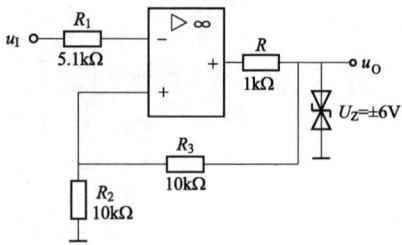

图 3-43　题 3.8 图

图 3-44　题 3.9 图

学习情境 4　组合逻辑电路的分析与应用

内容概要

本学习情境在介绍逻辑代数的基础知识基础上，讨论了逻辑集成门电路的逻辑功能和外特性以及组合逻辑电路的一般分析方法和设计方法；重点介绍常用中规模集成组合逻辑电路的逻辑功能、使用方法和应用举例，并用 Multisim 软件对组合逻辑电路进行了设计仿真。

学习导入

数字电路是对数字信号进行传输、处理的电子线路。在工程上，电信号分为模拟信号和数字信号两大类。其中，模拟信号是在时间上和数值上连续的信号，如图 4-1（a）所示；数字信号是在时间上和数值上不连续的（即离散的）信号，如图 4-1（b）所示。

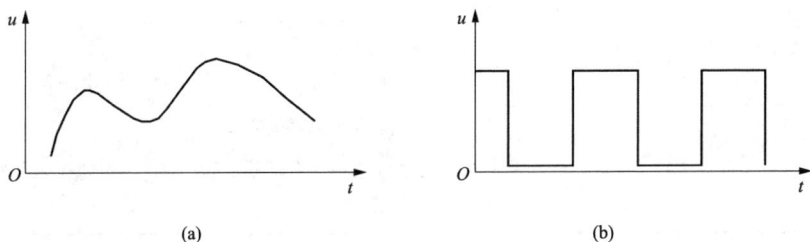

(a)　　　　　　　　　　　　　　　(b)

图 4-1　模拟信号和数字信号
(a) 模拟信号；(b) 数字信号

与处理模拟信号的模拟电路相比，数字电路有以下的特点：

（1）工作信号是二进制的数字信号，在时间上和数值上是离散的，反映在电路上就是低电平和高电平两种状态，常用 0 和 1 两个逻辑值来表示。

通常采用正逻辑表示，即用逻辑 1 表示高电平，逻辑 0 表示低电平；反之，则为负逻辑。一般在没有特殊说明时均采用正逻辑约定。

（2）在数字电路中，研究的主要问题是电路的逻辑功能，即输入信号的状态和输出信号的状态之间的关系。

（3）对组成数字电路的元器件的精确度要求不高，只要在工作时能确定高、低电平就能够可靠地区分 0 和 1 两种状态。因此，高、低电平不再是精确的某一个数值，而是在一定范围内取值的逻辑电平，如图 4-2 所示。

数字电路有多种分类方法，主要有：

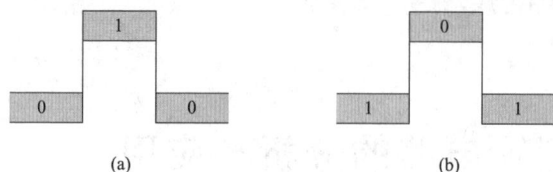

图 4-2　逻辑电平
(a) 正逻辑；(b) 负逻辑

（1）按集成密度分类，数字电路可分为小规模（SSI）、中规模（MSI）、大规模（LSI）和超大规模（VLSI）数字集成电路，具体见表 4-1。

（2）按所用器件制作工艺的不同，数字电路可分为双极型（如 TTL、ECL 等）和单极型（如 CMOS）两类。

（3）按照电路的结构和工作原理的不同，数字电路可分为组合逻辑电路和时序逻辑电路两类。组合逻辑电路没有记忆功能，其输出信号只与当时的输入信号有关，而与电路以前的状态无关。时序逻辑电路具有记忆功能，其输出信号不仅和当时的输入信号有关，而且与电路以前的状态有关。

表 4-1　　　　　　　　　　　数字集成电路的按集成密度分类

类别	集成度	电路规模与范围
LSI	$<10^2$ 个元件/片	逻辑单元电路 包括逻辑门电路、集成触发器
MSI	$10^2 \sim 10^3$ 个元件/片	逻辑部件 包括计数器、译码器、编码器、数据选择器、寄存器、算术运算器、比较器、转换电路等
LSI	$10^3 \sim 10^5$ 个元件/片	数字逻辑系统 包括中央控制器、存储器、各种接口电路等
VLSI	$10^5 \sim 10^7$ 个元件/片	高集成度的数字逻辑系统 例如，各种型号的单片机，即在一片硅片上集成一个完整的微型计算机

逻辑门电路是实现基本和常用逻辑运算的电子电路，是构成数字电路的基本单元。利用门电路可以构成各种逻辑功能的组合逻辑电路。有一些组合逻辑电路在各类数字系统中经常大量地被使用，因此将这些电路制成了中、小规模集成电路产品，其中包括编码器、译码器、数据选择器、数值比较器和加法器等。在这里主要讨论中、小规模集成组合逻辑数字电路的功能及应用。

学习任务 4.1　逻辑代数基础知识

🧪 知 识 学 习

4.1.1　数制与码制

一、数制

所谓数制就是一种计数的方法，它是计数进位制的简称。常用的数制有十进制、二进制和十六进制等。

1. 十进制（Decimal）

十进制是以 10 为基数的计数体制，采用 0、1、2、3、4、5、6、7、8、9 共 10 个数码来表示数，相邻位数间的计数规律是"逢十进一"或"借一当十"。十进制数可写成以 10 为底的幂求和的形式。例如

$$(234.76)_{10} = 2 \times 10^2 + 3 \times 10^1 + 4 \times 10^0 + 7 \times 10^{-1} + 6 \times 10^{-2}$$

任意一个十进制数 $(N)_{10}$ 都可以写成

$$(N)_{10} = a_{n-1} \times 10^{n-1} + a_{n-2} \times 10^{n-2} + \cdots + a_1 \times 10^1 + a_0 \times 10^0 + a_{-1} \times 10^{-1}$$

$$+ a_{-2} \times 10^{-2} + \cdots + a_{-m} \times 10^{-m} = \sum_{i=-m}^{n-1} a_i \times 10^i \tag{4-1}$$

式（4-1）称为数的按权展开式。其中，a_i 为第 i 位数码；10^i 为第 i 位的权（Weight）；n 为整数部分的位数，m 为小数部分的位数。

2. 二进制（Binary）

二进制是以 2 为基数的计数体制，采用 0 和 1 两个数码来表示数，计数规律是"逢二进一"，或"借一当二"。

任意一个二进制数 $(N)_2$ 可写成按权的展开式为

$$(N)_2 = a_{n-1} \times 2^{n-1} + a_{n-2} \times 2^{n-2} + \cdots + a_1 \times 2^1 + a_0 \times 2^0 + a_{-1}$$

$$\times 2^{-1} + a_{-2} \times 2^{-2} + \cdots + a_{-m} \times 2^{-m} = \sum_{i=-m}^{n-1} a_i \times 2^i \tag{4-2}$$

例如

$$(11001.01)_2 = 1 \times 2^4 + 1 \times 2^3 + 0 \times 2^2 + 0 \times 2^1 + 1 \times 2^0 + 0 \times 2^{-1} + 1 \times 2^{-2}$$

由于二进制数只有 0 和 1 两个数码，与电路的两个状态（饱和与截止）相对应，所以二进制是数字电路中经常采用的。

3. 十六进制（Hexadecimal）

十六进制采用 0、1、2、3、4、5、6、7、8、9、A、B、C、D、E、F 共 16 个数码，是以 16 为基数的计数体制，计数规律是"逢十六进一"或"借一当十六"。

任意一个十六进制数 $(N)_{16}$ 的按权展开式为

$$(N)_{16} = a_{n-1} \times 16^{n-1} + a_{n-2} \times 16^{n-2} + \cdots + a_1 \times 16^1 + a_0 \times 16^0 +$$

$$a_{-1} \times 16^{-1} + a_{-2} \times 16^{-2} + \cdots + a_{-m} \times 16^{-m}$$

$$= \sum_{i=-m}^{n-1} a_i \times 16^i \tag{4-3}$$

例如

$$(4E6.B)_{16} = 4 \times 16^2 + E \times 16^1 + 6 \times 16^0 = 4 \times 16^2 + 14 \times 16^1 + 6 \times 16^0 + 11 \times 16^{-1}$$

表 4-2 中列出了十进制、二进制和十六进制数之间的对应关系。

表 4-2　　　　　　　　十进制、二进制和十六进制对应关系表

十进制	二进制	十六进制	十进制	二进制	十六进制
0	0000	0	2	0010	2
1	0001	1	3	0011	3

十进制	二进制	十六进制	十进制	二进制	十六进制
4	0100	4	10	1010	A
5	0101	5	11	1011	B
6	0110	6	12	1100	C
7	0111	7	13	1101	D
8	1000	8	14	1110	E
9	1001	9	15	1111	F

二、数制间的转换

1. 其他进制数转换成十进制数

将二进制和十六进制数按权展开，然后各项相加，就可得到相应的十进制数。

【例 4 - 1】 将二进制数 1011.01 转换为十进制。

解： $(1011.01)_2 = 1\times2^3 + 0\times2^2 + 1\times2^1 + 1\times2^0 + 0\times2^{-1} + 1\times2^{-2} = (11.25)_{10}$

【例 4 - 2】 将十六进制数 3AC 转换为十进制。

解： $(3AC)_{16} = 3\times16^2 + 10\times16^1 + 12\times16^0 = (940)_{10}$

2. 十进制转换成其他进制

十进制数的整数部分和小数部分需分别转换。

（1）整数部分转换：采用"连除基数取余法"，即将原十进制数连续除以要转换的数制的基数，一直除到商数为 0，每次除完所得余数就作为要转换数的系数，最后一个余数为最高位。

【例 4 - 3】 将十进制数 $(26)_{10}$ 转换成二进制数。

解：

```
2 | 26  ········ 余0    ↑ 低位
  2 | 13  ········ 余1
    2 | 6  ········ 余0
      2 | 3  ········ 余1
        2 | 1  ········ 余1    高位
            0
```

即 $(26)_{10} = (11010)_2$

（2）小数部分转换：采用"连乘基数取整法"，即将小数部分连乘要转换数制的基数，取其积的整数部分作为系数，剩余的纯小数部分再乘基数，直至其纯小数部分为 0 或到一定精度为止，先得到的整数作为高位。

【例 4 - 4】 将十进制小数 $(0.375)_{10}$ 转换成二进制数。

解：

$$0.375\times2 = 0.750 \cdots\cdots 0 \quad 高位$$
$$0.750\times2 = 1.500 \cdots\cdots 1$$
$$0.500\times2 = 1.000 \cdots\cdots 1 \quad 低位$$

即　　　　　　　　　　　　　　　$(0.375)_{10} = (0.011)_2$

　综合以上两例　　　　　　　$(26.375)_{10} = (11010.011)_2$

3. 二进制转换成十六进制

由于十六进制的基数 16，即每位十六进制数对应 4 位二进制数，因此，二进制数转换为十六进制数的方法是：整数部分从低位开始，每 4 位二进制数为一组，不足四位的，则在高位加 0 补足为 4 位；小数部分从高位开始，每 4 位二进制数为一组，不足四位的，则在低位加 0 补足为 4 位，按顺序写出对应的十六进制数。

【例 4 - 5】　将二进制数 $(1011011001.00111)_2$ 转换成十六进制数。

解：

$$0010 \quad 1101 \quad 1001 \,.\, 0011 \quad 1000$$
$$\downarrow \qquad \downarrow \qquad \downarrow \qquad \downarrow \qquad \downarrow$$
$$2 \qquad D \qquad 9 \qquad 3 \qquad 8$$

即　　　　　　　　$(1011011001.00111)_2 = (2D9.38)_{16}$

4. 十六进制转换成二进制

将每一位十六进制数用 4 位二进制数来代替，并按原来的顺序排列便可得到相应的二进制数。

【例 4 - 6】　将十六进制数 $(6BF)_2$ 转换成二进制数。

解：

$$6 \qquad B \qquad F$$
$$\downarrow \qquad \downarrow \qquad \downarrow$$
$$0110 \quad 1011 \quad 1111$$

即　　　　　　　　　$(6BF)_{16} = (11010111111)_2$

三、二进制代码

数字系统只能辨别二进制数，用一定位数的二进制数来表示十进制数码、字母、符号等信息过程称为编码。用以表示十进制数码、字母、符号等信息的一定位数的二进制数称为二进制代码。

将十进制数 0～9 十个数字用 4 位二进制数 $A_3 A_2 A_1 A_0$ 来表示的代码称为二—十进制代码，简称 BCD 码。BCD 码有多种表示方案，常用 BCD 码见表 4 - 3。

表 4 - 3　　　　　　　　　　　　**常用 BCD 码**

十进制数	有权码			无权码	
	8421 码	5421 码	2421 码	余 3 码	格雷码
0	0000	0000	0000	0011	0000
1	0001	0001	0001	0100	0001
2	0010	0010	0010	0101	0011
3	0011	0011	0011	0110	0010
4	0100	0100	0100	0111	0110
5	0101	1000	1011	1000	0111
6	0110	1001	1100	1001	0101

十进制数	有权码			无权码	
	8421 码	5421 码	2421 码	余 3 码	格雷码
7	0111	1010	1101	1010	0100
8	1000	1011	1110	1011	1100
9	1001	1100	1111	1100	1101

8421BCD 码是一种应用十分广泛的有权码，它从高位到低位的权值分别为 8、4、2、1，取了自然二进制数的前十种组合，即 0000～1001。

【例 4-7】　将十进制数 $(34.86)_{10}$ 转换成 8421BCD 码。

解：

$$
\begin{array}{cccc}
3 & 4 & 8 & 6 \\
\downarrow & \downarrow & \downarrow & \downarrow \\
0011 & 0100 & 1000 & 0110
\end{array}
$$

即　　　　　　　　　　　$(34.86)_{10} = (00110100.10000110)_{8421BCD}$

4.1.2　逻辑代数基础

逻辑代数是按一定的逻辑关系进行运算的代数，是分析和研究数字电路的数学工具。在逻辑代数中，只有 0 和 1 两种逻辑值，有与、或、非三种基本逻辑运算，此外还有与或、与非、与或非、异或等导出逻辑运算。

逻辑是指事物的因果关系，这些因果关系可以用逻辑代数来描述。在逻辑代数中可以抽象地表示为 0 和 1，称为逻辑 0 状态和逻辑 1 状态。

逻辑代数中的变量称为逻辑变量，用大写字母表示。逻辑变量的取值只有两种，即逻辑 0 和逻辑 1，0 和 1 称为逻辑常量，并不表示数量的大小，而是表示两种对立的逻辑状态。

一、基本逻辑运算

1. 与逻辑运算

（1）与逻辑。与逻辑的定义为仅当决定事件（Y）发生的所有条件（A，B，C，…）均满足时，事件（Y）才能发生。如图 4-3 所示的串联开关电路中，灯亮的条件是开关 A 和 B 都接通。这里开关 A、B 的闭合与灯亮的关系称为与逻辑。

若规定开关接通为 1，断开为 0；灯亮为 1，灯灭为 0。与逻辑可以用真值表来表示，见表 4-4。所谓真值表，就是描述逻辑电路的输出逻辑变量和输入逻辑变量间逻辑关系的表格。由真值表可将与逻辑归纳为：有 0 出 0，全 1 出 1。与逻辑也称为与运算或逻辑乘，可用逻辑表达式表示为

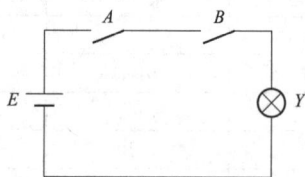

图 4-3　串联开关电路

表 4-4　　与逻辑真值表

A	B	Y
0	0	0
0	1	0
1	0	0
1	1	1

$$Y = A \cdot B \qquad\qquad (4-4)$$

式中："·"表示逻辑乘，在不需要特别强调的地方常将"·"号省略，写成 $Y=AB$。

（2）与门电路。能够实现与逻辑的门电路称为与门电路。图 4-4（a）所示为二极管组成的二输入与门电路，图（b）为其逻辑符号。由图（a）可知：在输入 A、B 中，只要有一个为低电平 0V 时，则与该输入端相连的二极管导通，使输出 Y 为低电平 0.7V；只有当输入 A、B 均为高电平 3V 时，二极管都导通，输出为高电平 3V。

图 4-4　二极管与门电路
(a) 电路；(b) 逻辑符号；(c) 波形图

如果规定高电平用逻辑 1 表示，低电平用逻辑 0 表示，则可得到与表 4-4 完全相同的真值表。与门电路的输入和输出的波形图如图 4-4（c）所示。

对于多输入端的与门，其逻辑表达式为

$$Y = A \cdot B \cdot C \cdots \qquad\qquad (4-5)$$

2. 或逻辑运算

（1）或逻辑。或逻辑的定义为当决定事件（Y）发生的各种条件（A，B，C，…）中，只要有一个或多个条件具备，事件（Y）就发生。如图 4-5 中所示的并联开关电路，灯亮的条件是 A 或 B 中有一个以上的开关接通。

或逻辑的真值表如表 4-5 所示，其逻辑关系可归纳为：有 1 出 1，全 0 出 0。

或逻辑也称为或运算或逻辑加，其逻辑表达式为

$$Y = A + B \qquad\qquad (4-6)$$

式中："+"表示逻辑加。

表 4-5　　或逻辑真值表

A	B	Y
0	0	0
0	1	1
1	0	1
1	1	1

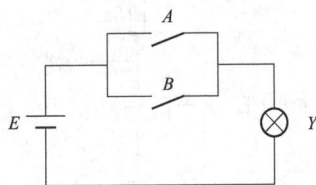

图 4-5　并联开关电路

（2）或门电路。能够实现或逻辑的门电路称为或门。图 4-6（a）所示为二极管组成的或门电路，只要输入 A、B 中有高电平，相应的二极管就导通，输出 Y 为高电平；只有两输入端同时为低电平时，输出才是低电平。图 4-6（b）所示为或门的逻辑符号。或门电路的输入和输出的波形图如图 4-6（c）所示。

对于多个输入端的或门，其逻辑表达式为

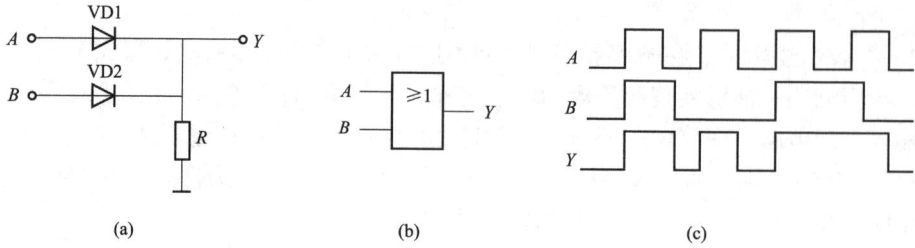

图 4-6　二极管或门电路

（a）电路；（b）逻辑符号；（c）波形图

$$Y = A + B + C + \cdots \tag{4-7}$$

3. 非逻辑运算

（1）非逻辑。在图 4-7 所示的开关电路中，开关 A 接通时灯不亮，A 断开时灯亮。这种条件和结果相反的关系，称为非逻辑。

非逻辑的真值表见表 4-6，其逻辑关系可归纳为：有 0 出 1，有 1 出 0。

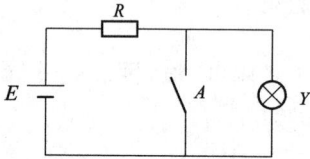

图 4-7　开关电路

表 4-6　　非逻辑真值表

A	Y
0	1
1	0

非逻辑的逻辑表达式为

$$Y = \overline{A} \tag{4-8}$$

式中："—"号表示逻辑非，读作"非"。

（2）非门电路。非门又称反相器，用于实现非逻辑功能，其电路与逻辑符号分别如图 4-8（a）、（b）所示。由图中可知：当输入 A 为低电平时，三极管截止，输出 Y 为高电平；当输入 A 为高电平时，三极管饱和，输出 Y 为低电平。其工作波形如图 4-8（c）所示。非门是只允许有一个输入端的门电路。

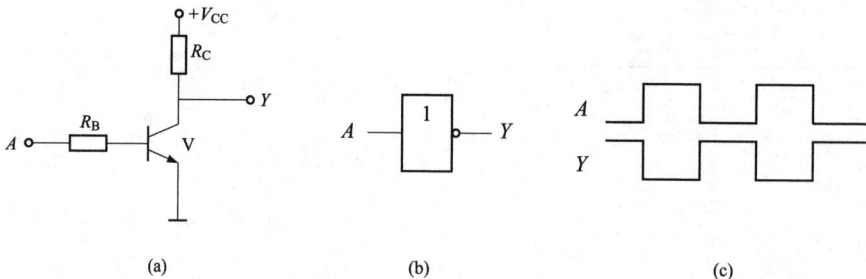

图 4-8　三极管非门电路

（a）电路；（b）逻辑符号；（c）波形图

4. 复合逻辑运算

与、或、非三种基本运算可以组成多种复合逻辑运算。表 4-7 列出了这些复合逻辑运算表达式、真值表、逻辑符号以及逻辑功能。

表 4 - 7　　　　　　　　　　　常见复合逻辑运算

逻辑门	逻辑表达式	真值表	逻辑符号	逻辑功能
与非运算	$Y = \overline{AB}$	A　B　Y 0　0　1 0　1　1 1　0　1 1　1　0		全 1 出 0 有 0 出 1
或非运算	$Y = \overline{A+B}$	A　B　Y 0　0　1 0　1　0 1　0　0 1　1　0		全 0 出 1 有 1 出 0
与或非运算	$Y = \overline{AB+CD}$	AB　CD　Y 0　0　1 0　1　0 1　0　0 1　1　0		各组有 0 出 1 一组全 1 出 0
异或运算	$Y = A \oplus B$ $= A\overline{B} + \overline{A}B$	A　B　Y 0　0　0 0　1　1 1　0　1 1　1　0		相同出 0 相异出 1
同或运算	$Y = A \odot B$ $= AB + \overline{A}\,\overline{B}$ $= \overline{A \oplus B}$	A　B　Y 0　0　1 0　1　0 1　0　0 1　1　1		相同出 1 相异出 0

由表 4 - 7 可知，异或逻辑与同或逻辑互为反函数。

二、逻辑代数的基本定律和规则

逻辑代数是分析和研究逻辑电路的数学工具，它是由英国科学家乔治·布尔（George·Boole）创立的，故又称布尔代数。根据与、或、非三种基本逻辑运算，可以推导出一些基本公式和定律，形成一些运算规则，这些定律和规则是逻辑函数化简和逻辑电路分析、设计的数学基础。

1. 基本公式

逻辑代数的基本公式列于表 4-8 中。

表 4-8 逻辑代数的基本公式

0—1律	$A+1=1$	$A \cdot 0=0$
	$A+0=A$	$A \cdot 1=A$
重叠律	$A+A=A$	$A \cdot A=A$
互补律	$A+\bar{A}=1$	$A \cdot \bar{A}=0$
还原律	$\bar{\bar{A}}=A$	

对于以上基本公式，只要将变量 A 的取值 0 或 1 代入各公式中，便可证明各等式是成立的。

2. 基本定律

逻辑代数的基本定律列于表 4-9 中。这些定律中，有一些是与普通代数不同的，在运用中要注意区分，不能混淆。

表 4-9 逻辑代数的基本定律

名称	公式	证明
交换律	$A+B=B+A$	利用真值表证明
	$AB=BA$	
结合律	$A+(B+C)=(A+B)+C$	利用真值表证明
	$A(BC)=(AB)C$	
分配律	$A(B+C)=AB+AC$	利用真值表证明
	$A+BC=(A+B)(A+C)$	$(A+B)(A+C)=AA+AC+AB+BC$ $=A(1+C+B)+BC=A+BC$
吸收律	$AB+A\bar{B}=A$	$AB+A\bar{B}=A(B+\bar{B})=A$
	$A+AB=A$	$A+AB=A(1+B)=A$
	$A+\bar{A}B=A+B$	$A+\bar{A}B=(\bar{A}+A)(A+B)=A+B$
	$AB+\bar{A}C+BC=AB+\bar{A}C$ 推论： $AB+\bar{A}C+BCD=AB+\bar{A}C$	左式$=AB+\bar{A}C+BC\,(A+\bar{A})$ $=AB+\bar{A}C+ABC+\bar{A}BC$ $=AB\,(1+C)\,+\bar{A}C\,(1+B)$ $=AB+\bar{A}C$
摩根定律（反演律）	$\overline{AB}=\bar{A}+\bar{B}$	利用真值表证明
	$\overline{A+B}=\bar{A} \cdot \bar{B}$	

如果等式成立，公式两边的所对应的真值表也必然相同，因此所有的公式和定律都可以用真值表证明。例如，利用真值表可证明摩根定律，见表 4 - 10。

表 4 - 10　　　　　　　　　　　摩 根 定 律 的 证 明

$\overline{A+B}=\overline{A}\cdot\overline{B}$				$\overline{AB}=\overline{A}+\overline{B}$			
A	B	$\overline{A+B}$	$\overline{A}\cdot\overline{B}$	A	B	$\overline{AB}$	$\overline{A}+\overline{B}$
0	0	1	1	0	0	1	1
0	1	0	0	0	1	1	1
1	0	0	0	1	0	1	1
1	1	0	0	1	1	0	0

3. 逻辑代数的三个重要规则

（1）代入规则。逻辑等式中的任何变量 A，都可用另一函数 Z 代替，等式仍然成立。代入法则可以扩大基本公式的应用范围。

利用代入规则可将摩根定律推广到 n 变量：

$$\overline{A_1+A_2+\cdots+A_n}=\overline{A}_1\cdot\overline{A}_2\cdots\overline{A}_n$$

$$\overline{A_1A_2\cdots A_n}=\overline{A}_1+\overline{A}_2+\cdots+\overline{A}_n$$

（2）反演规则。对一个逻辑函数 Y 进行如下变换：将所有的"·"换成"+"，"+"换成"·"，"0"换成"1"，"1"换成"0"，原变量换成反变量，反变量换成原变量，则得到函数 Y 的反函数。反演规则常用于求一个已知逻辑函数的反函数。

注意：应保持原函数中逻辑运算的优先顺序；不是单个变量上的反号则保持不变。

例如：对于函数 $Y=A\cdot\overline{B}+\overline{\overline{A}\cdot C+\overline{D}}$

利用反演规则，可写出其反函数：$\overline{Y}=(\overline{A}+B)\cdot\overline{\overline{\overline{A}+\overline{C}\cdot D}}$

（3）对偶规则。对一个逻辑函数 Y 进行如下变换：将所有的"·"换成"+"，"+"换成"·"，"0"换成"1"，"1"换成"0"，则得到函数 Y 的对偶式。

根据对偶规则可知：如果原式 Y 成立，则其对偶式也一定成立。这样，我们只需记住基本公式和定律的一半即可，另一半按对偶法则可求出。

使用对偶规则时，要保持原函数中逻辑运算的优先顺序。

例如：对于等式　　　　　　　　$A\cdot(B+C)=A\cdot B+A\cdot C$

利用对偶规则，可得

$$A+B\cdot C=(A+B)\cdot(A+C)$$

三、逻辑函数的表示方法

逻辑函数有多种不同的表示方法，常用的有真值表、逻辑函数式、逻辑图、波形图、卡诺图（在后面介绍）等 5 种。它们各有特点，既相互联系，又可以相互转换。

1. 真值表

真值表可以直观、明了地反映逻辑函数与逻辑变量取值之间的一一对应关系，具有唯一性。若两个逻辑函数具有相同的真值表，则两个逻辑函数必然相等。n 变量的逻辑函数，共有 2^n 个不同的变量组合，在列真值表示时，为避免遗漏，一般按 n 位二进制递增的方式列出。

例如，三变量一致真值表，当输入变量 A、B、C 中全部为 0 或 1 时，输出为 1；否则，输出为 0，见表 4 - 11。

2. 逻辑函数式

逻辑函数式是用与、或、非等基本运算来表示输入变量和输出函数因果关系的逻辑代数式。书写简洁、方便，有利于用逻辑代数的公式进行化简和转换。

由真值表可以得到逻辑函数式，将真值表中每一组使输出函数值为 1 的输入变量都写成一个与项。在这些与项中，取值为 1 的变量写成原变量，取值为 0 的变量写成反变量，将这些与项相加，就得到了逻辑函数式。

表 4 - 11 $Y=\overline{A}\,\overline{B}\,\overline{C}+ABC$ 的真值表			
A	B	C	Y
0	0	0	1
0	0	1	0
0	1	0	0
0	1	1	0
1	0	0	0
1	0	1	0
1	1	0	0
1	1	1	1

可由真值表 4 - 11 可知，使得输出 Y 为 1 的输入取值有 2 个，即 000 和 111。将它们分别写成相应的与项 $\overline{A}\,\overline{B}\,\overline{C}$ 和 ABC，将这两个与项相加，就得到相应的逻辑函数式为

$$Y = \overline{A}\,\overline{B}\,\overline{C} + ABC$$

3. 逻辑图

逻辑图是用基本逻辑门和复合逻辑门的逻辑图形符号组成的对应于某一逻辑功能的电路图。根据逻辑函数式画逻辑图时，只要把逻辑函数式中的各逻辑运算用相应门电路的逻辑符号代替，就可以画出与逻辑函数对应的逻辑图。

例如：根据逻辑函数式 $Y = \overline{A}\,\overline{B}\,\overline{C} + ABC$ 可以画出三变量一致电路逻辑图，如图 4 - 9 所示。

4. 波形图

波形图是按真值表画出的输入、输出关系的一系列波形，直观地反映了输入变量和输出函数在时间上的对应关系。三变量一致电路的波形图如图 4 - 10 所示。

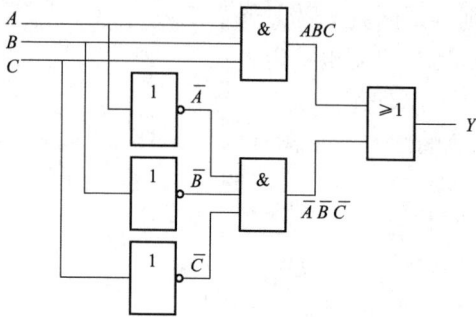

图 4 - 9　三变量一致电路逻辑图

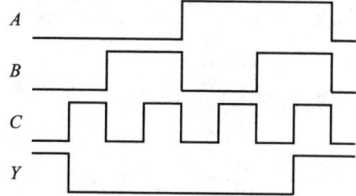

图 4 - 10　三变量一致电路波形图

4.1.3　逻辑函数的化简

逻辑函数化简的意义：逻辑表达式越简单，实现它的电路越简单，电路工作越稳定可靠。

一、最简与或式

最常见的逻辑函数的表达形式是与或式。例如，逻辑表达式 $Y = AB + \overline{A}C$ 就是一个与或式。最简与或式的标准如下：

（1）逻辑函数表达式中的与项最少；

（2）每个与项中的变量数最少。

值得注意的是：由于同一个逻辑函数化简时所使用方法的不同，其最简表达式有可能不是唯一的。

二、逻辑函数的代数化简法

1. 并项法

利用公式 $AB+\bar{A}B=A$，将两项合并为一项，并消去一个变量。例如：

$$Y=ABC+\bar{A}BC+B\bar{C}=(ABC+\bar{A}BC)+B\bar{C}$$
$$=BC+B\bar{C}=B$$
$$Y=ABC+A\bar{B}+A\bar{C}=ABC+A(\bar{B}+\bar{C})$$
$$=ABC+A\overline{BC}=A$$

2. 吸收法

（1）利用公式 $A+AB=A$，消去多余的项。例如：

$$Y=\bar{A}B+\bar{A}BCD(E+F)=\bar{A}B$$
$$Y=A+\overline{\bar{B}+\overline{CD}}+\overline{\overline{AD}\bar{B}}=A+BCD+AD+B$$
$$=(A+AD)+(B+BCD)=A+B$$

（2）利用公式 $A+\bar{A}B=A+B$，消去多余的变量。例如：

$$Y=AB+\bar{A}C+\bar{B}C=AB+(\bar{A}+\bar{B})C$$
$$=AB+\overline{AB}C$$
$$=AB+C$$
$$Y=A\bar{B}+C+\bar{A}CD+B\bar{C}D=A\bar{B}+C+\bar{C}(\bar{A}+B)D$$
$$=A\bar{B}+C+(\bar{A}+B)D$$
$$=A\bar{B}+C+\overline{A\bar{B}}D$$
$$=A\bar{B}+C+D$$

3. 配项法

（1）利用公式 $A+\bar{A}=1$，为某一项配上其所缺的变量，以便用其他方法进行化简。例如：

$$Y=A\bar{B}+B\bar{C}+\bar{B}C+\bar{A}B$$
$$=A\bar{B}+B\bar{C}+(A+\bar{A})\bar{B}C+\bar{A}B(C+\bar{C})$$
$$=A\bar{B}+B\bar{C}+A\bar{B}C+\bar{A}\bar{B}C+\bar{A}BC+\bar{A}B\bar{C}$$
$$=A\bar{B}(1+C)+B\bar{C}(1+\bar{A})+\bar{A}C(\bar{B}+B)$$
$$=A\bar{B}+B\bar{C}+\bar{A}C$$

（2）利用公式 $A+A=A$，为某项配上其所能合并的项。例如：

$$Y=ABC+AB\bar{C}+A\bar{B}C+\bar{A}BC$$
$$=(ABC+AB\bar{C})+(ABC+A\bar{B}C)+(ABC+\bar{A}BC)$$
$$=AB+AC+BC$$

4. 消去多余项法

利用多余项定律 $AB+\bar{A}C+BC=AB+\bar{A}C$，将冗余项 BC 消去。例如：

$$Y = A\bar{B} + AC + ADE + \bar{C}D = A\bar{B} + (AC + \bar{C}D + ADE)$$
$$= A\bar{B} + AC + \bar{C}D$$
$$Y = AB + \bar{B}C + AC(DE + FG)$$
$$= AB + \bar{B}C$$

【例 4 - 8】 用代数法化简逻辑函数 $Y = AD + A\bar{D} + AB + \bar{A}C + \bar{C}D + A\bar{B}EF$。

解：$Y = AD + A\bar{D} + AB + \bar{A}C + \bar{C}D + A\bar{B}EF$
$$= A(D + \bar{D}) + AB + \bar{A}C + \bar{C}D + A\bar{B}EF$$
$$= A + AB + \bar{A}C + \bar{C}D + A\bar{B}EF$$
$$= A + \bar{A}C + \bar{C}D = A + C + \bar{C}D$$
$$= A + C + D$$

【例 4 - 9】 化简函数 $Y = (\bar{B} + D)(\bar{B} + D + A + G)(C + E)(\bar{C} + G)(A + E + G)$。

解：（1）先求出 Y 的对偶函数 Y'，并对其进行化简。
$$Y' = \bar{B}D + \bar{B}DAG + CE + \bar{C}G + AEG$$
$$= \bar{B}D + CE + \bar{C}G$$

（2）求 Y' 的对偶函数，便得 Y 的最简或与表达式。
$$Y = (\bar{B} + D)(C + E)(\bar{C} + G)$$

逻辑函数的代数化简法不受变量数目的约束，当对公式、定理和规则十分熟练时，化简比较方便。其缺点是化简没有一定的规律和步骤，技巧性很强，而且在很多情况下难以判断化简结果是否最简。

三、逻辑函数的卡诺图化简法

卡诺图是逻辑函数的图解化简法，它具有确定的化简步骤，克服了代数化简法对最终结果难以确定的缺点，能比较方便地获得逻辑函数的最简与或式。

1. 最小项与最小项表达式

如果逻辑函数的与项中包含有全部的变量，并且每个变量都以原变量或反变量的形式仅出现一次，则称该与项为逻辑函数的最小项。n 个变量的最小项有 2^n 个。为了书写方便，通常用"m_i"表示最小项，"i"为最小项的编号。例如，三变量最小项标号见表 4 - 12。

表 4 - 12   **三 变 量 最 小 项 表**

A	B	C	最小项	编号	A	B	C	最小项	编号
0	0	0	$\bar{A}\bar{B}\bar{C}$	m_0	1	0	0	$A\bar{B}\bar{C}$	m_4
0	0	1	$\bar{A}\bar{B}C$	m_1	1	0	1	$A\bar{B}C$	m_5
0	1	0	$\bar{A}B\bar{C}$	m_2	1	1	0	$AB\bar{C}$	m_6
0	1	1	$\bar{A}BC$	m_3	1	1	1	ABC	m_7

如果两个最小项中只有一个变量互为反变量，其余变量均相同时，则称这两个最小项为相邻最小项，简称相邻项。如 ABC 和 $\bar{A}BC$ 就互为相邻项。一个 n 变量的最小项有 n 个相邻项。

在逻辑函数的表达式中，如果每个与项都是最小项，则称该逻辑函数式为标准与或式，又称为最小项表达式。任何一种形式的逻辑式都可以利用基本公式化为最小项表达式，并且最小项表达式是唯一的。

【例 4 - 10】　将逻辑函数 $Y = \overline{A}D + \overline{\overline{AB} \cdot (C + \overline{BD})}$ 化为最小项表达式。

解：（1）利用摩根定律将函数展开为与或表达式为

$$Y = \overline{A}D + \overline{\overline{AB} \cdot (C + \overline{BD})} = \overline{A}D + AB + \overline{C + \overline{BD}}$$

$$= \overline{A}D + AB + B\overline{C}D$$

（2）再利用基本公式 $A + \overline{A} = 1$ 对缺少变量的与项进行配项，使之成为最小项为

$$Y = \overline{A}(B + \overline{B})(C + \overline{C})D + AB(C + \overline{C})(D + \overline{D}) + (A + \overline{A})B\overline{C}D$$

$$= \overline{A}\,\overline{B}\,\overline{C}D + \overline{A}\,\overline{B}CD + \overline{A}B\overline{C}D + \overline{A}BCD + ABC\overline{D} + AB\overline{C}\,\overline{D} + AB\overline{C}D + ABCD$$

利用最小项编号，上式又可写作

$$Y = m_1 + m_3 + m_5 + m_7 + m_{12} + m_{13} + m_{14} + m_{15} = \sum m(1,3,5,7,12,13,14,15)$$

2. 逻辑函数的卡诺图化简法

卡诺图就是最小项方块图，它用 2^n 个小方格表示 n 个变量的 2^n 个最小项，并且使逻辑相邻的最小项在几何位置上也相邻。图 4 - 11 所示的是 2～4 个变量的卡诺图。

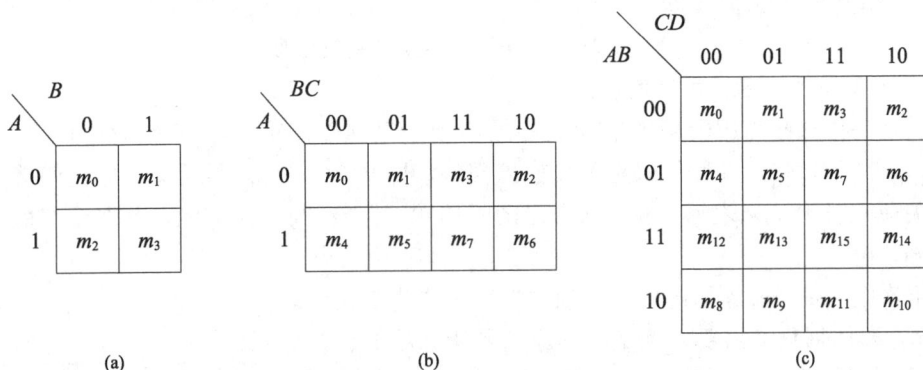

图 4 - 11　卡诺图

（a）二变量卡诺图；（b）三变量卡诺图；（c）四变量卡诺图

图中变量的取值按循环码（00、01、11、10）的顺序排列，保证了卡诺图中最小项的相邻性。

卡诺图化简逻辑函数，实质上就是运用公式 $AB + A\overline{B} = A$，合并相邻最小项，消去相异的变量，从而得到最简的"与或"式。其合并规律是：2^n 个相邻项（包含 2^n 个方格）合并为一项时，可以消去 n 个相异变量。

用卡诺图化简逻辑函数的步骤和规则如下：

第一步：画出相应变量逻辑函数的卡诺图。

第二步："填1"，就是把逻辑函数中出现的所有最小项，在卡诺图相应的方格中填上1。

第三步："圈1"，就是合并卡诺图中的相邻项。

画圈应当遵循以下原则：

（1）只有相邻的1才能合并，且每个包围圈只能包含 2^n 个1，即只能按1，2，4，8…这样的数目画圈。

（2）按照"从小到大"的次序，先圈孤立的1，再圈只能2个组合的1，必须包含函数所有的最小项。

（3）包围圈要尽可能地大，1可以重复圈多次，但每个圈至少要包含一个"尚未被圈过"的1。

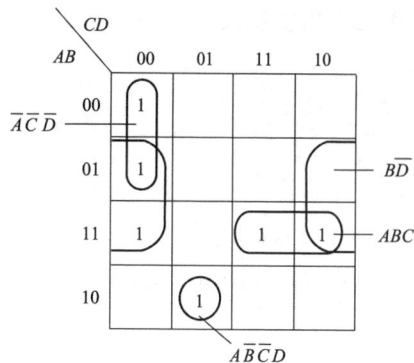

图 4 - 12　〔例 4 - 11〕的卡诺图

（4）包围圈的数目要尽可能地少（即乘积项的总数要少）。

第四步：提取每个包围圈内最小项的公因子构成与项。

第五步：把所有与项相加，即为最简与或式。

【例 4 - 11】　用卡诺图将逻辑函数 $Y = \sum m$（0，4，6，9，12，14，15）化为最简。

解：（1）画出四变量逻辑函数的卡诺图，见图 4 - 12。

（2）在卡诺图有最小项的方格填 1。

（3）画包围圈，如图 4 - 12 所示。

（4）合并每个包围圈内的最小项。

（5）写出最简与或式，即

$$Y = \overline{A}\overline{C}\overline{D} + B\overline{D} + ABC + A\overline{B}\overline{C}D$$

3. 具有无关项的逻辑函数的化简

无关项是指那些与逻辑函数值无关的最小项，也称随意项、约束项。例如，8421BCD 编码中，1010～1111 这 6 种代码是不允许出现的，即与 8421BCD 码无关，那它们就是无关项。无关项一般用 d_i 来表示，在填入卡诺图时用"×"或"ϕ"来表示，其取 1 或取 0 都不会影响函数值。

用卡诺图化简逻辑函数时，无关项"×"是作为 1 还是作为 0，要依据化简需要来确定。其原则是相邻项的包围圈要最大、数目要最少。每个包围圈必须包含有效最小项 1，不能全是无关项。要将所有的 1 圈完，有些无关项并不是非利用不可。

【例 4 - 12】　用卡诺图化简含有无关项的逻辑函数 $Y = \sum m(0,1,4,6,9,13) + \sum d(2,3,5,7,8,10,11,15)$。

解：画出四变量逻辑函数的卡诺图，在最小项方格填 1，无关项方格填×，如图 4 - 13 所示。画包围圈 1，合并每个包围圈内的最小项，写出最简与或式为

$$Y = \overline{A} + D$$

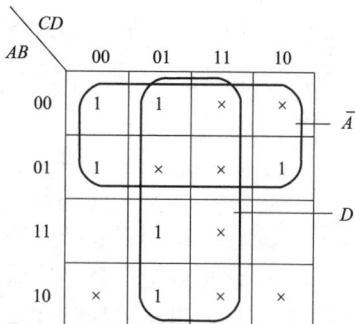

图 4 - 13　〔例 4 - 12〕的卡诺图

思考题

（1）数字信号的特点是什么？数字电路有哪些特点？

（2）逻辑函数的表示方法有哪些？它们之间有什么关系？

（3）最简与一或式的标准是什么？化简逻辑函数有什么实际意义？

（4）比较逻辑函数的代数法化简和卡诺图化简有什么不同？

学习任务 4.2　集成逻辑门电路的应用

知 识 学 习

4.2.1　三极管的开关特性

三极管在数字电路中是作为一个开关来使用的，主要工作在饱和区和截止区，不允许工作在放大区。放大区只是三极管在导通状态和截止状态相互转换时的一个过渡区。下面讨论三极管的开关特性。

一、静态开关特性

这里用 NPN 型硅三极管构成的共发射极开关电路来分析三极管的静态开关特性。图 4-14 所示为开关电路及三极管的输出特性曲线。

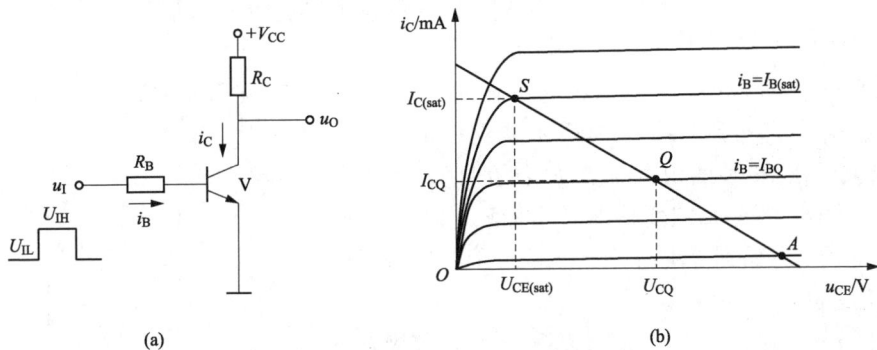

图 4-14　三极管的开关特性

(a) 共发射极电路；(b) 输出特性曲线

1. 截止条件

当输入 u_I 为低电平 $U_{IL}=0.3V$ 时，三极管的 u_{BE} 小于其门限电压 $U_{TH}\approx0.5V$，故三极管截止，此时 $i_B\approx0$，$i_C=I_{CEO}\approx0$，输出 $u_O=U_{OH}\approx V_{CC}$，工作在输出特性图 4-14 (a) 的 A 点下面。因此，三极管的可靠截止条件为

$$u_{BE} \leqslant 0 \tag{4-9}$$

三极管截止时，E、B、C 三个电极可视为互相开路，如图 4-15 (a) 所示。

2. 饱和条件

当输入 u_I 为高电平 U_{IH}，且使三极管工作在图 4-14 (b) 所示的 S 点上，即工作在临界饱和状态。此时，基极电流 i_B 称为临界饱和基极电流 $I_{B(sat)}$，对应的 i_C 称为临界饱和集电极电流 $I_{C(sat)}$，$u_{BE}\approx0.7V$，输出电压 $u_O=U_{OL}=U_{CE(sat)}$，$U_{CE(sat)}$ 为临界饱和集电极电压，其值约 $0.1\sim0.3V$，放大区的电流分配关系仍然适用。如三极管的电流放大倍数为 β，可得 $I_{B(sat)}$ 为

$$I_{B(sat)} = \frac{I_{C(sat)}}{\beta} \tag{4-10}$$

由图 4-14 (a) 可知

$$I_{C(sat)} = \frac{V_{CC} - U_{CE(sat)}}{R_C} \approx \frac{V_{CC}}{R_C} \tag{4-11}$$

则

$$I_{B(sat)} \approx \frac{V_{CC}}{\beta R_C} \tag{4-12}$$

只要实际注入基极电流 i_B 大于临界饱和基极电流 $I_{B(sat)}$，则三极管便工作在饱和状态。因此，三极管的饱和条件为

$$i_B > I_{B(sat)} \approx \frac{V_{CC}}{\beta R_C} \tag{4-13}$$

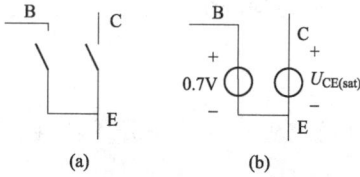

图 4-15　三极管的开关等效电路
（a）截止状态；（b）饱和状态

三极管工作在饱和状态时，E、B、C 三个电极可视为互相连通，如图 4-15（b）所示。

二、动态开关特性

当在图 4-14（a）所示开关电路中输入理想脉冲波形时，三极管的截止状态与饱和状态间的相互转换需要一定的时间，其集电极电流 i_C 和输出电压 u_O 的变化如图 4-16 所示。

设输入 $u_I = -U_R$ 时，三极管截止；输入 $u_I = U_F$ 时，三极管饱和导通。当时间 $t = t_1$ 时，输入 u_I 由 $-U_R$ 跃到 U_F，三极管不能立即进入饱和状态，其基区存储电荷的积累需要一定的时间，故集电极电流 i_C 和输出电压 u_O 的变化滞后于输入电压 u_I。通常把从 u_I 正跃变开始到 i_C 上升到 $0.9I_{C(sat)}$ 所需的时间称为开通时间，用 t_{on} 表示。

当时间 $t = t_2$ 时，输入 u_I 由 U_F 跃到 $-U_R$，三极管不能立即进入截止状态，其基区存储电荷的消散也需要一定的时间。因此，i_C 和 u_O 的变化也滞后于 u_I。通常把从 u_I 负跃变开始到 i_C 下降到 $0.1I_{C(sat)}$ 所需的时间称为关闭时间，用 t_{off} 表示。

由以上分析可知，三极管开关时间的存在影响了它的开关速度。通常关断时间 t_{off} 比开通时间 t_{on} 要大得多，因此要提高三极管的开关速度，就必须降低三极管的饱和深度，加速基区存储电荷的消散。

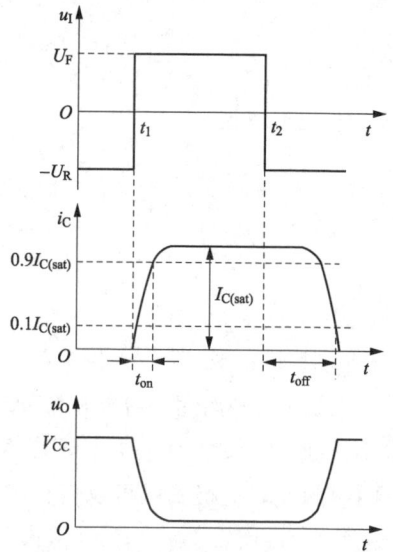

图 4-16　三极管动态的开关特性

三、抗饱和三极管

抗饱和三极管可以使三极管工作在浅饱和状态，减少存储电荷的消散时间，提高电路的开关速度。

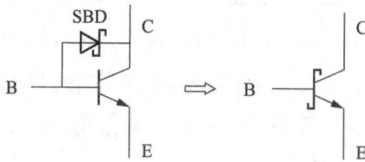

图 4-17　抗饱和三极管连接方式及符号

在普通三极管的基极、集电极之间并接一个肖特基势垒二极管（SBD）就构成了抗饱和三极管，如图 4-17 所示。SBD 的开启电压为 0.3V，正向压降约为 0.4V，无电荷存储效应。当三极管进入饱和状态时，SBD 使三极管的 B、C 间的电压被钳制在 0.4V 上，并分流部分基极电流，从而使三极管工作在浅饱和状态。

4.2.2　TTL 集成逻辑门电路

一、TTL 与非门电路

1. 电路结构

图 4-18 所示为 CT74S 肖特基系列 TTL 与非门电路和逻辑符号，是由输入级、中间级和输出级三部分组成的。

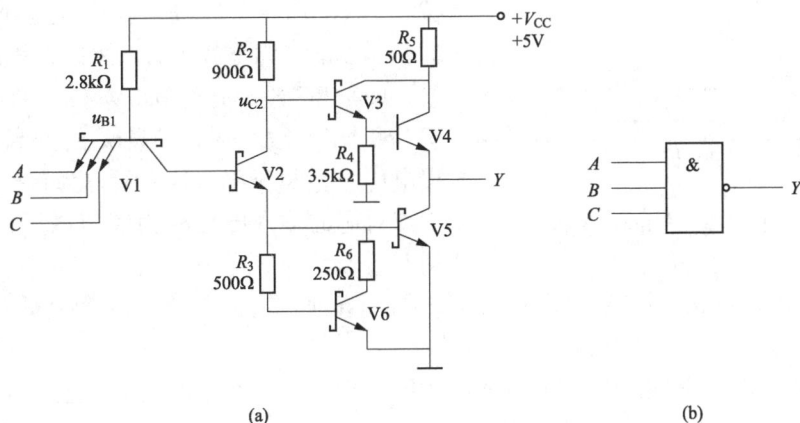

图 4-18　74S 系列与非门逻辑图与逻辑符号
(a) 逻辑电路图；(b) 逻辑符号

输入级由多发射极管 V1 和电阻 R_1 组成，其作用是对输入变量 A、B、C 实现逻辑与。中间级由 V2、R_2 和 V6、R_3、R_6 组成，V2 的集电极和发射极输出两个相位相反的信号，作为 V3 和 V5 的驱动信号。输出级是由 V3、V4、V5 和 R_4、R_5 组成的推拉式电路。

电路中因三极管 V4 不会工作到饱和状态，不需要采用抗饱和三极管，其他均为抗饱和三极管。还有 V6、R_3、R_6 组成有源泄放电路，提高了 V5 的开关速度。因此，CT74S 系列门电路的开关速度很高。

2. 工作原理

（1）输入全为高电平。当输入 A、B、C 均为高电平，即 $U_{IH} = 3.6\text{V}$ 时，电源 V_{CC} 经 R_1 和 V1 的集电极向 V2 的基极提供足够的基极电流，使 V2、V5 饱和导通。而 V2 的集电极 u_{C2} 可以使 V3 导通，但它不能使 V4 导通。因此输出为低电平，即

$$U_O = U_{OL} = U_{CE(sat)5} \approx 0.3(\text{V})$$

（2）输入至少有一个为低电平。当输入至少有一个（如 A 端）为低电平，即 $U_{IL} = 0.3\text{V}$ 时，V1 与 A 端连接的发射极正向导通，V1 基极电压 u_{B1} 使 V2、V5 均截止，而 V2 的集电极电压 u_{C2} 足以使 V3、V4 导通。因此输出为高电平，即

$$U_O = U_{OH} \approx V_{CC} - U_{BE3} - U_{BE4} = 5 - 0.7 - 0.7 = 3.6(\text{V})$$

综上所述，当输入全为高电平时，输出为低电平，这时 V5 饱和，电路处于开门状态；当输入端至少有一个为低电平时，输出为高电平，这时 V5 截止，电路处于关门状态。即输入全为 1 时，输出为 0；输入有 0 时，输出为 1。由此可见，电路的输出与输入之间满足与非逻辑关系，即

$$Y = \overline{ABC} \tag{4-14}$$

3. 电压传输特性

门电路的输出电压 u_O 随输入电压 u_I 变化的特性曲线称为电压传输特性。图 4-19 所示为 CT74S 系列 TTL 与非门的电压传输特性。

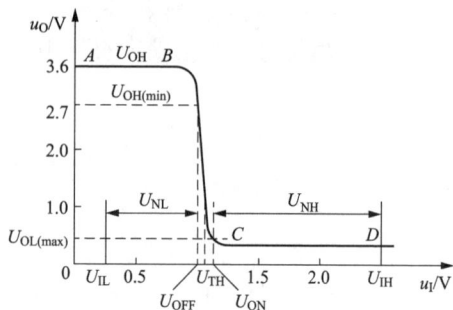

图 4-19 TTL 与非门电压传输特性

(1) AB 段。此时 $0V < u_I < 0.8V$，V2 和 V5 截止，V3 和 V4 导通，输出为高电平 $U_{OH} = 3.6V$。此段 V5 是截止的，故称为截止区。

(2) BC 段。此时 $0.8V < u_I < 1.1V$，V2 和 V5 同时工作放大区，随着 u_I 的升高，会引起输出电压 u_O 急剧下降。这一段称为转折区。转折区中点对应的输入电压称为阈值电压或门槛电压，用 U_{TH} 表示。

(3) CD 段。当 $u_I > 1.1V$ 时，V2 和 V5 饱和导通，输出电压 u_O 为低电平 $U_{OL} = 0.3V$，并保持不变。这一段称为饱和区。

综上所述，由于 V2 和 V5 同时进入放大区工作，使电路能迅速由截止转为饱和，过渡区很窄，因此 CT74S 系列开关特性很好。在近似分析时，可以认为：当 $u_I < U_{TH}$ 时，与非门工作在关门状态，输出为高电平；当 $u_I > U_{TH}$ 时，与非门工作在开门状态，输出为低电平。

4. 主要参数

(1) 开门电平 U_{ON}。与输出低电平上限值 U_{OLmax} 所对应的输入高电平下限值，称为开门电平，用 U_{ON} 表示，如图 4-19 所示。当 $u_I > U_{ON}$ 时，与非门才开通，输出低电平。对于 TTL 与非门，U_{ON} 在 1.4~1.8V 之间。

(2) 关门电平 U_{OFF}。与输出高电平下限值 U_{OHmin} 所对应的输入低电平上限值，称为关门电平，用 U_{OFF} 表示，如图 4-19 所示。当 $u_I < U_{OFF}$ 时，与非门才关闭，输出高电平。对于 TTL 与非门，U_{OFF} 在 0.8~1.0V 之间。

(3) 噪声容限。噪声容限是指在不影响电路正常逻辑功能的前提下，允许在输入信号上所叠加的噪声电压值。

1) 输入高电平噪声容限 U_{NH}。U_{NH} 指输出为低电平时，允许在输入高电平上叠加的最大噪声电压，即

$$U_{NH} = U_{IH} - U_{ON}$$

U_{NH} 值越大，说明与非门输入高电平时抗干扰能力越强。

2) 输入低电平噪声容限 U_{NL}。U_{NL} 指输出为高电平时，允许在输入低电平上叠加的正向噪声电压，即

$$U_{NL} = U_{OFF} - U_{IL}$$

U_{NL} 值越大，说明与非门输入低电平时抗干扰能力越强。

(4) 开门电阻和关门电阻。

1) 关门电阻。当输入端电阻 R_I 的值增大使得输入端电压上升到关门电平时，所对应的电阻值称为关门电阻，记作 R_{OFF}。典型 TTL 门电路关门电阻 R_{OFF} 约为 700Ω。

2) 开门电阻。当输入端电阻 R_I 的值增大使得输入端电压上升到开门电平时，所对应的

电阻值称为开门电阻，记作 R_{ON}。典型 TTL 门电路开门电阻 R_{ON} 约为 2.1kΩ。

可见，当 $R_I < R_{OFF}$ 时，相应输入端相当于输入逻辑低电平。当 $R_I > R_{ON}$ 时，相应输入端相当于输入逻辑高电平。当输入端悬空时，就相当于输入高电平。

（5）输出高电平电流 I_{OH} 和输出低电平电流 I_{OL}。

与非门输出高电平时，自输出端流出的电流称为输出高电平电流，也称为拉电流。

与非门输出低电平时，自输出端流入的电流称为输出低电平电流，也称为灌电流。

（6）输入高电平电流 I_{IH} 和输入低电平电流 I_{IL}。

将某一输入端接高电平，而其余输入端接地时，从这一输入端流进与非门的电流称为输入高电平电流。由于高电平电流是自前级与非门流出的拉电流负载，因此希望 I_{IH} 尽量小些。

当某一输入端接低电平，而其余输入端悬空时，从这一输入端流出与非门的电流称为输入低电平电流。由于低电平电流是自前级与非门流入的灌电流负载，I_{IL} 应尽量小些。

（7）扇出系数 N_O。扇出系数是指与非门的输出允许带同类门的最大数目，它表示带负载能力。

（8）平均传输延迟时间 t_{pd}。在与非门输入端加一矩形脉冲，则输出波形对于输入波形在时间上将产生一定的延迟，t_{pd} 就是反映这个延迟时间大小的一个参数，同时也反映了与非门的开关速度。t_{pd} 越小，开关速度越快。

（9）功耗—延迟积。功耗—延迟积是指门电路的静态功耗 P_o 和平均传输延时时间 t_{pd} 的乘积，用 M 表示为

$$M = P_o t_{pd} \qquad\qquad (4-15)$$

M 又称为品质因数，其值越小，说明电路的综合性能越好。

二、集电极开路门

1. 电路结构

集电极开路与非门的电路和逻辑符号如图 4-20 所示。V3 的集电极是开路的，称为集电极开路（Open Collector）门电路，简称 OC 门。OC 门工作时必须在输出端 Y 和电源 V_{CC} 之间一个上拉负载电阻 R_L，电路才能实现与非逻辑，其逻辑表达式为

$$Y = \overline{ABC}$$

2. OC 门的线与功能

在图 4-21 所示中，两个 OC 与非门输出端相连后经电阻 R_L 接电源 V_{CC}，只要有一个 OC 门输出（Y_1 或 Y_2）是低电平，输出 Y 就是低电平；只有当两个 OC 门输出都是高电平时，Y 才是高电平。这种不用与门而完成的与运算称为线与逻辑。输出 Y 的逻辑关系式为

$$Y = \overline{AB} \cdot \overline{CD} = \overline{AB + CD} \qquad\qquad (4-16)$$

由式（4-16）可见，两个或多个 OC 与非门线与后可用来实现与或非逻辑功能。

三、三态输出门

三态输出（Tristate Logic）门简称 TSL 门，它不仅可以输出高电平和低电平两个状态，还可输出第三种状态——高阻状态。

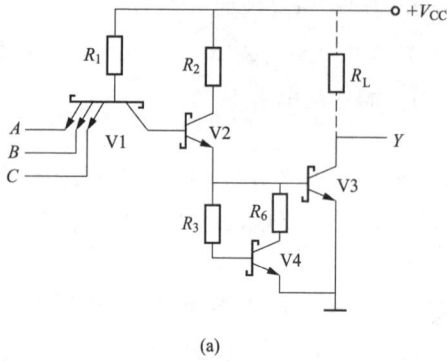

图 4-20　集电极开路与非门
(a) 电路图；(b) 逻辑符号

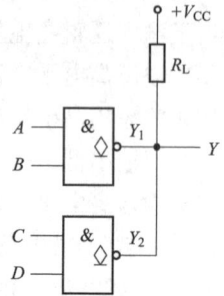

图 4-21　OC 门线与逻辑

1. 电路结构和工作原理

三态输出与非门的电路结构和逻辑符号如图 4-22 (a)、(b) 所示。A、B 为输入端，$\overline{EN}$ 为使能端或控制端，Y 为输出端。

当 $\overline{EN}=0$ 时，非门输出 P=1，二极管 VD 截止，输出 $Y=\overline{AB}$。这时，称 $\overline{EN}$ 低电平有效。当 $\overline{EN}=1$ 时，非门输出 P=0，即 $u_P=0.3V$，V1 处于正向工作状态，使 V2、V5 截止，同时，VD 使 V3 基极电位钳制在 1V 左右，致使 V4 也截止。这样 V4、V5 都截止，输出端呈现高阻状态。

如将图 4-22 (a) 中的非门去掉，则使能端 EN 高电平有效，这时的电路符号如图 4-22 (c) 所示。当 $EN=1$ 时，输出 $Y=\overline{AB}$；当 $EN=0$ 时，输出呈高阻态。

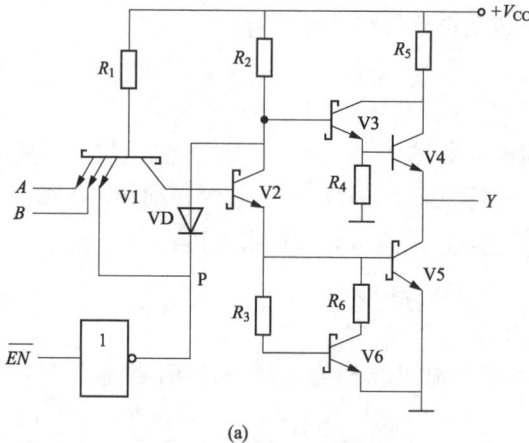

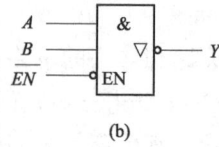

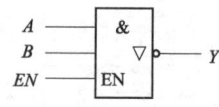

图 4-22　三态输出与非门及其逻辑符号
(a) 电路；(b) 低电平有效逻辑符号；(c) 高电平有效逻辑符号

2. 三态输出门的应用

由三态输出门构成的单向传输数据的总线电路如图 4-23 (a) 所示。这个单向总线是分时传送的，即在同一时刻只能有一个门工作，如当 $EN_1=1$ 时，EN_2、EN_3 必须要为低电平 0，这时输入信号 A_1B_1 以与非关系送到总线上，而其他三态输出门呈现高阻态。

图 4-23 所示（b）为三态输出门构成的双向总线。当 $EN=1$ 时，数据 $\overline{D}_1$ 传送到总线上，当 $EN=0$ 时，数据 $\overline{D}_2$ 由总线读入，实现了数据的分时双向传送。

四、TTL 数字集成电路系列

TTL 数字集成电路分为 54 系列和 74 系列两大类，二者具有完全相同的电路结构和电气性能参数。所不同的是 54 系列集成电路适合于温度条件恶劣、供电电源变化大的环境工作，常用于军品，74 系列集成电路则适合在常规条件下工作，常用于民品。

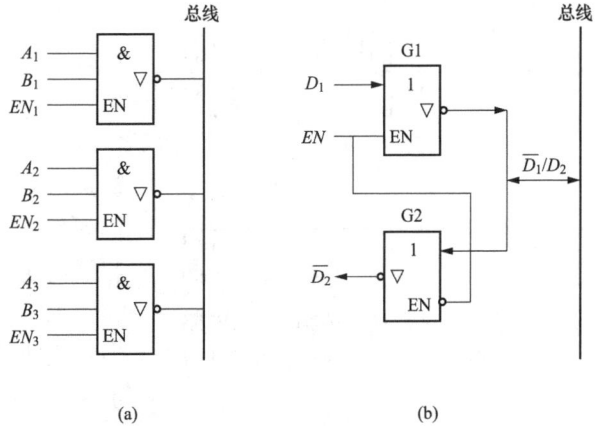

图 4-23　三态门用于总线传输

（a）单向传输；（b）双向传输

我国常用 CT74 系列数字集成电路的型号见表 4-13。74 标准系列为早期产品，为提高工作速度相继研制和生产了 74H 高速系列和 74S 肖特基系列；为了减小功耗，出现了 74L 低功耗系列。为了满足工作速度高、平均功耗低的要求，又出现了 74LS 低功耗肖特基系列、74AS 先进肖特基系列、74ALS 先进低功耗肖特基系列以及 74FS 快速肖特基系列。

表 4-13　　　　　　　　　　　　TTL 器件型号组成的符号及意义

第 1 部分		第 2 部分		第 3 部分		第 4 部分		第 5 部分	
型号前级		工作温度符号范围		器件系列		器件品种		封装形式	
符号	意义	符号	意义	符号	意义	符号	意义	符号	意义
CT	中国制造的 TTL 类	54	−55～+125℃	H	标准	阿拉伯数字	器件功能	W	陶瓷扁平
				S	高速			B	封装扁平
				L	肖特基			F	全密封扁平
				LS	低功耗			D	陶瓷双列直播
				AS	低功能肖特基			P	塑料双列直播
		74	0～+70℃	ALS	先进肖特基			J	黑陶瓷双列直播
					先进低功能				
					肖特基				
				FAS	快速肖特基				

在实际使用中，通常选用功耗—延迟积小的集成门电路，74LS 系列功耗—延迟积很小，是一种性能优良的 TTL 集成电路，其生产量大，品种多，价格便宜，是目前 TTL 数字集成电路的主要产品。

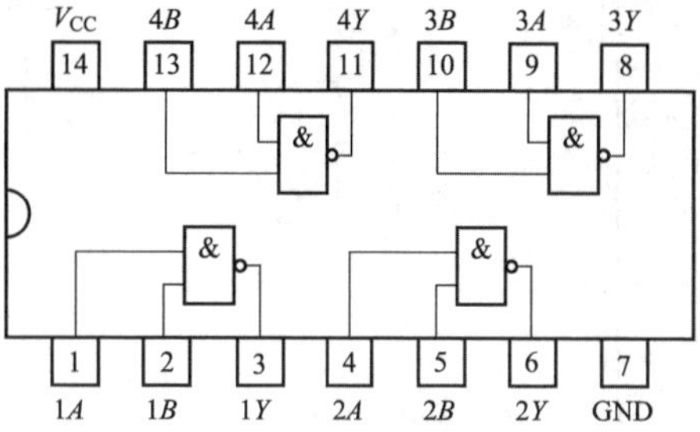

图 4-24　7400/74H00/74L00/74S00/
74LS00/74AS00/74ALS00 引脚排列图

在不同系列的 TTL 数字集成电路中，若器件型号后面几位数字相同时，通常它们的逻辑功能、外形尺寸、引线排列都相同。7400、74H00、74L00、74S00、74LS00、74AS00 和 74ALS00 等都是四 2 输入与非门，有相同的引脚排列，引脚排列如图 4-24 所示，所不同的是它们的工作速度和平均功耗不同。

五、TTL 集成门电路使用注意事项

在使用 TTL 集成门电路时，应注意以下事项：

(1) 电源电压及电源干扰的消除。TTL 门电路采用 +5V 电源。为了防止干扰，一般要在电源和地之间接入滤波电容。

(2) 输出端的连接。普通 TTL 门电路的输出端不允许直接并联使用。输出端不允许直接接电源或地。三态输出门的输出端可以并联使用，但必须分时工作。集电极开路门输出端可并联使用，但公共输出端要接上拉电阻 R_L 到电源 V_{CC}。

(3) TTL 电路闲置输入端的处理。与门和与非门闲置输入端处理有三种方法：①接电源 +5V；②与使用端并联，但并联时对信号的驱动电流要求增加了；③悬空，但悬空在高频工作条件下易引入干扰。或门和或非门闲置输入端处理有两种方法：①接地；②与使用端并联。

(4) 负载的使用。因 TTL 门灌电流能力较强，如果用 TTL 门驱动较大负载时，应选用灌电流方式，而不宜采用拉电流方式。

(5) 输入电阻的选择。在 TTL 电路的应用中，有时需要在门的输入端连接电阻 R。根据实验得知，$R = 2 \sim 10k\Omega$ 时，相当于输入悬空；当 $R = 0 \sim 0.7k\Omega$ 时，相当于输入接地。

(6) 操作时应注意的问题。严禁带电操作，应在电路切断电源的时候，拔插集成电路，否则容易引起集成电路的损坏。

知识拓展

CMOS 集成门电路

CMOS 集成门电路是互补 MOS 场效应管电路的简称。它是由增强型 PMOS 管和增强型 NMOS 管组成的互补对称 MOS 门电路。国产 CMOS 集成电路主要有 CC4000 系列和高速系列。高速系列主要有 CC54HC/CC74HC、CC54HCT/CC74HCT 两个子系列。与 TTL 数字集成电路相比，CMOS 电路突出优点是微功耗和高抗干扰能力，特别适应于中、大规模集成电路。

用 PMOS 和 NMOS 可以构成 CMOS 非门、与非门、或非门、漏极开路门（OD 门）和三态输出门等，与 TTL 集成门电路的逻辑功能相同。此外，还可以构成 CMOS 传输门和模拟开关。

在实际使用中，CMOS 电路的闲置输入端不允许悬空。对于与门和与非门闲置输入端接正电源或高电平；对或门和或非门闲置输入端接地或低电平。电路的输出不允许接正电源或地，而且不同芯片的输出端不能并接。

技 能 训 练

集成逻辑门电路的功能测试

一、测试目的

（1）能够正确使用数字电路实验装置。

（2）学会集成与非门电路的使用。

（3）学会用与非门构成其他逻辑门电路。

二、仪表设备及元器件

（1）仪器设备：数字实验装置，1台；数字万用表，1块。

（2）元器件：74LS00 四2输入与非门，1块。74LS00 引脚排列见图4-24。

三、测试内容

1. 与非门功能测试

在实验箱上插接好 74LS00 与非门集成电路，把 A、B 输入端分别接逻辑开关 S1、S2，输出 Y 接发光二极管 LED，电路接线如图4-25所示。验证与门逻辑功能，由逻辑开关输入 A、B（0，1）信号，观察输出结果，LED 亮为1，不亮为0，并填入表4-14。

表 4-14　　与非门逻辑功能表

输入		输出
A（S1）	B（S2）	$Y = \overline{AB}$
0	0	
0	1	
1	0	
1	1	

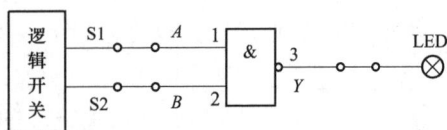

图4-25　74LS00 与非门电路接线图

2. 与门、或门和非门功能测试

用 74LS00 与非门连接成与门、或门和非门电路，如图4-26所示，测试各门电路功能，填入表4-15。

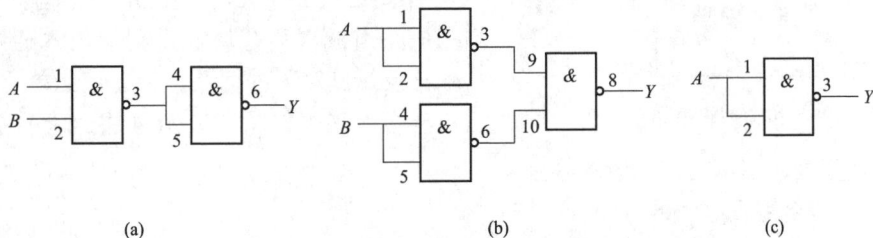

图4-26　用与非门电路构成的与门、或门和非门

(a) 与门；(b) 或门；(c) 非门

表 4 - 15 门 电 路 逻 辑 功 能 表

输入		输出		
		与门	或门	非门
A（S1）	B（S2）	$Y=AB$	$Y=A+B$	$Y=\overline{A}$
0	0			
0	1			
1	0			
1	1			

四、测试要求

（1）整理实验表格和测试结果。

（2）总结集成逻辑门的使用方法，撰写测试报告。

思考题

（1）三极管为什么能作开关使用？采取什么措施可以提高三极管的开关速度？

（2）如何用与非门构成与门、或门和非门？

（3）OC门的逻辑功能是什么？它有什么用途？

（4）三态门的逻辑功能是什么？它有什么用途？

（5）TTL集成逻辑门电路的多余输入端应如何处理？

学习任务 4.3 组合逻辑电路的分析与设计

知 识 学 习

所谓组合逻辑电路是指电路在任一时刻的输出状态只与同一时刻各输入状态的组合有

图 4 - 27 组合逻辑电路示意图

关，而与前一时刻的输出状态无关。组合电路的示意图如图 4 - 27 所示。它在电路结构上只能由逻辑门电路组成，只有从输入到输出的通路，没有从输出反馈到输入的回路，没有记忆单元。

组合电路逻辑功能表示方法通常有逻辑函数表达式、真值表、逻辑图、卡诺图等。

4.3.1 组合逻辑电路的分析

一、分析方法

组合逻辑电路的分析方法就是根据已知的逻辑图，确定其逻辑功能的步骤，即求出描述该电路的逻辑功能的函数表达式或者真值表的过程。主要分析步骤如下：

（1）根据已知的逻辑图，从输入到输出逐级写出逻辑函数表达式，必要时可利用公式法或卡诺图法简化逻辑函数表达式；

（2）列出逻辑函数的真值表；

（3）根据真值表确定该组合逻辑电路的逻辑功能。

二、分析举例

【例 4 - 13】　已知逻辑电路如图 4 - 28 所示，试分析其逻辑功能。

解：（1）根据逻辑图写出逻辑表达式，由前级到后级写出各个门的输出函数。

$$Y_1 = \overline{AB}; Y_2 = \overline{BC}; Y_3 = \overline{AC}$$

$$Y = \overline{Y_1 \cdot Y_2 \cdot Y_3} = \overline{\overline{AB} \cdot \overline{BC} \cdot \overline{AC}} = AB + BC + AC$$

（2）列出逻辑函数的真值表，将输入 A、B、C 取值的各种组合代入输出表达式，求出输出 Y 的值，可列出表 4 - 16 所示真值表。

（3）分析逻辑功能。由真值表可见，在输入 A、B、C 三个变量中，当由 2 个或 2 个以上输入 1 时，输出 Y 为 1，否则为 0。因此，这是一个三变量多数表决电路。

表 4 - 16　　[例 4 - 13] 真值表

输入			输出
A	B	C	Y
0	0	0	0
0	0	1	0
0	1	0	0
0	1	1	1
1	0	0	0
1	0	1	1
1	1	0	1
1	1	1	1

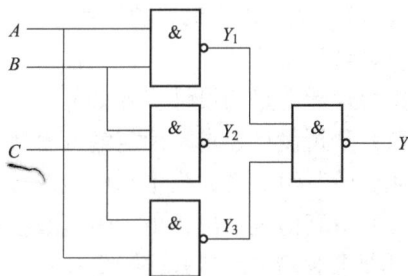

图 4 - 28　　[例 4 - 13] 图

【例 4 - 14】　　分析图 4 - 29 所示电路的逻辑功能。

解：（1）根据逻辑图写出逻辑表达式为

$$Y_1 = A_i \oplus B_i = \overline{A_i} B_i + A_i \overline{B_i}$$

$$S_i = Y_1 \oplus C_{i-1}$$

$$= \overline{(A_i \overline{B_i} + \overline{A_i} B_i)} C_{i-1} + (\overline{A_i} B_i + A_i \overline{B_i}) \overline{C_{i-1}}$$

$$= \overline{A_i} \overline{B_i} C_{i-1} + A_i B_i C_{i-1} + \overline{A_i} B_i \overline{C_{i-1}} + A_i \overline{B_i} \overline{C_{i-1}}$$

$$Y_2 = Y_1 C_{i-1} = (\overline{A_i} B_i + A_i \overline{B_i}) C_{i-1}$$

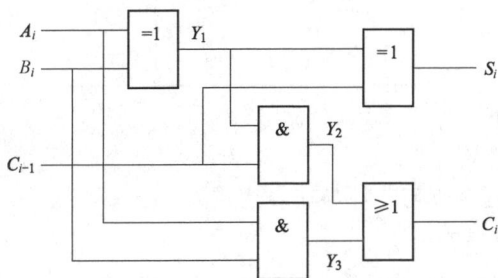

图 4 - 29　　[例 4 - 14] 图

$$Y_3 = A_i B_i$$

$$C_i = Y_2 + Y_3$$

$$= (\overline{A_i} B_i + A_i \overline{B_i}) C_{i-1} + A_i B_i$$

$$= \overline{A_i} B_i C_{i-1} + A_i \overline{B_i} C_{i-1} + A_i B_i$$

（2）列出输出逻辑函数的真值表，见表 4 - 17。

（3）分析逻辑功能。由真值表可看出这是两个一位二进制的加法电路。A_i 为被加数，B_i 为加数，C_{i-1} 为低位向本位的进位位。S_i 为三位相加的和数，C_i是本位向高位的进位位，该电路又称为全加器。图 4-30 是全加器的逻辑符号。"Σ"表示加法运算，CI 为低位进位输入，CO 为本位进位输出。

表 4-17　　　　　全加器真值表

输入			输出	
A_i	B_i	C_{i-1}	S_i	C_i
0	0	0	0	0
0	0	1	1	0
0	1	0	1	0
0	1	1	0	1
1	0	0	1	0
1	0	1	0	1
1	1	0	0	1
1	1	1	1	1

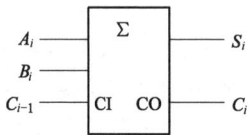

图 4-30　全加器逻辑符号

4.3.2　组合逻辑电路的设计

一、设计方法

组合逻辑电路的设计步骤如下：

（1）分析设计要求，确定输入变量和输出变量，并给予逻辑赋值，根据电路输入变量和输出函数的逻辑关系，列出真值表；

（2）由真值表写出输出逻辑函数表达式，利用公式法或卡诺图化简输出逻辑函数，并根据设计要求对输出表达式进行变换；

（3）根据化简后的逻辑函数表达式，画出符合要求的逻辑图。

二、设计举例

【例 4-15】　设计三变量表决电路，其中，A 具有否决权，用与非门实现。

解：（1）列出真值表。

设 A、B、C 分别代表参加表决的逻辑变量，Y 为表决结果。对各逻辑变量规定如下：A、B、C 为 1 表示赞成，为 0 表示反对。$Y=1$ 表示通过，$Y=0$ 表示被否决，则真值表见表 4-18。

（2）将输出函数化简后，变换为与非表达式。

表 4-18　　[例 4-15] 真值表

输入			输出
A	B	C	Y
0	0	0	0
0	0	1	0
0	1	0	0
0	1	1	0
1	0	0	0
1	0	1	1
1	1	0	1
1	1	1	1

用卡诺图化简输出函数，如图 4-31（a）所示，得到逻辑表达式为

$$Y = AB + AC$$

本题要求用与非门来实现，因此，要将上式变换成与非—与非表达式为

$$Y = \overline{\overline{AB + AC}} = \overline{\overline{AB} \cdot \overline{AC}}$$

（3）画出用与非门实现的电路逻辑图，如图 4-31（b）所示。

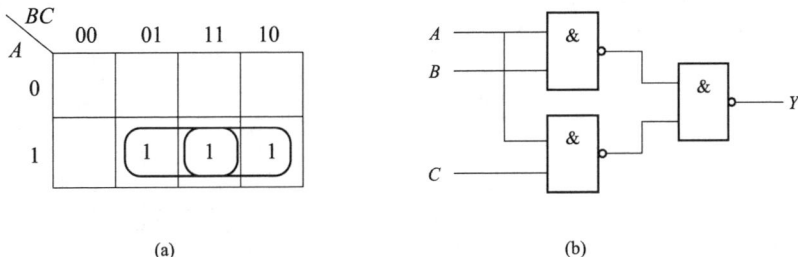

图 4 - 31 ［例 4 - 15］化简过程及逻辑图

(a) 卡诺图；(b) 逻辑电路图

表 4 - 19　半加器真值表

输入		输出	
A	B	S	C
0	0	0	0
0	1	1	0
1	0	1	0
1	1	0	1

【例 4 - 16】　设计一个一位二进制半加器。

解：(1) 列出真值表。半加器只考虑本位两个二位进制数相加，而不考虑来自低位的进位。设输入加数为 A，被加数为 B，输出和数为 S，进位数为 C。可列出真值表，见表 4 - 19。

(2) 由真值表写出逻辑表达式。将真值表中 S 和 C 为 1 的那些最小项加起来，就可以得到逻辑表达式

$$S = \bar{A}B + A\bar{B}; C = AB$$

该逻辑表达式已为最简式。

(3) 画出逻辑图。根据以上的逻辑表达式，画出逻辑图，如图 4 - 32 (a) 所示。图 4 - 32 (b) 所示为半加器的逻辑符号。

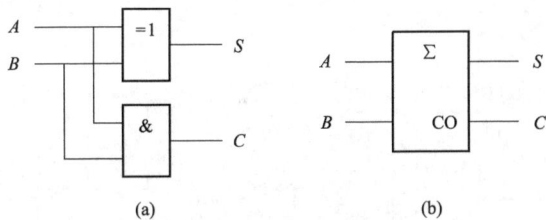

图 4 - 32 半加器

(a) 逻辑电路图；(b) 逻辑符号

【例 4 - 17】　设计一个能比较两个一位数大小的数值比较器。

解：(1) 列出真值表。

两个数 A 和 B 进行比较，其结果有三种：$A>B$、$A<B$ 及 $A=B$。把 A、B 作为输入，三种比较结果分别作为输出 $Y_{A>B}$、$Y_{A<B}$ 和 $Y_{A=B}$，可列出比较器的真值表，见表 4 - 20。

(2) 由真值表写出逻辑表达式

$$Y_{A>B} = A\bar{B}; Y_{A<B} = \bar{A}B; Y_{A=B} = \bar{A}\bar{B} + AB = \overline{A\bar{B} + \bar{A}B}$$

(3) 根据以上的逻辑表达式，画出逻辑图，如图 4 - 33 所示。

表 4-20	数值比较器真值表			
输入		输出		
A	B	$Y_{A>B}$	$Y_{A<B}$	$Y_{A=B}$
0	0	0	0	1
0	1	0	1	0
1	0	1	0	0
1	1	0	0	1

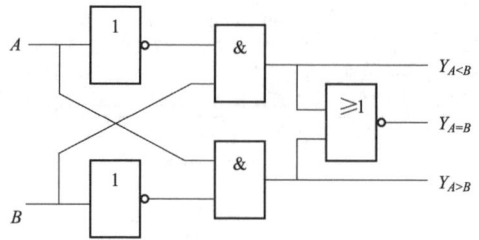

图 4-33　数值比较器的逻辑图

技能训练

1　组合逻辑电路的仿真分析

一、训练目的

(1) 学会用 Mulitsim 软件创建组合逻辑电路，以及测试逻辑电路的功能。

(2) 学会字信号发生器和逻辑转换仪的使用。

二、训练内容

1. 三人表决电路的仿真分析

(1) 创建三人表决电路。在基本器件库█中 SWITCH 族中选择拨码开关 DSWPK_3，在 TTL 器件库█中 74LS 族中选择集成电路芯片 74LS00N 和 74LS20N，在指示器件库█中 PROBE 族中选择探针 PROBE_BLUE，搭建图 4-34 所示的三人表决仿真电路（仿真电路中的门电路图形符号与国标符号对照见附录 2）。

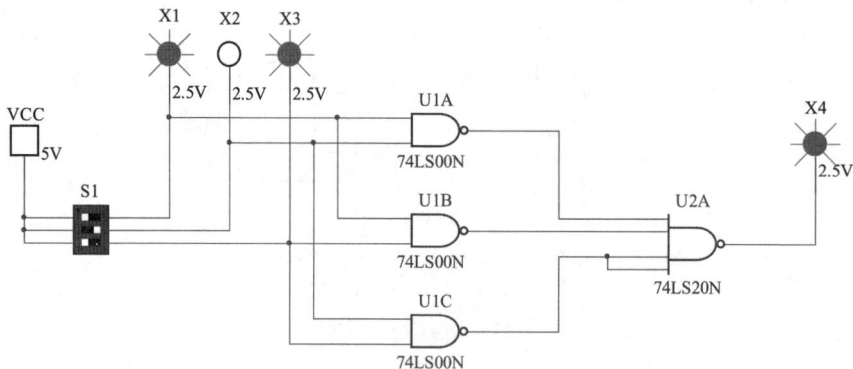

图 4-34　三人表决电路的仿真电路图

(2) 验证电路逻辑功能。用拨码开关 S1 分别改变 3 个输入信号，通过 X1、X2、X3 和 X4 的亮灭观测电路输入信号和输出信号的状态。探针发光表示信号为 1，不发光表示信号为 0。

(3) 用逻辑转换仪测试电路真值表和表达式。单击仪表栏按钮█，在仿真工作区添加逻辑转换仪。逻辑转换仪图标有 9 个端子，其中左边 8 个端子用于连接电路的输入，右边的 1 个端子用于连接电路的输出。将逻辑转换仪的端子分别接三人表决电路的输入和输出端，如图 4 - 35（a）所示。用鼠标双击逻辑转换仪图表，进入逻辑分析仪面板，如图 4 - 35（b）所示。单击面板中 ▭ ▭ 按钮，在真值表区列出电路的真值表；单击 ▭ ▭ AB 按钮，可得到电路简化的逻辑表达式。

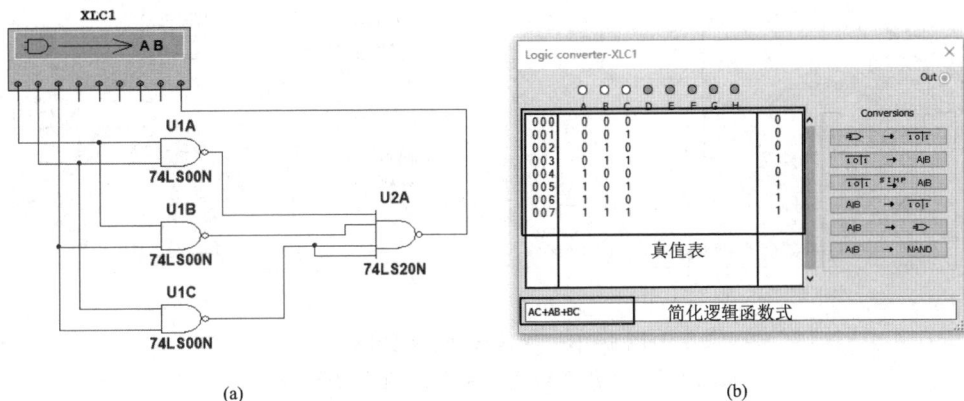

(a)

(b)

图 4 - 35　用逻辑分析仪测试三人表决电路

（a）测试电路；（b）逻辑分析仪面板图

2. 全加器电路的仿真分析

（1）创建全加器电路。在 TTL 器件库 ▣ 中 74LS 族中选择集成电路芯片 74LS86N、74LS08N 和 74LS32N，分别单击仪表栏按钮 ▦ 和 ▦，添加字信号发生器 XWG1 和逻辑分析仪 XLA1，搭建图 4 - 36 所示的全加器电路的仿真电路。

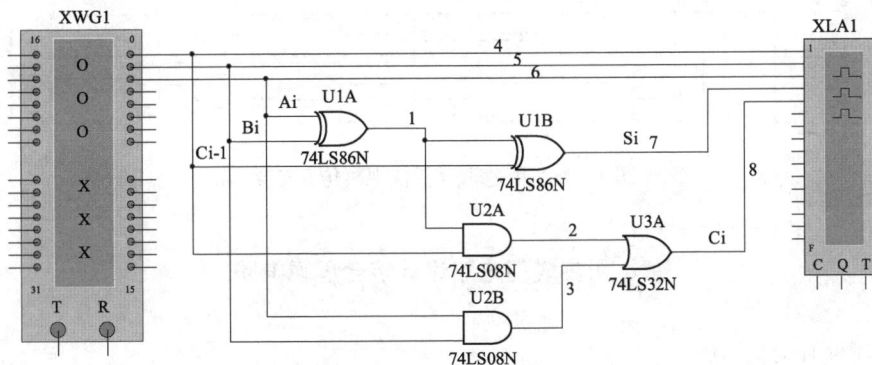

图 4 - 36　全加器电路的仿真电路图

（2）设置字信号发生器。双击字信号发生器 XWG1 图标，进入字信号发生器的控制面板 ［见图 4 - 37（a）］。单击 Control 区的 set 按钮，进入 Settings 对话框 ［见图 4 - 37（b）］，在 Pre - set Patterns 选中 Up Counter；在 Buffer Size 栏内设置缓存空间为 0008，在 Initial Patterns 栏内设置起始地址为 0000，按 OK 按钮，退回到 XWG1 的控制面板，将 Frequency 栏设置为 1kHz，单击 Cycle 按钮进行仿真，字信号发生输出 3 位数字信号，在 000～111 之间变化。

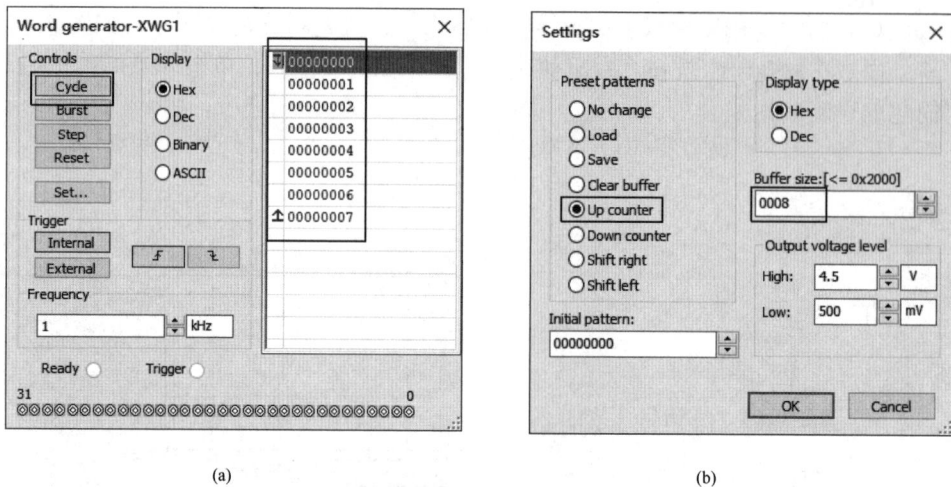

(a)　　　　　　　　　　　　　　　　　　　　(b)

图 4 - 37　字信号发生器的设置

(a) 字信号发生器面板；(b) 字信号发生器的设置对话框

（3）用逻辑分析仪观测输入信号和输出信号波形。双击逻辑分析仪图标 XLA1，打开控制面板，可观测仿真结果，如图 4 - 38 所示。在面板的 Clock 区选中 Set 按钮，在弹出的 Clock setup 对话框将时钟频率 Clock Rate 栏设置为 1kHz，单击 Accept 按钮回到控制面板。在图中，可观测到输入变量由 000 变化到 111 时，即图中两垂直光标之间的波形，和输出 S_i 和进位输出 C_i 变化与真值表相同。

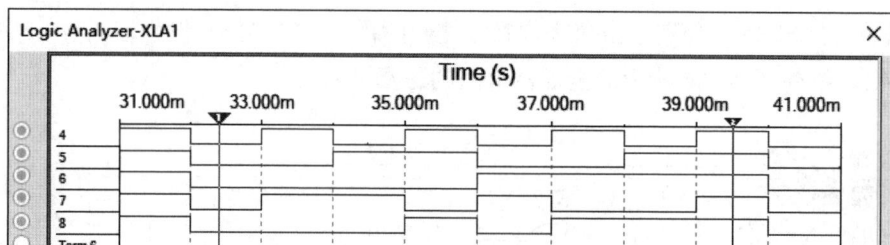

图 4 - 38　用逻辑分析仪观察仿真结果

2　用集成门电路设计组合逻辑电路

一、训练目的

（1）学习用门电路实现组合逻辑电路的设计方法。

（2）学会组合逻辑电路的连接及调试。

二、仪器及元器件

（1）仪器及设备：数字实验装置，1 台。

（2）元器件：74LS00 四 2 输入与非门，1 块；74LS20 二 4 输入与非门，1 块。

74LS00 和 74LS20 的引脚排列图如图 4 - 39 所示。

三、训练内容

1. 设计裁判电路

设计一个三人裁判电路，其中主裁判 1 人，裁判 2 人，主裁判有否决权。当有 2 个或 2

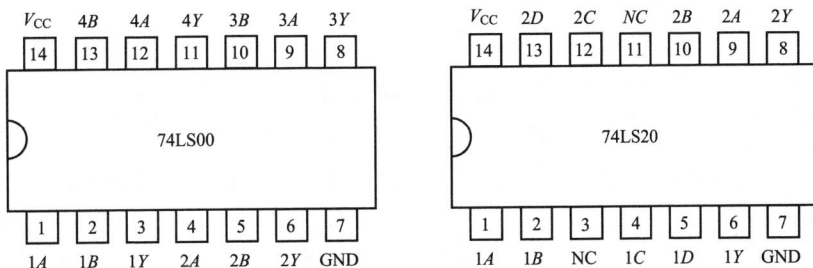

图 4-39　74LS00 和 74LS20 引脚排列图

个以上的裁判判决通过时，判决结果为同意，否则不同意。试用最少的与非门设计电路。

（1）设 3 个裁判分别用 A、B、C 表示，判决结果用 Y 表示。写出设计步骤，画出逻辑电路图。

（2）在数字实验装置上搭接电路，分别用发光二极管 LED 显示输入信号和输出信号。测试电路逻辑功能，将结果记入表 4-21。

2. 设计火灾报警系统

有一火灾报警系统，设有烟感、温感和紫外光感三种不同类型的火灾探测器，为了防止误报警，只有当其中两种或两种以上探测器发出探测信号时，报警系统才产生报警信号，试用最少的与非门设计该报警信号电路。

（1）设烟感、温感和紫外光感三种探测器分别用 A、B、C 表示，报警系统的输出用 Y 表示。写出设计步骤，画出逻辑电路图。

（2）在数字实验装置上搭接电路，分别用 LED 显示输入信号和输出信号。将测试结果记入表 4-22。

表 4-21　三人裁判电路真值表			
输入			输出
A	B	C	Y
0	0	0	
0	0	1	
0	1	0	
0	1	1	
1	0	0	
1	0	1	
1	1	0	
1	1	1	

表 4-22　报警系统真值表			
输入			输出
A	B	C	Y
0	0	0	
0	0	1	
0	1	0	
0	1	1	
1	0	0	
1	0	1	
1	1	0	
1	1	1	

3. 设计数字比较器

设计一个能比较两个一位数字大小的数字比较器，试用最简与非逻辑门设计该电路。

（1）写出设计步骤，画出逻辑电路图。

（2）在数字实验装置上搭接电路，用 LED 显示比较结果。将测试结果记入表 4-23。

表 4 - 23　　　　数字比较器真值表

输入		输出		
A	B	$Y_{A>B}$	$Y_{A<B}$	$Y_{A=B}$
0	0			
0	1			
1	0			
1	1			

四、训练要求

（1）写出设计过程，画出逻辑图和安装接线图。

（2）测试电路逻辑功能，记录测试结果，分析和排除测试中出现的问题。

（3）总结组合逻辑电路的设计方法，撰写测试报告。

思考题

（1）什么是组合逻辑电路？它在电路结构上有何特点？

（2）组合逻辑电路的一般分析方法和设计方法是什么？

（3）逻辑函数化简对组合逻辑电路设计有何意义？

学习任务 4.4　编码器和译码器的应用

知 识 学 习

4.4.1　编码器

用二进制代码表示特定对象的过程称之为编码，实现编码功能的逻辑电路称为编码器，常用的编码器有普通编码器和优先编码器等。

一、二进制编码器

普通编码器有二进制编码器和二—十进制编码器。二进制编码器是用 n 位二进制代码对 2^n 个信号编码的电路；二—十进制编码器是将 0～9 十个十进制数转换为二进制代码的电路。在普通编码器中，任何时刻只允许输入一个编码信号，否则输出将发生混乱。这里用 3 位二进制编码器来说明。

图 4 - 40 所示为 3 位二进制编码器功能示意。图中，I_0～I_7 为 8 个需要编码的输入信号，输出是 3 位二进制代码 Y_2、Y_1、Y_0。由于该编码器有 8 个输入端，3 个输出端，故称 8 线—3 线编码器。

表 4 - 24 列出了 3 位二进制编码器输出与输入的对应关系，输入信号为 1 表示对该输入进行编码。由表可知，编码器在任何时刻只能对一个输入信号进行编码，不允许有两个或两个以上的输入信号同时请求编码。这就是说，I_0、I_1、…、I_7 这 8 个编码信号是相互排斥的。

二、优先编码器

允许同时输入数个编码信号，而只对其中优先级别最高的信号进行编码，而不会对优先级别低的信号编码的电路称为优先编码器。在优先编码其中，优先级别高的编码信号排斥级别低的编码信号，而编码信号优先权的顺序完全是根据实际需要来确定的。

表 4 - 24　　　3 位二进制编码器的输入与输出的对应关系

输入								输出		
I_0	I_1	I_2	I_3	I_4	I_5	I_6	I_7	Y_2	Y_1	Y_0
1	0	0	0	0	0	0	0	0	0	0
0	1	0	0	0	0	0	0	0	0	1
0	0	1	0	0	0	0	0	0	1	0
0	0	0	1	0	0	0	0	0	1	1
0	0	0	0	1	0	0	0	1	0	0
0	0	0	0	0	1	0	0	1	0	1
0	0	0	0	0	0	1	0	1	1	0
0	0	0	0	0	0	0	1	1	1	1

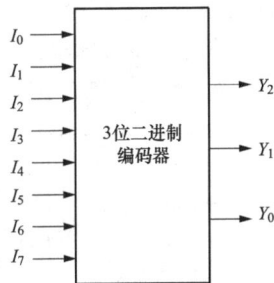

图 4 - 40　3 位二进制编码器功能示意图

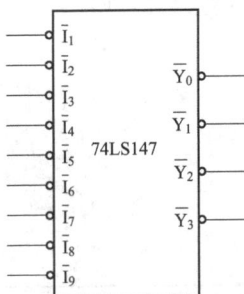

图 4 - 41 所示为二 — 十进制优先编码器 74LS147 的逻辑符号，又称为 10 线 — 4 线优先编码器。

表 4 - 25 所示为 74LS147 的真值表。当输入编码信号 $\bar{I}_9 \sim \bar{I}_1$ 为低电平 0 时，表示有编码请求；输入为高电平 1 时，表示无编码请求。在 $\bar{I}_9 \sim \bar{I}_1$ 中，$\bar{I}_9$ 优先级别最高，$\bar{I}_8$ 其余依此类推，$\bar{I}_1$ 的级别最低。即当 $\bar{I}_9 = 0$ 时，其余输入编码信号无论是 0 还是 1，电路只对 $\bar{I}_9$ 编码，输出反码 0110，其余类推。当 $\bar{I}_9 \sim \bar{I}_1$ 都为高电平 1 时，输出 $\bar{Y}_3 \bar{Y}_2 \bar{Y}_1 \bar{Y}_0 = 1111$，其原码为 0000，相当于输入 $\bar{I}_0$，对 $\bar{I}_0$ 进行了编码。

图 4 - 41　优先编码器 74LS147 逻辑符号

表 4 - 25　　　　10 线 — 4 线优先编码器 74LS147 的真值表

输入									输出			
$\bar{I}_1$	$\bar{I}_2$	$\bar{I}_3$	$\bar{I}_4$	$\bar{I}_5$	$\bar{I}_6$	$\bar{I}_7$	$\bar{I}_8$	$\bar{I}_9$	$\bar{Y}_3$	$\bar{Y}_2$	$\bar{Y}_1$	$\bar{Y}_0$
1	1	1	1	1	1	1	1	1	1	1	1	1
×	×	×	×	×	×	×	×	0	0	1	1	0
×	×	×	×	×	×	×	0	1	0	1	1	1
×	×	×	×	×	×	0	1	1	1	0	0	0
×	×	×	×	×	0	1	1	1	1	0	0	1
×	×	×	×	0	1	1	1	1	1	0	1	0
×	×	×	0	1	1	1	1	1	1	0	1	1
×	×	0	1	1	1	1	1	1	1	1	0	0
×	0	1	1	1	1	1	1	1	1	1	0	1
0	1	1	1	1	1	1	1	1	1	1	1	0

4.4.2　译码器

译码是编码的逆过程，是把表示一个特定信号或对象的二进制代码翻译出来。实现译码功能的电路称为译码器，其输入为二进制代码，输出为与输入代码对应的特定信息。常用的译码器有二进制译码器、二—十进制译码器和显示译码器等。

一、二进制译码器

1. 集成二进制译码器

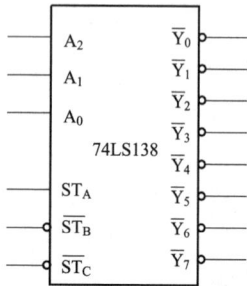

图 4-42　74LS138 的逻辑图

将输入二进制代码译成相应输出信号的电路，称为二进制译码器。集成译码器 74LS138 为 3 位二进制译码器，如图 4-42 所示逻辑图。它有 3 个代码输入端 A_2、A_1 和 A_0，8 个输出端 $\bar{Y}_0 \sim \bar{Y}_7$，低电平有效，因此也称为 3 线—8 线译码器。ST_A、$\overline{ST}_B$、$\overline{ST}_C$ 为 3 个使能端。

74LS138 逻辑功能表见表 4-26。当 $ST_A = 0$，或 $\overline{ST}_B + \overline{ST}_C = 1$ 时，译码器不工作，输出 $\bar{Y}_0 \sim \bar{Y}_7$ 都为高电平 1。当 $ST_A = 1$，且 $\overline{ST}_B + \overline{ST}_C = 0$ 时，译码器正常工作，输出低电平有效。此时译码器的输出 $\bar{Y}_0 \sim \bar{Y}_7$ 由输入二进制代码决定，即

$$\bar{Y}_0 = \overline{\bar{A}_2 \bar{A}_1 \bar{A}_0} = \bar{m}_0, \quad \bar{Y}_1 = \overline{\bar{A}_2 \bar{A}_1 A_0} = \bar{m}_1$$

$$\bar{Y}_2 = \overline{\bar{A}_2 A_1 \bar{A}_0} = \bar{m}_2, \quad \bar{Y}_3 = \overline{\bar{A}_2 A_1 A_0} = \bar{m}_3$$

$$\bar{Y}_4 = \overline{A_2 \bar{A}_1 \bar{A}_0} = \bar{m}_4, \quad \bar{Y}_5 = \overline{A_2 \bar{A}_1 A_0} = \bar{m}_5$$

$$\bar{Y}_6 = \overline{A_2 A_1 \bar{A}_0} = \bar{m}_6, \quad \bar{Y}_7 = \overline{A_2 A_1 A_0} = \bar{m}_7$$

表 4-26　　　　　　　　　　　　　　　74LS138 的真值表

输入						输出							
ST_A	$\overline{ST}_B$	$\overline{ST}_C$	A_2	A_1	A_0	$\bar{Y}_0$	$\bar{Y}_1$	$\bar{Y}_2$	$\bar{Y}_3$	$\bar{Y}_4$	$\bar{Y}_5$	$\bar{Y}_6$	$\bar{Y}_7$
$\times$	1	$\times$	$\times$	$\times$	$\times$	1	1	1	1	1	1	1	1
$\times$	$\times$	1	$\times$	$\times$	$\times$	1	1	1	1	1	1	1	1
0	$\times$	$\times$	$\times$	$\times$	$\times$	1	1	1	1	1	1	1	1
1	0	0	0	0	0	0	1	1	1	1	1	1	1
1	0	0	0	0	1	1	0	1	1	1	1	1	1
1	0	0	0	1	0	1	1	0	1	1	1	1	1
1	0	0	0	1	1	1	1	1	0	1	1	1	1
1	0	0	1	0	0	1	1	1	1	0	1	1	1
1	0	0	1	0	1	1	1	1	1	1	0	1	1
1	0	0	1	1	0	1	1	1	1	1	1	0	1
1	0	0	1	1	1	1	1	1	1	1	1	1	0

由此可见，3 位二进制译码器的输出为 3 位二进制代码变量的全部 8 个最小项，因此二进制译码器又称为全译码器。

2. 集成译码器的应用

（1）用译码器实现组合逻辑函数。由于二进制译码器的输出为输入地址变量的全部最小

项，而任何一个逻辑函数都可以变换为最小项之和的与或标准式，因此用译码器和门电路可以实现任何单输出或多输出的组合逻辑函数。当译码器输出低电平有效时，选用与非门；当输出为高电平有效时，选用或门。

【例 4-18】　试用集成译码器 74LS138 和门电路实现下列多输出逻辑函数。

$$\begin{cases} Y_A = \overline{A}\,\overline{B}C + BC \\ Y_B = \overline{A}B\overline{C} + A\overline{B} \end{cases}$$

解：1）利用公式 $A + \overline{A} = 1$，将上式变换为最小项之和的形式，并变换为与非-与非表达式

$$\begin{cases} Y_A = \overline{A}\,\overline{B}C + (\overline{A}+A)BC = \overline{A}\,\overline{B}C + \overline{A}BC + ABC \\ \qquad = m_1 + m_3 + m_7 = \overline{\overline{m_1} \cdot \overline{m_3} \cdot \overline{m_7}} \\ Y_B = \overline{A}B\overline{C} + A\overline{B}(\overline{C}+C) = \overline{A}B\overline{C} + A\overline{B}\,\overline{C} + A\overline{B}C \\ \qquad = m_2 + m_4 + m_5 = \overline{\overline{m_2} \cdot \overline{m_4} \cdot \overline{m_5}} \end{cases}$$

2）令 74LS138 的地址输入端 $A_2 = A$、$A_1 = B$、$A_0 = C$，则它的各输出端就是各输入变量最小项的反函数，即 $\overline{Y}_0 \sim \overline{Y}_7$ 分别对应 $\overline{m}_0 \sim \overline{m}_7$，则有

$$\begin{cases} Y_A = \overline{\overline{Y}_1 \cdot \overline{Y}_3 \cdot \overline{Y}_7} \\ Y_B = \overline{\overline{Y}_2 \cdot \overline{Y}_4 \cdot \overline{Y}_5} \end{cases}$$

3）画连线图。在 74LS138 之后再加两个与非门就可以实现这些函数了，电路如图 4-43 所示。

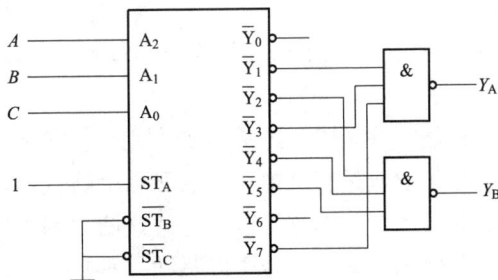

图 4-43　[例 4-18] 图

（2）二进制译码器的功能扩展。用两片 3 线—8 线译码器 74LS138 可以组成 4 线—16 线译码器，将输入的 4 位二进制代码 $A_3A_2A_1A_0$ 译成 16 个独立的低电平信号 $\overline{Y}_0 \sim \overline{Y}_{15}$，如图 4-44 所示。74LS138（1）为低位片，74LS138（2）为高位片。将低位片的 ST_A 接高电平 1，高位片的 ST_A 和低位片的 $\overline{ST}_B$ 相连作为 A_3，同时将低位片的 $\overline{ST}_C$ 和高位片的 $\overline{ST}_B$、$\overline{ST}_C$ 相连作为使能端 E。

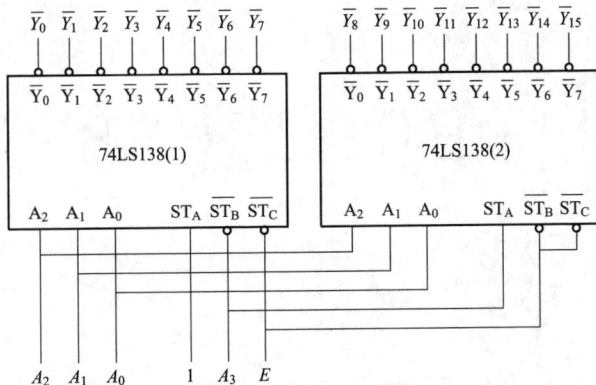

图 4-44　4 线—16 线译码器

当 $E=1$ 时，两个译码器都不工作，输出 $\overline{Y}_0 \sim \overline{Y}_{15}$ 都为高电平；当 $E=0$ 时，译码器工作。此时，当 $A_3=0$ 时低位片（1）工作，高位片（2）禁止，将 $A_3A_2A_1A_0$ 的 0000～0111 这 8 个代码译成 $\overline{Y}_0 \sim \overline{Y}_7$ 8 个低电平信号；当 $A_3=1$ 时低位片禁止，高位片工作，将 $A_3A_2A_1A_0$ 的 1000～1111 这 8 个代码译成 $\overline{Y}_8 \sim \overline{Y}_{15}$ 8 个低电平信号，实现了 4 线－16 线译码。

（3）用作数据分配器。在数据传输系统中，有时需将一路数据分配到不同的数据通道上，实现这种功能的电路称为数据分配器，也称多路分配器。

数据分配器可由带使能端的译码器来实现。由 3 线－8 线译码器 74LS138 构成的 8 路数据分配器如图 4-45 所示。图中，$A_2 \sim A_0$ 为地址输入端，$\overline{Y}_0 \sim \overline{Y}_7$ 为数据输出端，ST_A 作为数据输入端 D。当 $A_2A_1A_0=000$ 时，把输入数据 D 分配到 $\overline{Y}_0$ 端，即 $\overline{Y}_0=\overline{D}$，输出反码。当 $A_2A_1A_0=001$ 时，$\overline{Y}_1=\overline{D}$。其余类推。

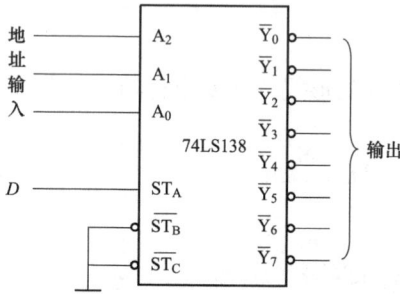

图 4-45　74LS138 用作
8 路数据分配器

也可将 $\overline{ST}_B$ 或 $\overline{ST}_C$ 作为数据输入端，则输出为原码。

二、显示译码器

在数字系统中，经常需要将数字、文字、符号用二进制代码翻译出来，直观地显示，以便直接读取或进行监视。数字显示电路包括显示译码器和数字显示器。显示译码器主要由译码器和驱动器两部分组成，通常这两者都集成在一块芯片中。显示译码器的输入一般为二—十进制代码，输出信号用以驱动显示器件，以显示十进制数。常见的显示器有半导体数码显示器（LED）和液晶显示器（LCD）等。

1. 七段半导体数码显示器

半导体数码显示器是由七段发光二极管组成的，其外部引脚图如图 4-46（a）所示。七段数码显示器外部共有 10 个引脚，其中 a、b、c、d、e、f、g 对应相应发光段，DP 对应小数点发光段，两个 COM 为公共端，在内部是并联的。利用发光字段的不同组合，可以分别显示 0～9 十个数字，如图 4-46（b）所示。

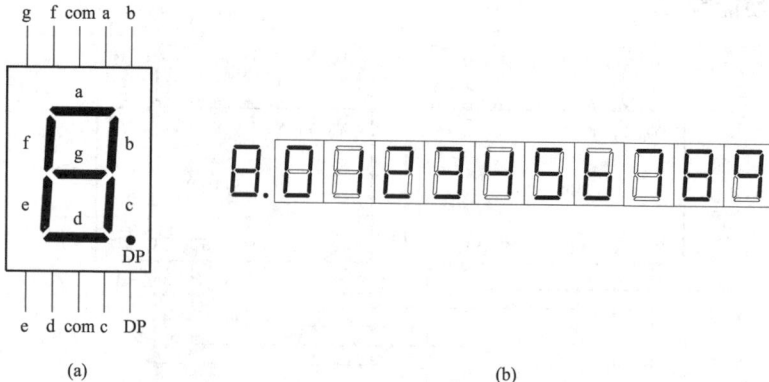

(a)　　　　　　　　　　　　　(b)

图 4-46　半导体数码显示器及显示的数字

（a）数码显示器；（b）显示的数字

通常使用的七段数码显示器有共阳极型和共阴极型。共阳极型是显示器内部发光二极管的阳极连接在一起作为公共端 COM，如图 4 - 47（a）所示，需由输出为低电平的译码器驱动。共阴极型则是显示器内部发光二极管的阴极连接在一起作为公共端 COM，如图4 - 47（b）所示，需由输出为高电平的译码器驱动。

半导体数码显示器的优点是工作电压低（1.5～3V），体积小，工作可靠性高，寿命长等。缺点是工作电流大，每一段的工作电流约为 10mA。

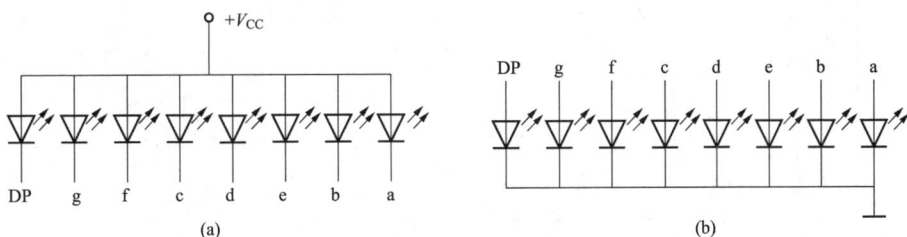

图 4 - 47　半导体数码显示器的类型
(a) 共阳极型；(b) 共阴极型

2. 七段显示译码器

七段显示译码器/驱动器 CC4511 逻辑符号如图 4 - 48 所示。$DCBA$ 为 BCD 码输入端，A 为最低位。$\overline{LT}$ 为灯测试输入端，低电平有效；$\overline{BI}$ 为灭灯输入端，又称消隐输入端，低电平有效；LE 为锁存控制端，高电平有效。$Y_a \sim Y_g$ 为输出端，高电平有效。

由 CC4511 功能表（见表 4 - 27）可知其功能如下：

（1）译码功能。当 $\overline{LT} = 1$，且 $\overline{BI} = 1$，$LE = 0$ 时，译码器工作，显示器显示相应的数字。如输入为 1010～1111 时，译码器输出 $Y_a \sim Y_g$ 为 0，显示器不显示。

（2）测灯功能。仅当 $\overline{LT} = 0$ 时，输出 $Y_a \sim Y_g$ 为 1，显示器显示"**8**"。

（3）消隐功能。当 $\overline{LT} = 1$，且 $\overline{BI} = 0$ 时，输出 $Y_a \sim Y_g$ 为 0，显示器的字形熄灭。

（4）锁存功能。当 $LE = 1$，且当 $\overline{LT} = 1$，$\overline{BI} = 1$ 时，此时的输入代码被锁存，不再随此后的输入 BCD 码变化。

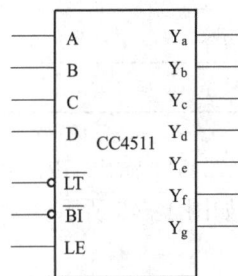

图 4 - 48　CC4511 逻辑符号

表 4 - 27　　　　　　　　　　　　　　　　**CC4511 功能表**

十进制数或功能	输入							输出							字形
	LE	$\overline{BI}$	$\overline{LT}$	A_3	A_2	A_1	A_0	Y_a	Y_b	Y_c	Y_d	Y_e	Y_f	Y_g	
0	0	1	1	0	0	0	0	1	1	1	1	1	1	0	**0**
1	0	1	1	0	0	0	1	0	1	1	0	0	0	0	**1**
2	0	1	1	0	0	1	0	1	1	0	1	1	0	1	**2**
3	0	1	1	0	0	1	1	1	1	1	1	0	0	1	**3**

续表

十进制数或功能	输入							输出							字形
	LE	$\overline{BI}$	$\overline{LT}$	A_3	A_2	A_1	A_0	Y_a	Y_b	Y_c	Y_d	Y_e	Y_f	Y_g	
4	0	1	1	0	1	0	0	0	1	1	0	0	1	1	Ч
5	0	1	1	0	1	0	1	1	0	1	1	0	1	1	S
6	0	1	1	0	1	1	0	0	0	1	1	1	1	1	b
7	0	1	1	0	1	1	1	1	1	1	0	0	0	0	٦
8	0	1	1	1	0	0	0	1	1	1	1	1	1	1	8
9	0	1	1	1	0	0	1	1	1	1	0	0	1	1	9
10	0	1	1	1	0	1	0	0	0	0	0	0	0	0	熄灭
11	0	1	1	1	0	1	1	0	0	0	0	0	0	0	熄灭
12	0	1	1	1	1	0	0	0	0	0	0	0	0	0	熄灭
13	0	1	1	1	1	0	1	0	0	0	0	0	0	0	熄灭
14	0	1	1	1	1	1	0	0	0	0	0	0	0	0	熄灭
15	0	1	1	1	1	1	1	0	0	0	0	0	0	0	熄灭
测灯	×	×	0	×	×	×	×	1	1	1	1	1	1	1	8
消隐	×	0	1	×	×	×	×	0	0	0	0	0	0	0	熄灭
锁存	1	1	1	×	×	×	×	锁存							锁存

　　CC4511 输出端内部没有限流电阻，驱动共阴极数码管时，需在输出端串接入限流电阻，如图 4-49 所示。

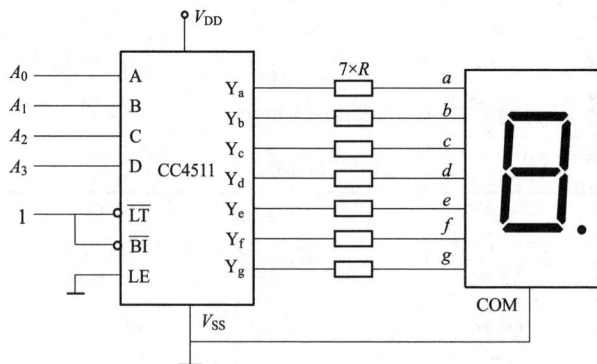

图 4-49　CC4511 驱动共阴极数码管电路

技 能 训 练

1　编码器和译码器的分析与设计仿真

一、训练目的

（1）学习编码器和译码器的逻辑功能。

（2）学会用 Multisim 软件仿真编码器和译码器应用电路。

二、训练内容

1. 十进制数的编码、译码和显示电路的分析仿真

（1）创建逻辑电路。在基本器件库■中 SWITCH 族中选择拨码开关 DSWPK＿9、RPACK 族中选择排电阻 7Line＿Isolated，在 TTL 器件库■中 74LS 族中选择集成电路芯片 74LS147N、74LS04N，在 CMOS 器件库■中 CMOS＿5V 族中选择 4511，在指示器件库■中 HEX＿DISPLAY 族中选择共阴极七段数码管 SEVEN＿SEG＿DECIMAL＿COM＿K，搭建图 4 - 50 所示十进制的编码，译码显示电路的仿真电路。优先编码器 74LS147N 的输出为低电平有效，需经过反相器接显示译码器 4511 的输入端。

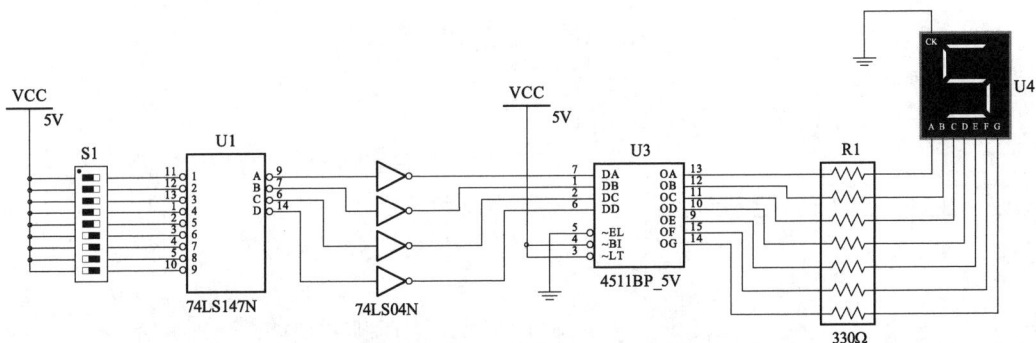

图 4 - 50　十进制数的编码、译码和显示电路的仿真电路图

（2）电路逻辑功能测试。用拨码开关改变各输入信号，在显示器上可以看到相应的数字。观测各输入信号的编码优先权顺序。

2. 用译码器设计全加器的设计仿真

（1）全加器的设计。用 3 线 - 8 线译码器 74LS138 设计全加器。由全加器的真值表（见表 4 - 17）可得到输出变量的最小项表达式为

$$S_i(A_i, B_i, C_{i-1}) = \sum m(m_1, m_2, m_4, m_7) = \overline{\overline{Y_1}\ \overline{Y_2}\ \overline{Y_4}\ \overline{Y_7}}$$

$$C_i(A_i, B_i, C_{i-1}) = \sum m(m_3, m_5, m_6, m_7) = \overline{\overline{Y_3}\ \overline{Y_5}\ \overline{Y_6}\ \overline{Y_7}}$$

根据输出表达式，创建仿真电路，如图 4 - 51 所示。集成译码器 74LS138N 可在 TTL 器件库■中 74LS 族中选取。

（2）全加器电路的仿真测试。在字信号发生器输出接探针 X1、X2、X3，观测全加器的输入变量 A_i、B_i、C_{i-1} 的状态；在电路输出端分别接探针 X4、X5，观测输出 S_i 和 C_i。

双击字信号发生器图标 XWG1，进入字发生器的控制面板进行设置，单击 Step 按钮仿

真。观测探针的亮、灭应与真值表相同。

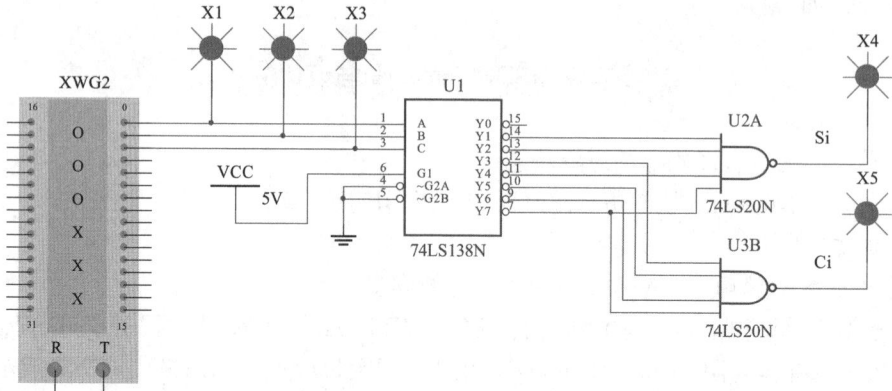

图 4-51　用译码器实现全加器

2　用译码器设计组合逻辑电路

一、训练目的

（1）学习集成译码器 74LS138 的逻辑功能和应用。

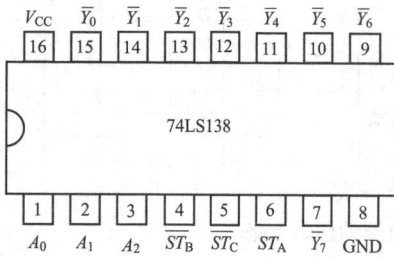

图 4-52　74LS138 引脚排列图

（2）学会用译码器设计组合逻辑电路。

二、仪器设备及元器件

（1）仪器设备：数字实验装置，1 台。

（2）元器件：74LS138，1 块；74LS20，1 块。

74LS138 的引脚排列图如图 4-52 所示。

三、训练内容

1. 设计奇偶校验电路

设计一个奇偶校检电路，当输入的三个变量中有奇数个 1 时输出为 1，否则为 0。

（1）写出设计步骤，画出逻辑电路图。

（2）在数字实验装置上搭接电路，分别用 LED 显示输出信号和输出信号。将测试结果记入表 4-28。

2. 设计故障控制电路

有一个车间，有红、黄两个故障指示灯，用来表示三台设备的工作情况。当有一台设备出现故障时，黄灯亮；若有两台设备出现故障时，红灯亮；若三台设备都出现故障时，红灯、黄灯都亮。试用集成译码器和与非门电路设计一个故障控制电路。

（1）设三台设备分别用 A、B、C 表示，两个故障灯用 Y_Y 和 Y_H 表示。写出设计步骤，画出逻辑电路图。

（2）在数字实验装置上搭接电路，分别用 LED 显示输出信号和输出信号。将测试结果记入表 4-29。

表 4-28	奇偶校检电路真值表		
输入			输出
A	B	C	Y
0	0	0	
0	0	1	
0	1	0	
0	1	1	
1	0	0	
1	0	1	
1	1	0	
1	1	1	

表 4-29	故障控制电路真值表			
输入			输出	
A	B	C	Y_Y	Y_H
0	0	0		
0	0	1		
0	1	0		
0	1	1		
1	0	0		
1	0	1		
1	1	0		
1	1	1		

四、训练要求

(1) 写出设计过程，画出逻辑图和安装接线图。

(2) 测试电路逻辑功能，记录测试结果，分析和排除测试中出现的问题。

(3) 总结用译码器设计组合逻辑电路的方法，撰写测试报告。

思考题

(1) 编码器和译码器的功能分别是什么？

(2) 一般编码器输入的编码信号为什么是相互排斥的？优先编码器是否存在编码信号相互排斥？

(3) 为什么说二进制译码器适合用于实现多输出组合逻辑函数？

(4) 如有共阴极接法 LED 显示器时，则应选择什么输出电平有效的显示译码器？

学习任务 4.5 数据选择器的应用

知识学习

数据选择器又称多路选择器，其功能是从输入的多路数据中选择其中一路输出，其作用相当于多路开关。选择哪一路数据输出，由选择控制信号决定。

4.5.1 数据选择器

一、4 选 1 数据选择器

图 4-53 所示为 4 选 1 数据选择器的电路原理图，它有 4 个输入数据 $D_0 \sim D_3$ 可供选择，需要使用两位地址码 A_1A_0 产生 4 个不同的选择信号，每个选择信号选中 4 个输入数据中的 1 个，使其与输出端连通，从而使选中的数据输出。图中，$\overline{ST}$ 为控制输入端，用于控制电路是否正常工作。

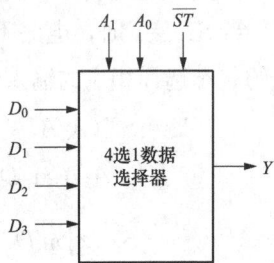

图 4-53 4 选 1 数据选择器电路原理图

4 选 1 数据选择器的功能表见表 4-30。

当 $\overline{ST} = 1$ 时，$Y = 0$ 无数据输出，数据选择器不工作。

当 $\overline{ST} = 0$，若 A_1A_0 分别为 11，10，01，00 时，可分别把数据 D_3、D_2、D_1、D_0 送到输出端 Y 数据选择器正常工作。其输出逻辑表达式为

$$Y = \overline{ST}(\bar{A}_1\,\bar{A}_0 D_0 + \bar{A}_1 A_0 D_1 + A_1\,\bar{A}_0 D_2$$

$$+ A_1 A_0 D_3) = \overline{ST}\sum_{i=0}^{3} m_i D_i \qquad (4\text{-}17)$$

表 4-30　4 选 1 数据选择器功能表

输入				输出
$\overline{ST}$	A_1	A_0	D	Y
1	$\times$	$\times$	$\times$	0
0	0	0	D_0	D_0
0	0	1	D_1	D_1
0	1	0	D_2	D_2
0	1	1	D_3	D_3

74LS153 所示为双 4 选 1 数据选择器，其内部有两个功能相同的 4 选 1 数据选择器，逻辑符号如图 4-54 所示。A_1、A_0 为公共地址输入端，其余输入输出信号是各自独立的。控制输入端 $\overline{ST}$ 为低电平有效，$D_3 \sim D_0$ 为数据输入端，Y 为输出端。

表 4-31 列出了 74LS153 中一个数据选择器的功能表。由功能表可知，输出逻辑函数表达式为

$$1Y = 1\,\overline{ST}(\bar{A}_1\,\bar{A}_0 1D_0 + \bar{A}_1 A_0 1D_1 + A_1\,\bar{A}_0 1D_2 + A_1 A_0 1D_3) \qquad (4\text{-}18)$$

同理

$$2Y = 2\,\overline{ST}(\bar{A}_1\,\bar{A}_0 2D_0 + \bar{A}_1 A_0 2D_1 + A_1\,\bar{A}_0 2D_2 + A_1 A_0 2D_3) \qquad (4\text{-}19)$$

表 4-31　　　74LS153 的功能表

输入				输出
$1\overline{ST}$	A_1	A_0	$1D$	$1Y$
1	$\times$	$\times$	$\times$	0
0	0	0	$1D_0$	$1D_0$
0	0	0	$1D_1$	$1D_1$
0	1	0	$1D_2$	$1D_2$
0	1	1	$1D_3$	$1D_3$

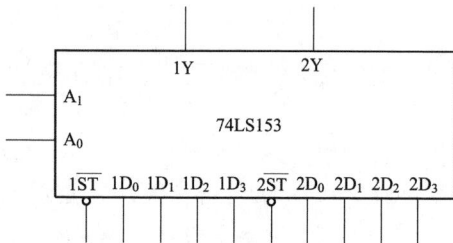

图 4-54　74LS153 逻辑符号

二、8 选 1 数据选择器

74LS151 是一种典型的集成数据选择器，其逻辑符号如图 4-55 所示。它有一个控制输入端 $\overline{ST}$，8 个输入数据输入端 $D_0 \sim D_7$，3 个地址输入端 A_2、A_1、A_0，两个互补输出端 Y 和 $\bar{Y}$，其功能见表 4-32。

当 $\overline{ST} = 1$ 时，电路不工作；当 $\overline{ST} = 0$，电路处于工作状态，由地址输入端 A_2、A_1、A_0 的状态选择相应的输入信号送到输出端 Y 和 $\bar{Y}$。其输出逻辑表达式为

$$Y = \overline{ST}(\bar{A}_2\bar{A}_1\bar{A}_0 D_0 + \bar{A}_2\bar{A}_1 A_0 D_1 + \bar{A}_2 A_1\bar{A}_0 D_2 + \bar{A}_2 A_1 A_0 D_3 + A_2\bar{A}_1\bar{A}_0 D_4$$

$$+ A_2\bar{A}_1\bar{A}_0 D_5 + A_2\bar{A}_1 A_0 D_6 + A_2 A_1\bar{A}_0 D_7) \qquad (4\text{-}20)$$

$$= \overline{ST}\sum_{i=0}^{7} m_i D_i$$

表 4-32　　　　　　74LS151 的功能表

输入					输出	
$\overline{ST}$	A_2	A_1	A_0	D	Y	$\overline{Y}$
1	×	×	×	×	0	1
0	0	0	0	D_0	D_0	$\overline{D_0}$
0	0	0	1	D_1	D_1	$\overline{D_1}$
0	0	1	0	D_2	D_2	$\overline{D_2}$
0	0	1	1	D_3	D_3	$\overline{D_3}$
0	1	0	0	D_4	D_4	$\overline{D_4}$
0	1	0	1	D_5	D_5	$\overline{D_5}$
0	1	1	0	D_6	D_6	$\overline{D_6}$
0	1	1	1	D_7	D_7	$\overline{D_7}$

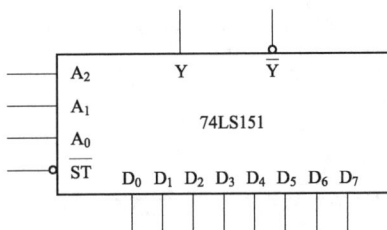

图 4-55　74LS151 逻辑符号

4.5.2　用数据选择器实现组合逻辑函数

数据选择器提供了地址变量的全部最小项，当输入数据全部为 1 时，输出 Y 为输入地址变量全体最小项的和；输入数据全部为 0 时，输出 Y 为 0。因此，当要保留某个最小项时，相应的数据取 1；当要去掉某个最小项时，相应的数据取 0。因为任何组合逻辑函数总可以用最小项之和的标准形式构成，所以利用数据选择器的输入数据来选择地址变量组成的最小项，可以实现任何所需的组合逻辑函数。

用数据选择器实现组合逻辑函数的步骤：①选用数据选择器；②确定地址变量；③确定输入数据 D；④画连线图。

【例 4-19】　试用 74LS151 实现下列逻辑函数

$$Y = A\overline{B}C + AB\overline{C} + \overline{A}B$$

解：（1）写出逻辑函数的标准与或式。74LS151 为 8 选 1 数据选择器，其地址输入端数与逻辑函数的变量数相等，故将逻辑函数转换成 3 变量标准与或式

$$Y = A\overline{B}C + AB\overline{C} + \overline{A}B(C + \overline{C})$$
$$= \overline{A}B\overline{C} + \overline{A}BC + A\overline{B}C + AB\overline{C}$$
$$= m_2 + m_3 + m_5 + m_6$$

（2）确定输入数据 D_i。选取 $A = A_2$，$B = A_1$，$C = A_0$，上式有最小项 m_2、m_3、m_5、m_6，则对应数据输入端接 1，其余没有的最小项对应数据输入端接 0。由此得到

$$D_2 = D_3 = D_5 = D_6 = 1, \ D_0 = D_1 = D_4 = D_7 = 0$$

（3）画连线图。根据上面结果，可以画出连线图，如图 4-56 所示。

【例 4-20】　试用双 4 选 1 数据选择器 74LS153 和非门电路构成 1 位全加器。

解：（1）列出全加器的真值表，见表 4-33。设二进制数在 i 位相加，输入变量 A_i 为被加数，B_i 为加数，C_{i-1} 为低位向本位的进位数，输出变量 S_i 为本位和，C_i 为本位向高位的进位数。

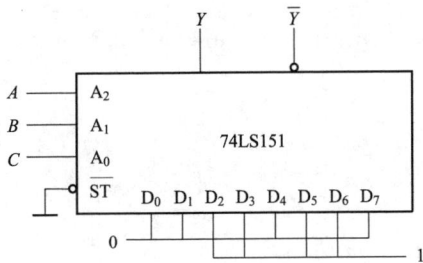

图 4-56　[例 4-19] 图

表 4 - 33   **全 加 器 真 值 表**

输入			输出		输入			输出	
A_i	B_i	C_{i-1}	S_i	C_i	A_i	B_i	C_{i-1}	S_i	C_i
0	0	0	0	0	1	0	0	1	0
0	0	1	1	0	1	0	1	0	1
0	1	0	1	0	1	1	0	0	1
0	1	1	0	1	1	1	1	1	1

(2) 根据真值表写出输出表达式

$$S_i = \bar{A}_i \bar{B}_i C_{i-1} + \bar{A}_i B_i \bar{C}_{i-1} + A_i \bar{B}_i \bar{C}_{i-1} + A_i B_i C_{i-1}$$

$$C_i = \bar{A}_i B_i C_{i-1} + A_i \bar{B}_i C_{i-1} + A_i B_i \bar{C}_{i-1} + A_i B_i C_{i-1}$$

$$= \bar{A}_i B_i C_{i-1} + A_i \bar{B}_i C_{i-1} + A_i B_i$$

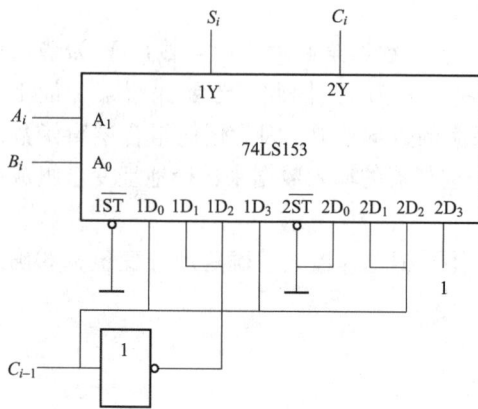

图 4 - 57   [例 4 - 20] 图

(3) 确定输入数据 D_i。74LS153 为 4 选 1 数据选择器，其地址输入端数少于逻辑函数的变量数，若选取输入变量 $A_i = A_1$，$B_i = A_0$，将 S_i 和 C_i 的表达式写作仅包含两变量 $A_i B_i$ 最小项的表达式，则得到

$$S_i = m_0 C_{i-1} + m_1 \bar{C}_{i-1} + m_2 \bar{C}_{i-1} + m_3 C_{i-1}$$

$$C_i = m_1 C_{i-1} + m_2 C_{i-1} + m_3 \cdot 1$$

取 $1Y = S_i$，$2Y = C_i$，可得

$$1D_0 = 1D_3 = C_{i-1}; 1D_1 = 1D_2 = \bar{C}_{i-1}$$

$$2D_0 = 0; 2D_1 = 2D_2 = C_{i-1}, 2D_3 = 1$$

(4) 画出连线图，如图 4 - 57 所示。

由 [例 4 - 20] 可知，当逻辑函数的变量数多于数据选择器的地址码 $A_1 A_0$ 时，可以将逻辑函数中的多余变量 C_{i-1} 分离出来，作为引入变量加到数据输入端。

技 能 训 练

用数据选择器设计组合逻辑电路

一、训练目的

(1) 学习数据选择器的逻辑功能和应用方法，能够用 Multisim 软件进行仿真测试。

(2) 学会用数据选择器设计组合逻辑电路。

二、仪器及元器件

(1) 仪器及设备：数字实验装置，1 台。

(2) 元器件：74LS151，1 块；74LS153，1 块；74LS00，1 块。

74LS151 和 74LS153 引脚排列分别如图 4 - 58 和图 4 - 59 所示。

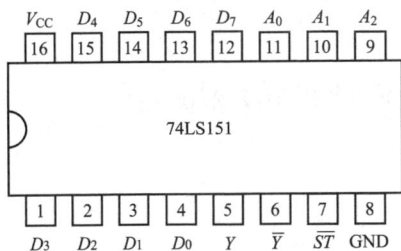

图 4-58　74LS151 引脚排列图

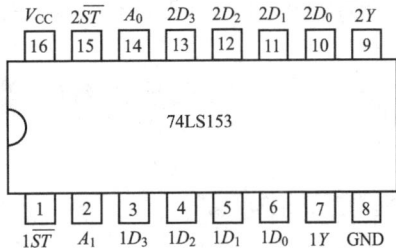

图 4-59　74LS153 引脚排列图

三、训练内容

1. 设计函数发生器

设计一个逻辑函数发生器 $Y=AB+BC+AC$，并用 CT74LS151 实现并验证。

（1）写出设计步骤，画出逻辑电路图，用 Multisim 软件仿真测试。

（2）在数字实验装置上搭接电路，分别用 LED 显示输出信号和输出信号。将测试结果记入表 4-34。

2. 设计全加器

设计一个全加器，并用 CT74LS153 实现并验证。

（1）写出设计步骤，画出逻辑电路图，用 Multisim 软件仿真测试。

（2）在数字实验装置上搭接电路，分别用 LED 显示输出信号和输出信号。将测试结果记入表 4-35。

表 4-34　函数发生器真值表

输入			输出
A	B	C	Y
0	0	0	
0	0	1	
0	1	0	
0	1	1	
1	0	0	
1	0	1	
1	1	0	
1	1	1	

表 4-35　全加器电路真值表

输入			输出	
A_i	B_i	C_{i-1}	S_i	C_i
0	0	0		
0	0	1		
0	1	0		
0	1	1		
1	0	0		
1	0	1		
1	1	0		
1	1	1		

四、训练要求

（1）写出设计过程，画出逻辑图和安装接线图。

（2）测试电路逻辑功能，记录测试结果，分析和排除测试中出现的问题。

（3）总结用数据设计组合逻辑电路的方法，撰写测试报告。

思考题

（1）比较数据分配器和数据选择器的逻辑功能有什么不同？

（2）若函数变量与数据选择器地址控制端个数不同，如何实现逻辑函数？

学习任务4.6　数值比较器和加法器的应用

知 识 学 习

在数字系统中，除了常用的算术运算外，还经常要对两个数的大小进行比较。因此加法器和数值比较器也是常用的逻辑部件。

4.6.1　数值比较器

用于比较两数大小或相等的逻辑电路，称为数值比较器。

一、四位数值比较器

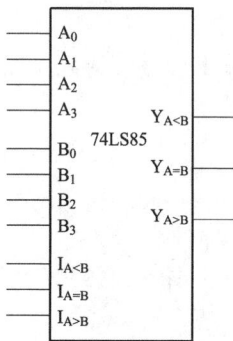

图 4 - 60　74LS85 四位数值比较器逻辑符号

两个四位二进制数 $A = A_3A_2A_1A_0$ 和 $B = B_3B_2B_1B_0$ 相比较，其结果有三种情况 $A>B$、$A=B$、$A<B$。比较时，需从高位向低位逐位进行。当比到某一位数值不相等时，则该位的比较结果就是两个四位进制数的比较结果。

74LS85 是四位数值比较器，逻辑符号如图 4 - 60 所示，功能表见表 4 - 36。图中，$A_3A_2A_1A_0$ 和 $B_3B_2B_1B_0$ 为两个相比较的四位二进制数的输入端。

$Y_{A>B}$、$Y_{A=B}$、$Y_{A<B}$ 为比较结果输出端（高电平有效）。$I_{A>B}$、$I_{A=B}$、$I_{A<B}$ 是 3 个级连输出端又称扩展端，反映低位送来的比较结果。若本级输入的四位二进制数相等时，则总的比较结果取决于低位送来的结果。

四位数值比较器 74LS85，用作四位二进制数比较时，3 个级连端 $I_{A>B}$ 和 $I_{A<B}$ 接 "0"，$I_{A=B}$ 接 "1"。74LS85 的输出为四位二进制数比较结果。

表 4 - 36　　　　　　　　　　　　　　　　**74LS85 功能表**

比较输入				级联输入			输出		
$A_3\quad B_3$	$A_2\quad B_2$	$A_1\quad B_1$	$A_0\quad B_0$	$I_{A>B}$	$I_{A<B}$	$I_{A=B}$	$Y_{A>B}$	$Y_{A<B}$	$Y_{A=B}$
$A_3>B_3$	$\times$	$\times$	$\times$	$\times$	$\times$	$\times$	1	0	0
$A_3<B_3$	$\times$	$\times$	$\times$	$\times$	$\times$	$\times$	0	1	0
$A_3=B_3$	$A_2>B_2$	$\times$	$\times$	$\times$	$\times$	$\times$	1	0	0
$A_3=B_3$	$A_2<B_2$	$\times$	$\times$	$\times$	$\times$	$\times$	0	1	0
$A_3=B_3$	$A_2=B_2$	$A_1>B_1$	$\times$	$\times$	$\times$	$\times$	1	0	0
$A_3=B_3$	$A_2=B_2$	$A_1<B_1$	$A_0>B_0$	$\times$	$\times$	$\times$	0	1	0
$A_3=B_3$	$A_2=B_2$	$A_1=B_1$	$A_0<B_0$	$\times$	$\times$	$\times$	1	0	0
$A_3=B_3$	$A_2=B_2$	$A_1=B_1$	$A_0=B_0$	1	0	0	1	0	0
$A_3=B_3$	$A_2=B_2$	$A_1=B_1$	$A_0=B_0$	0	1	0	0	1	0
$A_3=B_3$	$A_2=B_2$	$A_1=B_1$	$A_0=B_0$	0	0	1	0	0	1

二、应用举例

【例 4 - 21】　　用四位数值比较器组成八位数值比较器。

解：用两片 74LS85 串联实现，输入的八位二进制数同时加到两个数值比较器的输入端，高位片（2）比较高四位，低位片（1）片比较低四位，其接线如图 4-61 所示。若高四位 $A_7{\sim}A_4$ 和 $B_7{\sim}B_4$ 不等时，则八位数值的比较结果由高四位决定；若高四位数值 $A_7{\sim}A_4$ 和 $B_7{\sim}B_4$ 相等时，则八位数值比较结果由低四位决定。比较结果从高四位数值比较器的输出端输出。由于没有比低位比较 74LS85（1）更低的比较器，故其扩展端输入为 $I_{A>B}$ 和 $I_{A<B}$ 端相连接地，$I_{A=B}$ 接高电平 1。

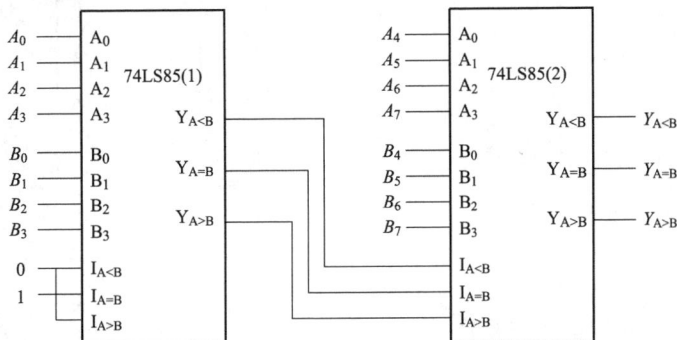

图 4 - 61　八位数值比较器

4.6.2　加法器

在实现多位二进制数相加的电路称为加法器。多位数相加时，要考虑进位，按照进位方式的不同，又分为串行进位加法器和超前进位加法器。

一、串行进位加法器

图 4 - 62 所示为由两片双全加器 74LS183 组成 4 位串行加法器。低位全加器的进位输出 CO 依次接相邻高位全加器的进位输入 CI，最低位全加器进位接地。这种串行加法器的运算速度比较慢。

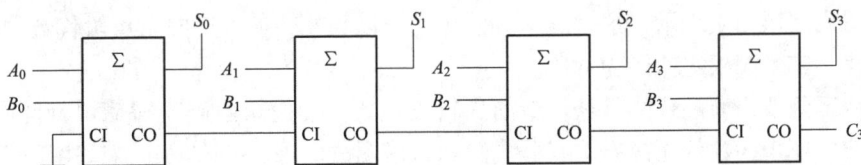

图 4 - 62　4 位串行加法器

二、超前进位加法器

超前进位加法器在进行加法运算时，同时各位全加器的进位信号由输入二进制数直接产生，使得加法器的运算速度大大提高。图 4 - 63 所示为 4 位超前进位加法器 74LS283 逻辑符号。图中，$A_3{\sim}A_0$ 和 $B_3{\sim}B_0$ 为两组二进制数的输入端，CI 为进位输入，CO 为进位输出，$S_3{\sim}S_0$ 为和数输出端。

【例 4 - 22】　　试用 4 位超前进位加法器 74LS283 设计一个将 8421BCD 码变换为余

3BCD 码的代码转换电路。

解： 余 3BCD 码比 8421BCD 码多 0011（十进制数 3），因此将 8421BCD 码与 0011 相加后就可输出余 3BCD 码，代码转换电路如图 4-64 所示。

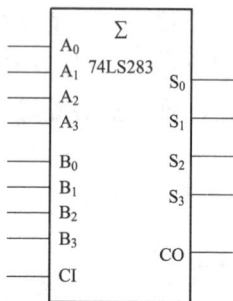

图 4-63　74LS283 的逻辑符号　　　　　　图 4-64　　[例 4-22] 图

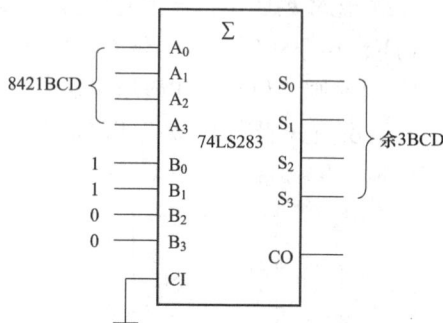

🔧 **思考题**

（1）数值比较器的逻辑功能是什么？

（2）比较串行进位加法器和超前加法器的工作特点。

小　结

（1）数字信号在时间上和数值上都是不连续的、离散的，一般用二进制数来表示。将二进制数按权展开求和可转换成十进制数。十进制数转换成二进制数时，整数部分采用"除 2 取余法"，小数部分采用"乘 2 取整法"。BCD 码是指用以表示十进制数 0 ～ 9 十个数码的二进制代码，其中 8421BCD 码使用最为广泛。

（2）基本逻辑运算有与运算、或运算和非运算三种。常用复合逻辑运算有与非运算、或非运算、与或非运算、异或运算和同或运算。逻辑函数可以用真值表、逻辑表达式、卡诺图、逻辑图或波形图来表示，这些表示方法之间可以相互转换。应熟记逻辑代数的基本公式和基本定律，其中摩根定律最为常用。

（3）逻辑函数化简的目的是获得最简逻辑表达式，使逻辑电路变得简单且能降低成本、提高可靠性。逻辑函数的化简方法有公式法和卡诺图法两种。公式法化简适用于任何复杂逻辑函数的化简，但要求能熟练灵活运用逻辑代数中的基本公式和定律，还要具有一定的运算技巧和经验。卡诺图化简法是基于合并相邻最小项的原理进行化简的，将 2^n 个相邻最小项合并，可以消去 n 个变量。其优点是比较直观、简便，也容易掌握。

（4）在集成门电路的使用中，普通集成门电路的输出端不能直接相接；集电极开路门输出端可以直接相接，具有线与功能；三态门有高电平、低电平和高阻态三种状态，输出端可以直接相接，实现总线分时传输。与门和与非门的多余输入端接逻辑 1 或者与有用输入端并接；或门和或非门的多余输入端接逻辑 0 或者与有用输入端并接。

（5）组合逻辑电路的特点是：任何时刻的输出仅取决于该时刻的输入，而与电路原来的状态无关。

组合逻辑电路的分析方法为：已知逻辑图→写出逻辑表达式→化简和变换逻辑表达式→列出真值表→分析逻辑功能。

组合逻辑电路的设计方法为：已知逻辑要求→列出真值表→写出逻辑表达式→逻辑化简和变换→画出逻辑图。

（6）典型的中规模集成组合逻辑电路有编码器、译码器、数据选择器、数值比较器、加法器等，利用这些集成电路的使能端（或控制端）可以扩展逻辑功能。其中：

1）编码器是将具有特定含义的信息编成相应二进制代码输出的电路，译码器是将表示特定意义信息的二进制代码翻译出来的电路。二进制译码器的输出是输入信号的最小项，用二进制译码器和门电路可实现多输出的逻辑函数。利用二进制译码器的使能端可以用作数据分配器。

2）数据选择器的作用是根据地址码的要求，从多路输入信号中选择其中一路输出，常用来实现单输出的逻辑函数。

3）数字比较器用来比较数的大小；加法器用来实现算术运算。

课堂小测

一、填空题

1. 在时间上和数值上都离散变化的信号称为_____信号。

2. 十进制数 47 对应的二进制数为_____，8421BCD 码为_____，十六进制数为_____。

3. 数字电路中的基本逻辑关系有_____、_____和_____。

4. 基本逻辑运算与、或、非三种运算中，其中_____运算的优先级最高，_____运算的优先级最低。

5. 逻辑函数的表示方法有_____、_____、_____、_____、_____五种。

6. 逻辑函数 $Y = \overline{ABCD} + A + B + C + D =$ _____。

7. 最简与或式的标准是逻辑式中的_____最少；每个与项中的_____最少。

8. 能实现线与功能的逻辑门是_____。

9. 当外界干扰较小时，TTL 与门和与非门闲置端可以_____处理，TTL 或门和或非门闲置端可以_____处理。

10. 对 67 个信号进行编码，则转换成的二进制代码至少应有_____位。

11. 在优先编码器中，是优先级别_____的编码起排斥优先级别_____的编码。

12. 在二进制译码器中，若输入有 4 位代码，则输出有_____个信号。

13. 实现将公共数据上的数字信号按要求分配到不同电路中去的电路称为_____。

14. 只考虑两个一位二进制数的相加而不考虑来自低位进位数的运算电路称为_____。

15. 组合逻辑电路的特点是输出状态仅与_____有关，与电路原有状态无关。

二、选择题

1. 数字信号的特点是（　　　）。

A. 在时间上和幅值上都是连续的

B. 在时间上是离散的，在幅值上是连续的

C. 在时间上是连续的，在幅值上是离散的

D. 在时间上和幅值上都是不连续的

2. 下列逻辑门类型中，可以用（   ）一种类型门实现另三种基本运算。

A. 与门   B. 非门

C. 与非门   D. 或门

3. 在图 4 - 65 所列各门电路符号中，不属于基本逻辑门电路的是（   ）。

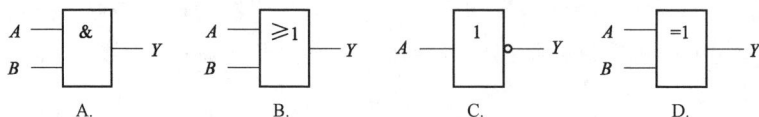

图 4 - 65   选择题 3 图

4. $A+BC=$（   ）。

A. $A+B$ B.（$A+B$）（$A+C$）

C. $A+C$ D. $AB+C$

5. 以下门电路中常用于总线应用的有（   ）。

A. 三态门   B. OC 门

C. 或门   D. 与非门

6. 如图 4 - 66 所示 TTL 门电路输入与输出之间的逻辑关系正确的是（   ）。

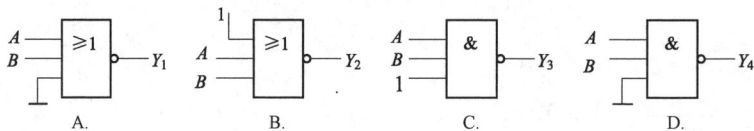

图 4 - 66   选择题 6 图

A. $Y_1=\overline{A+B}$ B. $Y_2=\overline{A+B}$ C. $Y_3=1$ D. $Y_4=0$

7. 要实现多输入、单输出逻辑函数，应选（   ）。

A. 数据分配器   B. 数据选择器

C. 译码器   D. 编码器

8. 要用 n 位二进制数为 N 个对象编码，必须满足（   ）。

A. $N=2n$ B. $N\leqslant 2n$

C. $N\leqslant 2^n$ D. $N=n$

三、判断题

1. 数字电路中用"1"和"0"分别表示两种状态。（   ）

2. 若两个函数具有相同的真值表，则两个逻辑函数必然相等。（   ）

3. 异或函数与同或函数在逻辑上互为反函数。（   ）

4. 逻辑函数表达式的化简结果是唯一的。（   ）

5. 若两个函数具有不同的逻辑函数式，则两个逻辑函数必然不相等。（   ）

6. 当 TTL 与非门的输入端悬空时相当于输入为逻辑 0。（   ）

7. TTL 三态门用于实现总线结构时，在任何时刻允许两个及两个以上的三态门同时工作。（　　）

8. 普通的逻辑门电路的输出端可以并联在一起。（　　）

9. 非优先编码器的输入请求编码的信号之间是互相排斥的。（　　）

10. 数据选择器是将一个输入数据分配到多个输出端上的电路。（　　）

习　题

4.1　将下列十进制数转换成二进制数和十六进制数。

(1) 63　　　　　　　(2) 149　　　　　　(3) 3.625　　　　　(4) 38.25

4.2　将下列二进制数转换成十进制数和十六进制数。

(1) 100101　　　　(2) 10011　　　　　(3) 0.1011　　　　(4) 1001.01

4.3　完成下列十进制数与 8421BCD 码之间的转换。

(1) $(32)_{10} = ($ 　　　　　$)_{8421BCD}$　　　　(2) $(148.6)_{10} = ($ 　　　　　$)_{8421BCD}$

(3) $(00100011)_{8421BCD} = ($ 　　　　$)_{10}$　(4) $(100001100111)_{8421BCD} = ($ 　　　　$)_{10}$

4.4　用与非门实现下列逻辑函数。

(1) $Y = A + B$　　　　　(2) $Y = AB + AC$　　　　　(3) $Y = \overline{AB + CD}$

4.5　试用代数法化简下列逻辑函数。

(1) $Y = A\bar{B} + B + \bar{A}B$

(2) $Y = \overline{A\bar{B}} + \overline{\bar{A}BC}$

(3) $Y = A + ABC + A\,\overline{BC} + BC + \bar{B}C$

(4) $Y = ABC + \bar{A} + \bar{B} + \bar{C}$

(5) $Y = \bar{A}BC + A\bar{B}C + AB\bar{C} + ABC$

(6) $Y = (A \oplus B)C + ABC + \bar{A}\bar{B}C$

(7) $Y = AB + ABD + \bar{A}C + BCD$

(8) $Y = (A + \bar{C})(B + D)(B + \bar{D})$

(9) $Y = \overline{\overline{\overline{A\bar{B}} + \overline{ABC}} + A(B + \overline{A\bar{B}})}$

(10) $Y = A(\bar{A}C + BD) + B(C + DE) + B\bar{C}$

4.6　用卡诺图法将下列函数化为最简与或式。

(1) $Y = \bar{A}\bar{B} + AB + \bar{B}\bar{C} + BC$

(2) $Y(A,B,C) = \bar{A}\bar{B}\bar{C} + A\bar{B} + B\bar{C}$

(3) $Y(A,B,C) = A\bar{B} + \bar{B}C + BC + A$

(4) $Y(A,B,C,D) = \bar{A}B + \bar{A}C + \bar{B}\bar{C} + AD$

(5) $Y(A,B,C,D) = \Sigma m(0,2,5,7,8,10,13,15)$

(6) $Y(A,B,C,D) = \Sigma m(2,4,5,6,7,11,12,14,15)$

(7) $Y(A,B,C,D) = \Sigma m(2,3,5,6,7,8,9,12,13,15)$

(8) $Y(A,B,C,D) = \Sigma m(0,1,4,9,12,13) + \Sigma d(2,3,6,10,11,14)$

(9) $Y(A,B,C,D) = \Sigma m(3,6,8,9,11,12) + \Sigma d(0,1,2,13,14,15)$

（10）$Y(A,B,C,D) = \Sigma m(0,2,6,8) + \Sigma d(9,15)$

4.7　试写出图 4-67 中各逻辑电路的输出表达式。

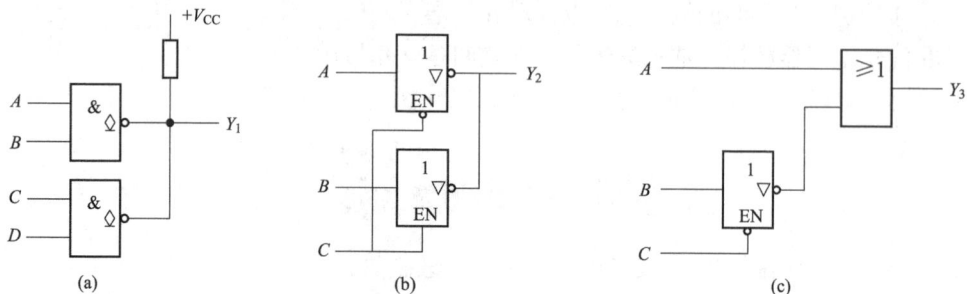

图 4-67　题 4.7 图

4.8　已知门电路的输入 A、B 和输出 Y 的波形图如图 4-68 所示，试列出其对应的真值表，写出逻辑函数表达式，说明其对应的逻辑功能。

4.9　写出图 4-69 逻辑图的逻辑函数式，并化简为最简与或式。

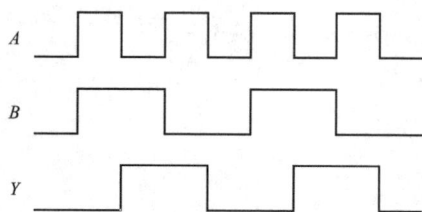

图 4-68　题 4.8 图

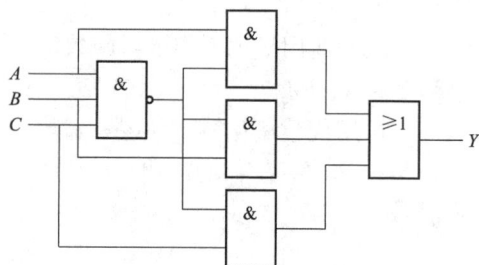

图 4-69　题 4.9 图

4.10　试分析图 4-70 所示电路的逻辑功能。

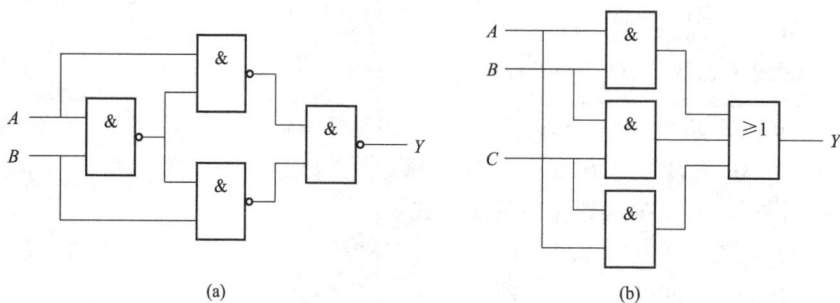

图 4-70　题 4.10 图

4.11　试用与非门设计一个三人多数表决器，其中 A 具有否决权。

4.12　设计一个三变量奇校验电路，即当输入有奇数个 1 时，输出为 1，否则输出为 0。试画出用最少门电路实现的逻辑图。

4.13　在 3 个输入信号中 A 的优先权最高，B 次之，C 最低，它们的输出分别为 Y_A、Y_B、Y_C。要求统一时间内只有一个信号输出。如果有两个级以上的信号同时输入时，则只有优先权最高的有输出，试设计一个能实现此要求的逻辑电路。

4.14　试用 3 线－8 线译码器 74LS138 和与非门电路实现下列逻辑函数。

(1) $Y = ABC + AB\bar{C} + \bar{A}B\bar{C}$　　　　　(2) $Y = A\bar{B} + A\bar{C} + ABC$

(3) $Y = A \oplus B \oplus C$　　　　　　　　(4) $Y = \overline{(A+B)(\bar{A}+C)}$

4.15　试用 3 线－8 线译码器 74LS138 和与非门电路实现下面多输出逻辑函数。

$$\begin{cases} Y_1 = \bar{A}BC + A\bar{B}C + B\bar{C} \\ Y_2 = AB + \bar{A}C \end{cases}$$

4.16　试用 3 线－8 线译码器 74LS138 和门电路实现一个三人多数表决电路，画出逻辑图。

4.17　由 3 线－8 线译码器 74LS138 和门电路构成的电路如图 4-71 所示，试分析逻辑电路的功能。

4.18　由 4 选 1 数据选择器组成逻辑电路如图 4-72 所示。试写出电路输出 Y 的逻辑函数式，并列出电路功能表。

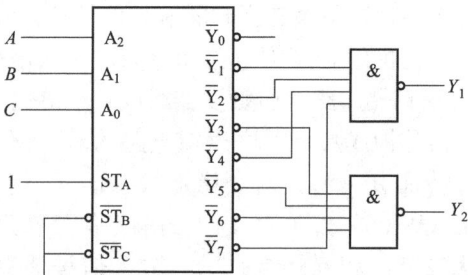

图 4-71　题 4.17 图　　　　　　　　图 4-72　题 4.18 图

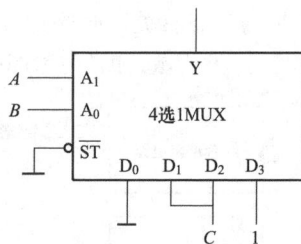

4.19　试用 4 选 1 数据选择器 74LS153（1/2）和最少量的与非门分别实现下列逻辑函数。

(1) $Y = \bar{A}B + AB$　　　　　　(2) $Y = \bar{A}B + A\bar{C} + ABC$

4.20　由 8 选 1 路数据选择器 74LS151 构成的逻辑电路如图 4-73 所示，试写出输出 Y 的逻辑函数式，并化为最简与或式。

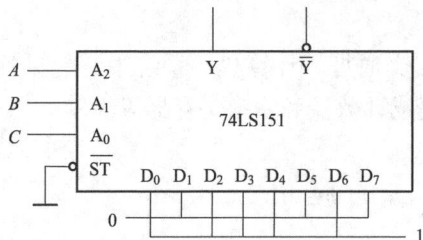

图 4-73　题 4.20 图

4.21　试用 8 选 1 数据选择器 74LS151 实现下列逻辑函数。

(1) $Y = A\bar{B}C + \bar{A}BC + AB\bar{C}$

(2) $Y = A\bar{B} + AC + ABC$

4.22　试用四位并行加法器 74LS283 和门电路设计一个四位减法器，画出逻辑电路图。

学习情境 5　时序逻辑电路的分析与应用

内 容 概 要

本学习情境主要介绍时序逻辑电路的基本逻辑部件——触发器，以及中规模时序逻辑器件集成计数器和集成寄存器的功能及应用。讨论了各逻辑器件应用电路的设计方法，并用 Multisim 软件进行了仿真。

学 习 导 入

所谓时序逻辑电路是指电路在任何时刻的输出状态不仅与当时的输入信号有关，而且还与电路原来的状态有关。时序逻辑电路从结构上是由组合逻辑电路和存储电路两部分组成，其框图如图 5-1 所示。时序逻辑电路的状态是由存储电路（由触发器组成）来记忆表示的。

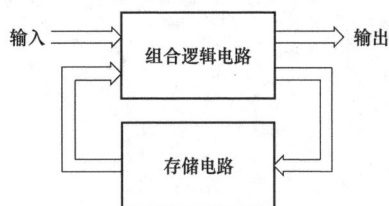

图 5-1　时序逻辑电路框图

触发器是构成数字时序逻辑电路的基本逻辑部件。它的基本特征有：①有两个稳定状态，可分别用来表示二进制数码 0 或 1；②在输入的触发信号作用下，两个稳定状态可以相互转换；③当输入信号消失后，能保持已获得的状态。因此，触发器具有记忆功能，常被用作二进制信息的存储单元。

根据各触发器接收时钟信号的不同，时序逻辑电路可分为同步时序电路和异步时序电路。在同步时序电路中，各触发器状态的变化都在同一个时钟信号作用下同时发生；而在异步时序电路中，时钟脉冲只触发部分触发器，其余触发器则是由电路内部信号触发的，各触发器状态的变化不是同步发生的。

时序逻辑电路在实际中应用很广泛，如在数字钟、交通灯、计算机等系统中都能见到。常见的中、小规模集成时序逻辑器件有集成触发器、集成计数器和集成寄存器等。

学习任务 5.1　集 成 触 发 器 的 应 用

知 识 学 习

根据逻辑功能的不同，触发器可分为 RS 触发器、D 触发器、JK 触发器、T 和 T' 触发器等。根据触发方式的不同，触发器可分为电平触发器、边沿触发器和主从触发器。根据电路结构的不同，触发器可分为基本 RS 触发器、同步触发器和边沿触发器等。

5.1.1　基本 RS 触发器

一、电路结构

由两个与非门 G1 和 G2 组成的基本
RS 触发器电路及逻辑符号如图 5-2 所
示。基本 RS 触发器有两个输入端 $\bar{R}$ 和 $\bar{S}$，
$\bar{R}$ 称为置 0 端（或复位端），$\bar{S}$ 称为置 1
端（或置位端），非号表示低电平有效，在
逻辑符号中用小圆圈表示；两个互补输出
端 Q 和 $\bar{Q}$。

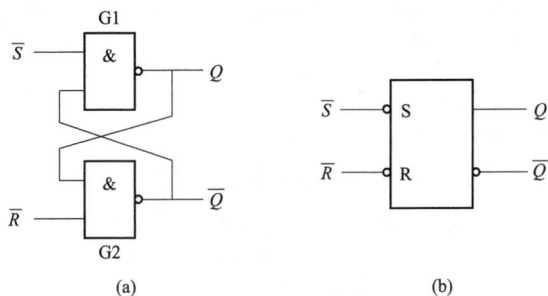

通常 $Q=1$、$\bar{Q}=0$ 时，称触发器为 1
状态；$Q=0$、$\bar{Q}=1$ 时，称触发器为 0 状
态。用 Q^n 表示触发器的现态，指触发器

图 5-2　基本 RS 触发器
（a）电路；（b）逻辑符号

输入信号变化前的状态；用 Q^{n+1} 表示次态，指触发器输入信号变化后的状态。

二、逻辑功能

表 5-1 列出了基本 RS 触发器功能，由功能表可知：

（1）当 $\bar{R}=0$、$\bar{S}=1$ 时，因 $\bar{R}=0$，G2 门输出 $\bar{Q}=1$，这时 G1 门输入都为高电平 1，输出 $Q=0$，触发器将处于 0 状态，即触发器置 0。

（2）当 $\bar{R}=1$、$\bar{S}=0$ 时，因 $\bar{S}=0$，G1 门输出 $Q=1$，这时 G2 门输入都为高电平 1，输出 $\bar{Q}=0$，触发器将处于 1 状态，即触发器置 1。

（3）当 $\bar{R}=1$、$\bar{S}=1$ 时，因 $\bar{R}$、$\bar{S}$ 全为 1，G1 门输出 $Q=\overline{1\cdot\bar{Q}}=Q$，G2 门输出 $\bar{Q}=\overline{1\cdot Q}=\bar{Q}$，故触发器保持原状态不变，即触发器具有存储和记忆功能。

（4）当 $\bar{R}=0$、$\bar{S}=0$ 时，G1 门、G2 门的输出分别为 $Q=1$、$\bar{Q}=1$，这种情况不符合 Q 和 $\bar{Q}$ 的逻辑要求。而且，当 $\bar{R}$、$\bar{S}$ 同时由 0 变为 1 时，输出可能是 0 状态，也可能是 1 状态，即 Q 和 $\bar{Q}$ 输出状态不确定，所以此情况不允许出现。通常在实际应用时，要求在 $\bar{R}$、$\bar{S}$ 两个输入信号中至少有一个为逻辑 1。

表 5-1　　　　　　　　　　基本 RS 触发器功能表

$\bar{R}$	$\bar{S}$	Q^n	Q^{n+1}	逻辑功能
0	0	0	×	不允许
0	0	1	×	
0	1	0	0	置　0
0	1	1	0	
1	0	0	1	置　1
1	0	1	1	
1	1	0	0	保　持
1	1	1	1	

基本 RS 触发器虽然结构简单，但其状态转换受输入信号的直接控制，还有约束条件的限制，不便使用。

三、应用举例

利用基本 RS 触发器可以消除开关抖动引起的干扰脉冲。由于机械开关的抖动会使输出电压在开关接通和断开瞬间产生"毛刺",这种干扰信号会导致电路工作出错,在实际工作中是不允许的。

利用基本 RS 触发器构成的开关去抖动电路如图5-3所示。当开关S处于B时,触发器输出 $Q=0$;若将开关S置于A时,触发器输出 Q 由0变为1,这时,即使开关S在A处有抖动,触发器输出 Q 始终为1。同理,当开关S再置于开关B时,触发器输出 Q 由1变为0后,并保持0态不变。

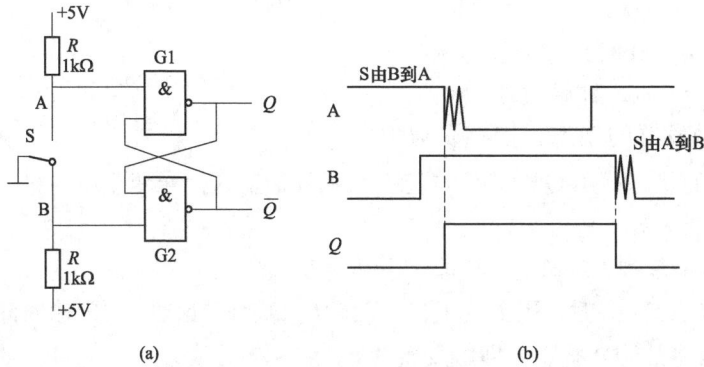

(a)　　　　　　　　　(b)

图5-3　开关去抖动电路
（a）电路；（b）电压波形

5.1.2　同步触发器

基本 RS 触发器的状态是受输入信号直接控制的,当输入端的置0或置1信号出现时,输出状态就可随之发生变化。在实际使用中,经常要求触发器按一定的节拍动作。因此,还需要在电路中加入一个时钟脉冲 CP 控制端。电路在时钟脉冲 CP 的作用下,根据输入信号动作,没有时钟脉冲输入时,电路的状态不会发生变化。这种具有时钟脉冲控制的触发器称为同步触发器,也称为时钟触发器。

一、同步 RS 触发器

1. 电路结构

同步 RS 触发器是在基本 RS 触发器的基础上增加了两个由时钟 CP 控制的与非门G3、G4组成,其逻辑电路和符号为图5-4所示。

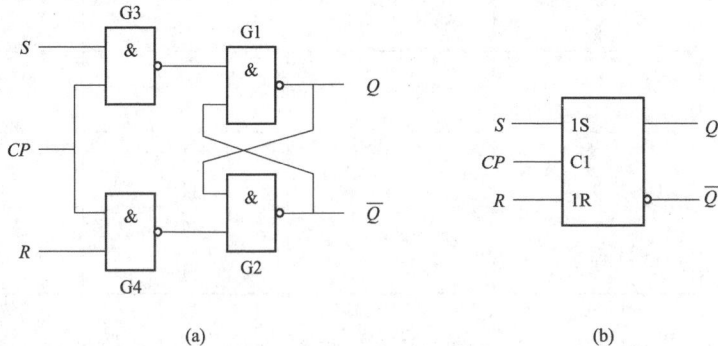

(a)　　　　　　　　　(b)

图5-4　同步 RS 触发器
（a）电路；（b）逻辑符号

2. 逻辑功能

在 $CP=0$ 时，触发器不工作，此时 G3、G4 门输出均为 1，基本 RS 触发器处于保持态。无论 R、S 如何变化，均不会改变 G3、G4 门的输出，故对任意状态无影响。

在 $CP=1$ 时，触发器工作，其功能见表 5-2。由表可知：

当 $R=S=0$ 时，$Q^{n+1}=Q^n$，触发器状态不变；

当 $R=0$，$S=1$，$Q^{n+1}=1$，触发器置"1"；

当 $R=1$，$S=0$，$Q^{n+1}=0$，触发器置"0"；

当 $R=S=1$ 时，触发器的输出端 $Q=\bar{Q}=1$，且当 R 和 S 同时由 1 变为 0 时，则触发器的新状态不能预先确定。触发器正常工作时，将不允许此情况出现。

表 5-2　　　　　　　　　　　同步 RS 触发器功能表

R	S	Q^n	Q^{n+1}	逻辑功能
0	0	0	0	保持
0	0	1	1	
0	1	0	1	置1
0	1	1	1	
1	0	0	0	置0
1	0	1	0	
1	1	0	$\times$	不允许
1	1	1	$\times$	

3. 特征方程

触发器的特性方程，也称特征方程，是指触发器输出状态的次态 Q^{n+1} 与现态 Q^n 及输入之间的逻辑关系表达式。触发器现态 Q^n 既是触发器现在的输出状态，又同时与输入信号共同决定着触发器的下一个输出状态，即次态 Q^{n+1}。所以，特性方程实际上是以触发器的输入及现态作变量，输出次态为函数的逻辑方程。根据功能表可画出同步 RS 触发器 Q^{n+1} 的卡诺图，如图 5-5 所示，由此得到同步触发器的特性方程为

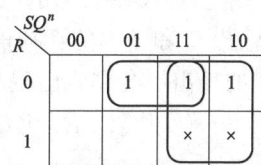

图 5-5　同步 RS 触发器 Q^{n+1} 的卡诺图

$$\begin{cases} Q^{n+1}=S+\bar{R}Q^n \\ RS=0 \quad （约束条件） \end{cases} \tag{5-1}$$

由于 RS 触发器在 $R=S=1$ 时，存在着不定状态，这在实际使用中非常不方便，故将它进行适当的变化可得到常用的 D 触发器和 JK 触发器。

二、同步 D 触发器

同步 D 触发器电路和逻辑符号如图 5-6 所示。它有一个输入端 D，利用非门将 D 和 $\bar{D}$ 分别作为同步 RS 触发器的输入，即 $S=D$，$R=\bar{D}$，这样同步 D 触发器就没有不定状态。

将 $S=D$，$R=\bar{D}$ 代入式（5-1）中，可得 D 触发器特性方程为

$$Q^{n+1}=D \tag{5-2}$$

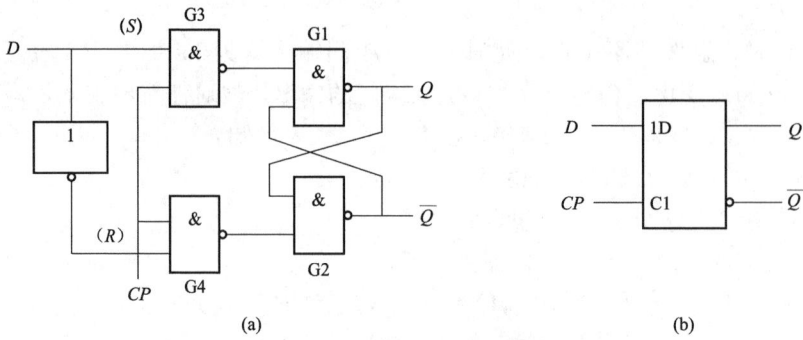

图 5-6　同步 D 触发器

（a）电路；（b）逻辑符号

在 $CP=1$ 时，D 触发器具有置 0 和置 1 功能，其输出状态总是跟随 D 端输入信号变化。D 触发器的功能表见表 5-3。

表 5-3　　　　　　　　　　　　　　　**D 触发器功能表**

D	Q^n	Q^{n+1}	逻辑功能
0	0	0	置　0
0	1	0	
1	0	1	置　1
1	1	1	

三、同步 JK 触发器

同步 JK 触发器的电路和逻辑符号如图 5-7 所示，它有 2 个输入端 J 和 K，并将触发器输出 Q 和输出的互补信号 $\overline{Q}$ 反馈到输入端，相当于使 $S=J\overline{Q^n}$，$R=KQ^n$，这样 G3 和 G4 的输出不会同时出现 0，从而避免了不定状态。

将 $S=J\overline{Q^n}$，$R=KQ^n$ 代入式（5-1）中可得，JK 触发器特性方程为

$$Q^{n+1}=J\,\overline{Q^n}+\bar{K}Q^n \tag{5-3}$$

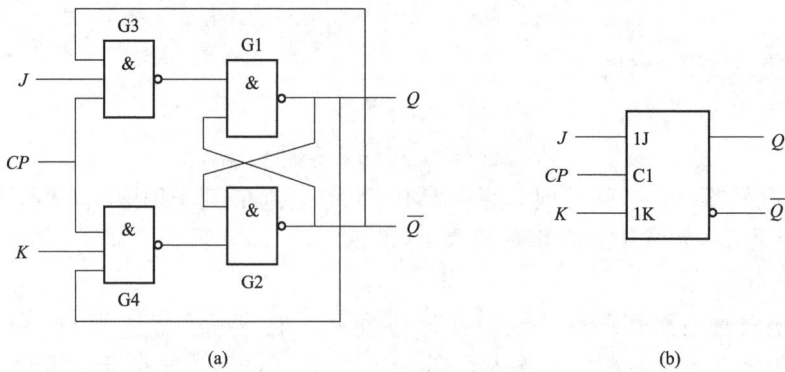

图 5-7　同步 JK 触发器

（a）电路；（b）逻辑符号

当 $CP=0$ 时，G3 和 G4 被封锁，均输出 1，触发器保持原状态不变。

当 $CP=1$ 时，G3 和 G4 解除封锁，输入 J、K 和 Q、$\bar{Q}$ 端信号可以控制触发器的状态，其功能见表 5-4。由表可知：

(1) 当 $J=K=0$ 时，$Q^{n+1}=Q^n$，触发器保持原状态不变；

(2) 当 $J=0$，$K=1$ 时，$Q^{n+1}=0$，触发器输出变为 0，具有置 0 功能；

(3) 当 $J=1$，$K=0$ 时，$Q^{n+1}=1$，触发器输出变为 1，具有置 1 功能；

(4) 当 $J=K=1$ 时，$Q^{n+1}=\overline{Q^n}$，触发器状态翻转，具有计数功能。

表 5-4　　　　　　　　　　　　　**JK 触发器功能表**

J	K	Q^n	Q^{n+1}	逻辑功能
0	0	0	0	保持
0	0	1	1	
0	1	0	0	置 0
0	1	1	0	
1	0	0	1	置 1
1	0	1	1	
1	1	0	1	计数
1	1	1	0	

四、同步触发器的空翻现象

由于同步触发器是电平触发，如果在 $CP=1$ 期间，输入信号多次发生变化，输出 Q 也会随之多次发生变化。像这样在一个 CP 期间触发器翻转多次的情况，称为触发器的空翻现象，这在实际使用中是需要禁止的。采用边沿触发器可克服空翻现象。

5.1.3　集成边沿触发器

为了提高触发器的可靠性，增强抗干扰能力，希望触发器在时钟脉冲 CP 的上升沿（或下降沿）到达的时刻接收输入信号，使其输出状态可以跟随输入信号改变，而在 CP 其他时间内，触发器的状态不变化。具有这种特性的触发器称为边沿触发器。

一、集成边沿 D 触发器

1. 边沿 D 触发器

边沿 D 触发器的逻辑符号如图 5-8 所示。D 为输入信号，时钟输入端 CP 的符号"＞"表示边沿触发。CP 端没有圆圈表示上升沿触发，有圆圈则表示下降沿触发。

边沿 D 触发器的逻辑功能与同步 D 触发器相同，只不过边沿 D 触发器是在 CP 的上升沿或下降沿到来的时刻接收 D 端的输入信号而改变输出状态。

上升沿 D 触发器的特性方程为

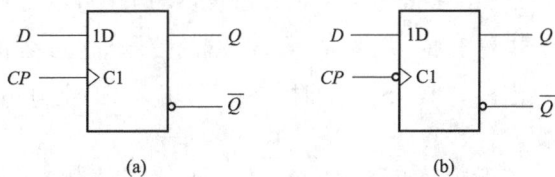

图 5-8　边沿 D 触发器的逻辑符号

（a）上升沿触发；（b）下降沿触发

$$Q^{n+1} = D(CP \text{ 上升沿}) \tag{5-4}$$

【例 5-1】　图 5-9 所示为上升沿 D 触发器的 CP 和 D 端的输入电压波形，试画出输出端 Q 的波形。设触发器的初始状态为 0。

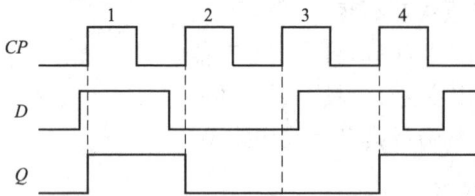

图 5-9　上升沿 D 触发器的工作波形

解：第 1 个 CP 脉冲上升沿到达时，$D=1$，在 CP 上升沿作用下，触发器由 0 状态翻转到 1 状态；第 2 个 CP 脉冲上升沿到达时，$D=0$，触发器由 1 状态翻转到 0 状态；第 3 个 CP 脉冲上升沿到达时，$D=0$，触发器保持 0 状态；第 4 个 CP 脉冲上升沿到达时，$D=1$，触发器由 0 状态翻转到 1 状态。

由工作波形可知，上升沿 D 触发器在 CP 上升沿时刻到达时，电路才会接收 D 端的输入信号，而在 CP 其他时间内，无论 D 为何值，触发器状态都不会改变。在时钟 CP 的一个周期内，只有一个上升沿，触发器最多只能改变一次状态，没有空翻现象。

2. 集成边沿 D 触发器 74LS74

（1）逻辑符号。74LS74 是上升沿触发的双 D 触发器，其引脚图和逻辑符号如图 5-10 所示。每个触发器均有自己的信号输入端 D、时钟输入端 CP，以及异步置 0 输入端 $\bar{R}_{\mathrm{D}}$ 和异步置 1 输入端 $\bar{S}_{\mathrm{D}}$。

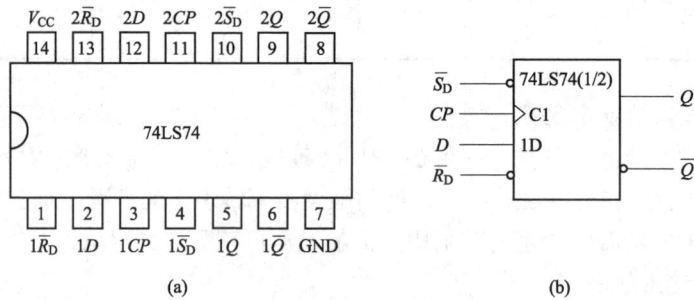

图 5-10　边沿 D 触发器 74LS74

（a）引脚图；（b）逻辑符号

（2）逻辑功能。表 5-5 列出了 74LS74 逻辑功能，由表可知：

当 $\bar{R}_{\mathrm{D}}=0$，$\bar{S}_{\mathrm{D}}=1$ 时，触发器输出置 0，与时钟输入 CP 和 D 端的输入无关，故 $\bar{R}_{\mathrm{D}}$ 称为异步置 0 端；

当 $\bar{R}_{\mathrm{D}}=1$，$\bar{S}_{\mathrm{D}}=0$ 时，触发器输出置 1，与时钟输入 CP 和 D 端的输入无关，故 $\bar{S}_{\mathrm{D}}$ 称为异步置 1 端，可见 $\bar{R}_{\mathrm{D}}$ 和 $\bar{S}_{\mathrm{D}}$ 端的信号对触发器的控制作用优先于 CP；

当 $\bar{R}_{\mathrm{D}}=1$，$\bar{S}_{\mathrm{D}}=1$ 时，在时钟输入 CP 上升沿到来时，有 $Q^{n+1}=D$，其他时刻输出保持不变。

在正常工作时，不允许 $\bar{R}_{\mathrm{D}}$ 和 $\bar{S}_{\mathrm{D}}$ 同时为 0。一般触发器工作之初，会在 $\bar{R}_{\mathrm{D}}$ 或 $\bar{S}_{\mathrm{D}}$ 端输入一负脉冲，使触发器预先置于 0 或 1。在工作开始后，$\bar{R}_{\mathrm{D}}$、$\bar{S}_{\mathrm{D}}$ 将置于高电平。

表 5 - 5　　　　　　　　　　　　　　**74LS74 功能表**

$\overline{R}_D$	$\overline{S}_D$	D	CP	Q^{n+1}	$\overline{Q}^{n+1}$	逻辑功能
0	1	×	×	0	1	异步置0
1	0	×	×	1	0	异步置1
1	1	0	↑	0	1	置0
1	1	1	↑	1	0	置1
1	1	×	0	Q^n	$\overline{Q}^n$	保持
0	0	×	×	1	1	不允许

二、集成边沿 JK 触发器

1. 边沿 JK 触发器

边沿 JK 触发器的逻辑符号如图 5 - 11所示。J、K 为输入信号，CP 为时钟输入，没有圆圈表示上升沿触发，有圆圈则表示下降沿触发。

边沿 JK 触发器的逻辑功能与同步 JK 触发器相同，只不过边沿 JK 触发

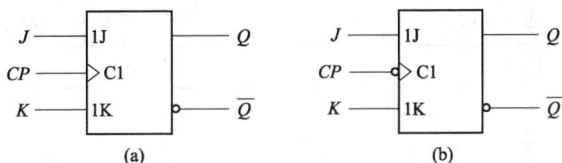

图 5 - 11　JK 触发器的逻辑符号
（a）上升沿触发；（b）下降沿触发

器是在 CP 的上升沿或下降沿到来的时刻接收 J、K 端的输入信号而改变输出状态。

下降沿 JK 触发器的特征方程为

$$Q^{n+1} = J\,\overline{Q^n} + \overline{K}Q^n\,(CP\ 下降沿) \tag{5 - 5}$$

图 5 - 12 所示为下降沿 JK 触发器在 CP 和 J、K 信号作用下 Q 的工作波形。图中触发器的初始态为 0。

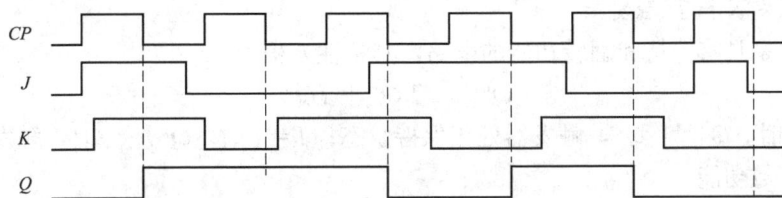

图 5 - 12　边沿 JK 触发器的工作波形

2. 集成边沿 JK 触发器 74LS112

（1）逻辑符号。74LS112 是下降沿触发的双 JK 触发器，其引脚图和逻辑符号如图 5 - 13 所示。每个触发器均有自己的信号输入端 J 和 K、时钟输入端 CP，以及异步置 0 输入端 $\overline{R}_D$ 和异步置 1 输入端 $\overline{S}_D$。

（2）逻辑功能。表 5 - 6 列出了 74LS112 逻辑功能，由表可知：

当 $\overline{R}_D=0$，$\overline{S}_D=1$ 时，触发器异步置 0；当 $\overline{R}_D=1$，$\overline{S}_D=0$ 时，触发器异步置 1；

当 $\overline{R}_D=1$，$\overline{S}_D=1$ 时，在时钟输入 CP 下降沿到来的时刻，触发器才接收 J、K 端的输入信号而改变输出状态，具有置 0、置 1、保持和计数功能，在 CP 其他时刻输出保持不变。

在正常工作时，不允许 $\overline{R}_D$ 和 $\overline{S}_D$ 同时为 0。

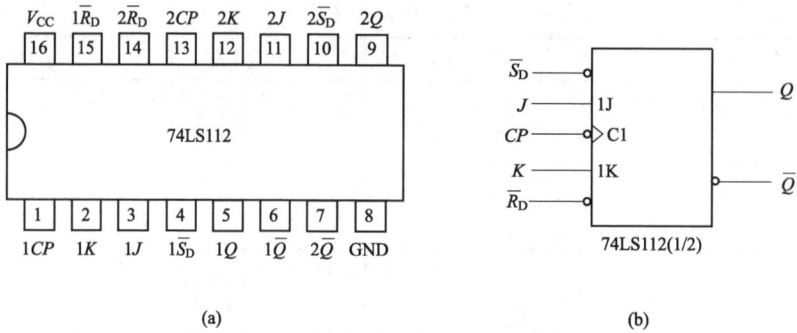

(a)　　　　　　　　　　　　　　　(b)

图 5 - 13　边沿 JK 触发器 74LS112

(a) 引脚图；(b) 逻辑符号

表 5 - 6　　　　　　　　　　　　　74LS112 功能表

$\overline{R}_D$	$\overline{S}_D$	J	K	CP	Q^{n+1}	$\overline{Q}^{n+1}$	逻辑功能
0	1	$\times$	$\times$	$\times$	0	1	异步置0
1	0	$\times$	$\times$	$\times$	1	0	异步置1
1	1	0	0	$\downarrow$	Q^n	$\overline{Q}^n$	保持
1	1	0	1	$\downarrow$	0	1	置0
1	1	1	0	$\downarrow$	1	0	置1
1	1	1	1	$\downarrow$	$\overline{Q}^n$	Q^n	计数
1	1	$\times$	$\times$	1	Q^n	$\overline{Q}^n$	保持
0	0	$\times$	$\times$	$\times$	1	1	不允许

三、T 触发器和 T' 触发器

T 触发器是具有保持和翻转功能的电路，其特性方程为

$$Q^{n+1} = T\overline{Q}^n + \overline{T}Q^n \tag{5-6}$$

当 $T=0$ 时，$Q^{n+1}=Q^n$，触发器处于保持状态；$T=1$ 时，$Q^{n+1}=\overline{Q}^n$，触发器处于翻转状态，具有计数功能。

将 JK 触发器的 J、K 端相连，作为一个输入端 T，JK 触发器就成了 T 触发器，如图 5-14（a）所示。

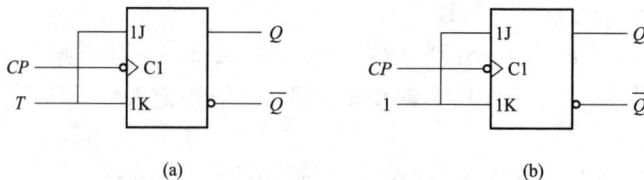

(a)　　　　　　　　　　　　　　　(b)

图 5-14　JK 触发器构成 T 和 T' 触发器

(a) T 触发器；(b) T' 触发器

T' 触发器仅有翻转一种功能，即

$$Q^{n+1} = \overline{Q^n} \tag{5-7}$$

　　将 T 触发器的 T 端接 1，T 触发器就成了 T' 触发器，如图 5-14（b）所示。也可将 D 触发器的输出端 $\bar{Q}$ 和 D 输入端相连，实现 T' 触发器的计数功能，电路和工作波形如图 5-15 所示。由工作波形可知，T' 触发器具有二分频功能。

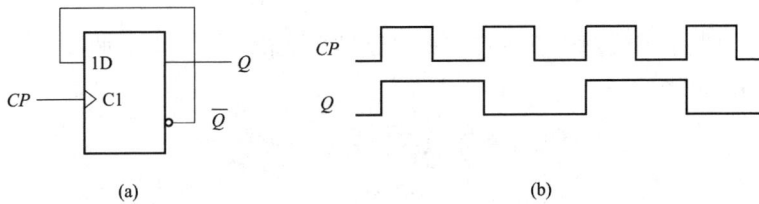

图 5-15　D 触发器构成 T' 触发器
(a) T' 触发器；(b) 工作波形

　　T 触发器和 T' 触发器在数字电路中常被用来组成计数器。

技 能 训 练

1　集成触发器应用电路测试

一、训练目的

（1）学习各种集成触发器的逻辑功能。

（2）学会正确使用各种集成触发器。

二、仪器设备及元器件

（1）仪器设备：数字实验系统，1 台；双踪示波器，1 台。

（2）元器件：74LS74、74LS112、74LS00，各 1 片。

三、训练内容

（1）用集成边沿 D 触发器 74LS74 构成 T' 触发器。

1）画出用 74LS74 构成的 T' 触发器电路图；

2）用 Multisim 软件仿真观测 T' 触发器的工作波形；

3）在数字实验箱上搭接 T' 触发器，用实验箱上的连续脉冲作 CP 时钟，用示波器（或发光二极管）观察并记录 CP 和 Q 的同步波形（或看发光二极管，灯亮为 1、灯灭为零的输出结果）。

（2）用集成边沿 JK 触发器 74LS112 构成 T 触发器。

1）画出用 74LS112 构成的 T 触发器电路图；

2）用 Multisim 软件仿真观测 T 触发器的工作波形；

3）在数字实验箱上搭接 T 触发器，用实验箱上的连续脉冲作 CP 时钟，用示波器（或 LED）观察并记录 CP 和 Q 的同步波形。

（3）用集成边沿 JK 触发器 74LS112 构成四分频电路。

用 JK 触发器构成的四分频电路如图 5-16 所示。

1）用 Multisim 软件仿真观测四分频电路

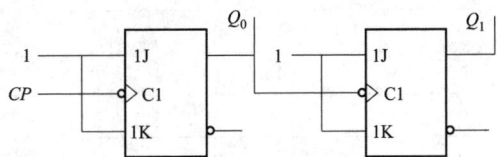

图 5-16　四分频电路

的工作波形；

2）在数字实验箱上用 74LS112 搭接四分频电路，用实验箱上的连续脉冲作 CP 时钟，用示波器观察 Q_0 和 Q_1 的波形并记录下来。

四、训练要求

（1）画出各电路的接线图，整理和分析测试结果，说明分频电路的逻辑功能。

（2）撰写测试报告。

2　四路抢答器的仿真设计

一、设计指标

四路抢答器的主要功能有：

（1）可实现 4 组参赛者的竞赛抢答器，每组设置一个抢答按钮供参加竞赛者使用；

（2）电路应具有第一抢答信号的鉴别和锁存功能。在主持人"Jx"清零发出抢答指令后，如果某组参赛者在第一时间按动抢答开关抢答成功后，应立即将其输入锁存器自锁，使其他组别的抢答信号无效，并用译码及数码显示电路显示出该组参赛者的组号；

（3）若同时有两组或两组以上抢答，则所有的抢答信号无效，显示器显示 0 字符。

二、设计方法

四路抢答器电路是由第一信号鉴别电路和译码电路两部分组成。设计仿真电路如图 5 - 17 所示。

第一信号的鉴别和锁存电路由两片边沿 JK 触发器 74LS112 和与非门 74LS00、74LS20 构成。其中，每组抢答者的按键分别控制 4 个 JK 触发器的时钟，主持人的按键（Jx）接所有触发器的异步清零端。将每个触发器的输出 $\bar{Q}$ 相与后，同时接各触发器的 J、K 输入端，即将每个触发器接成 T 触发器。

抢答前，主持人按下按键，接入低电平时，将所有触发器输出置零，然后再将按键接入高电平，允许参赛者抢答。当有人抢答时，如 J1 按下按键，其对应的触发器输出 Q 由 0 翻转成 1，而 $\bar{Q}$ 变成 0，使得所有触发器的输入 J、K 都为 0，具有保持功能，从而使其他后按抢答器的抢答信号无效。

译码、驱动由与非门 74LS00、74LS20、译码/驱动电路 CD4511 组成，显示电路由共阴极七段数码显示器组成。译码电路由门电路组成，将第一信号鉴别电路的输出转换成 CD4511 的输入码字，然后驱动数码管显示。表 5 - 7 列出了译码显示电路的译码表。

表 5 - 7　　　　　　　　　　译码显示电路的译码表

第一信号鉴别电路输出				译码/驱动电路 CD4511 输入				显示器显示字形
Q_4	Q_3	Q_2	Q_1	D	C	B	A	
0	0	0	0	0	0	0	0	0
0	0	0	1	0	0	0	1	1
0	0	1	0	0	0	1	0	2
0	0	1	1	0	0	0	0	0
0	1	0	0	0	0	1	1	3
0	1	0	1	0	0	0	0	0

续表

第一信号鉴别电路输出				译码/驱动电路 CD4511 输入				显示器 显示字形
Q_4	Q_3	Q_2	Q_1	D	C	B	A	
0	1	1	0	0	0	0	0	0
0	1	1	1	0	0	0	0	0
1	0	0	0	0	1	0	0	4
1	0	0	1	0	0	0	0	0
1	0	1	0	0	0	0	0	0
1	0	1	1	0	0	0	0	0
1	1	0	0	0	0	0	0	0
1	1	0	1	0	0	0	0	0
1	1	1	0	0	0	0	0	0
1	1	1	1	0	0	0	0	0

三、四路抢答器的仿真

运行仿真电路，主持人将抢答器的清零按钮"Jx"接地后，再接高电平，同时发出"开始抢答"的指令，则第一时间抢答成功的参赛者的组别符号将被显示器显示，而其后的抢答无效。在图 5-17 中，第三组第一时间按下抢答按钮"J3"，故显示"3"。

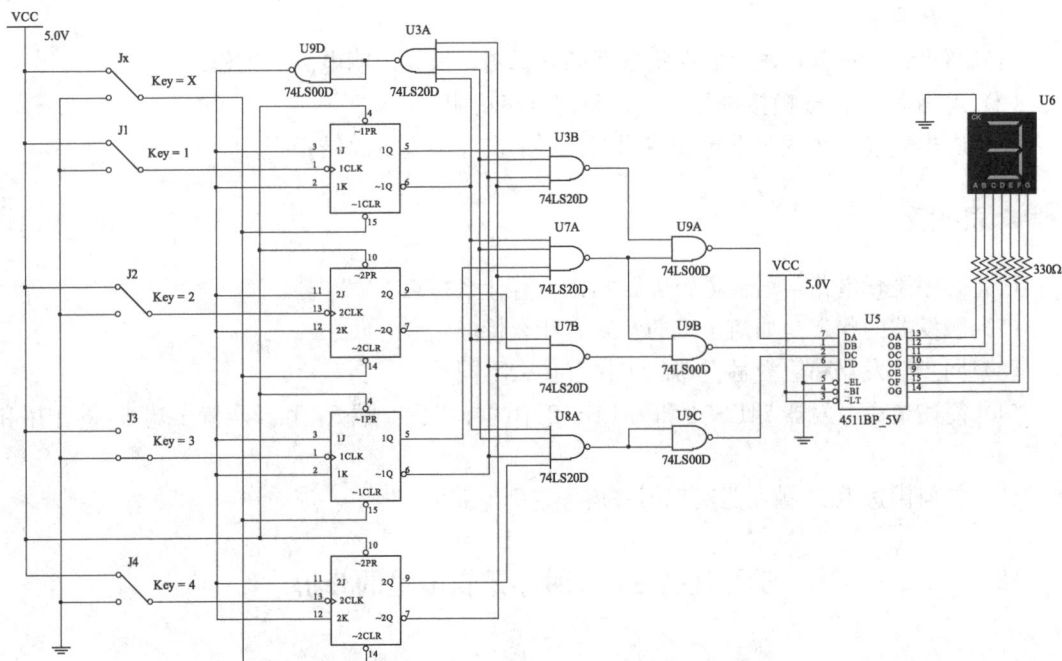

图 5-17 四路抢答器的仿真电路

若同时有两组或两组以上抢答，则所有的抢答信号无效，显示器显示"0"字符。如图 5-18 所示，由于第一组"J1"和第二组"J2"同时按下按钮（接低电平），抢答无效，显示"0"字符。

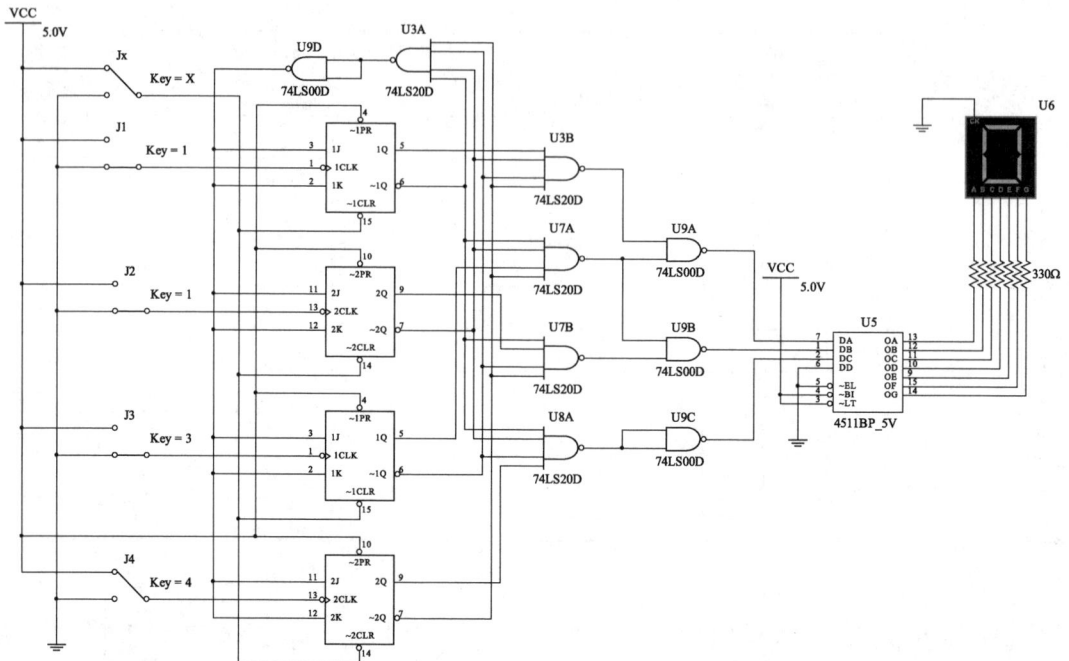

图 5-18　显示器显示"0"字符

四、设计要求

（1）写出设计过程，画出四路抢答器的逻辑图，简要说明电路的工作。

（2）运用 Multisim 模拟进行仿真，测试电路功能。

（3）画出安装接线图，进行安装调试，写出设计和调试总结报告。

思考题

（1）时序逻辑电路与组合逻辑电路相比，有什么特点？

（2）触发器的状态是如何定义的？它有什么特点？

（3）同步触发器和边沿触发器的工作有什么不同？

（4）简述集成触发器 74LS74 和 74LS112 中的异步置 0 端 $\bar{R}_D$ 和异步置 1 端 $\bar{S}_D$ 的作用和特点。

（5）如何用边沿 D 触发器实现第一信号鉴别电路？

学习任务 5.2　时序逻辑电路的分析

知识学习

　　时序电路逻辑电路按触发脉冲输入方式的不同，可分为同步时序电路和异步时序电路。同步时序电路是指各触发器状态的变化受同一个时钟脉冲控制；而异步时序电路中，各触发器状态的变化不受同一个时钟脉冲控制。

5.2.1　时序逻辑电路分析的一般步骤

（1）根据给定的时序逻辑电路图写出下列各逻辑方程式。

1）各个触发器的时钟方程，即时序电路中各个触发器时钟脉冲 CP 的逻辑关系；

2）各个触发器的驱动方程，即各个触发器的输入信号之间的逻辑关系；

3）时序电路的输出方程。

（2）将时钟方程和驱动方程代入相应触发器的特性方程式中，求出触发器的状态方程。

（3）将电路输入信号和触发器的现态所有取值组合代入相应的状态方程，列出状态转换表，画出状态图或工作波形图（又称时序图）。

（4）根据电路的状态转换表或状态转换图，说明时序电路的功能。

5.2.2　时序逻辑电路分析举例

一、同步时序逻辑电路的分析

【例 5 - 2】　试分析如图 5 - 19 所示的时序电路的逻辑功能。

解：（1）写出相关方程式。

图 5 - 19 所示为同步时序逻辑电路，两个触发器都接至同一个时钟脉冲 CP，因此各触发器的时钟方程可以不写。

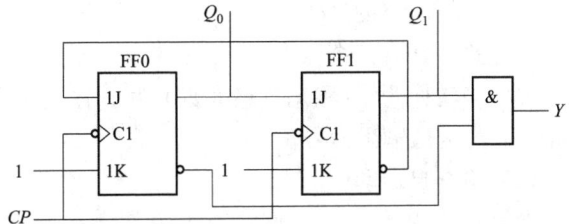

图 5 - 19　［例 5 - 2］电路图

驱动方程为
$$J_0 = \overline{Q}_1^n, K_0 = 1$$
$$J_1 = Q_0^n, K_1 = 1$$

输出方程为

$$Y = Q_1^n \overline{Q_0^n}$$

（2）写出各个触发器的状态方程。

根据 JK 触发器特性方程 $Q^{n+1} = J\overline{Q^n} + \overline{K}Q^n$，将对应驱动方程分别代入特性方程，可得各触发器的状态方程为

$$Q_0^{n+1} = \overline{Q_1^n} \cdot \overline{Q_0^n} + \overline{1} \cdot Q_0^n = \overline{Q_1^n} \cdot \overline{Q_0^n}$$
$$Q_1^{n+1} = Q_0^n \cdot \overline{Q_1^n} + \overline{1} \cdot Q_1^n = Q_0^n \overline{Q_1^n}$$

（3）列出状态转换真值表。

列出电路输入信号和触发器现态的所有取值组合，代入相应的状态方程，得到状态转换真值表，见表 5 - 8。

表 5 - 8　　　　　　　　　　　　　　状 态 转 换 真 值 表

Q_1^n　Q_0^n	Q_1^{n+1}　Q_0^{n+1}	Y
0　　0	0　　　1	0
0　　1	1　　　0	0
1　　0	0　　　0	1

（4）画出电路的状态转换图和时序图。

图 5-20（a）所示为电路的状态转换图，图中的圆圈内表示电路的一个状态，即 2 个触发器的状态，箭头表示电路状态的转换方向（现态→次态），箭头线上方标注的 X/Y 为转换条件，X 为转换前输入变量的取值，Y 为输出值。图 5-20（b）所示为电路的时序图。

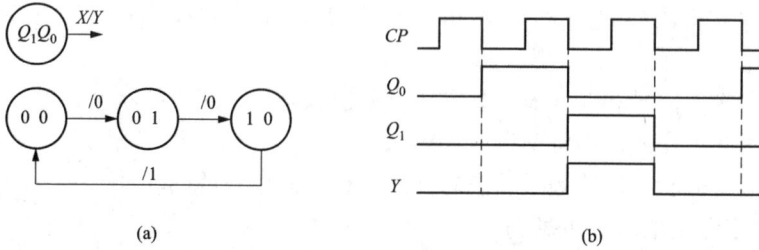

图 5-20　［例 5-2］状态转换图和时序图
（a）状态转换图；（b）时序图

（5）分析电路的逻辑功能。

该电路一共有三个状态 00、01 和 10。状态按照加 1 的规律从 00→01→10→00 循环变化，并每当转换为 10 状态（最大数）时，输出 $Y=1$。因此这是一个同步三进制加法计数器电路，Y 为进位输出信号。

（6）检查自启动。

电路应有 $2^2=4$ 个工作状态，只有 3 个状态被利用了，这些状态称为有效状态；还有 11 没有被利用，称为无效状态。将 11 代入各触发器的状态方程，可以得到其次态为 00，输出 Y 为 0，00 是有效状态。如果此电路由于某种原因而进入无效状态 11 工作时，只要继续输入计数脉冲 CP，电路会自动返回到有效状态工作。因此，该电路能够自启动。

二、异步时序逻辑电路的分析

【例 5-3】　试分析图 5-21 所示电路的逻辑功能。

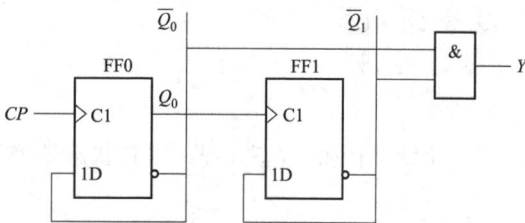

图 5-21　［例 5-3］电路

解：（1）写出相关方程式。

这是异步时序逻辑电路，分析时需要写出时钟方程。

1）时钟方程

$CP_0=CP$（时钟脉冲 CP 的上升沿触发）

$CP_1=Q_0^n$（Q_0 的上升沿触发）

2）输出方程

$$Y=\overline{Q_1^n}\ \overline{Q_0^n}$$

3）驱动方程

$$D_0=\overline{Q_0^n},\ D_1=\overline{Q_1^n}$$

4）状态方程：将驱动方程代入 D 触发器的特性方程 $Q^{n+1}=D$ 中，可得状态方程为

$$Q_0^{n+1}=D_0=\overline{Q_0^n}（CP 的上升沿触发）$$

$$Q_1^{n+1}=D_1=\overline{Q_1^n}（Q_0 的上升沿触发）$$

（2）列出状态转换真值表。

由状态方程，可列状态转换真值表，见表 5-9。

表 5-9　　　　　　　　　　　　状 态 转 换 真 值 表

Q_1^n	Q_0^n	Q_1^{n+1}	Q_0^{n+1}	Y	CP_1	CP_0
0	0	1	1	1	↑	↑
1	1	1	0	0	↓	↑
1	0	0	1	0	↑	↑
0	1	0	0	0	↓	↑

（3）画出状态转换图和时序图。

根据状态转换真值表画出状态转换图和时序图，如图 5-22 所示。

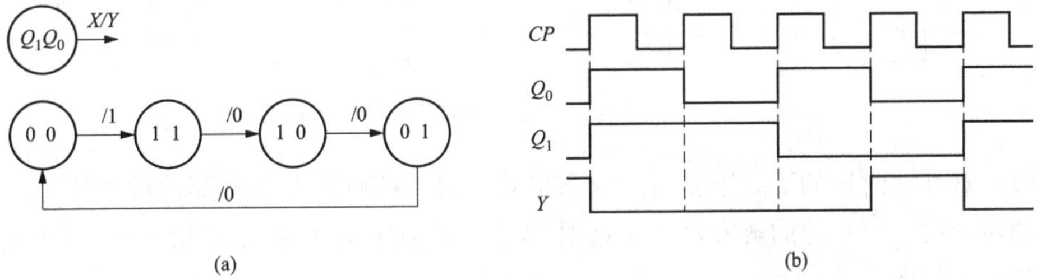

图 5-22　［例 5-3］状态转换图和时序图
（a）状态转换图；（b）时序图

（4）逻辑功能分析。

由状态转换图可知，电路有 4 个状态，在时钟脉冲作用下，按照减 1 规律循环变化，在 00 状态时，输出 $Y=1$。因此这是一个四进制减法计数器，Y 是借位信号。

🔧 思考题

（1）什么是同步时序逻辑电路？什么是异步时序逻辑电路？它们各有哪些优缺点？

（2）分析时序逻辑电路的一般步骤是什么？

（3）同步时序逻辑电路的分析和异步时序逻辑电路的分析有什么不同？

学习任务 5.3　集成计数器的应用

🧪 知 识 学 习

计数器是用来实现累计电路输入 CP 脉冲个数的电路，它主要由触发器组成。计数器累计输入脉冲的最大数目称为计数器的"模"，用 M 表示。计数器是数字系统中使用最多的时序逻辑电路，除了计数功能以外，计数器还可以实现计时、定时、分频和自动控制等功能，应用十分广泛。

计数器的分类方法有很多，按照 CP 脉冲的输入方式不同，计数器可分为同步计数器和异步计数器；按计数值的加减不同，计数器可分为加法计数器、减法计数器和加/减计数器；按计数进制不同，计数器又可分为二进制计数器、十进制计数器和任意进制计数器。

5.3.1　异步计数器

在异步计数器中，计数脉冲只加到部分触发器的时钟脉冲输入端上，而其他触发器的触发脉冲则由电路内部提供，应翻转的触发器状态更新有先有后。

一、异步二进制计数器

图 5-23 所示为 4 位二进制异步加法计数器的逻辑图。图中，每一级 JK 触发器均组成 T' 触发器，即 $Q^{n+1}=\overline{Q^n}$。最低位触发器 FF0 的时钟输入接外部计数脉冲 CP，而高位的触发器的时钟输入与其邻近低位触发器的输出 Q 端相连。

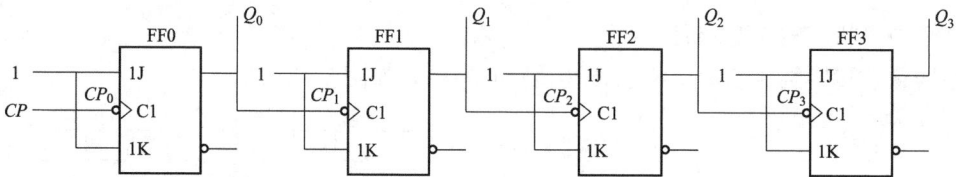

图 5-23　4 位异步二进制加法计数器的逻辑图

各触发器都在时钟的下降沿到达时状态翻转。最低位触发器是外部计数脉冲 CP 下降沿到达时翻转一次，而高位的触发器则是在其邻近低位触发器的输出 Q 由 1→0 时状态翻转。电路的时序图如图 5-24 所示。

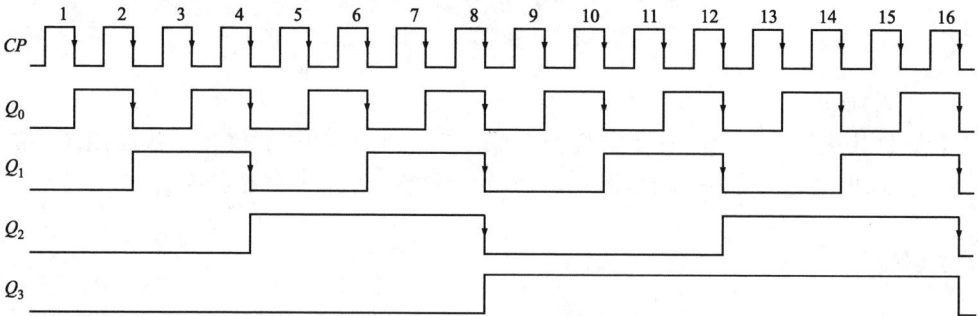

图 5-24　4 位二进制异步加法计数器的时序图

设计数器初始状态 $Q_3Q_2Q_1Q_0=000$，第 1 个 CP 作用后，FF0 翻转，Q_0 由 0→1，计数状态 $Q_3Q_2Q_1Q_0$ 由 0000→0001。第 2 个 CP 作用后，FF0 翻转，Q_0 由 1→0，Q_1 由 0→1，计数状态 $Q_3Q_2Q_1Q_0$ 由 0001→0010。依此类推，逐个输入 CP 脉冲时，计数器状态 $Q_3Q_2Q_1Q_0$ 按 0000→0001→0010→0011→0100→0101→0110→0111→1000→1001→1010→1011→1100→1101→1110→1111 的规律变化。当第 16 个 CP 作用后，Q_0 由 1→0，其下降沿使 Q_1 由 1→0，Q_1 的下降沿使 Q_2 由 1→0，Q_2 的下降沿使 Q_3 由 1→0，计数状态由 1111→0000，完成一个计数周期，其状态转换表见表 5-10。因此，图 5-23 所示电路为十六进制计数器，也称为模 16 计数器。

表 5 - 10   **4 位二进制异步加法计数器的状态转换表**

CP	计 数 状 态				CP	计 数 状 态			
	Q_3	Q_2	Q_1	Q_0		Q_3	Q_2	Q_1	Q_0
0	0	0	0	0	9	1	0	0	1
1	0	0	0	1	10	1	0	1	0
2	0	0	1	0	11	1	0	1	1
3	0	0	1	1	12	1	0	0	0
4	0	1	0	0	13	1	1	0	1
5	0	1	0	1	14	1	1	1	0
6	0	1	1	0	15	1	1	1	1
7	0	1	1	1	16	0	0	0	0
8	1	0	0	0					

由时序图可知，每位触发器的输出频率均为其输入频率的 1/2，所以 1 位二进制计数器就是一个二分频器，十六进制计数器就是一个十六分频器。

若将图 5 - 23 中各高位触发器的时钟输入接相邻低位触发器的输出端 $\overline{Q}$，则构成 4 位异步二进制减法计数器。其工作原理请读者自行分析。

异步计数器的电路简单，但各级触发器是以串行进位方式连接，因此，工作速度低，应用受到了很大的限制。在实际生产的集成计数器芯片中，往往还附加了一些控制电路，以增加电路的功能和使用的灵活性。

二、集成异步二—五—十进制计数器 74LS290

十进制计数器就是在 4 位二进制加法计数器的基础上略加修改而成。十进制计数器从 0000 开始计数，直到第九个计数脉冲后电路进入 1001 状态为止，它的工作过程与 4 位二进制计数器相同。不同的是，当第十个计数脉冲输入后，电路返回 0000 状态。十进制计数器的状态转换和时序图如图 5 - 25 所示。

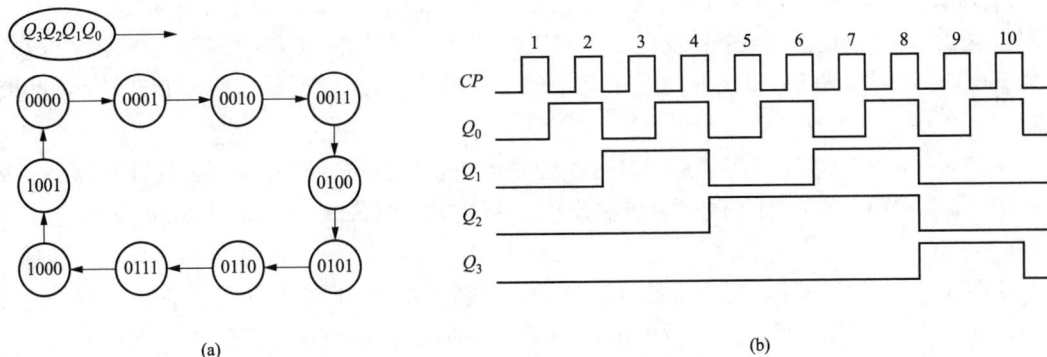

图 5 - 25 十进制计数器
(a) 状态转换图；(b) 时序图

集成异步二—五—十进制计数器 74LS290 内部有一个独立的二进制计数器和一个五进制计数器，如图 5 - 26 (a) 所示。CP_0 为二进制计数器时钟脉冲输入端，Q_0 为它的输出端。CP_1 为五进制计数器时钟脉冲输入端，Q_3、Q_2、Q_1 为它的输出端。

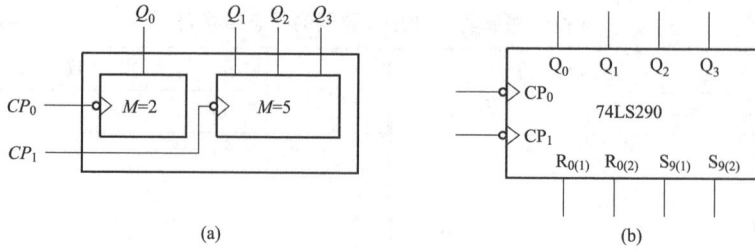

图 5 - 26　二—五—十进制计数器 74LS290

(a) 内部电路；(b) 逻辑符号

74LS290 的逻辑符号如图 5 - 26（b）所示。图中，$R_{0(1)}$、$R_{0(2)}$ 为异步置 0 端，$S_{9(1)}$、$S_{9(2)}$ 为异步置 9 端，其功能表见表 5 - 11。

表 5 - 11　74LS290 功能表

$R_{0(1)}$　$R_{0(2)}$	$S_{9(1)}$　$S_{9(2)}$	CP_0　CP_1	Q_3　Q_2　Q_1　Q_0	功能说明
1　　1	0　　×	×　　×	0　0　0　0	异步清 0
1　　1	×　　0	×　　×	0　0　0　0	
×　　×	1　　1	×　　×	1　0　0　1	异步置 9
$R_{0(1)} \cdot R_{0(2)}=0$	$S_{9(1)} \cdot S_{9(2)}=0$	$CP\downarrow$　0	二进制	计数
		0　$CP\downarrow$	五进制	计数
		$CP\downarrow$　$Q_0\downarrow$	8421 码十进制	计数
		$Q_3\downarrow$　$CP\downarrow$	5421 码十进制	计数

由功能表可知，无论是二、五或十进制计数器，只有在异步清 0 端和异步置 9 端均无有效输入信号时，电路才能正常计数。若 $R_{0(1)}=R_{0(2)}=1$ 时，$Q_3 Q_2 Q_1 Q_0=0000$ 置 0；若 $S_{9(1)}=S_{9(2)}=1$ 时，$Q_3 Q_2 Q_1 Q_0=1001$ 置 9。

将 74LS290 内部两个计数器级联可构成十进制计数器。当 CP_0 接外部计数脉冲，CP_1 接 Q_0 时，输出 $Q_3 Q_2 Q_1 Q_0$ 为 8421BCD 码。当 CP_1 接外部计数脉冲，CP_0 接 Q_3 时，输出 $Q_0 Q_3 Q_2 Q_1$ 为 5421BCD 码。图 5 - 25 所示也是由 74LS290 接成 8421BCD 码输出时的状态转换图和时序图。

在实际工作中，可以将多个集成计数器级联起来，以获得计数容量更大的计数器。一般集成计数器都设有级联用的输入端和输出端。将两片 74LS290 级联可以组成 100 进制计数器。

由图 5 - 25（b）可知，当十进制计数器的计数状态由 1001 转换为 0000 时，最高位输出 Q_3 将由 1→0，可以作为低位向高位的进位信号。由两片 74LS290 构成的 100 进制异步加法计数器如图 5 - 27 所示。每个 74LS290 均接成 8421BCD 码输出的十进制，低位片（1）的输出 Q_3 作为进位信号接至高位片（2）的 CP_0。当低位片计满 10 个脉冲后，高位片才计数 1 次。

5.3.2　同步计数器

在同步计数器中，计数脉冲同时加到所有触发器的时钟信号输入端，使应翻转的触发器同时翻转计数，它的计数速度要比异步计数器快。

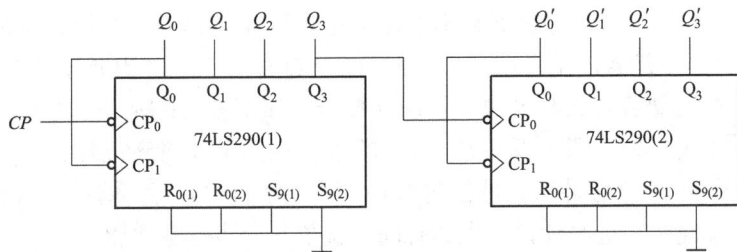

图 5-27　两片 CT74LS290 级联构成 100 进制计数器

一、集成二进制同步计数器 74LS161 和 74LS163

图 5-28 所示为 4 位同步二进制计数器 74LS161 的引脚图和逻辑符号。图中，$\overline{CR}$ 为异步置零（清零或复位）端，CT_T 和 CT_P 为计数控制端，$\overline{LD}$ 为预置数控制端，$D_3 \sim D_0$ 为预置数据输入端，CO 为进位输出端。

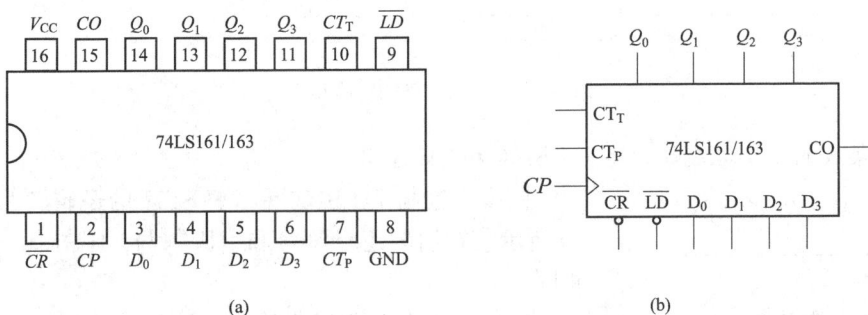

图 5-28　74LS161 和 74LS163 逻辑符号
(a) 引脚图；(b) 逻辑符号

表 5-12 列出了 74LS161 的功能，其功能如下：

(1) 异步置 0。当 $\overline{CR}=0$ 时，$Q_3Q_2Q_1Q_0=0000$。

(2) 同步置数。当 $\overline{CR}=1$、$\overline{LD}=0$ 时，在 CP 上升沿到来时计数器置数，$Q_3Q_2Q_1Q_0=d_3d_2d_1d_0$。

(3) 计数器保持。当 $\overline{CR}=1$、$\overline{LD}=1$、CT_T 和 CT_P 不全为 1 时，计数器保持。

(4) 同步计数。当 $\overline{CR}=1$、$\overline{LD}=1$，且 $CT_T=CT_P=1$ 时，在 CP 上升沿到来时计数器实现二进制加法计数。只有当 $Q_3Q_2Q_1Q_0=1111$ 时，计数器进位输出 CO 才为 1，否则为 0。

表 5-12　　　　　　　　　　　　　　**74LS161 功能表**

$\overline{CR}$	$\overline{LD}$	CT_T	CT_P	CP	D_3	D_2	D_1	D_0	Q_3	Q_2	Q_1	Q_0	功能说明
0	×	×	×	×	×	×	×	×	0	0	0	0	异步置 0
1	0	×	×	↑	d_3	d_2	d_1	d_0	d_3	d_2	d_1	d_0	同步置数
1	1	1	1	↑	×	×	×	×	加计数				$CO=Q_3Q_2Q_1Q_0$
1	1	0	×	×	×	×	×	×	保持				
1	1	×	0	×	×	×	×	×	保持				

74LS163 与 74LS161 的逻辑符号和引脚图相同，和 74LS161 的主要区别是 74LS163 为

同步置零，即当 $\overline{CR} = 0$ 时，计数器并不能被置零，还需再输入一个计数脉冲才能被置零；而 CT74LS161 为异步置零，即当 $\overline{CR} = 0$ 时，$Q_3Q_2Q_1Q_0 = 0000$。其他功能是完全相同的。

将两片 74LS161 级联可得到 8 位二进制计数器，如图 5-29 所示。图中，两片 74LS161 的 CP、$\overline{CR}$ 和 $\overline{LD}$ 端分别并联，低位片（1）的进位输出 CO 接高位片（2）的计数控制端 CT_P。当低位片计满 16 个脉冲后，进位输出 CO 输出为 1，高位片才计数 1 次。这样，整个计数器便实现 8 位同步二进制计数，也具有同步置数和异步清零功能。

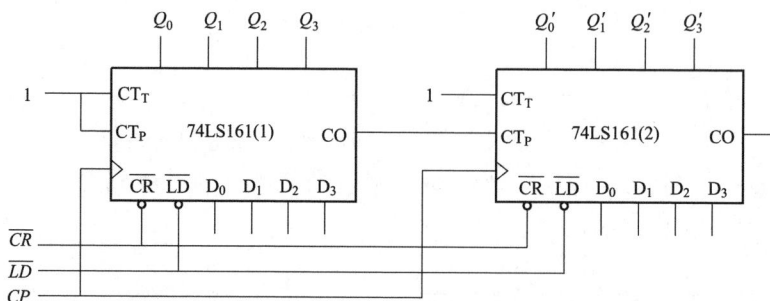

图 5-29　8 位二进制计数电路

二、集成同步十进制计数器 74LS160 和 74LS162

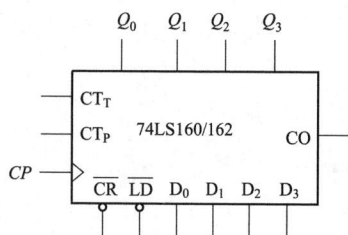

图 5-30　74LS160 和 74LS162 逻辑符号

同步十进制 74LS160 和 74LS162 的逻辑符号如图 5-30 所示，它们的逻辑符号和引脚都与 74LS161、74LS163 相同。

74LS160 为十进制计数器，故其计数进位输出端 CO 的逻辑表达式为

$$CO = Q_3Q_0 \tag{5-8}$$

即当 $Q_3Q_2Q_1Q_0 = 1001$ 时，74LS160 的进位输出 CO 才为 1，否则为 0。74LS160 的其他逻辑功能与 74LS161 相同，其逻辑功能可参考表 5-12。

同为同步十进制计数器，74LS162 与 74LS160 的不同之处在于 74LS162 具有同步清零功能，而其他功能两者相同。

5.3.3　任意进制计数器的设计

任意进制计数器是二进制计数器和十进制计数器之外的其他进制计数器，如五进制计数器、二十四进制计数器等。利用已有的集成计数器可以构成任意进制计数器，其方法如下：

（1）将两个不同进制的计数器级联，可以构成进制数为两者之积的计数器。例如，将六进制计数器和十进制计数器级联，可以构成六十进制计数器。

（2）利用反馈法改变原有计数长度。集成计数器一般都有置 0 或置数端，利用这些功能端，当计数器计数到某一数值时，由电路产生的复位脉冲或置位脉冲，加到计数器的清零端或预置数控制端，使计数器恢复到起始状态，从而达到改变计数器进制数的目的。

下面主要讨论反馈法设计任意进制计数器。

一、用集成计数器的清零端设计任意进制计数器

1. 设计步骤

(1) 写出计数状态的二进制代码。设 N 进制计数器的状态用 S_N 表示，例如，六进制的状态数为 S_6。因为集成计数器有异步清零端和同步清零端。对于异步清零计数器，要写出 S_N 对应的二进制代码；对于同步清零计数器，要写出 S_{N-1} 对应的二进制代码。

(2) 确定反馈置零逻辑函数，即求置零端信号的逻辑表达式。

(3) 画出连线图。

2. 设计举例

【例 5 - 4】　试用集成计数器 74LS290 的异步清零端构成六进制计数器。

解：(1) 写出状态 S_N 的二进制代码：$S_6 = 0110$；

(2) 确定反馈置零函数：$R_{0(1)} \cdot R_{0(2)} = Q_2 Q_1$；

(3) 画出连线图，如图 5 - 31 所示。

注意：这里计数从 "0000" 开始，到第 6 个脉冲到来后，出现 "0110" 状态，由于 Q_2 和 Q_1 端分别接到 $R_{0(1)}$ 和 $R_{0(2)}$ 清零端，强迫清零，故 "0110" 这一状态瞬间消失，显示不出来，立刻回到 "0000" 状态。因此，电路经过 6 个脉冲循环一次，故为六进制计数器。

用 74LS290 可构成九进制计数器，如图 5 - 32 所示，其设计方法请读者自行分析。

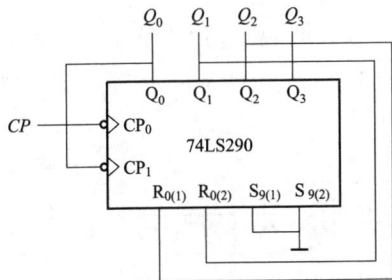

图 5 - 31　74LS290 构成的六进制计数器　　　图 5 - 32　74LS290 构成的九进制计数器

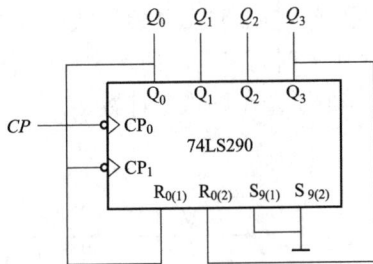

【例 5 - 5】　试用 74LS161 的异步清零端实现十二进制计数器。

解：(1) 写出状态 S_N 的二进制代码：$S_{12} = 1100$；

(2) 确定反馈置零函数：$\overline{CR} = \overline{Q_3 Q_2}$；

(3) 画出连线图，如图 5 - 33 所示，注意 $D_0 \sim D_3$ 可任意处理。

【例 5 - 6】　试用 74LS163 的同步清零功能实现十二进制计数器。

解：(1) 写出状态 S_{N-1} 的二进制代码：$S_{12-1} = S_{11} = 1011$；

(2) 确定反馈置零函数：$\overline{CR} = \overline{Q_3 Q_1 Q_0}$；

(3) 画出连线图，如图 5 - 34 所示。

注意：这里计数从 "0000" 开始，到第 11 个脉冲到来后，出现 "1011" 状态，使得 $\overline{CR}$ 端为低电平。但由于 74LS163 为同步清零，直到第 12 个脉冲到来后输出才强迫清零。因此，电路经过 12 个脉冲循环一次，故为十二进制计数器。

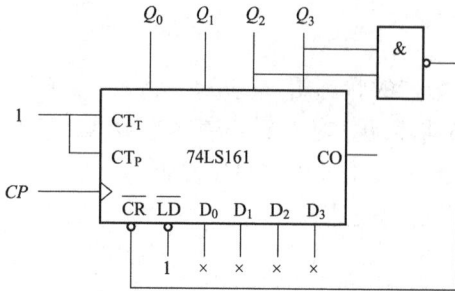

图 5-33 74LS161 构成的十二进制计数器

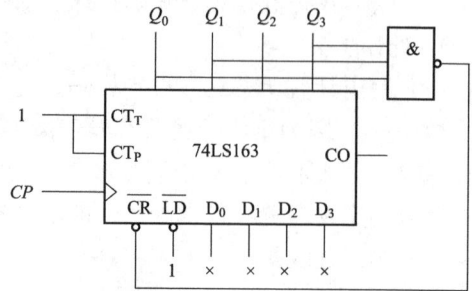

图 5-34 74LS163 构成的十二进制计数器

【例 5-7】 用 74LS160 的异步清零端实现二十四进制计数器。

解: (1) 写出状态 S_{24} 的二进制代码。

为实现本题要求的 24 进制,需要两片 74LS160,故先将两片 74LS160 级联构成 100 进制计数器。因为 74LS160 为十进制计数器,在写状态 S_{24} 的二进制代码时要写作 BCD 码,即

$$S_{24} = (0010, 0100)_{BCD}$$

(2) 确定反馈置零函数: $\overline{CR} = \overline{Q_1' Q_2}$。

(3) 画出连线图,如图 5-35 所示。

当计数器从全 0 状态开始计数,低位片计满 10 个脉冲,高位片才计 1 个脉冲。当电路计到 24 个脉冲时,经与非门产生低电平信号立刻将两片 74LS160 同时清零,返回到全 0 状态,于是完成了二十四进制计数。

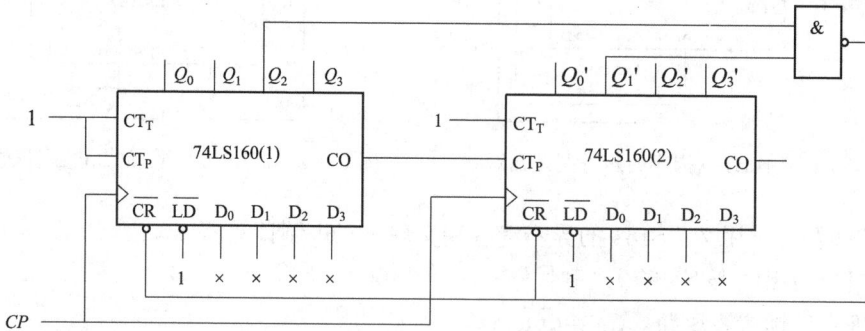

图 5-35 用 74LS160 构成 24 进制计数器

二、用集成计数器的置数端设计任意进制计数器

1. 置数归零法的设计步骤

(1) 写出计数状态的二进制代码。

对于异步置数计数器,要写出 S_N 对应的二进制代码;对于同步置数计数器,要写出 S_{N-1} 对应的二进制代码。

(2) 确定置数逻辑函数,即求置数控制端信号的逻辑表达式。

(3) 画出连线图。

2. 设计举例

【例 5 - 8】 试用 7LS161 的同步置数功能构成十进制计数器。

解:（1）写出 N 进制计数器状态 S_{N-1} 的二进制代码：$S_9 = 1001$；

（2）确定反馈置数函数：$\overline{LD} = \overline{Q_3 Q_0}$；

（3）画出接线图，如图 5 - 36（a）所示。电路的计数状态在 0000～1001 之间变化。

也可用计数器 CT7LS161 的后十个状态构成十进制计数器，如图 5 - 36（b）所示。当电路计数到 $Q_3 Q_2 Q_1 Q_0 = 1111$ 时，进位输出信号 $CO = 1$，经过非门产生 $\overline{LD} = 0$ 信号。等下一个 CP 信号到达时置入 0110 状态，从 0110 又开始计数，即 $Q_3 Q_2 Q_1 Q_0$ 的状态在 0110～1111 之间变化，得到 10 进制计数器。

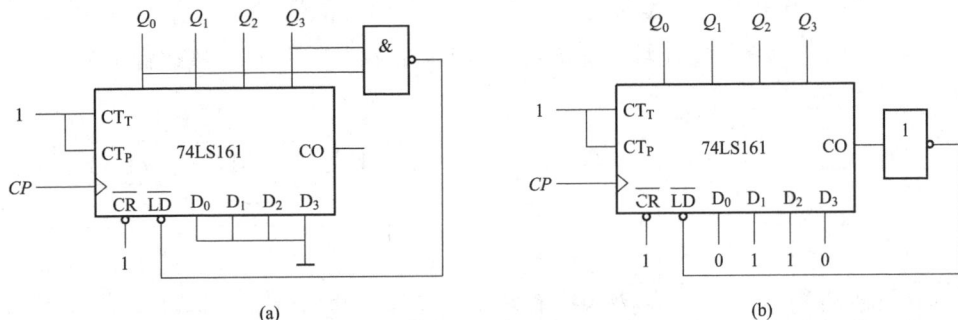

图 5 - 36 用同步置数功能构成 10 进计数器
（a）用前 10 个有效状态；（b）用后 10 个有效状态

5.3.4 集成计数器的应用

一、集成计数器用作分频器

分频器可用来降低信号的频率，是数字系统中常用的电路，用集成计数器实现的程序分频器在通信、雷达和自动控制系统中被广泛应用。

分频器的输入信号频率 f_I 与输出信号频率 f_o 之比称为分频比 N。程序分频器是指分频比随输入置数的变化而变化的分频器。因此，具有并行置数功能的计数器都可以构成程序分频器。图 5 - 37 所示为由 74LS163 和门电路组成的 $M/M+1$ 分频器。

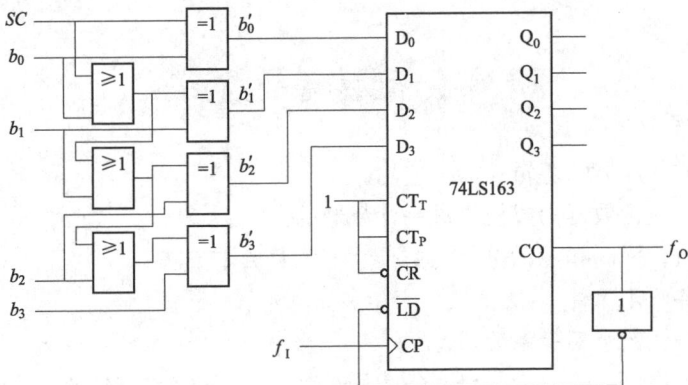

图 5 - 37 程序分频器

　　图中，f_1作为时钟从 CP 端输入，计数器的进位输出为分频器的输出信号 f_O。$b_3\sim b_0$ 为分频器数据输入端，是 M 对应的二进制数。SC 是工作模式控制端。其中，74LS163 和非门组成可控分频器，分频次数由预置数 $b_3'\sim b_0'$ 控制；或门和异或门组成码组变换器，为74LS163 提供预置数据。

　　当 $SC=0$ 时，计数器预置数 $b_3'\sim b_0'$ 是输入数 $b_3\sim b_0$ 的补码，可控分频器作 M 次分频；$SC=1$ 时，计数器预置数 $b_3'\sim b_0'$ 是输入数 $b_3\sim b_0$ 的反码，可控分频器作 $M+1$ 次分频。

　　二、集成计数器用作顺序脉冲发生器

　　由 74LS161 和 74LS138 构成的顺序脉冲发生器电路和输出波形如图 5-38 所示。CP 为输入时钟脉冲，将 74LS161 的低 3 位输出作为 74LS138 的三个输入信号，即 $Q_2Q_1Q_0=A_2A_1A_0$。当 74LS161 工作在计数状态时，在连续输入 CP 信号的情况下，74LS161 的输出端 $Q_2Q_1Q_0$ 按 $000\sim111$ 的顺序反复循环，译码器的输出端将在 $CP=0$ 期间依次输出 $\overline{Y}_0\sim\overline{Y}_7$ 的顺序脉冲。

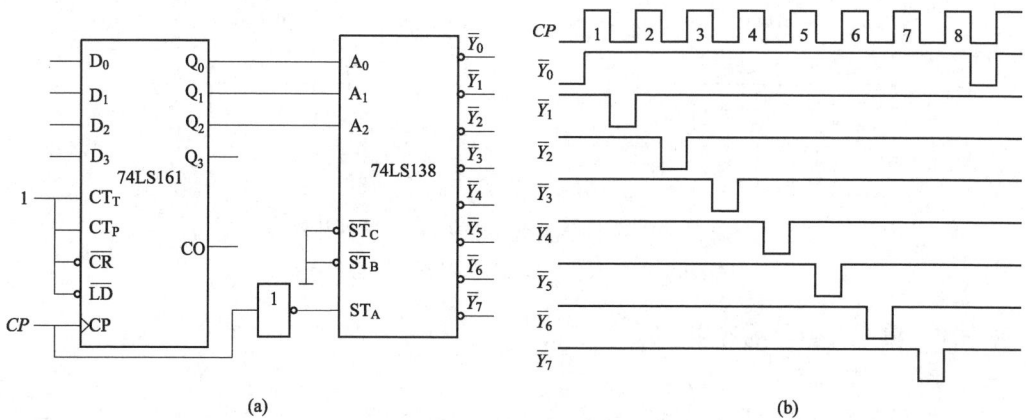

图 5-38　用 74LS161 和 74LS138 构成顺序脉冲发生器

(a) 电路图；(b) 输出波形

技能训练

1　计数、译码和显示电路测试

　　一、训练目的

　　(1) 学习集成计数器的逻辑功能及应用。

　　(2) 学会用集成计数器构成任意进制计数器的方法。

　　(3) 学会计数、译码和显示电路的仿真、安装及测试方法。

　　二、仪器设备及元器件

　　(1) 仪器设备：数字实验系统，1 台。

　　(2) 元器件：74LS290、CC4511，各 2 片；LC5011，2 个；74LS00，1 片。

　　74LS290 和 CC4511 的引脚图分别如图 5-39 和图 5-40 所示。

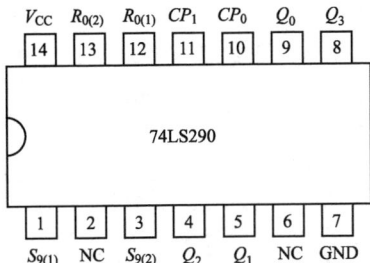

图 5-39　74LS290 引脚图

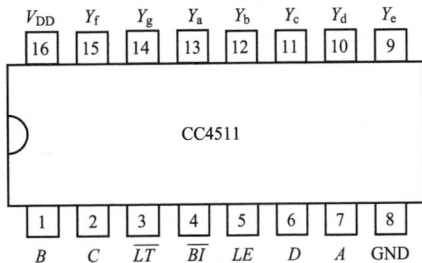

图 5-40　CC4511 引脚图

三、训练内容

（1）用十进制计数器 74LS290 构成计数、译码和显示电路。

1）用 Multisim 软件仿真测试图 5-41 所示的十进制计数、译码和显示电路。

2）在数字实验系统上搭接十进制计数和显示电路，检查接线无误后，接通＋5V 电源。

3）输入 1Hz 的 CP 脉冲后，观察数码管显示计数的变化。

（2）用 74LS290 构成六进制计数、译码和显示电路。

1）画出六进制计数器的计数、译码和显示电路，并用 Multisim 软件仿真测试。

2）在数字实验系统上搭接六进制计数、译码和显示电路，检查接线无误后，接通＋5V 电源。

3）输入 1Hz 的 CP 脉冲，观察数码管的显示数字变化。

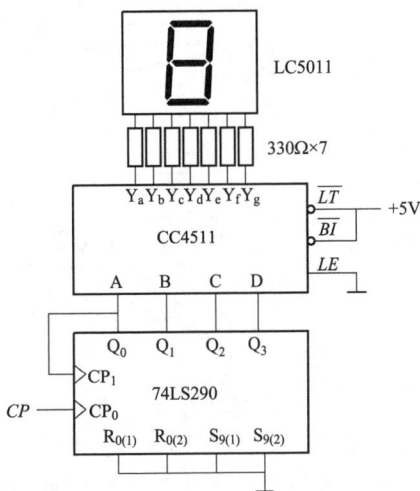

图 5-41　十进制计数、译码和显示电路

（3）用 74LS290 构成六十进制计数、译码和显示电路。

1）将六进制计数器和十进制计数器级联起来，构成六十进制计数器，画出六十进制计数器的计数、译码、显示电路，并用 Multisim 软件仿真测试。

2）在数字实验系统上搭接六十进制计数、译码和显示电路，检查接线无误后，接通＋5V 电源。

3）输入 1Hz 的 CP 脉冲，观察数码管上六十进制计数器的变化。

（4）用 74LS290 构成二十四进制计数、译码和显示电路。

1）用 2 片 74LS290 和 74LS00 设计二十四进制计数器，画出计数、译码和显示电路，并用 Multisim 软件仿真测试。

2）在数字实验系统上搭接二十四进制计数、译码和显示电路，输入 1Hz 的 CP 脉冲，观察数码管上二十四进制计数器的变化。

四、训练要求

（1）分别画出六进制、六十进制和二十四进制计数器与译码器、数码显示器相互连接的逻辑图和安装接线图。

（2）观测记录各进制计数器的变化，总结测试结果。

（3）说明电路测试中产生的故障现象，以及分析、检测、排除故障的方法。

2　数字钟的设计

一、设计指标

（1）数字钟具有"秒""分""时"计时的功能，小时计数器按 24 小时制计时。

（2）数字钟具有校时的功能，能够对"分"和"小时"进行调整。

二、设计方法

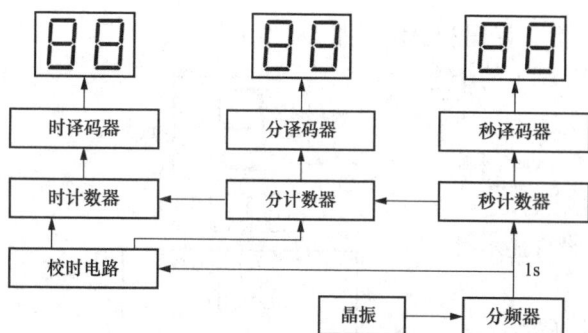

图 5 - 42　数字钟电路原理框图

数字钟的电路原理框图如图 5 - 42 所示。

1. 晶振和分频电路

数字钟应具有标准的时间源，通常采用石英晶体振荡器和分频器构成。可采用频率为 32.768kHz 的晶振，经 15 级二分频电路，从而得到 1Hz 的秒脉冲信号。晶振和分频电路如图 5 - 43 所示，它选用 CC4060（14 位二进制串行计数器）和 D 触发器实现。

2. 计时、译码和显示电路

数字钟有秒计时（六十进制）、分计时（六十进制）和时计时（二十四进制）等 3 个计时电路，可用集成同步十进制加法计数器 CT74LS160 来实现。

译码和显示电路可选用 BCD7 段锁定/译码/驱动器 CC4511 和共阴极 LED 显示器。

3. 校时电路

校时电路可以对数字钟进行时间校准。图 5 - 44 所示为一种实现分校准的参考电路。当开关 S 接 G1 门输入时，G1 门输出为 1，G2 门输出为 0，G4 门被封锁，秒计数器的进位信号送至分计数器的时钟端，计数器正常计数；当开关 S 接 G2 门输入时，G1 门输出为 0，G2 门输出为 1，G3 门被封锁，校分信号可以对分计数进行校时。时校准电路的工作原理与分校准电路相同。

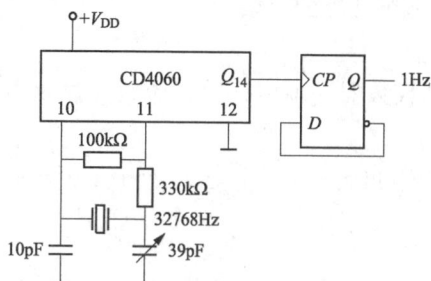

图 5 - 43　晶振和分频电路

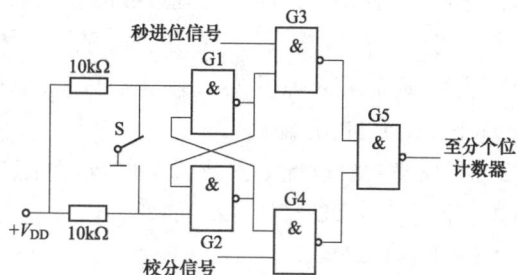

图 5 - 44　分校准参考电路图

三、仿真参考电路

1. 秒计时器层次电路块

秒计时器为六十进制计数器。执行"Place/New Hierarchical Block"命令，弹出如图 5-45 所示对话框，可设置秒计器的层次电路块的属性，包括电路块的名称和输入/输出引脚数，建立秒计时器层次电路块，如图 5-46 所示。这里输入引脚有 3 个：IO1～IO3；输出引脚有 9 个：IO4～IO12。其中，IO1 是时钟输入端，IO2 是进位控制端，IO3 是电源输入端，IO4～IO11 是数码管显示输出端，IO12 作为进位端。

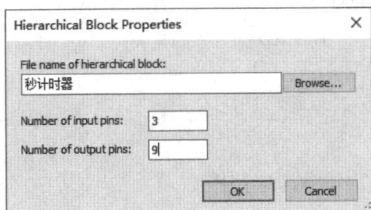

图 5-45   秒计时器层次块电路属性设置

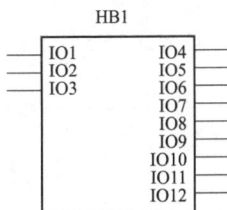

图 5-46   秒计时器层次电路块

双击图中生成的层次块图，在弹出的"Hierarchical Block/Subcircuit"对话框中，单击"Edit Subcircuit"按钮，得到一个由 12 个 IO 脚的空白原理图，建立六十进制计数器电路，并连接好 IO 脚。秒计时器层次块参考电路如图 5-47 所示。

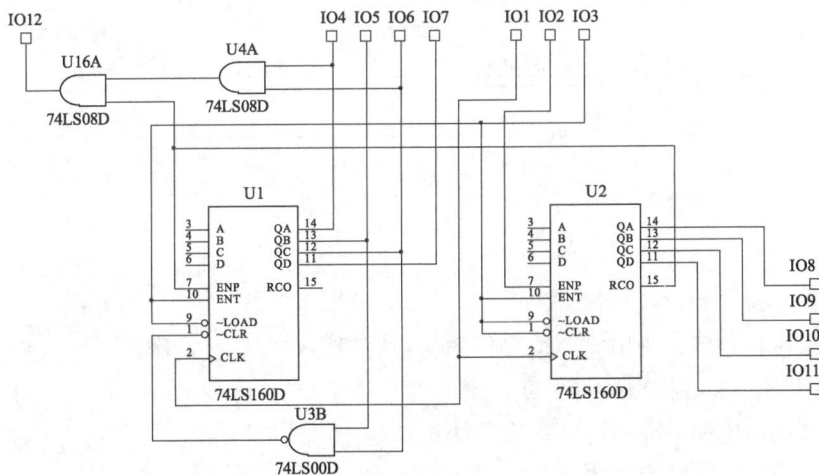

图 5-47   秒计时器层次块参考电路图

同理可设计分计时器和时计时器，参考电路如图 5-48 所示。

2. 数字电子钟电路总图

把数字电子钟电路的秒计数、分计数和时计数电路连接起来，并接入虚拟译码显示器、+5V 电源、1Hz 时钟信号和时校时开关 S1（H）、分校时开关 S2（M）相连，得到数字钟电路总图如图 5-49 所示。

各校时开关接低位进位信号时，电路正常计数；当各校时开关接高电平时，分别实现时和分的校时。

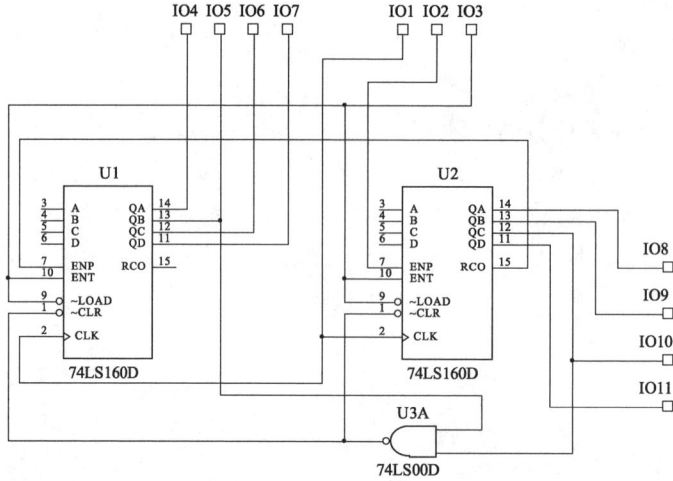

图 5-48　时计时器层次块参考电路图

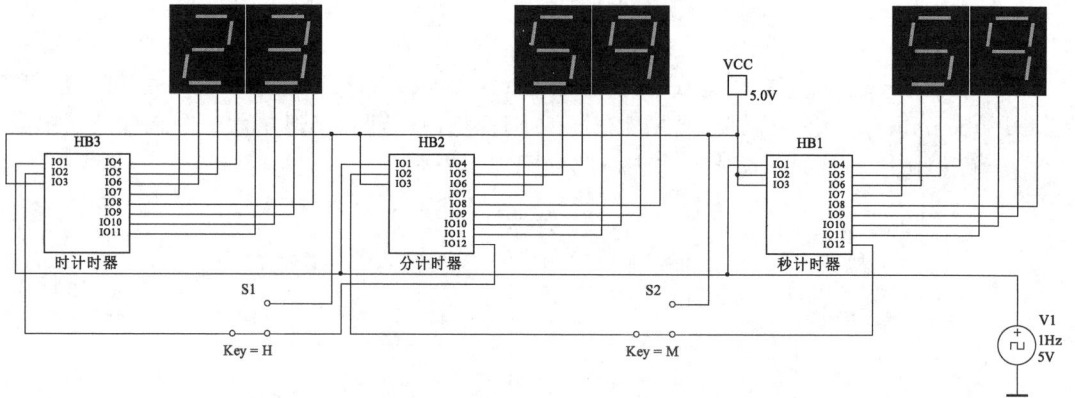

图 5-49　数字电子钟电路总图

四、设计要求

(1) 写出设计过程，画出完整数字钟的整机逻辑图和安装接线图。

(2) 运用 Multisim 模拟进行仿真，测试电路功能。

(3) 安装调试电路，分析并解决安装测试过程中出现的问题。

(4) 写出设计和调试总结报告。

思考题

(1) 什么是异步计数器？什么是同步计数器？它们各有什么特点？

(2) 什么是计数器的模？什么是分频？

(3) 利用集成计数器的清零端和置数端实现任意进制计数器的方法有哪几种？

(4) 将两个不同进制的计数器级联构成的计数器的进制数是多少？

(5) 如数字钟的小时计数器为十二进制计数器，电路应如何设计？画出设计的电路图。

学习任务 5.4　集成寄存器的应用

知识学习

寄存器是存放二进制数码的数字部件，它具有接收和寄存数码的逻辑功能。移位寄存器具有存储数码和移位双重功能。寄存器和移位寄存器是数字系统常用的基本逻辑部件，应用很广。

前面介绍的各种集成触发器，就是一种可以存储 1 位二进制数码的寄存器，用 n 个触发器便存储 n 位二进制数码。因此，触发器是寄存器和移位寄存器的重要组成部分。

5.4.1　数码寄存器

图 5-50（a）所示是由 D 触发器组成的 4 位集成寄存器 74LS175 的逻辑电路图，其引脚图如图 5-50（b）所示。其中，$\overline{CR}$ 为异步置零控制端，$D_3 \sim D_0$ 为并行数据输入端，CP 为时钟脉冲端，$Q_3 \sim Q_0$ 为并行数据输出端，$\overline{Q}_3 \sim \overline{Q}_0$ 为反码数据输出端。

当 $\overline{CR}=0$ 时，触发器 FF0～FF1 同时被置 0。当 $\overline{CR}=1$ 时，寄存器工作。

电路正常工作接收数码的过程为：将需要存储的 4 位二进制数送到数据输入端 $D_3 \sim D_0$，在 CP 端送一个时钟脉冲，当脉冲上升沿作用后，4 位数码并行从 $Q_3 \sim Q_0$ 输出。74LS175 的逻辑功能见表 5-13。

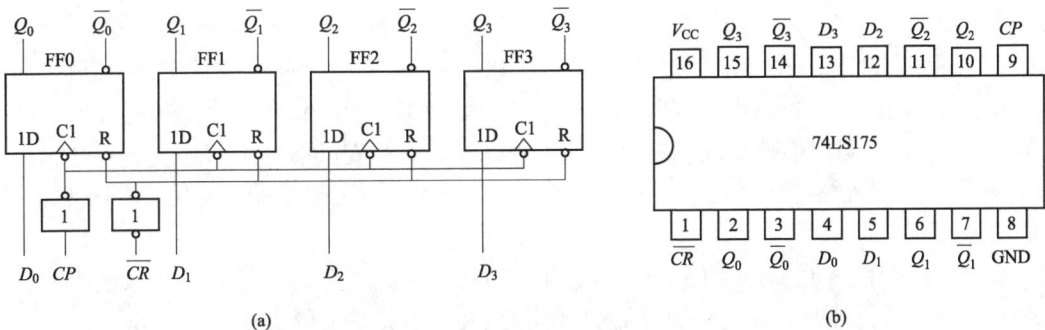

图 5-50　D 触发器构成的四位右移寄存器
（a）电路；（b）引脚图

表 5-13　　　　　　　　　　　　　　**74LS175 功能表**

输入						输出				功能说明
$\overline{CR}$	CP	D_0	D_1	D_2	D_3	Q_0	Q_1	Q_2	Q_3	
0	×	×	×	×	×	0	0	0	0	异步清零
1	↑	D_0	D_1	D_2	D_3	D_0	D_1	D_2	D_3	数码寄存
1	1	×	×	×	×	保持				数据保持
1	0	×	×	×	×	保持				数据保持

5.4.2　集成移位寄存器

一、移位寄存器的工作原理

具有存放数码且使数码逐位右移或左移的电路称作移位寄存器。移位寄存器又分为单向移位寄存器和双向移位寄存器。

图 5-51（a）是由 D 触发器构成的四位右移寄存器。数码 D_{IR} 从最低位触发器 FF 0 的 D 输入端依次输入，其余的每个触发器 D 输入端均与它相邻低位触发器的输出 Q 端相连，各个触发器的 CP 端都由同一个移位脉冲控制。

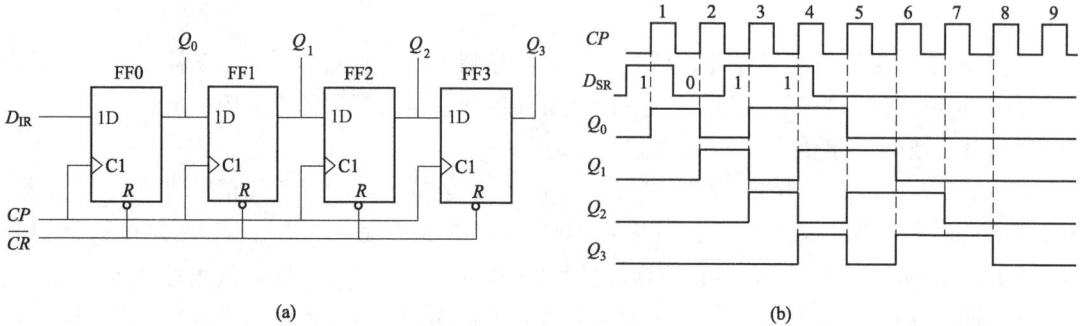

图 5-51　D 触发器构成的 4 位右移寄存器
(a) 电路；(b) 时序图

现以一组数码 $D_3 D_2 D_1 D_0 = 1011$ 移入寄存器为例，分析其工作原理。先在 $\overline{CR}$ 清零端输入一个负脉冲，使 $Q_3 Q_2 Q_1 Q_0 = 0000$。在第 1 个 CP 到达前，最高位数码 D_3 已送到 D_{IR} 端，当第 1 个 CP 上升沿过后，$Q_0 = D_3 = 1$。紧接着数码 D_2 送入 D_{IR} 端，第 2 个 CP 上升沿过后，$Q_0 = D_2 = 0$，同时，触发器 FF0 的状态移入 FF_1，$Q_1 = D_3 = 1$。依此类推，在第 4 个 CP 上升沿过后，4 位二进制数码自左向右全部移入寄存器，即 $Q_3 Q_2 Q_1 Q_0 = D_3 D_2 D_1 D_0 = 1011$。表 5-14 列出了四位右移寄存器的移位情况。图 5-51（b）所示 4 位二进制数码 1011 在寄存器中的时序图。

移位寄存器数码可由 Q_3、Q_2、Q_1、Q_0 并行输出，也可从 Q_3 串行输出。串行输出时，要继续输入 4 个移位脉冲，才能将寄存器中存放的 4 位数码 1011 依次输出。图 5-51（b）中第 4~7 个 CP 脉冲及对应的 Q_3 波形，就是将 4 位数码 1011 串行输出的过程。因此，移位寄存器具有串行输入—并行输出和串行输入—串行输出两种工作方式。

表 5-14　　　　　　　　　　　　　　**4 位右移寄存器的移位情况**

CP	D	Q_0	Q_1	Q_2	Q_3
0		0	0	0	0
1	1	1	0	0	0
2	0	0	1	0	0
3	1	1	0	1	0
4	1	1	1	0	1

二、双向移位寄存器

74LS194 是 4 位双向集成移位寄存器，其逻辑符号及引脚如图 5 - 52 所示。其中，D_{SR} 为数据右移串行输入端，D_{SL} 为数据左移串行输入端，$D_0 \sim D_3$ 为数据并行输入端，$Q_0 \sim Q_3$ 为数据并行输出端，$\overline{CR}$ 为异步置零控制端，M_1 和 M_0 的工作状态控制端。

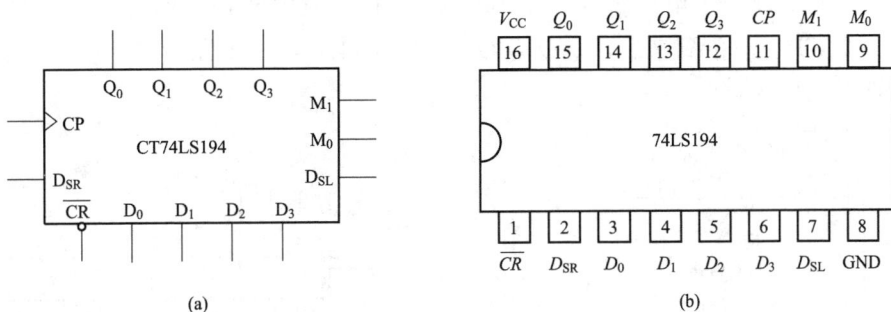

图 5 - 52　双向移位寄存器 74LS194
(a) 逻辑符号；(b) 引脚图

74LS194 的逻辑功能见表 5 - 15。其功能如下：

（1）异步置 0 功能。当 $\overline{CR}=0$ 时，双向移位寄存器置 0。

（2）保持功能。当 $\overline{CR}=1$，$CP=0$，或 $\overline{CR}=1$，$M_1 M_0 =00$ 时，双向移位寄存器保持原状态不变。

（3）右移串行送数功能。当 $\overline{CR}=1$，$M_1 M_0 =01$ 时，在 CP 上升沿作用下，执行右移功能，将 D_{SR} 端的数码依次送入寄存器。

（4）左移串行送数功能。当 $\overline{CR}=1$，$M_1 M_0 =10$ 时，在 CP 上升沿作用下，执行左移功能，将 D_{SL} 端的数码依次送入寄存器。

（5）同步并行送数功能。当 $\overline{CR}=1$，$M_1 M_0 =11$ 时，在 CP 上升沿作用下，使 $D_0 \sim D_3$ 输入端的数码 $d_0 \sim d_3$ 并行送入寄存器，使 $Q_0 \sim Q_3 = d_0 \sim d_3$。

表 5 - 15　　　　　　　　　　　**74LS194 的功能表**

输入										输出				工作状态
$\overline{CR}$	M_1	M_0	CP	D_{SL}	D_{SR}	D_0	D_1	D_2	D_3	Q_0	Q_1	Q_2	Q_3	
0	×	×	×	×	×	×	×	×	×	×	×	×	×	异步置零
1	×	×	0	×	×	×	×	×	×	×	×	×	×	保持
1	0	0	×	×	×	×	×	×	×	×	×	×	×	保持
1	0	1	↑	×	0	×	×	×	×	0	Q_0	Q_1	Q_2	右移输入 0
1	0	1	↑	×	1	×	×	×	×	1	Q_0	Q_1	Q_2	右移输入 1
1	1	0	↑	0	×	×	×	×	×	Q_1	Q_2	Q_3	0	左移输入 0
1	1	0	↑	1	×	×	×	×	×	Q_1	Q_2	Q_3	1	左移输入 1
1	1	1	↑	×	×	d_0	d_1	d_2	d_3	d_0	d_1	d_2	d_3	并行置数

三、集成移位寄存器的应用

1. 环形计数器

由集成移位寄存器 74LS194 构成的 4 位环形计数器如图 5 - 53（a）所示。当正脉冲启动信号 ST 到来时，使 $M_1M_0=11$，在 CP 作用下移位寄存器执行并行送数功能，使输出 $Q_0Q_1Q_2Q_3=1000$。当 ST 由 1 变为 0 后，$M_1M_0=01$，在 CP 作用下移位寄存器进行右移操作。当第 4 个 CP 上升沿到来后，$Q_0Q_1Q_2Q_3=1000$，工作波形如图 5 - 53（b）所示，可见该电路为四进制计数器。

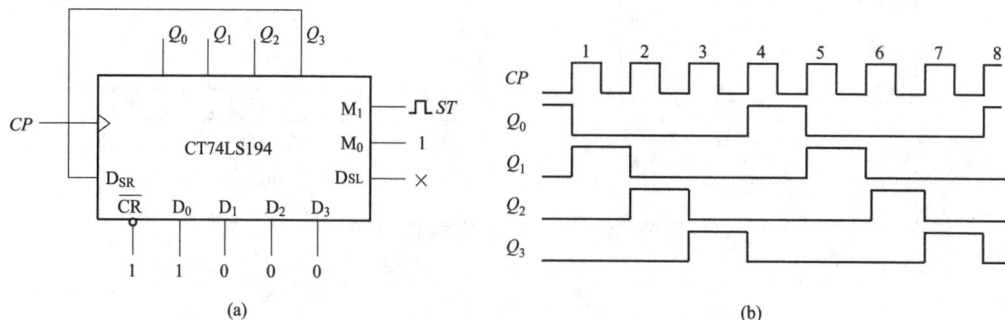

图 5 - 53 4 位环形计数器
（a）逻辑图；（b）工作波形

由于环形计数器在各输出端依次出现脉冲信号，故又称为顺序脉冲发生器。其特点是电路简单，不需要译码电路，但 N 进制环形计数器需要 N 位移位寄存器，电路状态利用率低。

2. 扭环计数器

为了增加有效计数状态，将接成右移寄存器的 74LS194 的末级输出 Q_3 输出反相后，接到右移串行输入端 D_{SR}，就构成了扭环计数器，如图 5 - 54（a）所示，图 5 - 54（b）为其状态转换图，可见该电路为八进制计数器。

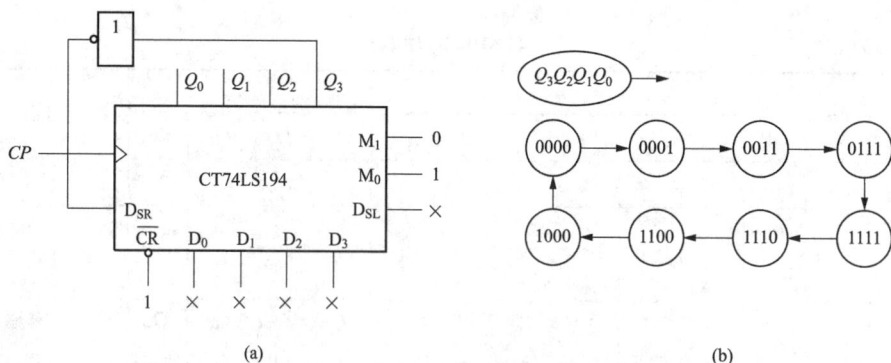

图 5 - 54 74LS194 构成八进制扭环计数器
（a）逻辑图；（b）状态转换图

如果将输出 Q_3 和 Q_2 的信号通过与非门接到右移串行输入端 D_{SR}，就构成了七进制扭环计数器，其电路图和状态图如图 5 - 55 所示，工作过程学生自行分析。

一般由移位寄存器构成扭环计数器具有一定的规律：由移位寄存器的第 N 位输出通过非门加到 D_{SR} 端时，则构成 $2N$ 进制扭环计数器，即偶数分频电路；由移位寄存器的第 N 位和第 $N-1$ 位输出通过与非门加到 D_{SR} 端时，则构成 $2N-1$ 进制扭环计数器，即奇数分频电路。

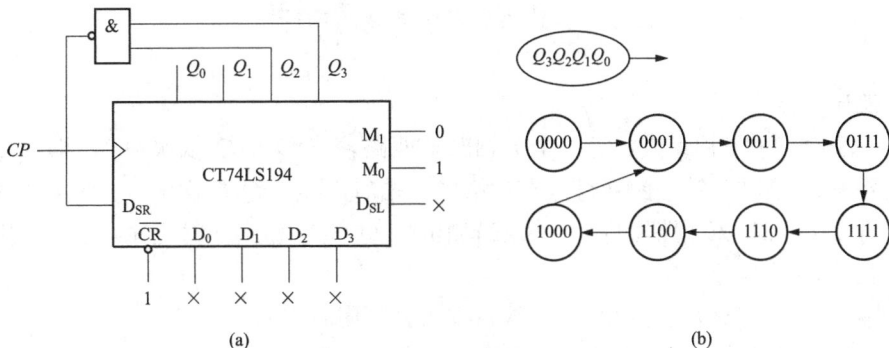

图 5 - 55　74LS194 构成七进制扭环计数器
（a）逻辑图；（b）状态转换图

技 能 训 练

1　移位寄存器的应用测试

一、训练目的

（1）学习移位寄存器的逻辑功能。

（2）学会用集成移位寄存器的使用方法。

二、仪器设备及元器件

（1）仪器设备：数字实验系统，1 台。

（2）元器件：74LS194，1 片；74LS20，1 片。

三、训练内容

（1）用移位寄存器构成环形计数器。

1）按图 5 - 53（a）所示 4 位环形计数器电路，在数字实验室装置中连接电路。

2）接线完毕，检查无误后，接入+5V 电源。

3）先在 M_1M_0 端加预置信号 11，将寄存器初始状态预置成 $Q_0Q_1Q_2Q_3=1000$。预置信号结束后，将寄存器处于右移工作方式，即置 $\overline{CR}=1$，$M_1M_0=01$。

4）置 CP 脉冲为 1Hz，用四个发光二极管观测 $Q_0Q_1Q_2Q_3$ 工作状态。

（2）用移位寄存器构成八进制扭环计数器。

1）按图 5 - 54（a）所示八进制扭环计数器电路图，在实验室装置上连接好电路。

2）置 CP 为单次脉冲，用四个发光二极管观测 $Q_0Q_1Q_2Q_3$ 的工作状态。

（3）用移位寄存器构成七进制扭环计数器。

1）按图 5 - 55（a）所示七进制扭环计数器电路图，在实验室装置上连接好电路。

2）置 CP 为单次脉冲，用四个发光二极管观测 $Q_0Q_1Q_2Q_3$ 的工作状态。

四、训练要求

（1）画出各计数器的安装接线图，测试电路工作状态。

（2）总结环形计数器和扭环计数器的工作特点。

2　四路彩灯显示系统的设计

一、设计指标

（1）程序由三个节拍组成：第一个节拍时，四路输出 $Q_0 \sim Q_3$ 依次为 1，即第 1 路彩灯先亮，接着第 2、第 3、第 4 路彩灯点亮；第二节拍时，$Q_3 \sim Q_0$ 依次为 0，即第 4 路彩灯先灭，接着第 3、第 2、第 1 路彩灯灭；第三节拍时，$Q_0 \sim Q_3$ 输出同时亮 1s，然后同时灭 1s，共进行 2 次。

（2）第一、二、三节拍各用时 4s，执行一次程序用时 12s。

（3）要求开机自动置入初态后即能按规定程序进行循环显示。

二、设计方法

四路彩灯显示系统的逻辑框图如图5-56所示。

1. 节拍程序执行器

由设计指标可知，四路彩灯显示系统要求功能器件具有右移、左移和并行置数的功能，

图 5-56　四路彩灯显示系统逻辑框图

可选用通用移位寄存器 74LS194。74LS194 的模式控制输入 M_1、M_0 有四种组合 00、01、10 和 11。当 $M_1 M_0 = 00$ 时，时钟被禁止；当 $M_1 M_0 = 01$ 时，在时钟上升沿的作用下，右移输入数据将被同步右移，右移输入数据应为 1；当 $M_1 M_0 = 10$ 时，在时钟上升沿的作用下，左移输入数据将被同步左移，左移输入数据应为 0；当 $M_1 M_0 = 11$ 时，在时钟上升沿的作用下，并行置数，并行置入数据为 0.5Hz 的方波信号。四路彩灯系统的控制和显示电路如图 5-57 所示。

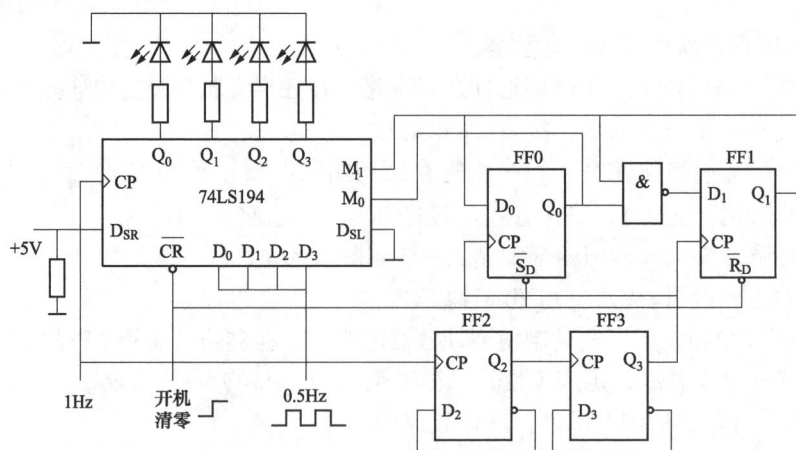

图 5-57　四路彩灯系统的控制和显示电路

2. 控制电路

控制电路由节拍控制电路和 4 分频电路组成。由于彩灯显示程序有三个节拍，在图 5-57 中，节拍控制电路实际上是由 D 触发器 FF0 和 FF1 构成的 3 进制计数器，计数器的 3 个计数状态 Q_1Q_0 为 01、10、11，与 M_1M_0 三个控制模式对应。

因每个节拍为 4s，需对秒脉冲进行 4 分频，用于计数器工作。D 触发器 FF2 和 FF3 构成 4 分频电路，Q_3 为秒脉冲的 4 分频输出。D 触发器可采用双集成边沿触发器 74LS74。

3. 开机自动清零电路

开机自动清零电路利用开机输出清零脉冲使寄存器与计数器复位，电路如图 5-58 所示。电路由 R、C 充电回路和施密特触发器（G1 和 G2）组成，接通电源的瞬间由于电容两端电压不能突变，G2 输出端保持低电平；随着电源经 R 对 C 进行充电，当 C 上的电压超过 G1 的开门电平，将使 G1 输出为 0，则 G2 输出为 1。

图 5-58 开机自动清零电路

当开机清零信号（低电平有效）到来时，寄存器清零，并将计数器状态置于 $Q_2Q_1=01$。当清零信号过后，在秒脉冲的作用下，电路就按规定程序进行循环显示。

三、设计要求

(1) 设计电路，画出电路的逻辑图。

(2) 运用 Multisim 仿真测试电路功能。

(3) 画出安装接线图，调试电路以达到设计要求。

思考题

(1) 什么叫寄存器？什么叫移位寄存器？比较它们的异同点。

(2) 什么叫顺序脉冲发生器？

(3) 如何用 D 触发器构成的 4 位左移寄存器？简要说明其工作原理。

(4) 若要实现八路彩灯显示，控制电路要如何设计，试画出电路图。

小 结

(1) 时序逻辑电路的特点是：在任何时刻的输出不仅和输入有关，而且还取决于电路原来的状态。为了记忆电路的状态，时序逻辑电路必须包括存储电路。存储电路通常以触发器为基本单元电路构成。

时序逻辑电路可分为同步时序逻辑电路和异步时序逻辑电路两类。它们的主要区别是：前者的所有触发器受同一时钟脉冲控制，而后者的各触发器则受不同的脉冲源控制。

(2) 触发器是数字电路中极其重要的基本单元。触发器有两个稳定状态，在外界信号作用下，可以从一个稳态转变为另一个稳态；无外界信号作用时状态保持不变。因此，触发器可以作为二进制存储单元使用。

各种不同逻辑功能的触发器的特性方程为：

RS 触发器：$Q^{n+1}=S+\bar{R}Q^n$，其约束条件为 $RS=0$；

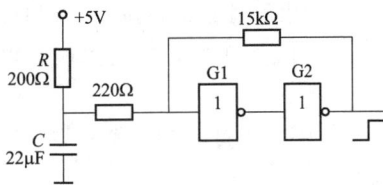

JK 触发器：$Q^{n+1} = J \overline{Q^n} + \overline{K}Q^n$；

D 触发器：$Q^{n+1} = D$；

T 触发器：$Q^{n+1} = T \overline{Q^n} + \overline{T}Q^n$；

T' 触发器：$Q^{n+1} = \overline{Q^n}$。

（3）计数器是一种应用十分广泛的时序电路，除用于计数、分频外，还广泛用于数字测量、运算和控制等。计数器可利用触发器和门电路构成。但在实际工作中，主要是利用集成计数器来构成。

在用集成计数器构成 N 进制计数器时，需要利用清零端或置数控制端，来获得 N 进制计数器。利用中规模集成计数器可很方便地构成 N 进制（任意进制）计数器。其主要方法为：

1）用同步置零端或置数端获得 N 进制计数器，应根据 S_{N-1} 对应的二进制代码写反馈函数。

2）用异步置零端或置数端获得 N 进制计数器，应根据 S_N 对应的二进制代码写反馈函数。

3）当需要扩大计数器容量时，可将多片集成计数器进行级联。

（4）寄存器按功能可分为数据寄存器和移位寄存器，移位寄存器既能接收、存储数码，又可将数码按一定方式移动。

课堂小测

一、填空题

1. 在数字电路中，_____电路的输出只与输入有关，_____ 电路的输出不仅与输入有关，还与电路的原来状态有关。

2. 触发器有_____个稳定状态，其输出状态取决于触发器的_____和_____ 。

3. 对于由与非门组成的基本 RS 触发器，输入端 $\overline{R}$ 称为_____端，输入端 $\overline{S}$ 称为_____端，_____ 正常使用时，不允许两输入端_____。

4. JK 触发器的特征方程是 _____，它具有 _____、_____、_____ 和_____功能。

5. T 触发器具有_____和_____两种逻辑功能。

6. 计数器按其内部触发器翻转是否同步分为_____计数器和_____计数器。异步计数器是计数脉冲只加到_____ 触发器的时钟脉冲输入端上。同步计数器是计数脉冲同时加到_____触发器的时钟脉冲输入端上。

7. 4 位二进制计数器的模是_____，它所能计数的最大十进制数是_____ 。

8. 寄存器按照功能的不同可分为两类，分别为_____寄存器和_____ 寄存器。

9. 4 位移位寄存器可寄存_____ 位二进制信息，若将这些二进制信息全部从串行输出端输出时，需要输入_____个移位脉冲。

二、选择题

1. 时序逻辑电路主要组成电路是（　　）。

A. 与非门和或非门　　　　　　　　　B. 触发器和组合逻辑电路

C. 施密特触发器和组合逻辑电路　　　　D. 整形电路和多谐振荡器

2. D 触发器初态为 0，若 $D=1$ 时，经过一个时钟脉冲后，则 Q^{n+1} 为（　　）。

A. 0　　　　　　　B. 1　　　　　　　C. 维持原态　　　　D. 翻转

3. 若用 JK 触发器构成 T' 触发器，则应使（　　）。

A. $J=K=0$　　　B. $J=K=1$　　　C. $J=0$，$K=1$　　　D. $J=1$，$K=0$

4. 同步计数器和异步计数器相比，同步计数器的显著优点是（　　）。

A. 电路简单　　　B. 触发器利用率高　　C. 工作速度高　　　D. 不受时钟 CP 控制

5. 把一个六进制计数器与一个十进制计数器串接可得到（　　）进制计数器。

A. 六　　　　　　　B. 十　　　　　　　C. 十六　　　　　　D. 六十

6. N 个触发器可以构成最大计数长度（二进制数）为（　　）的计数器。

A. N　　　　　　B. N^2　　　　　　C. $2N$　　　　　　D. 2^N

7. 异步时序电路和同步时序电路比较，其差异在于前者（　　）。

A. 没有触发器　　　　　　　　　　B. 输出只与内部状态有关

C. 没有稳定状态　　　　　　　　　D. 没有同一的时钟脉冲控制

8. 输入时钟脉冲频率为 10kHz 时，则十进制计数器最后一级输出脉冲的频率为（　　）。

A. 1kHz　　　　　　B. 2kHz　　　　　　C. 5kHz　　　　　　D. 10kHz

9. N 个触发器可以构成能寄存（　　）位二进制数码的寄存器。

A. $N-1$　　　　　B. N　　　　　　C. $N+1$　　　　　D. $2N$

10. 若 8 位移位寄存器串行输入时，需经（　　）个脉冲后，8 位数码全部移入寄存器中。

A. 1　　　　　　　B. 4　　　　　　　C. 8　　　　　　　D. 16

三、判断题

1. 触发器有两个状态，一个是稳态，另一个是暂稳态。（　　）

2. 同步触发器在 $CP=1$ 期间，若输入信号发生变化，对触发器的输出状态没有影响。（　　）

3. 具有异步置 0 端 $\bar{R}_D$ 和异步置 1 端 $\bar{S}_D$ 的集成触发器，当 $\bar{R}_D=1$，$\bar{S}_D=0$ 时，触发器输出被置成 1，与输入时钟 CP 和 D 端的输入信号无关。（　　）

4. 计数器的模是指累计输入的计数脉冲的最大数目。（　　）

5. 利用集成计数器的异步置 0 功能构成 N 进制计数器时，写二进制代码的数是 $N-1$。（　　）

6. 异步计数器的工作速度比同步计数器的快。（　　）

7. 双向移位寄存器可同时执行左移和右移功能。（　　）

8. 环形计数器在每个时钟脉冲作用时，仅有 1 位触发器发生状态更新。（　　）

习　题

5.1　同步 RS 触发器的输入波形如图 5 - 59 所示，设初态为 0，试画出输出 Q 的波形。

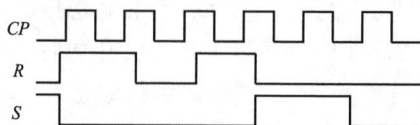

图 5 - 59　题 5.1 图

5.2　上升沿触发的边沿 D 触发器的输入波形如图 5 - 60 所示，试画出 Q 端波形。

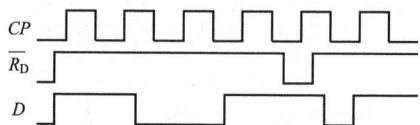

图 5 - 60　题 5.2 图

5.3　边沿 JK 触发器如图 5 - 61 所示，设初态为 0，试画出输出 Q 的波形。

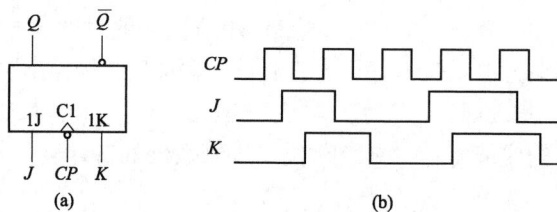

图 5 - 61　题 5.3 图

5.4　边沿 JK 触发器如图 5 - 62 所示，试画出其输出端波形图，设初态为 0。

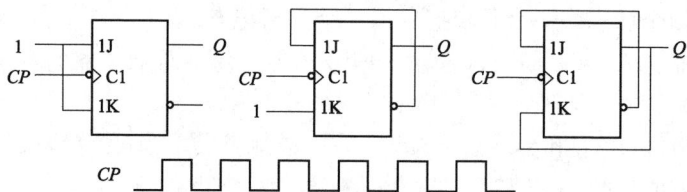

图 5 - 62　题 5.4 图

5.5　触发器电路和输入信号波形如图 5 - 63 所示，设初始状态 $Q=1$，试画出在 CP 作用下 Q 的波形。

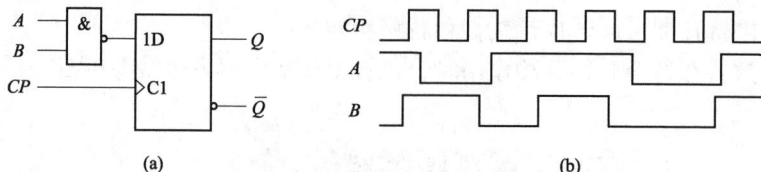

图 5 - 63　题 5.5 图

5.6　触发器电路和输入信号 D 波形如图 5 - 64 所示，试画出在 CP 作用下 Q_0、Q_1 的波形。设初始状态 $Q_0=Q_1=0$。

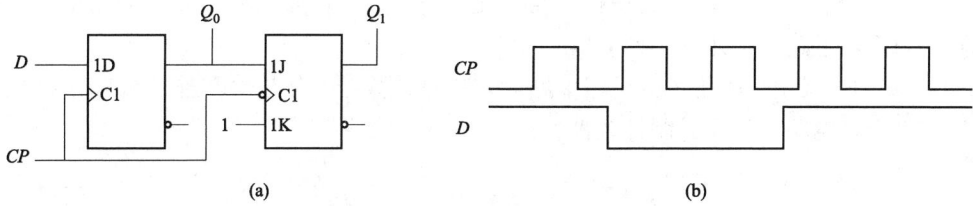

图 5 - 64　题 5.6 图

5.7　分析如图 5 - 65 所示时序电路的逻辑功能。根据图中输入信号波形，画出对应的输出 Q_2、Q_1 的输出波形。

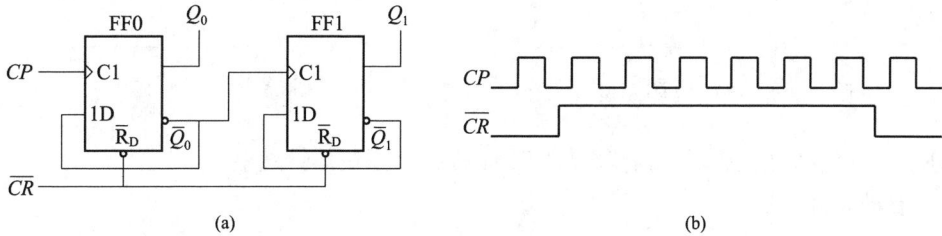

图 5 - 65　题 5.7 图

5.8　分析如图 5 - 66 所示时序逻辑电路的逻辑功能，写出驱动方程、状态方程和输出方程，并画出状态转换图，说明电路功能。

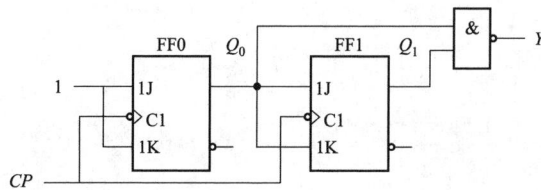

图 5 - 66　题 5.8 图

5.9　试用集成二—五—十进制计数器 74LS290 的异步置零构成下列进制计数器。

（1）7 进制计数器；

（2）8 进制计数器。

5.10　试用两片集成二—五—十进制计数器 74LS290 构成 24 进制计数器。

5.11　试分别用集成二进制计数器 74LS161 异步置零和同步置数功能构成下列进制计数器。

（1）10 进制计数器；

（2）12 进制计数器。

5.12　试分别用集成二进制计数器 74LS163 同步置零功能构成下列进制计数器。

（1）6 进制计数器；

（2）12 进制计数器。

5.13　试分别用集成十进制计数器 74LS160 的异步置零和同步置数功能构成六十进制计数器。

5.14　试分析图 5 - 67 所示的逻辑电路为几进制计数器？如果将与非门的输出接到计数器的置数端$\overline{LD}$，电路又是几进制计数器？

5.15　试分析图 5 - 68 所示的逻辑电路为几进制计数器？如果将与非门的输出接到计数器的清零端$\overline{CR}$，电路又是几进制计数器？

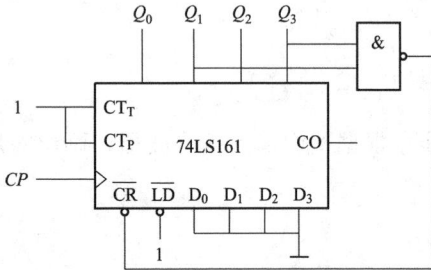

图 5 - 67　题 5.14 图　　　　　　　　图 5 - 68　题 5.15 图

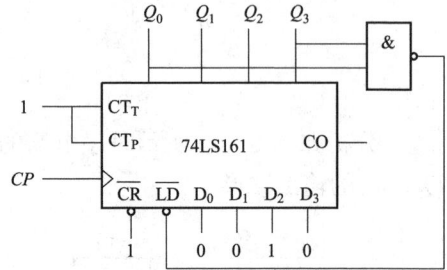

5.16　试用双向集成移位寄存器 74LS194 构成下列扭环计数器：

（1）五进制计数器；

（2）十二进制计数器。

学习情境 6　555 定时器的应用

内 容 概 要

　　本学习情境介绍了 555 定时器的电路结构和功能，并讨论和仿真测试了由 555 定时器构成的施密特触发器、单稳态触发器和多谐振荡器的工作特性。

学 习 导 入

　　数字系统中的数字波形和时序波形都是脉冲波形。获得脉冲波形的方法主要有两种：一种是利用多谐振荡器直接产生符合要求的矩形脉冲，如触发器的时钟脉冲 CP 等；另一种是通过整形电路对已有的波形进行整形、变换，使之符合数字系统的要求。

　　施密特触发器和单稳态触发器电路是两种不同用途的脉冲波形的整形、变换电路。施密特触发器用以将缓慢变化的或快速变化的非矩形脉冲变换成上升沿和下降沿都很陡峭的矩形脉冲，而单稳态触发器则主要用以将宽度不符合要求的脉冲变换成符合要求的矩形脉冲。

　　555 定时器电路是一种模拟和数字电路结合在一起的中规模集成电路，只要在外部加上几个适当的阻容元件，便可构成施密特触发器、单稳态触发器和多谐振荡器等脉冲产生与变换电路。

　　555 定时器有 TTL 型和 CMOS 型两类，它们的逻辑功能完全相同。TTL 型单定时器的最后 3 位数字为 555，双定时器为 556，四定时器为 558；CMOS 型定时器的最后 4 位数字为 7555，双定时器为 7556，四定时器为 7558。

　　555 定时器电源电压范围宽（双极型为 5～16V，CMOS 为 3～18V），可提供与 TTL 及 CMOS 数字电路兼容的接口电平，输出电流为 100～200mA，可驱动微电机、指示灯、扬声器等，广泛应用于脉冲波形的产生与变换、仪器与仪表、测量与控制、家用电器等领域。

知 识 学 习

学习任务 6.1　555 定时器的工作特性

　　图 6-1 所示为双极型 555 定时器内部电路原理图和引脚排列图。它由 3 个 5kΩ 组成的电阻分压器、2 个电压比较器 C1 和 C2、与非门 G1 和 G2 组成的基本 RS 触发器、放电管 V 和输出缓冲级 G3 构成。

　　引脚 2 是触发输入端 $\overline{TR}$，引脚 3 是输出端 u_O，引脚 4 是复位（置 0）端 $\overline{R}_D$，引脚 5 是控制电压输入端 CO，引脚 6 是阈值输入端 TH，引脚 7 是放电端 DIS。当 CO 端不外接电压时，V_{CC} 经 3 个 $5k\Omega$ 电阻分压后，为电压比较器 C1 和 C2 提供的基准电压分别为 $2V_{CC}/3$ 和 $V_{CC}/3$。

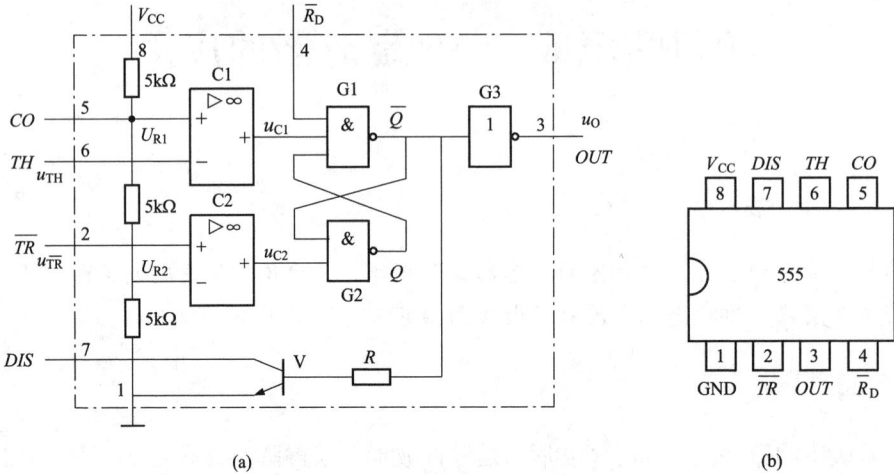

图 6-1　555 定时器的逻辑图和外引脚图

（a）逻辑图；（b）引脚图

当 $\bar{R}_D = 0$ 时，无论 TH 端的输入电压 u_{TH}、$\overline{TR}$ 端的输入电压 $u_{\overline{TR}}$ 为何种电平，基本 RS 触发器的输出 $\bar{Q} = 1$，输出 $u_O = 0$，同时放电管 V 导通。正常工作时，应将复位端 $\bar{R}_D$ 接到高电平上。

当 $u_{TH} > 2V_{CC}/3$、$u_{\overline{TR}} > V_{CC}/3$ 时，电压比较器 C1 和 C2 的输出分别为 $u_{C1} = 0$、$u_{C2} = 1$，基本 RS 触发器置 0，即 $Q = 0$、$\bar{Q} = 1$，输出 $u_O = 0$，同时放电管 V 导通。

当 $u_{TH} < 2V_{CC}/3$、$u_{\overline{TR}} > V_{CC}/3$ 时，电压比较器 C1 和 C2 均输出高电平，即 $u_{C1} = u_{C2} = 1$，使基本 RS 触发器状态不变，放电管 V 的状态也不变。

当 $u_{TH} < 2V_{CC}/3$、$u_{\overline{TR}} < V_{CC}/3$ 时，电压比较器 C1 和 C2 的输出分别为 $u_{C1} = 1$、$u_{C2} = 0$，基本 RS 触发器被置 1，即 $Q = 1$、$\bar{Q} = 0$，输出 $u_O = 1$，同时放电管 V 截止。

综上所述，555 定时器的基本功能见表 6-1。

表 6-1　　　　　　　　　　　　555 定时器的基本功能表

u_{TH}	$u_{\overline{TR}}$	$\bar{R}_D$	u_O	V
$\times$	$\times$	0	0	导通
$> 2V_{CC}/3$	$> V_{CC}/3$	1	0	导通
$< 2V_{CC}/3$	$> V_{CC}/3$	1	不变	不变
$< 2V_{CC}/3$	$< V_{CC}/3$	1	1	截止

如果在控制端 CO 外接电压 U_{CO}，则可改变参考电压，使得电压比较器 C1 和 C2 的参考电压分别为 U_{CO} 和 $U_{CO}/2$，从而影响电路的定时器参数（如：多谐振荡器的输出频率）。CO 端不需要控制时，应在 CO 端和地之间接 $0.01\mu F$ 的电容，以消除干扰。

学习任务 6.2　555 定时器的应用

一、用 555 定时器构成施密特触发器

施密特触发器可以将输入变化缓慢的电压波形变换成符合数字电路要求的矩形脉冲。由于其具有滞回特性，所以具有较强的抗干扰能力，因此它在脉冲的整形和产生方面有着广泛的应用。

1. 电路结构

图 6 - 2（a）所示为由 555 定时器构成的施密特触发器。将 TH 端和 $\overline{\text{TR}}$ 端相连作为输入 u_I，将 $\overline{R}_D$ 端接高电平 V_{CC}，CO 端和地之间接 $0.01\mu F$ 电容，便构成了施密特触发器。

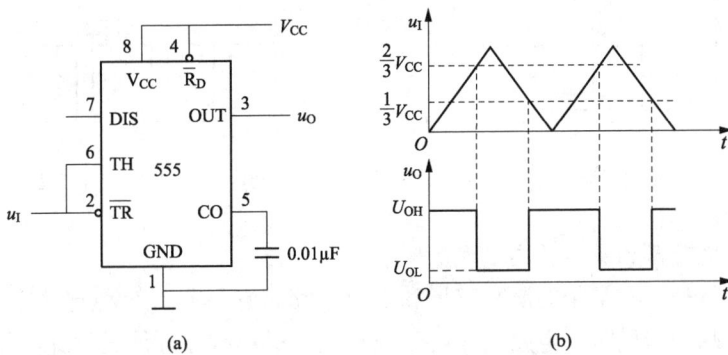

图 6 - 2　用 555 定时器构成的施密特触发器
（a）电路；（b）工作波形

2. 工作原理

（1）上升过程。由图 6 - 2（b）的工作波形可知。当输入 u_I 由 0 逐渐增大，且 $u_I < V_{CC}/3$ 时，输出 $u_O = U_{OH}$；当 $V_{CC}/3 < u_I < 2V_{CC}/3$ 时，输出 $u_O = U_{OH}$ 保持不变；当 $u_I \geqslant 2V_{CC}/3$ 时，输出 $u_O = U_{OL}$，电路发生翻转。因此，上限阈值电压 $U_{T+} = 2V_{CC}/3$。

（2）下降过程。当输入 u_I 再逐渐减小 $V_{CC}/3 < u_I < 2V_{CC}/3$ 时，输出 $u_O = U_{OL}$ 保持不变；当 $u_I \leqslant V_{CC}/3$ 时，输出 $u_O = U_{OH}$，电路又一次翻转。因此，下限阈值电压 $U_{T-} = V_{CC}/3$。

施密特触发器的回差电压 ΔU_T 为

$$\Delta U_T = U_{T+} - U_{T-} = V_{CC}/3 \tag{6 - 1}$$

可见，施密特触发器可以把不规则的脉冲波形变换成数字电路所需要的矩形脉冲。

图 6 - 3 所示为电路的电压传输特性，显然电路具有反相输出特性。

3. 施密特触发器的应用

（1）波形变换。施密特触发器可用于将三角波、正弦波及其他不规则的信号变换成矩形脉冲。

（2）脉冲整形。当传输的信号受到干扰而发生畸变时，可利用施密特触发器的滞回特性，将受到干扰的信号整形为较好

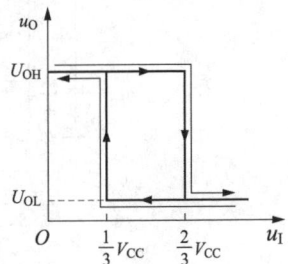

图 6 - 3　施密特触发器
的电压传输特性

的矩形脉冲，如图 6-4 所示。

（3）脉冲幅度鉴别。如果输入信号为一组幅度不等的脉冲，而要求将幅度大于 U_{T+} 的脉冲信号挑选出来时，可用施密特触发器对输入脉冲的幅度进行鉴别，如图 6-5 所示。这时，可将输入幅度大于 U_{T+} 的脉冲信号选出来，而幅值小于 U_{T+} 的脉冲信号则去掉了。

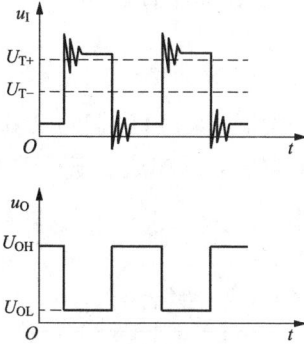

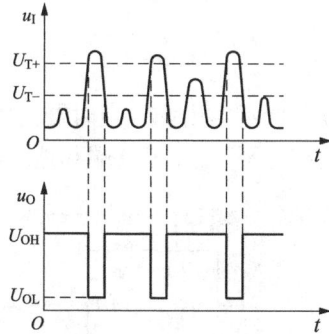

图 6-4　脉冲整形　　　　　图 6-5　鉴别脉冲幅度

二、用 555 定时器构成单稳态触发器

单稳态触发器是一种常用的脉冲整形和延时电路，它具有一个稳定状态和一个暂稳态。当没有外加触发脉冲作用时，电路始终处于稳定状态；只有在外加触发脉冲作用下，电路才能从稳定状态翻转到暂稳态，经过一段时间后又自动返回到原来的稳定状态。

1. 电路结构

图 6-6（a）所示为 555 定时器构成的单稳态触发器。$\overline{TR}$ 端作触发器输入 u_I，负脉冲触发有效。TH 端和 7 端 DIS 相连后，与定时元件 R、C 连接，同时将 $\overline{R}_D$ 接 V_{CC}，便构成了单稳态触发器。

2. 工作原理

下面参照图 6-6（b）所示的工作波形讨论单稳态触发器的工作原理。

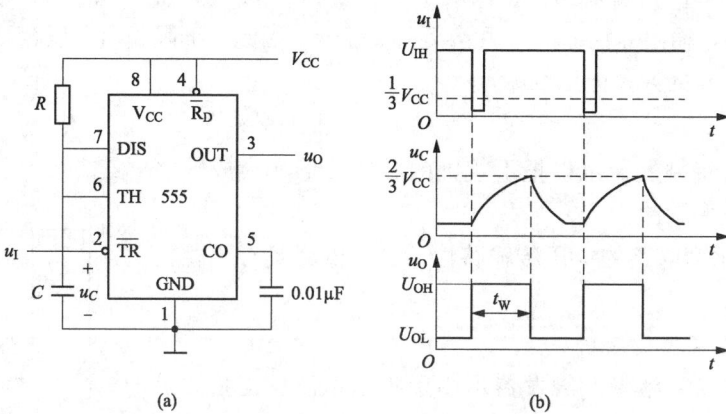

图 6-6　用 555 定时器组成单稳态触发器

（a）电路；（b）工作波形

（1）稳定状态。电路无触发信号时，u_I 为高电平 U_{IH}，且大于 $V_{CC}/3$，此时，$u_C \approx 0$，$u_O = 0$，电路处于稳定状态。其原因是，当电路通电后，V_{CC} 经电阻 R 对电容 C 充电，使其电压 u_C 上升。当电容 C 上的电压 $u_C \geq 2V_{CC}/3$ 时，即 $U_{TH} \geq 2V_{CC}/3$，而此时 $u_I > V_{CC}/3$，即 $u_{\overline{TR}} > V_{CC}/3$，使得输出 $u_O = 0$。同时放电管 V 导通，电容 C 经其迅速放完电，使得 $u_C \approx 0$。而 $u_I > V_{CC}/3$，这时输出将保持 0 状态不变，即电路处于稳定状态。

（2）触发进入暂稳态。当 u_I 输入一个窄负脉冲时，即 u_I 由高电平 U_{IH} 跃变到小于 $V_{CC}/3$ 时，u_O 由 U_{OL} 跃变 U_{OH}，输出 $u_O = 1$。同时放电管截止，此后电源经电阻 R 对电容 C 充电。电路进入暂稳态。在暂稳态期内应使输入 u_I 回到高电平。

（3）自动返回稳定状态。触发器进入暂稳态后，随着电容 C 的充电，当 u_C 逐渐增大到 $\geq 2V_{CC}/3$ 时，而 $\overline{TR}$ 端已恢复高电平，且 $U_{TR} > V_{CC}/3$，u_O 则由 U_{OH} 跃变到 U_{OL}，输出 $u_O = 0$。同时放电管导通，电容 C 经 V 迅速放电，$u_C = 0$，电路返回稳态。

单稳态触发器输出脉冲宽度 t_W 计算式为

$$t_W = RC\ln3 \approx 1.1RC \tag{6-2}$$

可见，输出脉冲宽度 t_W 完全取决于外接的 R 和 C，与触发脉冲没有关系。调节 R 和 C 的大小就可以调整输出脉冲宽度。

应注意的是，图 6-6（a）所示电路只有在输入 u_I 负脉冲宽度小于输出正脉冲宽度 t_W 时才能正常工作。如 u_I 负脉冲宽度大于脉冲输入宽度，则要在输入端接入 RC 微分电路，如图 6-7 所示。图中的 R_d、C_d 微分电路，将输入的负脉冲变换成正、负尖脉冲进行触发后，电路才能正常工作。

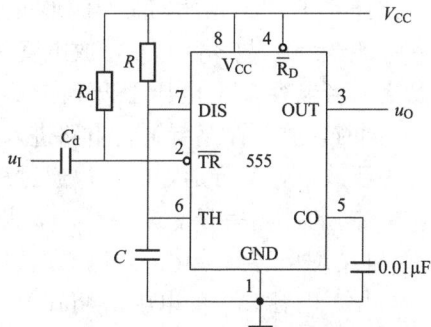

图 6-7　具有微分电路的
单稳态触发器

3. 单稳态触发器的应用

单稳态触发器的主要应用有脉冲整形、定时和展宽。例如，脉冲信号在经过长距离传输后其边沿会变差或在波形上叠加了某些干扰。为了使这些脉冲信号变成符合要求的波形，这时可利用单稳态触发器进行整形。而当输入脉冲宽度较窄时，则可利用单稳态触发器按实际要求展宽。

图 6-8 所示为由单稳态触发器组成的脉冲定时电路和工作波形。由于单稳态触发器在输入 u_I 下降沿触发下，产生一定宽度 t_W 的脉冲定时信号，利用这个脉冲作为与门的输入控制信号，使得只有在 t_W 期间内，脉冲信号 u_A 才能通过。

三、用 555 定时器构成多谐振荡器

多谐振荡器没有稳定状态，只有两个暂稳态。当电路接通电源后，不需要外加触发信号，电路通过电容的充电和放电，使电路在两个暂稳态之间相互转换，产生自激振荡，输出周期性的矩形脉冲波形。由于矩形脉冲含有丰富的谐波分量，因此常将矩形脉冲产生电路称为多谐振荡器。

1. 电路结构

图 6-9（a）所示为用 555 定时器构成的多谐振荡器的电路图。将 $\overline{TR}$ 端和 TH 端相连后接到定时电容 C 与电阻 R_2 的连接处，将 DIS 端接 R_1 和 R_2 的连接处，并将 $\overline{R_D}$ 接到电源

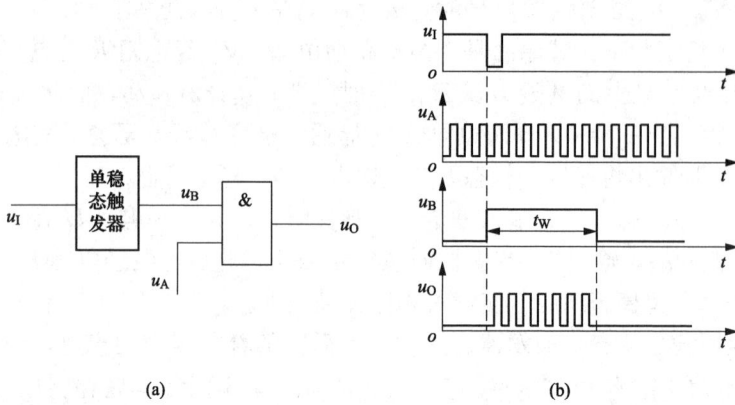

图 6-8　脉冲定时电路和工作波形

(a) 电路图；(b) 工作波形

V_{CC} 上便构成了多谐振荡器。

2. 工作原理

由图 6-9 (b) 所示的工作波形可知，刚接通电源 V_{CC} 时，由于电容 C 上电压 $u_C=0$，使 $U_{TH}=U_{\overline{TR}}=0$，故 $u_O=U_{OH}$，放电管 V 截止，V_{CC} 经 R_1、R_2 对电容 C 充电，电路进入第一暂稳态。当电容 C 上电压上升到 $\geqslant 2V_{CC}/3$ 时，即 $U_{TH}=U_{\overline{TR}}\geqslant 2V_{CC}/3$，$u_O$ 跃变到低电平 U_{OL}；同时，放电管 V 导通，电路进入第二暂稳态。

由于放电管 V 导通，电容 C 通过 R_2 和放电管 V 开始放电，u_C 随着下降。当 u_C 下降到 $\leqslant V_{CC}/3$ 时，即 $U_{TH}=U_{\overline{TR}}\leqslant V_{CC}/3$，$u_O$ 跃变到高电平 U_{OH}。同时，放电管 V 截止，V_{CC} 又经电阻 R_1 和 R_2 对电容 C 充电，电路又返回前一个暂稳态。

可见，电容 C 上的电压 u_C 将在 $V_{CC}/3$ 和 $2V_{CC}/3$ 之间反复充、放电，从而使电路产生了振荡，输出矩形脉冲。

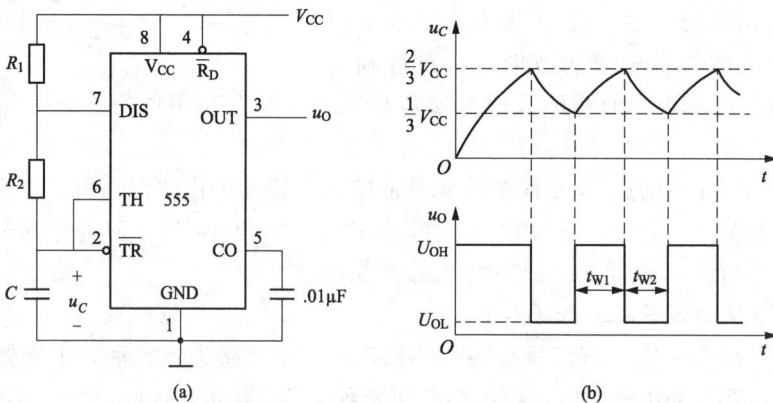

图 6-9　用 555 定时器构成的多谐振荡器

(a) 电路；(b) 工作波形

3. 参数计算

多谐振荡器的振荡周期 T 为

$$T = t_{w1} + t_{w2} \tag{6-3}$$

t_{w1} 为 u_C 由 $V_{CC}/3$ 上升到 $2V_{CC}/3$ 所需的时间，充电时常数为 $(R_1 + R_2)C$，可以求得

$$t_{w1} = (R_1 + R_2)C\ln 2 \approx 0.7(R_1 + R_2)C \tag{6-4}$$

t_{w2} 为 u_C 由 $2V_{CC}/3$ 下降到 $V_{CC}/3$ 所需的时间，放电时常数为 R_2C，可以求得

$$t_{w2} = R_2 C\ln 2 \approx 0.7 R_2 C \tag{6-5}$$

则

$$T = t_{w1} + t_{w2} = 0.7(R_1 + 2R_2)C \tag{6-6}$$

振荡频率为

$$f = \frac{1}{T} = \frac{1}{0.7(R_1 + 2R_2)C} \tag{6-7}$$

改变电阻 R_1、R_2 和 C 的值就可以改变输出脉冲的频率。

4. 占空比可调的多谐振荡器

图 6-10 是用 555 定时器构成的占空比可调的多谐振荡器。放电管 V 截止时，V_{CC} 经电阻 R_1 和 VD1 对电容 C 充电；放电管 V 导通时，电容 C 经电阻 R_2、VD2 和放电管 V 放电。可以求得：

$$t_{w1} = 0.7 R_1 C; \quad t_{w2} = 0.7 R_2 C$$

振荡周期为

$$T = t_{w1} + t_{w2} = 0.7 \times (R_1 + R_2)C \tag{6-8}$$

振荡频率为

$$f = \frac{1}{T} = \frac{1}{0.7 \times (R_1 + R_2)C} \tag{6-9}$$

占空比为

$$q = \frac{t_{w1}}{T} = \frac{R_1}{R_1 + R_2} \tag{6-10}$$

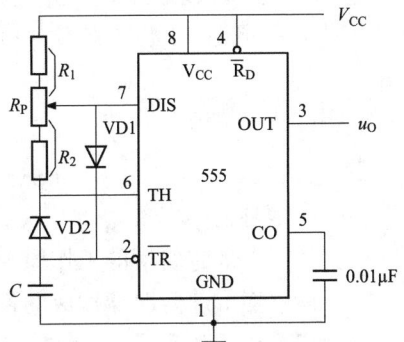

图 6-10　用 555 定时器构成的
占空比可调的多谐振荡器

调节电位器 R_P 可改变 R_1 和 R_2 的比值，即可改变输出脉冲的占空比。

5. 多谐振荡器的应用举例

图 6-11 所示为 555 定时器组成的叮咚音响电子门铃电路。电路中，555 和 R_2、R_3、VD1、VD2 和 C_2 等组成一个多谐振荡器。R_1 和 C_1 构成放电回路，控制叮咚频率的持续时间。SW 为门上的按钮开关，平时处于断开状态。在 SW 关断的情况下，555 的 4 脚为低电位，使 555 处于强制复位状态，3 脚输出为低电位。

当有人按压 SW 后，电源 V_{CC} 通过 SW、VD1 对 C_1 快速充电至 V_{CC}，555 的 4 脚为高电位，555 振荡器起振。此时的振荡频率为

$$f_1 = \frac{1}{0.7(R_D + 2R_3)C} \tag{6-11}$$

式中：R_D 为 VD1、VD2 的直流电阻，约 500Ω；振荡频率约为 839Hz。

松开 SW 后，C_1 上的电压继续维持 555 的 4 脚为高电平，555 振荡器仍将振荡，但此时电路的振荡频率为

$$f_2 = \frac{1}{0.7(R_2 + 2R_3)C} \tag{6-12}$$

图 6-11 所示参数的振荡频率约为 559Hz，比按压 SW 时的振荡频率低。随着 C_1 通过

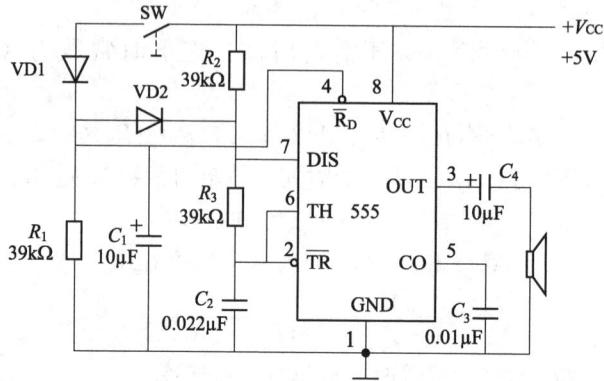

图 6 - 11　叮咚音响电子门铃

R_1 放电，C_1 上电压逐渐降低，当降至 0.4V 以下后，555 处于强制复位状态，随即停振。

　　由此，门铃在初始发高音"叮"声，后发"咚"声，即"叮咚"音响。

🧪 **技 能 训 练**

555 定时器应用电路的测试

一、训练目的

(1) 学习 555 定时器的工作原理。

(2) 能够对 555 定时器构成的各种应用电路进行仿真及测试。

二、仪器设备及元器件

(1) 仪器设备：数字实验系统，1 台；双踪示波器，1 台。

(2) 元器件：LM555，1 块；电阻器 1kΩ、10kΩ 各 2 个，4.7kΩ、5.1kΩ 各 1 个；电位器 10kΩ，1 个；电容 0.1μF 2 个，0.01μF 1 个；二极管 1N4148，2 个。

三、训练内容

1. 施密特触发器的仿真及测试

(1) 用 Multisim 软件仿真图 6 - 12 所示的施密特触发器，输入频率为 1kHz，峰峰值为 5V 的正弦信号，用示波器观测输入信号 u_I 和输出信号 u_O 的波形，仿真参考电路及工作波形如图 6 - 13 所示。

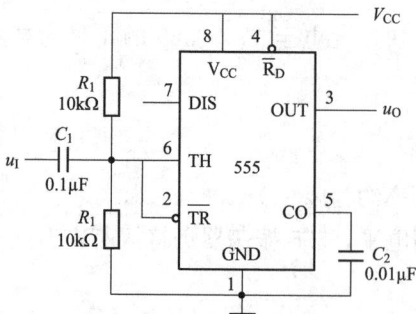

图 6 - 12　施密特触发器

(2) 在实验箱上搭接施密特触发器，检查无误后，接通＋5V 电源。

(3) 在输入端输入频率为 1kHz，峰峰值为 5V 的正弦信号 u_I，用示波器观测输入电压 u_I 和输出 u_O 的波形，测量正向阈值电压 U_{T+} 和负向阈值电压 U_{T-}，计算回差电压 ΔU_{T-}。

2. 单稳态触发器的仿真及测试

(1) 用 Multisim 软件仿真图 6 - 14 所示的单稳态触发器，输入频率为 500Hz、峰峰值为 5V 的方波信号，用四通道示波器观测输入信号 u_I、2 端输

(a)   (b)

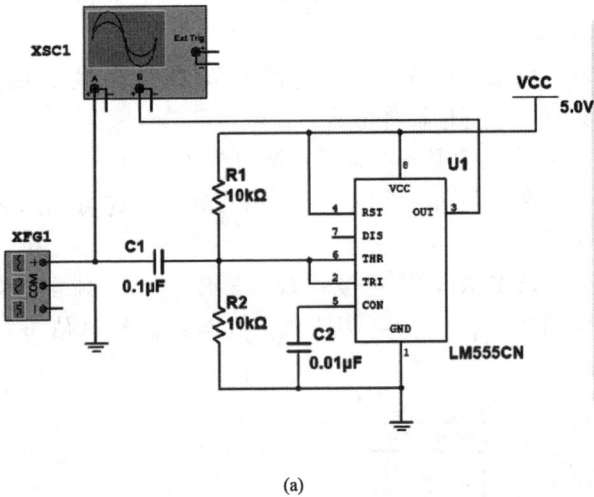

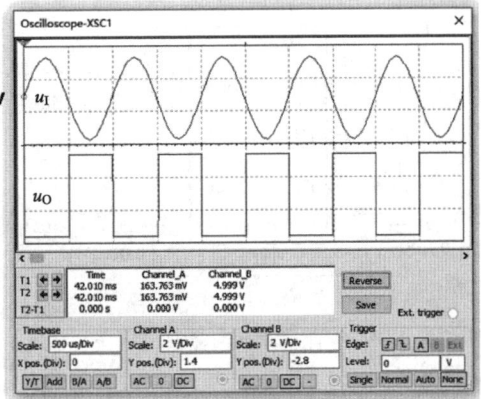

图 6 - 13   施密特触发器仿真参考电路和工作波形

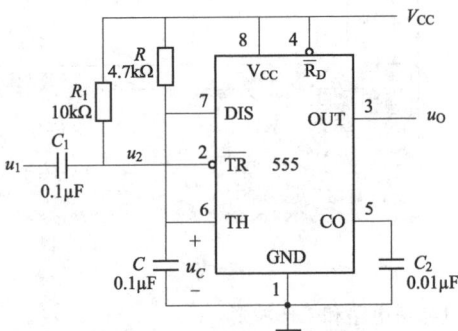

图 6 - 14   单稳态触发器

入信号 u_2、电容 C 上的电压 u_C 和输出信号 u_O 的波形，仿真参考电路及工作波形如图 6 - 15 所示。

（2）在实验箱上搭接单稳态触发器，检查无误后，接通 +5V 电源。

（3）在输入端输入频率为 500Hz，峰峰值为 5V 的方波信号，用示波器观测和记录 u_I、u_C 和 u_O 的波形，测量脉冲宽度 t_W，与理论计算值进行比较。

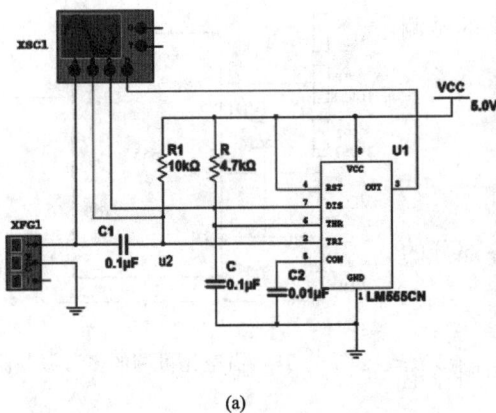

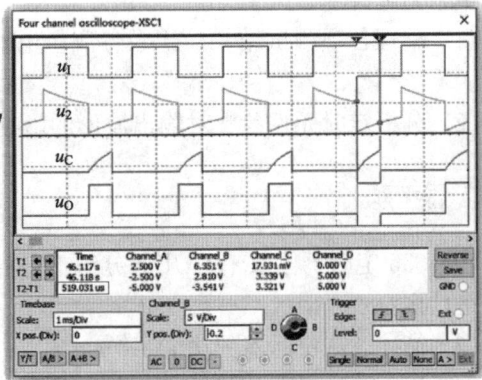

(a)   (b)

图 6 - 15   单稳态触发器仿真参考电路和工作波形

3. 多谐振荡器的仿真及测试

（1）用 Multisim 软件仿真图 6 - 16 所示的多谐振荡器，仿真参考电路及 u_C、u_O 的工作波形如图 6 - 17 所示。

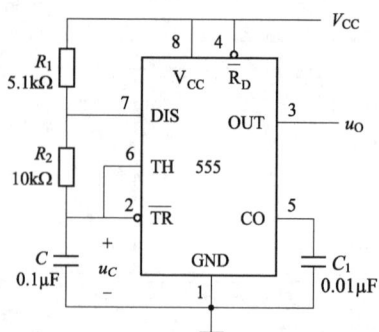

图 6 - 16　多谐振荡器

（2）在实验箱上搭接多谐振荡器，检查无误后，接通＋5V 电源。

（3）用示波器观察 u_C、u_O 的工作波形，测量振荡周期和频率，与理论计算值进行比较。

4. 占空比可调的多谐振荡器的测试

（1）在实验箱上按图 6 - 18 搭接好占空比可调的多谐振荡器。

（2）调节 R_P，用示波器观测输出波形，测量电路的振荡频率和占空比可调范围，并与理论计算值进行比较。

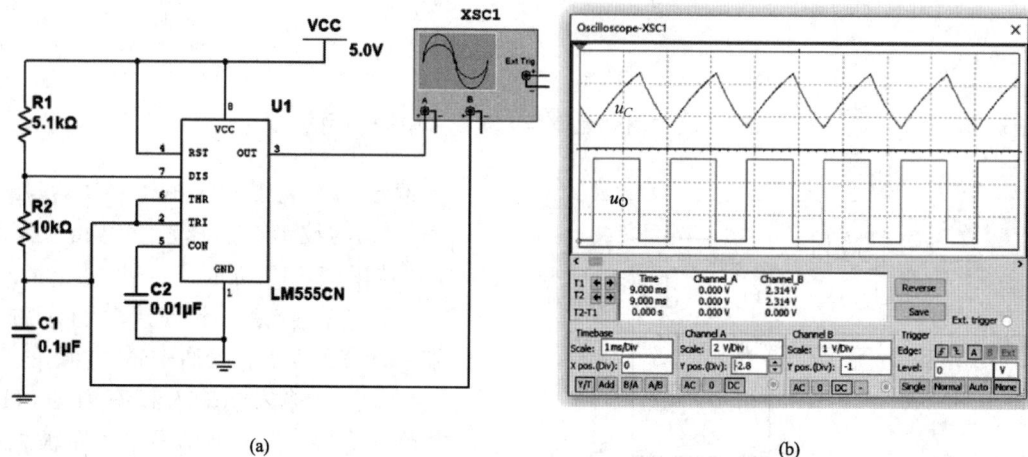

(a)　　　　　　　　　　　　　　　(b)

图 6 - 17　多谐振荡器仿真参考电路和工作波形

四、训练要求

（1）整理各项测试结果，记录各测量电路的被测波形。

（2）分析定时元件参数对输出波形的影响。

🔧 思考题

（1）555 定时器主要有哪几部分组成？各部分的作用是什么？

（2）简述 555 定时器的功能。

（3）用 555 定时器构成的施密特触发器的回差电压如何计算？

（4）用 555 定时器构成单稳态触发器，对输入触发脉冲有什么要求？

（5）用 555 定时器构成多谐振荡器的振荡频率和振荡周期如何计算？

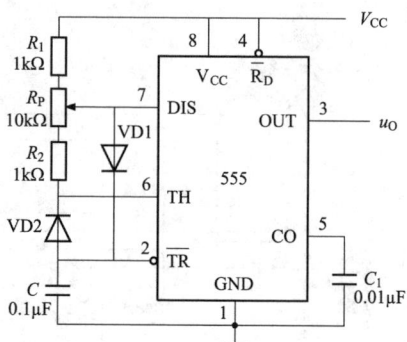

图 6 - 18　占空比可调的多谐振荡器

小　结

（1）555 定时器是一种模拟和数字电路结合在一起的中规模集成电路，只要在外部加上几个适当的阻容元件，便可构成施密特触发器、单稳态触发器和多谐振荡器等脉冲产生与变换电路。

（2）施密特触发器有两个稳定状态。在外输信号的作用下，电路可以在两个稳定状态之间变化。施密特触发器具有滞回特性，主要用于波形变换、脉冲整形和幅度鉴别。

（3）单稳态触发器有一个稳定状态和一个暂稳态。没有外触发信号输入时，电路处于稳定状态。在外触发信号作用下，电路进入暂稳态，经过一段时间后，又自动返回稳定状态。输出的脉冲宽度由外接的 R、C 定时元件的数值决定。单稳态触发器主要用于波形变换、脉冲定时和整形等。

（4）多谐振荡器没有稳定状态，只有两个暂稳态。利用电路外接电容的充电和放电使两个暂稳态相互转换，输出周期性的矩形波。改变外接 R、C 定时元件的数值可以调节振荡频率。多谐振荡器可用作信号源。

课堂小测

一、填空题

1. 若 555 定时器的电压 $V_{CC}=9V$，则其两个阈值分别为_____和_____。

2. 施密特触发器可将输入变化缓慢的信号变换成_____信号输出。

3. 在由 555 定时器构成的单稳态触发器中，若充放电回路的电容为 C，电阻为 R，输出脉冲宽度为 $t_W=$_____。

4. 在由 555 定时器构成的多谐振荡器中，其振荡周期为_____。

二、选择题

1. 若 555 定时器构成的施密特触发器中，若 $V_{CC}=12V$，CO 端外接直流电压 6V 时，则回差电压 ΔU_T 为（　　）V。

A. 3　　　　　　　　B. 4　　　　　　　　C. 6　　　　　　　　D. 8

2. 若要从幅度不等的脉冲信号中选取幅度大于某一数值的脉冲信号时，应采用（　　）。

A. 施密特触发器　　　　　　　　B. 单稳态触发器

C. 触发器　　　　　　　　　　　D. 多谐振荡器

3. 若要加大单稳态触发器的输出正脉冲宽度，应采取（　　）。

A. 增大输入负脉冲宽度　　　　　B. 减小输入负脉冲宽度

C. 增大 R 或 C　　　　　　　　D. 减小 R 或 C

4. 为提高 555 定时器组成多谐振荡器的频率，对外接 R 和 C 值改变应为（　　）。

A. 同时增大 R 和 C　　　　　　B. 同时减小 R 和 C

C. 增大 R，减小 C　　　　　　D. 减小 R，增大 C

三、判断题

1. 施密特触发器可以将输入的任意波形变换成矩形脉冲输出。（　　）

2. 单稳态触发器可将宽度不等的脉冲信号变换成宽度符合要求的脉冲信号。（　　）

3. 施密特触发器和多谐振荡器可用于脉冲波形的整形。（　　）

4. 在由 555 定时器组成的单稳态触发器中，输入负脉冲宽度应大于输出正脉冲宽度。（　　）

5. 多谐振荡器不需要外加触发信号，电路就能产生自激振荡。（　　）

习　题

6.1　由 555 定时器构成的电路如图 6 - 19 所示，试完成：

(1) 指出该电路的名称；

(2) 根据给定的 u_I 的波形，画出电路输出 u_O 的波形。

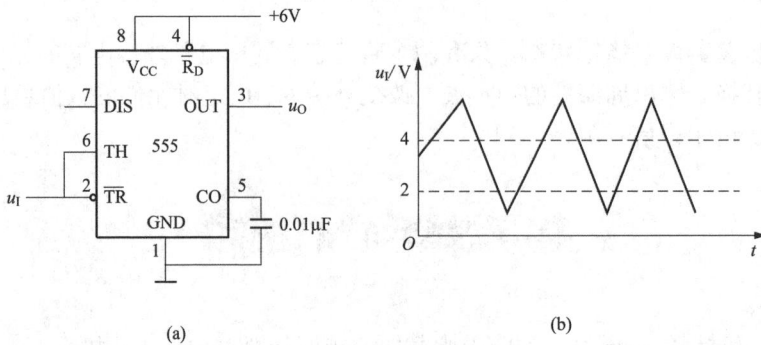

图 6 - 19　题 6.1 图

6.2　由 555 电路定时器构成的单稳态触发器如图 6 - 20 所示。已知 $V_{CC}=10V$，$R=10k\Omega$，$C=0.01\mu F$，试求输出脉冲的宽度 t_W，并画出 u_I、u_C 和 u_O 的波形。

6.3　由 555 电路定时器构成的多谐振荡器如图 6 - 21 所示。已知 $V_{CC}=10V$，$R_1=15k\Omega$，$R_2=24k\Omega$，$C=0.1\mu F$，试完成：

(1) 计算多谐振荡器的振荡周期和振荡频率；

(2) 画出 u_C 和 u_O 的波形；

(3) 在 4 端加什么电平时多谐振荡器停止振荡。

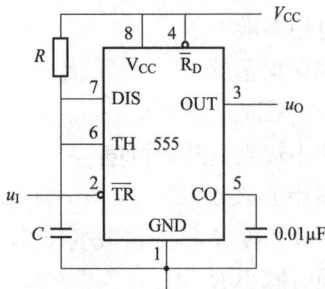

图 6 - 20　题 6.2 图

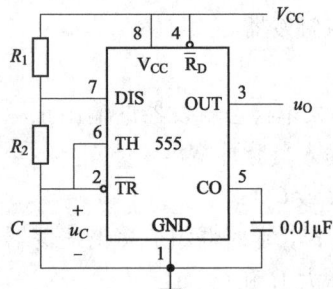

图 6 - 21　题 6.3 图

6.4　由 555 定时器构成的电路如图 6 - 22 所示，试完成：

（1）说出该电路的名称；

（2）电路工作时，输出发光二极管能亮多长时间？

6.5　由 555 电路定时器构成的多谐振荡器如图 6-23 所示，试计算输出正脉冲的宽度和振荡周期。

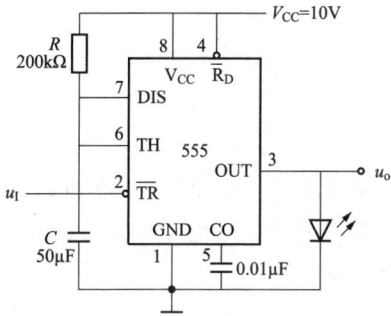 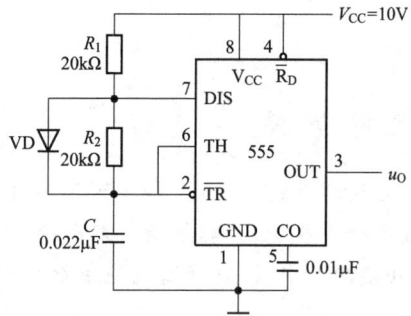

图 6-22　题 6.4 图　　　　　　图 6-23　题 6.5 图

学习情境 7 D/A 转换器和 A/D 转换器的应用

内容概要

本学习情境介绍了 D/A 转换器和 A/D 转换器的基本概念，以倒 T 型电阻网络 D/A 转换器、逐次逼近型 A/D 转换器、双积分型 A/D 转换器为例讨论了它们的工作原理，并对集成 D/A 转换器和 A/D 转换器的应用电路进行了仿真和测试。

学习导入

从数字信号到模拟信号的转换称数/模转换，又称 D/A 转换。完成 D/A 转换的电路称 D/A 转换器，简称 DAC。从模拟信号到数字信号的转换称模/数转换，又称 A/D 转换。完成 A/D 转换的电路称 A/D 转换器，简称 ADC。

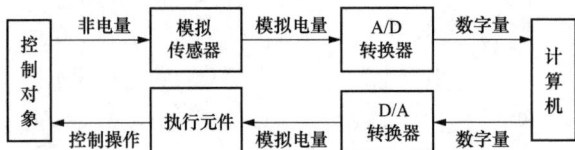

图 7-1 计算机控制系统框图

随着数字电子技术的迅速发展，尤其是计算机在自动控制、自动检测以及许多其他领域中的广泛应用，使得数字信号的传输与处理日趋普遍。例如，在如图 7-1 所示的计算机控制系统中，由于计算机只能接收处理数字信号，也只能输出数字信号，而在过程控制和信息处理中遇到的大多是连续变化的物理量，如话音、温度、压力、流量等，它们的值都是随时间连续变化的。因此在用计算机处理这些信号前，首先要经过传感器，将这些物理量变成电压、电流等电信号模拟量，再经 A/D 转换器变成数字量后才能送给计算机或数字控制电路进行处理。处理的结果，又需要经过 D/A 转换器变成电压、电流等模拟量实现自动控制。

因此，D/A 转换器和 D/A 转换器是数字系统和模拟系统的接口电路，也是数字电子技术的重要组成部分。

学习任务 7.1 D/A 转换器的应用

知识学习

7.1.1 D/A 转换基本原理

D/A 转换就是将数字量转换成与它成正比的模拟量。D/A 转换器用于将输入的二进制数字量转换为与该数字量成比例的电压或电流。

数字系统是用二进制数表示电压或电流。例如，用四位二进制数字量 $D_3D_2D_1D_0 =$

$(1010)_2$ 表示电压，则其按权展开为

$$(D_3D_2D_1D_0)_2 = (1010)_2 = (1\times2^3 + 0\times2^2 + 1\times2^1 + 0\times2^0)_{10}$$

此时数模转换输出的模拟电压值为

$$u_O = K(1\times2^3 + 0\times2^2 + 1\times2^1 + 0\times2^0)_{10}$$

式中：K 为比例系数。

可见，D/A 转换就是将数字量的每一位代码按权值的大小分别转换成模拟量，然后将这些模拟量相加，即可得到与数字量成正比的总模拟量。

D/A 转换器的种类很多，可分为权电阻网络 D/A 转换器、T 型电阻网络 D/A 转换器、倒 T 型电阻网络 D/A 转换器、权电流 D/A 转换器。这里主要介绍应用比较广泛的倒 T 型电阻网络 D/A 转换器。

7.1.2　倒 T 型电阻网络 D/A 转换器

图 7-2 所示为一个 4 位倒 T 型电阻网络 D/A 转换器，它由模拟电子开关 $S_3\sim S_0$、$R-2R$ 倒 T 型电阻网络、运算放大器及基准电压 U_{REF} 组成。

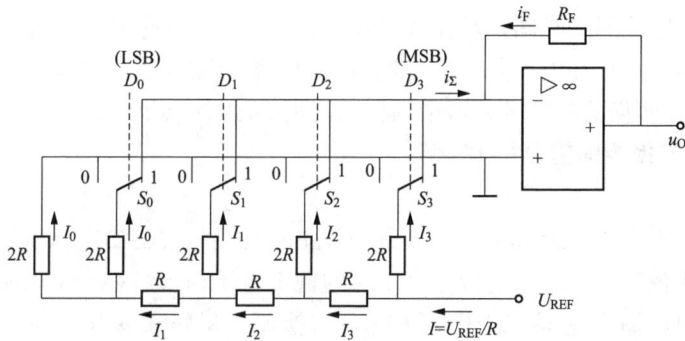

图 7-2　4 位倒 T 型电阻网络 D/A 转换器

在 $R-2R$ 倒 T 型电阻网络中，4 个双向模拟开关 $S_3\sim S_0$ 分别受 4 个输入数字量 $D_3\sim D_0$ 的控制：当 $D_i=1$ 时，开关 S_i 与运算放大器的反相输入端接通；当 $D_i=0$ 时，开关 S_i 与运算放大器的同相输入端接通，即与地接通。由于集成运算放大器的运算放大器求和点（运放的反相输入端）为虚地，无论模拟开关接在哪个位置，都相当于接地，即"0"电位上，流过每个支路的电流也始终不变，电阻 $2R$ 皆可视为上端接地。这样，由 U_{REF} 端向左看，整个倒 T 型电阻网络的等效电阻始终为 R，因此从参考电压端流入的总电流 $I=U_{REF}/R$，而每个支路的电流依次为 $I_3=I/2$、$I_2=I/4$、$I_1=I/8$、$I_0=I/16$。流入求和运算放大器反相输入端的总电流由 4 个模拟开关的状态来决定，即

$$i_\Sigma = \frac{I}{2}D_3 + \frac{I}{4}D_2 + \frac{I}{8}D_1 + \frac{I}{16}D_0$$
$$= \frac{U_{REF}}{R\times2^4}(2^3D_3 + 2^2D_2 + 2^1D_1 + 2^0D_0) \tag{7-1}$$

输出电压 u_O 为

$$u_O = -\frac{U_{REF}R_F}{2^4R}(2^3D_3 + 2^2D_2 + 2^1D_1 + 2^0D_0) \tag{7-2}$$

这里用运算放大器进行电流电压变换有两个优点：一是起隔离作用，将 $R-2R$ 电阻网

络与负载电阻隔离开来，减小负载电阻对电阻网络的影响；二是可以通过调节 R_F 实现当输入数字量全为 1 时，对满量程输出电压大小的控制。

取 $R_F = R$ 时，输出电压 u_O 为

$$u_O = -\frac{U_{REF}}{2^4}(2^3 D_3 + 2^2 D_2 + 2^1 D_1 + 2^0 D_0) \tag{7-3}$$

由上式可见，它将 4 位二进制数字信号 $D_3 D_2 D_1 D_0$ 线性地转换为对应的模拟信号 u_O。

例如：在图 7-2 所示的 D/A 转换器中，当 $R_F = R$，$U_{REF} = -5V$ 时，若输入数字量为 1000，则输出为

$$u_O = -\frac{-5}{2^4}(1 \cdot 2^3 + 0 \cdot 2^2 + 0 \cdot 2^1 + 0 \cdot 2^0) = 2.5V$$

同理，对于 n 位的倒 T 形电阻网络 D/A 转换器，则有

$$u_O = -\frac{U_{REF}R_F}{2^n R}(D_{n-1} \cdot 2^{n-1} + D_{n-2} \cdot 2^{n-2} + \cdots + D_1 \cdot 2^1 + D_0 \cdot 2^0) \tag{7-4}$$

倒 T 型电阻网络中只有 R 和 $2R$ 两种规格的电阻，而且各支路的电流恒定不变，在开关状态变化时，不需电流建立时间，转换速度高，因此在 D/A 转换器中被广泛采用。但由于电阻网络中的模拟开关存在电压降，当流过各支路的电流稍有变化时，就会产生转换误差。为进一步提高 D/A 转换器的精度，可采用权电流型 D/A 转换器。

7.1.3　D/A 转换器的主要技术指标

一、分辨率

D/A 转换器的分辨率是指最小输出电压（U_{LSB}）与满量程输出电压（U_{FSR}）之比。最小输出电压是指输入数字量仅最低有效位为 1 时的输出电压，满量程输出电压是指输入数字量各有效位全为 1 时的输出电压。对于 n 位 D/A 转换器，其分辨率为

$$分辨率 = \frac{U_{LSB}}{U_{FSR}} = \frac{1}{2^n - 1} \tag{7-5}$$

例如：$n = 8$ 时，D/A 转换器的分辨率为

$$分辨率 = \frac{1}{2^8 - 1} = 0.00392$$

而 $n = 10$ 时，D/A 转换器的分辨率为

$$分辨率 = \frac{1}{2^{10} - 1} = 0.000978$$

可见，分辨率与 D/A 转换器的位数有关，位数越多，其值越小，分辨最小输出电压的能力就越高。分辨率也可用输入二进制数的有效位数表示。

二、转换精度

转换精度是指 D/A 转换器实际输出模拟电压值与理论输出模拟电压值之差。它不仅与 D/A 转换器中元器件参数的精度有关，还与环境温度、集成运放的温度漂移以及 D/A 转换器的位数有关。通常要求 D/A 转换器的误差小于 $U_{LSB}/2$。

三、转换时间

转换时间是指 D/A 转换器在输入数字信号开始转换，到输出模拟量达到稳定值所需要的时间，是反映 D/A 转换器工作速度的一个重要参数。转换时间越小，工作速度越高。

7.1.4　集成 D/A 转换器及其应用

集成 D/A 转换器目前广泛使用集成器件，常见的集成 DAC 芯片有 DAC0832、DAC1232 等。这些芯片尽管都能实现 D/A 转换，但性能指标上有较大差别，DAC0832 的分辨率为 8 位，而 DAC1232 的分辨率为 12 位，因此，使用时应根据实际需要选择不同型号的 DAC 芯片。下面仅介绍 DAC0832。

一、DAC0832 逻辑功能框图及引脚图

DAC0832 结构框图和引脚排列图如图 7-3 所示，它由 8 位输入寄存器、8 位 D/A 寄存器和 8 位 D/A 转换器组成。8 位 D/A 转换器由倒 T 型电阻网络和电子开关组成，其转换结果是电流输出，使用时需外接运算放大器。

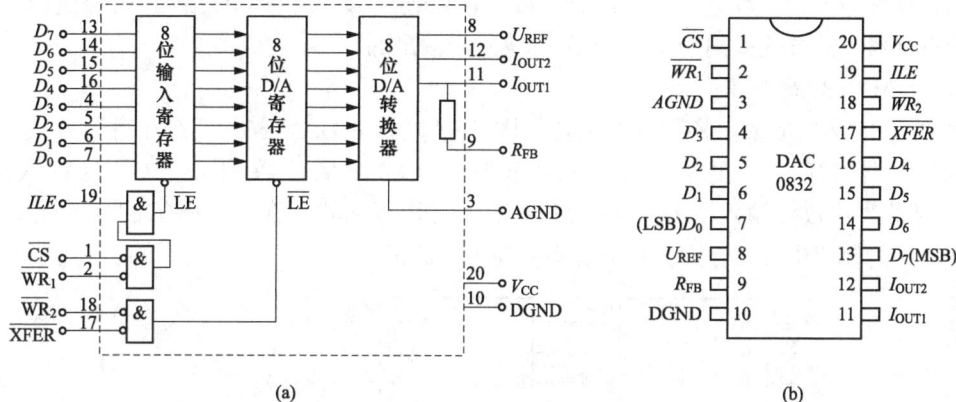

图 7-3　DAC0832 的内部结构和引脚图
(a) 内部结构；(b) 引脚图

DAC0832 芯片上各管脚的名称和功能说明如下：

(1) $D_0 \sim D_7$：8 位数据输入端。

(2) ILE：输入锁存选通端，高电平有效。

(3) $\overline{CS}$：片选信号输入端，低电平有效。当 $\overline{CS}=0$、$ILE=1$ 时选通 $\overline{WR}_1$。

(4) $\overline{WR}_1$：写信号 1 端，低电平有效。当 $\overline{WR}_1=0$ 时，用来将输入数据送入输入寄存器中；当 $\overline{WR}_1=1$ 时，输入到寄存器中的数据被锁存，即寄存器中的数据不随输入数据而变。

(5) $\overline{WR}_2$：写信号 2 端，低电平有效。当 $\overline{WR}_2=0$ 时，输入寄存器中的数据传输到 D/A 寄存器中；当 $\overline{WR}_2=1$ 时，传输到 D/A 寄存器中的数据被锁存。

(6) $\overline{XFER}$：传输控制信号端，当 $\overline{XFER}=0$ 时，起选通 $\overline{WR}_2$ 的作用。

(7) I_{OUT1}、I_{OUT2}：D/A 转换器的电流输出端。I_{OUT1} 端应接外部运放的反相输入端；I_{OUT2} 端应接外部运放的同相输入端。

(8) R_{FB}：集成在片内的外接运放的反馈电阻。

(9) U_{REF}：基准电压输入端，可在 $-10 \sim +10\text{V}$ 内选择。

(10) V_{CC}：电源电压端，选择范围 $+5 \sim +15\text{V}$。

(11) DGND：输入数字信号接地端。

(12) AGND：输出模拟信号接地端。

二、DAC0832 的工作方式

DAC0832 进行 D/A 转换，可以采用两种方式对数据进行锁存，即输入寄存器工作在锁存状态，而 D/A 寄存器工作在直通状态；输入寄存器工作在直通状态，而 D/A 寄存器工作在锁存状态。因此，DAC0832 有以下三种工作方式：

（1）直通方式：直通方式是输入寄存器和 D/A 寄存器都不锁存。数字量一旦输入，就直接进入 D/A 转换。这种方式适用于输入数字量变化缓慢的场合。

（2）单缓冲方式：单缓冲方式是在输入数字量送入 D/A 转换器进行转换的同时，将该数字量锁存在 D/A 寄存器中，以保证 D/A 转换器输入稳定，转换正常。此方式适用于只有一路模拟量输出或几路模拟量异步输出的情形。

（3）双缓冲方式：双缓冲方式是输入数字量在进入 D/A 转换器之前，需经过两个独立控制的寄存器。此方式适用于多个 D/A 转换同步输出的情形。

三、DAC0832 的应用

由 DAC0832 组成的阶梯脉冲发生器如图 7-4 所示，DAC0832 工作在直通方式。集成二进制计数器 74LS161 的输出 $Q_3 \sim Q_0$ 作为 DAC0832 低位数据 $D_3 \sim D_0$ 的输入信号，DAC0832 的高位数据输入端 $D_7 \sim D_4$ 都接地。当计数器的状态在 0000～1111 之间循环变化时，在电路的输出端 u_O 就得到 16 个阶梯脉冲电压波形。

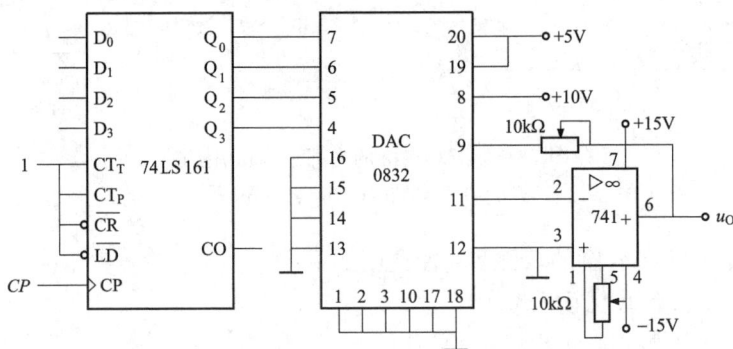

图 7-4　由 DAC0832 组成阶梯脉冲发生器

技能训练

阶梯脉冲发生电路的仿真测试

一、训练目的

（1）学习 D/A 转换器的工作原理。

（2）学习 D/A 转换器应用电路的测试方法。

二、训练内容

（1）用仿真软件创建图 7-5 所示阶梯脉冲发生器仿真电路。D/A 转换器选用 8 位权电流型 IDAC8。将同步二进制计数器 74LS161 的输出 $Q_3 \sim Q_0$ 接 IDAC8 的 $D_3 \sim D_0$，并将 IDAC8 的 $D_7 \sim D_4$ 接低电平 0。

（2）接入频率为 1kHz 的 CP 时钟脉冲，用示波器观察输出波形，如图 7-6 所示。记录电路的输出波形和周期。

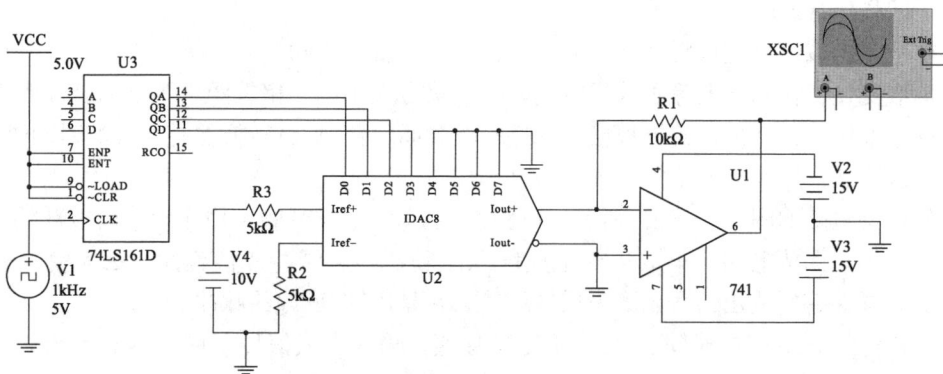

图 7 - 5　阶梯脉冲发生器仿真电路

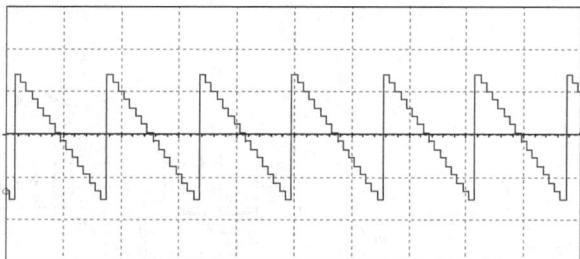

图 7 - 6　阶梯脉冲发生器仿真电路输出波形

三、训练要求

（1）完成电路的仿真测试，整理所测实验数据和波形。

（2）总结 D/A 转换器的应用方法。

🔧 思考题

（1）什么是 D/A 转换？实现 D/A 转换的原理是什么？

（2）D/A 转换器的位数与分辨率、转换精确度有什么关系？

（3）选用 D/A 转换器时，要考虑哪些技术指标？

学习任务 7.2　A/D 转换器的应用

🧪 知识学习

7.2.1　A/D 转换基本原理

A/D 转换器可将连续变化的模拟量变为离散的数字量，在转换过程中，首先要对模拟信号进行采样、保持，再进行量化、编码。一般采样、保持用采样保持电路完成，而量化和编码则在转换过程中实现。

一、采样保持电路

采样是对模拟信号进行周期性抽取样值的过程，就是将随时间连续变化的模拟量转化为时间上离散变化、在幅值上等于采样时间内模拟信号大小的一串等距不等幅的脉冲。

采样结束后，再将采样的模拟信号保持一段时间，使 A/D 转换器有充分的时间进行 A/D 转换，这就是采样保持电路的作用。

采样保持电路如图 7 - 7（a）所示。电路中，V 为 NMOS 管，用作理想模拟开关；C 为存储电容，作为保持电路；集成运放组成电压跟随器，起缓冲隔离作用。u_I 为模拟输入信号，u_O 为采样保持后输出信号，u_S 为采样信号，它是周期为 T_S 的脉冲信号。

在采样信号 u_S 到来的时间 t_W 内，开关 V 接通，输入模拟信号 u_I 向电容 C 充电，电容 C 上的电压在时间 t_W 内跟随 u_I 变化。采样脉冲结束后，开关断开，因电容的漏电很小且运算放大器的输入阻抗又很高，因此电容 C 上电压可保持到下一个取样脉冲到来为止。采样保持电路的工作波形如图 7 - 7（b）所示。

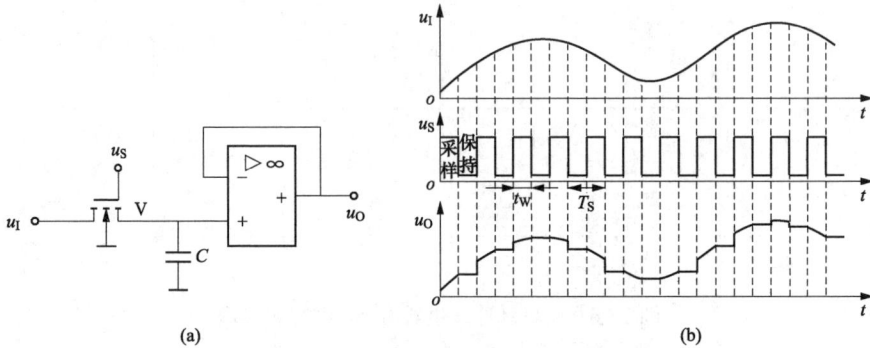

图 7 - 7　采样保持电路
（a）电路；（b）工作波形

由工作波形可以看到，采样脉冲频率越高，所得到的信号越能真实地复现输入信号；如果采样频率越低，所得信号将失去输入信号的原有特性。为了不失真地用采样后的信号来表示输入模拟信号 u_I，采样定理（又称奈奎斯特定理）要求采样信号 u_S 的频率 f_S 必须不小于输入信号 u_I 的最高频率分量 f_{max} 的两倍，即

$$f_S \geqslant 2f_{max} \tag{7 - 6}$$

这样，采样信号才能正确地反映输入信号。通常采样频率选取 $f_S = (2 \sim 2.5) f_{max}$。

二、量化和编码

数字信号不仅在时间上是离散的，而且在幅值上也是离散的。所谓量化，就是把经过采样得到的瞬时值的幅度离散化，即用一组规定的基准电平，把瞬时采样值用最接近的电平值来表示，将信号的连续取值近似为有限个离散值的过程。量化中的基准电平称为量化电平。

编码是指用二进制数码来表示各个量化电平的过程。二进制代码就是 A/D 转换器的输出数字量。

取样保持后未量化的电平值与量化电平值之差称为量化误差。量化误差的大小与二进制数码位数的位数、基准电压，以及量化电平的划分方式有关。显然，量化电平级数越多，所对应的二进制数码位数也越多，量化误差也越小。但是无论如何划分量化电平，量化误差都不可避免。在实际应用中，应根据要求来选择 A/D 转换器的位数。

7.2.2　A/D 转换器工作原理

A/D 转换器的种类很多，按其工作原理的不同，可分为直接型和间接型两类。直接型 A/D 转换器就是将输入模拟信号直接与标准的参考电压比较，从而得到数字量。并行比较型 A/D 转换器和逐次比较型 A/D 转换器是典型的直接型 A/D 转换器。间接型 A/D 转换器则先将输入模拟信号转换成某种中间变量（如时间、频率等），然后再将中间变量转换为最后的数字量。间接型 A/D 转换器的典型电路有双积分（电压时间转换）型 A/D 转换器和电压频率转换型 A/D 转换器。

一、逐次逼近型 A/D 转换器

在直接型 A/D 转换器中，逐次逼近型 A/D 转换器是目前采用最多的一种。它的转换过程与用天平测量物体的质量非常相似。天平称量时，先试放质量最大的砝码，与被测物体进行比较。若物体的质量大于砝码的质量，则该砝码保留，否则移去。再加上一个质量次大的砝码，由物体的质量是否大于砝码的质量决定第二个砝码是留下还是移去。依此进行，一直加到最小一个砝码为止。将所有留下的砝码质量相加，就得到物体的质量。逐次逼近型 A/D 转换器就是按照这样的思路，将输入模拟信号与不同的基准电压做多次比较，使转换所得的数字量在数值上逐次逼近输入模拟量的对应值。

图 7-8 所示为一个 n 位逐次逼近型 A/D 转换器的原理框图，它由移位寄存器、数据寄存器、D/A 转换器、电压比较器和控制电路构成。这里以 4 位逐次逼近型 A/D 转换器为例，来说明电路的工作过程。

若 4 位逐次逼近型 A/D 转换器的输入模拟电压 $u_I = 6.8V$，A/D 转换器基准电压 $U_{REF} = 10V$，其转换过程如下：

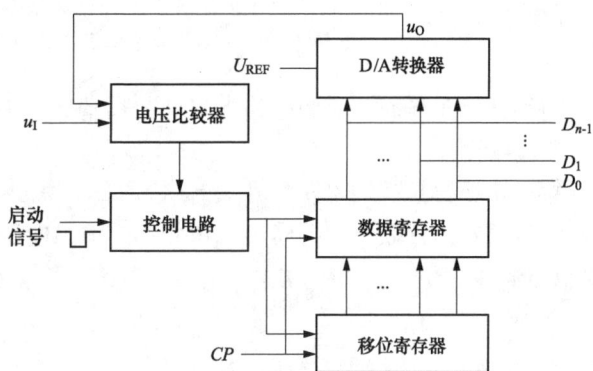

图 7-8　逐次逼近型 A/D 转换器框图

（1）当外部电路向逐次逼近式 A/D 转换器发出"启动"命令后，数据寄存器清零，即 $D_3 D_2 D_1 D_0 = 0000$。

（2）当第 1 个 CP 脉冲到达时，数据寄存器被置为 $D_3 D_2 D_1 D_0 = 1000$，1000 送入 D/A 转换器，其输出电压 $u_O = 5V$，u_I 与 u_O 比较，$u_I > u_O$，则 D_3 保留 1。

（3）当第 2 个 CP 脉冲到达时，数据寄存器被置为 $D_3 D_2 D_1 D_0 = 1100$，D/A 转换器输出电压 $u_O = 7.5V$，u_I 再与 u_O 比较，$u_I < u_O$，则 D_2 去 1 存 0。

（4）当第 3 个 CP 脉冲到达时，数据寄存器被置为 $D_3 D_2 D_1 D_0 = 1010$，$u_O = 6.25V$，u_I 再与 u_O 比较，$u_I > u_O$，则 D_1 保留 1。

（5）第 4 个 CP 脉冲到达时，数据寄存器被置为 $D_3 D_2 D_1 D_0 = 1011$，D/A 转换器输出电压 $u_O = 6.875V$，u_I 再与 u_O 比较，$u_I > u_O$，则 D_0 去 1 存 0。$D_3 D_2 D_1 D_0$ 端输出 1010，A/D 转换结束。

逐次比较型 A/D 转换器完成一次转换所需的时间与其位数和时钟脉冲频率有关，位数越少，时钟频率越高，转换所需时间越短。这种 A/D 转换器具有电路结构简单，转换速度较快，精度高的特点，在自动控制领域应用相当广泛。

二、双积分型 A/D 转换器

双积分型 A/D 转换器的工作原理框图和工作波形如图 7‑9 所示。它由积分器、比较器、n 位二进制计数器和控制电路组成。u_I 为模拟输入电压，$-U_{REF}$ 为基准电压，取 $|-U_{REF}|$ 等于满量程电压。

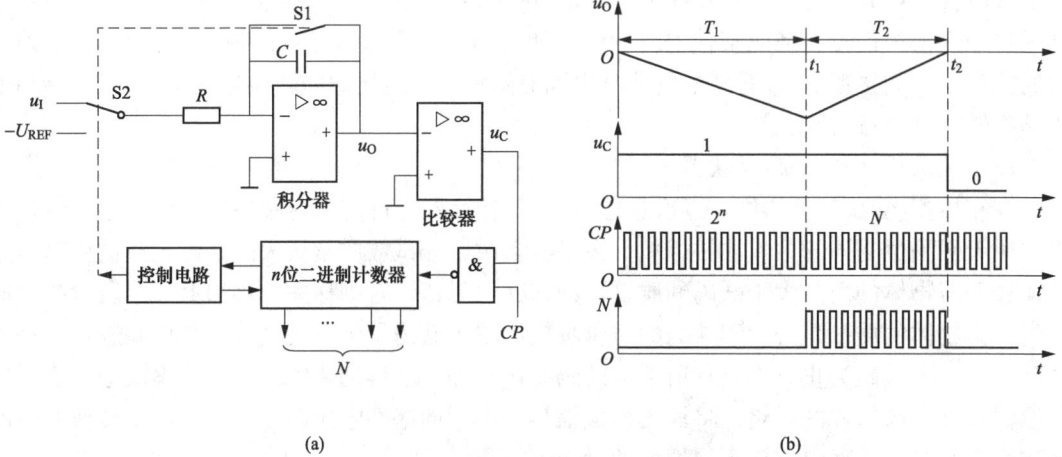

图 7‑9　双积分型 A/D 转换器框图和工作波形

(a) 原理框图；(b) 工作波形

电路开始工作时，控制电路先将计数器清零，并接通开关 S1，使积分电容 C 完全放电后，S1 再断开。

第一次积分：控制电路将开关 S2 接通 u_I，积分器对 u_I 进行固定时间 T_1 的积分，即 $T_1 = 2^n T_{CP}$，T_{CP} 为计数脉冲的周期。积分器的输出电压从 0V 开始下降，T_1 结束时积分器的输出电压为

$$u_O = -\frac{1}{C}\int_0^{T_1}\frac{u_I}{R}dt = -\frac{T_1}{RC}u_I = -\frac{2^n T_{CP}}{RC}u_I \tag{7-7}$$

可见 u_O 与 u_I 成正比。

第二次积分：第一次积分结束后，控制电路将开关 S2 接置 $-U_{REF}$，积分器开始对基准电压进行反向积分，同时令计数器重新开始计数。当积分器的输出电压 u_O 上升到零时，比较器输出低电平，使计数器计数到 N 时停止计数。若 u_O 上升到零所经历的时间为 T_2，则可得

$$u_O = \frac{1}{C}\int_0^{T_2}\frac{U_{REF}}{R}dt - \frac{T_1}{RC}u_I = 0 \tag{7-8}$$

因此有

$$T_2 = \frac{T_1}{U_{REF}}u_I \tag{7-9}$$

即 T_2 与 u_I 成正比。由于 $T_2 = N T_{CP}$，可得

$$N = \frac{2^n}{U_{REF}}u_I \tag{7-10}$$

由 (7‑7) 可知，计数器的计数结果 N 与输入模拟电压 u_I 成正比，实现了 A/D 转换，N 为转换结果。由于电路在转换过程中进行了正反两次积分，所以称为双积分型 A/D 转换器。

在第二次积分期间，由于 U_{REF} 不变，因此积分斜率不变。当输入电压 u_I 较小时，对应输出电压 u_O 也减少，T_2 也将缩短。故该电路属于电压时间 ($U-T$) 转换型 A/D 转换器。

　　双积分型 A/D 转换器的工作性能比较稳定，在两次积分中 RC 时间常数相同，故 R、C 参数不影响电路的测量精度，因此，可以用精度比较低的元器件制成精度很高的双积分型 A/D 转换器。另外，它还具有较强抗干扰能力，能有效地抑制来自电网的工频干扰。其主要缺点是工作速度低，满量程测量一次的时间为 $2NT_{CP}$。双积分型 A/D 转换器在数字式电压表或数字式测量仪表等对工作速度要求不高的场合应用非常广泛。

7.2.3　A/D 转换器的主要技术指标

一、分辨率

　　分辨率是指 A/D 转换器输出数字量的最低位变化一个数码时，对应输入模拟量的变化量。A/D 转换器的输出数字量位数越多，能分辨出的最小模拟电压就越小，转换精度也越高，分辨率就越高。

　　例如，输入模拟电压的变化为 0～10V，若用 8 位 A/D 转换器进行转换时，其分辨率为 $10V/2^8 = 39mV$，10 位的 A/D 转换器分辨率为 9.76mV，而 12 位的 A/D 转换器分辨率为 2.44mV。

二、转换误差

　　转换误差是 A/D 转换器实际输出数字量和理想输出数字量之间的差别。转换误差也称为相对误差，通常用最低有效位（LSB）的倍数表示。例如，相对误差≤LSB/2，表明实际输出数字量和理论计算出数字量之间的误差不大于最低位为 1 的一半。

三、转换速度

　　转换速度是指 A/D 转换器完成一次转换所需要的时间，又称转换时间。它是 A/D 转换启动时刻起到输出端输出稳定的数字信号止所经历的时间。转换时间越短，则转换速度越快。不同的转换电路，转换速度差异很大。并行比较型 A/D 转换器的转换速度最高，约为数十纳秒。逐次逼近型 A/D 转换器转换时间为 10～100μs。双积分型 A/D 转换器较低，一般转换时间在几十毫秒～几百毫秒。

7.2.4　集成 A/D 转换器及应用

　　集成 A/D 转换器规格品种繁多，常见的逐次逼近型 A/D 转换器有 8 位的 ADC0801/02/03/04，8 路 8 位的 ADC0809，具有内部采样保持电路的 8 位 AD7575、10 位 ADC1034、12 位 AD7896 等。常用单片双积分型 A/D 转换器信号有 $3\frac{1}{2}$ 14433、7126，$4\frac{1}{2}$ 7135 等。这里主要介绍 8 位逐次逼近型 ADC0804，因其价格低廉而在性能要求不高的场合得到广泛应用。

一、ADC0804A/D 转换器

　　ADC0804 是单通道、8 位 A/D 转换器，具有 TTL 或 CMOS 标准接口，可以满足差分电压输入，具有输出数据锁存器，可直接与微机芯片的数据总线相连接，其引脚图如图 7-10 所示。

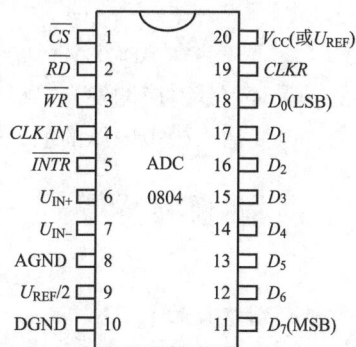

图 7-10　ADC0804 的引脚图

　　1. ADC0804 的主要参数

　　工作电压：+5V 单电源供电；

　　模拟输入电压范围：0～+5V；

分辨率：8 位，转换值范围为 0～255；

转换时间：100μs；

转换误差：±1LSB。

2. ADC0804 各引脚功能

（1）$\overline{CS}$：片选信号输入端，低电平有效。

（2）$\overline{RD}$：读信号输入端，低电平有效。当 $\overline{CS}$ 和 $\overline{RD}$ 均有效时，可读取转换后的输出数据。

（3）$\overline{WR}$：写信号输入端，低电平有效，当 $\overline{CS}$ 和 $\overline{WR}$ 均有效时，启动 A/D 转换。

（4）$\overline{INTR}$：转化结束输出信号，低电平有效。转换开始后，为高电平；转换结束后，变为低电平。

（5）$U_{REF}/2$：基准电压输入端。

（6）CLKIN：时钟信号输入端。

（7）CLKR：内部时钟发生器外接电阻端，与 CLK IN 端配合可由芯片产生时钟脉冲。

（8）U_{IN+}、U_{IN-}：模拟信号输入端，可接收单极性、双极性和差分输入信号。

（9）$D_0 \sim D_7$：8 位数据输出线，有三态功能，能与微机总结相接。

（10）AGND：模拟信号地。

（11）DGND：数字信号地。

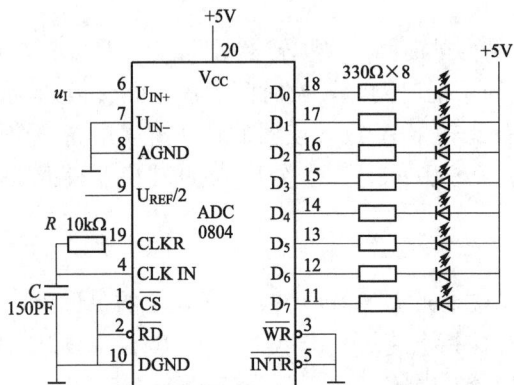

图 7-11　ADC0804 的应用电路

二、ADC0804 的应用

图 7-11 所示是 ADC0804 工作在连续转换状态时的应用电路。图中，u_I 为模拟输入电压。CLKR 和 CLK IN 端所接的电阻 R 和 C 用来调节芯片产生的时钟脉冲频率。$\overline{CS}$ 和 $\overline{WR}$ 端接地，允许电路开始转换；因为不需要外电路读取转换结果，也将 $\overline{RD}$ 和 $\overline{INTR}$ 端接地，此时在时钟脉冲的控制下，ADC0804 对输入电压 u_I 进行模数转换。8 位二进制输出端 $D_0 \sim D_7$ 接至发光二极管，当输出端为高电平时，发光二极管不亮；输出为低电平时，其对应的发光二极管点亮。通过发光二极管的亮灭，就可以得到 A/D 转换的结果。改变输入模拟电压的值，可以得到不同的二进制输出值。

技 能 训 练

ADC 和 DAC 应用电路的仿真测试

一、训练目的

（1）学习 ADC0804 和 DAC0832 的使用方法。

（2）学会 ADC 和 DAC 应用电路的测试方法。

二、仪器设备及元器件

（1）仪器设备：数字实验系统，1 台；双踪示波器和函数发生器，各 1 台。

（2）元器件：ADC0804、DAC0832，各 1 块；电位器 10kΩ，2 个；电容 150PF，1 个。

三、训练内容

（1）用仿真软件创建图 7-12 所示仿真参考电路。

1）A/D 转换器选用 8 位 A/D 转换器。用探针显示 A/D 转换器的 8 位输出，同时将 A/D 转换器的 8 位输出接 IDAC8 的输入端 $D_7 \sim D_0$。调节电位器 R_1 改变输入电压 u_I，观测 A/D 转换器的输出数字量和运放的输出电压的变化。

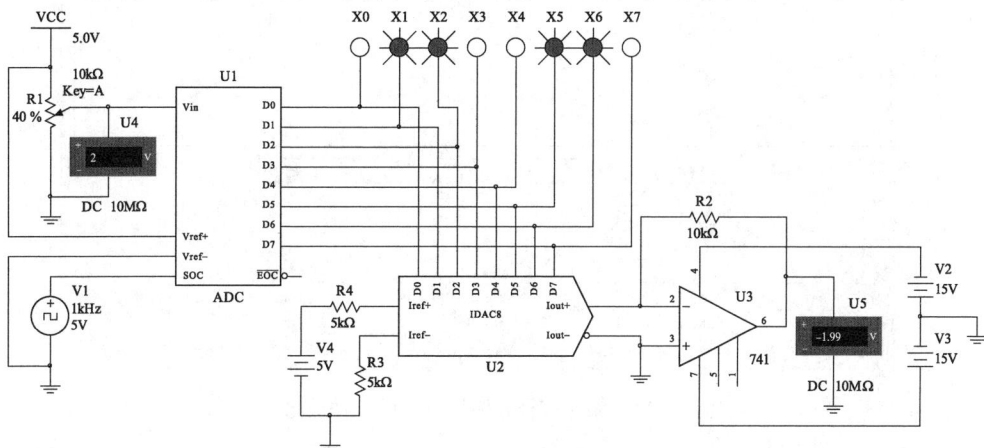

图 7-12　仿真参考电路

2）在 u_I 端加入峰峰值为 4V、频率为 10Hz 的单极性正弦波，观察并记录 u_O 的波形。仿真参考电路如图 7-13 所示，工作波形如图 7-14 所示。

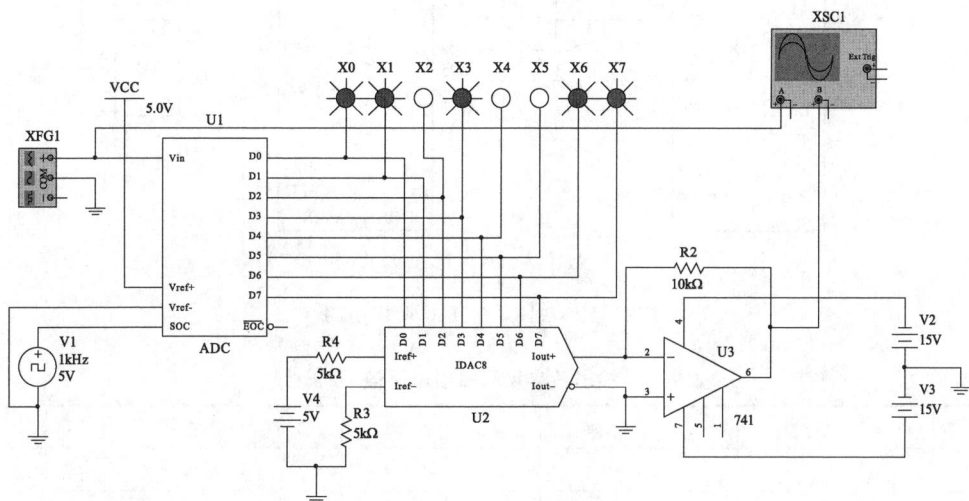

图 7-13　加入正弦波输入的仿真参考电路

（2）由 ADC 0804 和 DAC0832 构成的应用电路如图 7-15 所示，按图连接电路。

1）调节 10kΩ 电阻器使输入电压 u_I 在 0～5V 范围内变化，测试 ADC0804 的数字信号 $D_7 \sim D_0$ 和集成运放 741 的模拟输出电压值 u_O，填入表 7-1。

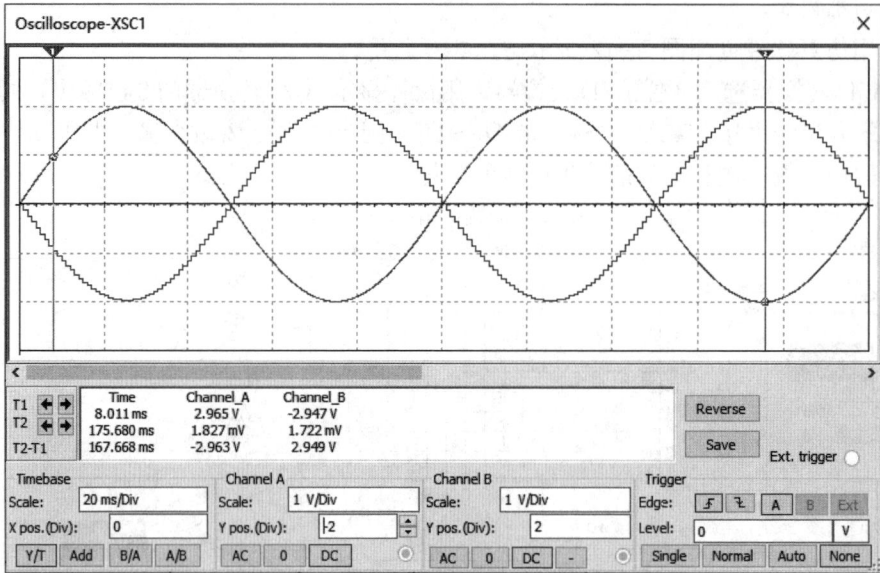

图 7-14　输入信号和输出信号的工作波形

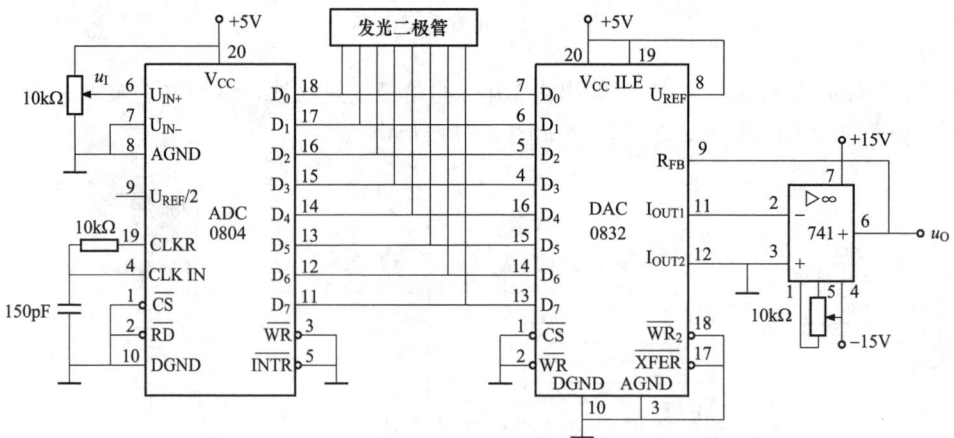

图 7-15　ADC 和 DAC 应用电路

表 7-1　　　　　　　　　　　　　　输出数字量和输出电压值

u_I (V)	0.5	1	1.5	2	2.5	3	3.5	4	4.5	5
$D_7 \sim D_0$										
u_O										

2）在 u_I 端加入峰值为 4V，频率为 10Hz 的单极性正弦波，观察并记录 u_O 的波形。

四、训练要求

（1）完成 A/D 转换器和 D/A 转换器应用电路的仿真测试。

（2）整理所测实验数据，画出输出电压 u_O 和输入电压 u_I 的波形。

思考题

（1）什么是模/数转换？A/D 转换包括哪些过程？

（2）什么是采样定理？其具有什么意义？

（3）在 A/D 转换中，对基准电压 U_{REF} 有什么要求？

（4）逐次逼近型 A/D 转换器和双积分型 A/D 转换器各有什么特点？

小　结

（1）实现数字量转换为模拟量的电路称为 D/A 转换器，简称为 DAC，它在信号检测、信息处理等方面应用广泛。

（2）D/A 转换器可分为权电阻网络 D/A 转换器、T 型电阻网络 D/A 转换器、倒 T 型电阻网络 D/A 转换器、权电流 D/A 转换器等。其中以倒 T 型电阻网络应用较广。D/A 转换器的主要参数有分辨率、转换精度和转换时间。

（3）实现模拟量转换为数字量的电路称为 A/D 转换器，简称为 ADC。A/D 转换要经过采样、保持、量化、编码实现。采样保持电路对输入模拟信号抽取样值并保持，要求采样频率不小于输入模拟信号最高频率分量的 2 倍；量化是对样值脉冲进行分级，编码是将分级后的信号转换成二进制代码。

（4）A/D 转换器可分为直接型和间接型。直接型电路有并行比较型、逐次比较型，特点是工作速度快但精度不高。间接型电路为双积分型和电压频率转换型，特点是工作速度较慢，但抗干扰性能较好。

课堂小测

一、填空题

1.D/A 转换器是把输入的_____转换成与之成正比的_____。

2. 倒 T 型电阻网络 D/A 转换器是由_____、_____、_____及_____组成。

3. 最小输出电压和最大输出电压之比称为_____，它取决于 D/A 转换器的_____。

4. 一般来说，A/D 转换需经_____、_____、_____、_____实现。

5. 采样是将时间上_____的模拟量，转换成时间上_____的模拟量。

6.A/D 转换器的位数增加时，量化误差会_____，基准电压 U_{REF} 增大时，量化误差会_____。

7. 在逐次逼近型和双积分型两种 A/D 转换器中，_____的抗干扰能力强，_____的转换速度快。

二、选择题

1.D/A 转换器的功能是（　　）。

A. 把模拟信号转换成数字信号　　　　B. 把十进制信号转换成二进制信号

C. 把数字信号转换成模拟信号　　　　D. 把二进制信号转换成十进制信号

2. 8 位 D/A 转换器在输入数字量仅有最低位为 1 时，输出电压为 10mV，若输入数字量仅有最高位为 1 时，则输出电压为（　　）V。

A. 1.27　　　　　　B. 1.28　　　　　　C. 2.55　　　　　　D. 2.56

3. 8 位 D/A 转换器的分辨率为（　　）。

A. 1/2　　　　　　B. 1/8　　　　　　C. 1/255　　　　　　D. 1/256

4. 将模拟量转换成数字量，应选择（　　）。

A. D/A 转换电路　B. A/D 转换电路　　C. 编码器　　　　　D. 译码器

5. 若 10 位 A/D 转换器的最大输入电压为 10V，其分辨率为（　　）。

A. 1V　　　　　　B. 0.1V　　　　　　C. 19.5mV　　　　　D. 9.77mV

6. 在 A/D 转换电路中，为保证转换精度，其采样信号的频率 f_s 与输入信号中的最高频率分量 f_{max} 应满足（　　）。

A. $f_s \geqslant f_{max}$　　　B. $f_s \geqslant 2f_{max}$　　　C. $f_s \leqslant f_{max}$　　　D. $f_s \leqslant 2f_{max}$

三、判断题

1. D/A 转换器的位数越大，其分辨率的值越小，分辨最小输出电压的能力越差。（　　）

2. D/A 转换器的分辨率相同，则转换精度相同。（　　）

3. A/D 转换器的位数越多，分辨率越高。（　　）

4. 各类 A/D 转换器中，抗干扰能力强的是逐次逼近型 A/D 转换器。（　　）

5. 双积分型 A/D 转换器是 $U-T$ 变换 A/D 转换器。（　　）

习　题

7.1　10 位 D/A 转换器的最大满刻度输出电压 5V，试求它的最小分辨电压和分辨率。

7.2　8 位 $R-2R$ 倒 T 型 D/A 转换器，已知参考电压 $U_{REF}=6V$，$R_F=R$，试计算输入数字为 00000001、10000000 和 01111111 时的输出电压。

7.3　已知 D/A 转换器的最小分辨电压 $U_{LSB}=5mV$，最大满刻度输出电压 $U_{FSR}=10V$，试求该转换器的位数。

7.4　若一个 A/D 转换器的最大模拟输入电压为 5V，试问要能分辨 5mV 的输入电压至少需要的转换位数是多少？

7.5　如 A/D 转换器的模拟电压不超过 10V，基准电压 U_{REF} 应取多大？如转换成 10 位二进制数时，它能分辨的最小模拟电压是多少？

7.6　在双积分型 A/D 转换器中，输入电压 u_I 和基准电压 U_{REF} 在极性和数值上应满足什么关系？如果 $|u_I| > |U_{REF}|$，电路能完成模数转换吗？为什么？

附录 1 电子仿真软件 Multisim 14 介绍

Multisim 14 是美国国家仪器公司（National Instrument，NI）推出的 Multisim 系列版本之一。Multisim 用软件的方法虚拟电子与电工元器件以及虚拟电子与电工仪器和仪表，是用于原理电路设计和电路功能测试的虚拟仿真软件。

Multisim 提供了丰富的元器件库，有数千种元器件可供选用，同时也可以新建或扩展已有元件库。Multisim 提供了种类齐全的虚拟测试仪器仪表，各虚拟测试仪表的控制面板外形和操作方式都与实物相似，可以实时显示测量结果。Multisim 还具有强大的分析功能，提供了瞬态分析、傅里叶分析等多种分析工具。

利用 Multisim 软件可以设计、测试和演示各种电子电路，包括电工学、模拟电路、数字电路、射频电路及微控制器和接口电路等。与传统的电子电路设计与实验方法相比，利用 Multisim 提供的元器件和虚拟测试仪器，可以更灵活、更高效、低成本地进行电路设计和实验。

一、Multisim 14 用户界面

单击"开始/程序/National Instruments/Circuit Design Suite 14.0/NI Multisim 14"，启动 Multisim 14，出现附图 1-1 所示的 Multisim 14 用户主界面。

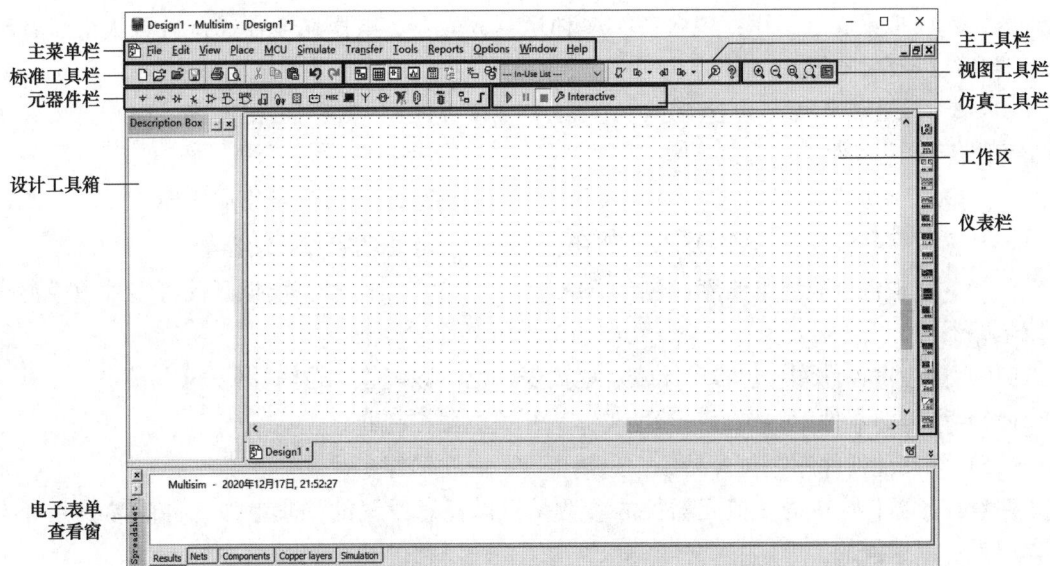

附图 1-1 Multisim 14 用户主界面

主菜单栏：Multisim 软件全部菜单项。File、Edit、View、Options、Help 等与大多数 Windows 平台上的应用软件功能选项一致，Place、MCU、Simulation、Transfer、Tool、Reports 是 Multisim 软件专用的功能选项。

标准工具栏（Standard Toolbar）：包含常见的文件操作和编辑操作。

主工具栏（Main Toolbar）：包含设计工具箱、电子表单查看窗、图表显示器、后处理器、数据库管理器等选项的操作。

视图工具栏（View Toolbar）：包含设计窗口屏幕的放大或缩小等操作。

元器件栏（Component Toolbar）：常用元器件库，用于放置元器件时快速打开元器件库。

工作区：设计绘制电路原理图的图纸区域。

设计工具箱（Design Toolbox）：显示设计项目结构及层次。

仿真工具栏（Simulation Toolbar）：用于电路仿真运行、暂停和关闭，以及仿真分析设置及分析。

仪表栏（Instruments Toolbar）：提供各类模拟和数字虚拟仪表仪器栏，用于快速放置测试仪器。

电子表单查看窗（Spreadsheet View）：快速浏览仿真相关文件及编辑元件参数。

二、元器件库

Multisim 中的主要元器件库图标及其所包含的器件如下：

（1）▼电源/信号源库：包含直流电压源、交流电压源、接地端、信号电压源、信号电流源、受控电流源、电压源、控制功能模块、数字信号源等。

（2）◻基本器件库：包含电阻器、电容器、电感器、开关等多种元件。

（3）⊬二极管库：包含二极管、稳压管、发光二极管、整流桥、晶闸管等。

（4）▨三极管库：包含晶体管、FET 等。

（5）▷模拟集成电路库：包含各类多种运算放大器、电压比较器、差分放大器、音频放大器和仪用放大器等。

（6）▣TTL 器件库：包含 74××、74S××、74LS××、74AS××、74ALS×× 等 74 系列数字集成器件。

（7）▣CMOS 器件库：包含 40×× 和 74HC×× 等 CMOS 数字集成器件。

（8）▢数字器件库：包含 DSP、FPGA、CPLD、微处理器和存储器等。

（9）▨数模混合集成电路库：包含 ADC/DAC、555 定时器、模拟开关等多种数模混合集成电路器件。

（10）▣指示器件库：包含电压表、电流表、七段数码管、逻辑探针等。

（11）▣电源器件库：包含三端稳压器、开关电源控制器等。

（12）▬其他器件库：包含晶振、光耦合器、滤波器等多种器件。

注意：元器件库中的虚拟元器件的参数是可以任意设置的，非虚拟元件的参数是固定的，但是可以选择的。

三、常用虚拟仪表

1. ▣数字万用表（Multimeter）

单击仪表栏万用表按钮▣，将万用表拖放在工作窗口。双击数字万用表图标，便可打开其控制面板。数字万用表的图标和控制面板如附图 1-2 所示。

选择数字万用表的不同挡位，可以测量交直流电压、交直流电流、电阻及电路两点间的分贝损耗。～按钮设定为测试交流电压或电流的有效值；━按钮设定为测试直流电压或电流

值。单击 Set... ，出现万用表设置对话
框，设置参数。

2. 函数发生器 (Function Gen-erator)

单击仪表栏按钮，便可选择函数
发生器，其图标和控制面板如附图 1-
3 所示。在控制面板中，可以选择正弦
波、方波和锯齿波三种波形，并对波
形参数选项，如频率、占空比（方波
或锯齿波）、幅值、偏置电压等进行设置。单击 Set rise/Fall time ，在打开的对话框中可以设置方波的
上升、下降时间。

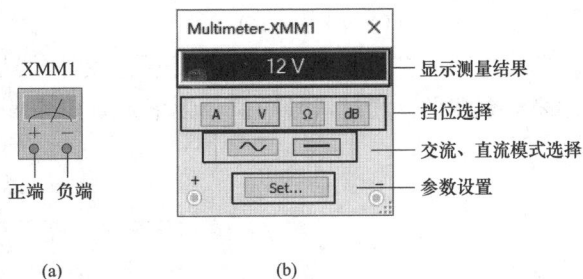

附图 1-2　数字万用表的图标和控制面板
(a) 图标；(b) 控制面板

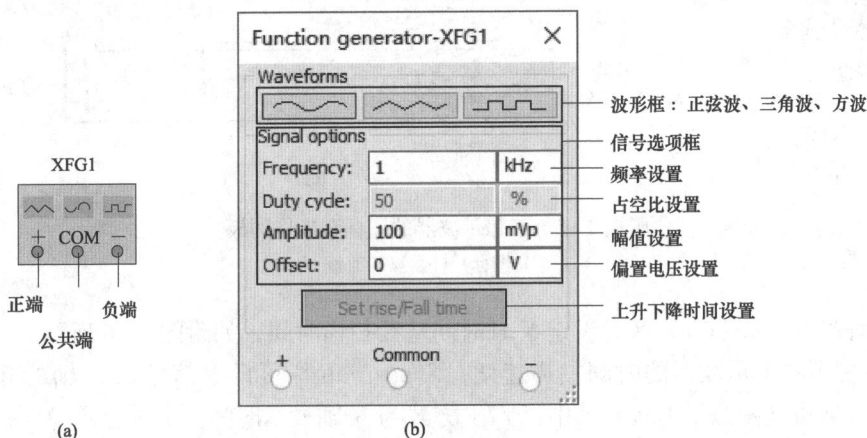

附图 1-3　函数发生器的图标和控制面板
(a) 图标；(b) 控制面板

3. 功率表 (Wattmeter)

单击仪表栏按钮，便可选择功率表。功率表是测量电路功率的仪表，其图标和控制面
板如附图 1-4 所示。在面板上将显示测量的功率和功率因数值。图标中的 V（＋，－）接
线端应与负载并接，测量负载的电压；I（＋，－）接线端应与负载串接，测量负载的电流。

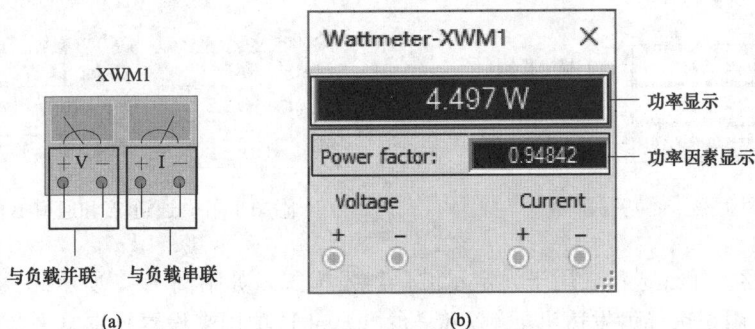

附图 1-4　功率表的图标和控制面板
(a) 图标；(b) 控制面板

4. ■示波器（Oscilloscope）

单击仪表栏按钮■，便可选择示波器。示波器是电子实验中使用频率最高的仪器之一，可用来观察波形，测量信号幅值、频率、周期等参数。双踪示波器图标和控制面板如附图1-5所示。

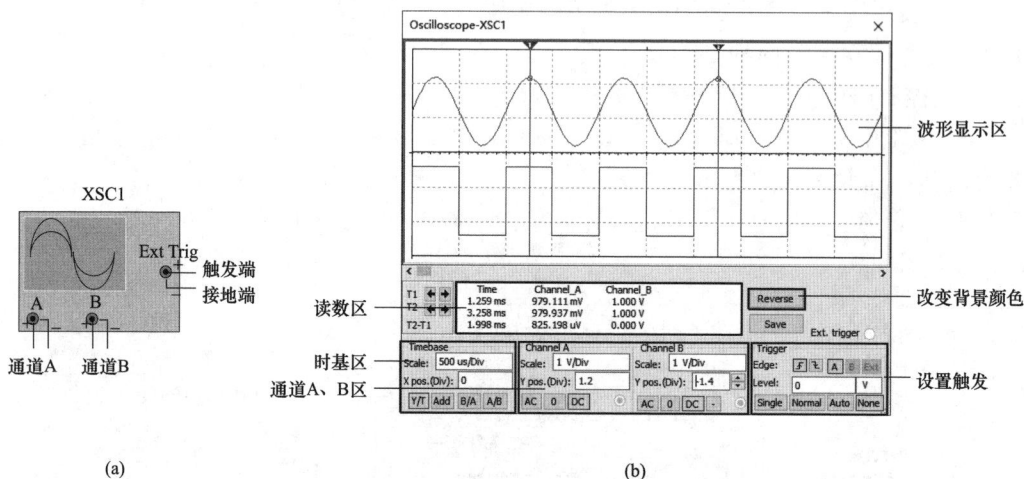

附图1-5　双踪示波器的图标和操作面板
(a) 图标；(b) 操作面板

（1）时基（Timebase）区，设定 X 轴时间基线扫描时间，如附图1-6所示。

Scale栏可选择示波器的时间扫描速度；X position栏可设置信号在 X 轴的起始位置；■■■■选项可选择显示方式。其中：Y/T方式为 X 轴显示时间，Y 轴显示 A 或 B 通道输入信号；Add方式为将 A 和 B 通道输入信号叠加；B/A方式为 X 轴显示 A 通道信号，Y 轴显示 B 通道信号；A/B与B/A方式恰好相反。

（2）Channel A 和 Channel B 区，用于设置 A、B 通道 Y 轴的灵敏度，如附图1-7所示。

Scale栏可选择 Y 轴的灵敏度；Y position栏可设置 Y 轴的起始位置；选项可设置输入耦合方式。选中 AC 显示交流分量；选中 DC 显示直流分量；选中 0，在 Y 轴的原点位置显示一条水平线。

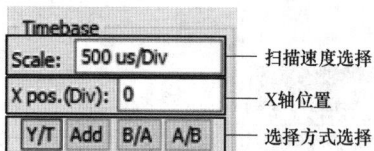

附图1-6　时基区面板

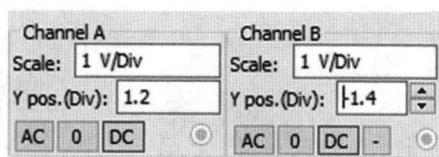

附图1-7　通道 A 和通道 B 面板

（3）触发区（Trigger），用于设定示波器触发模式，如附图1-8所示。

Edge选项用来选择触发边沿或触发信号；Level选项用来设置触发电平；■■■■选项用来选择触发模式。

（4）读数区（T1，T2，T2-T1），显示波形的精确读数，如附图1-9所示。

移动垂直光标 T1 或 T2 到需要读取的数据的位置,在波形显示区下的方框内将显示光标与波形垂直相交处的时间和电压值以及两光标之间的时间、电压的差值。

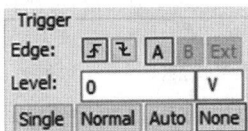

附图 1-8 触发区面板

附图 1-9 读数区

(5) 按下 Reverse 按钮可以改变示波器显示屏幕背景颜色。

注意:示波器波形颜色由 A、B 端点连线颜色决定,而连线颜色可通过执行右键 Segment Color 命令改变。与真实的示波器不同的是,A、B 通道只需一根线与被测点相连,所测为该点与地之间波形;接地端 G 一般需接地,但若电路中已有接地符号,亦可不接。

5. ▇四通道示波器

Multisim 还提供了四通道示波器,单击仪表栏按钮▇,便可选择四通道示波器,其图标和控制面板如附图 1-10 所示。它的使用方法与双踪示波器相同。

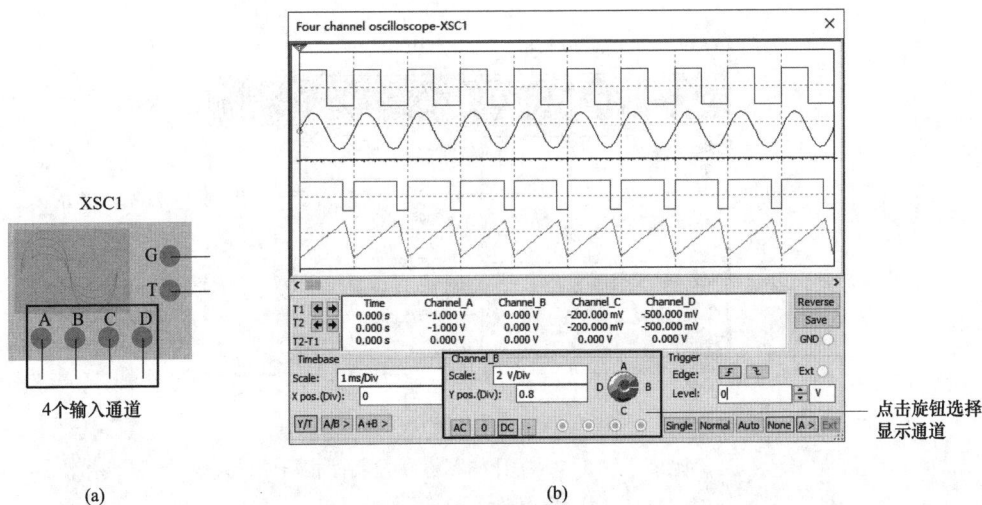

附图 1-10 四通道示波器的图标和控制面板
(a) 图标;(b) 控制面板

6. ▇波特图仪 (Bode Plotter)

单击仪表栏按钮▇,便可选择波特图仪,其图标和控制面板如附图 1-11 所示。波特图仪可以测量和显示电路幅频特性和相频特性,图标中,IN(+,-)接电路输入端的正端和负端,OUT(+,-)接电路输出端的正端和负端。使用波特图仪时,必须在电路的输入端接交流信号源或函数信号发生器。

在控制面板中,选择工作模式(Mode)区的 Magnitude 按钮,将显示幅频特性曲线;选择 Phase 按钮,将显示相频特性曲线。

Horizontal 和 Vertical 分别为水平坐标和垂直坐标设置区:按下 Log 按钮,坐标以对数形式显示;按下 Lin 按钮,坐标采用线性刻度。F 栏显示水平和垂直坐标轴终止值;I 栏显示水平和垂直坐标轴起始值。

在波形显示区移动垂直光标 T1 或点击移动按钮 ← 或 → ，在波形显示区下的方框内将显示该点的频率和幅度（或相位）。

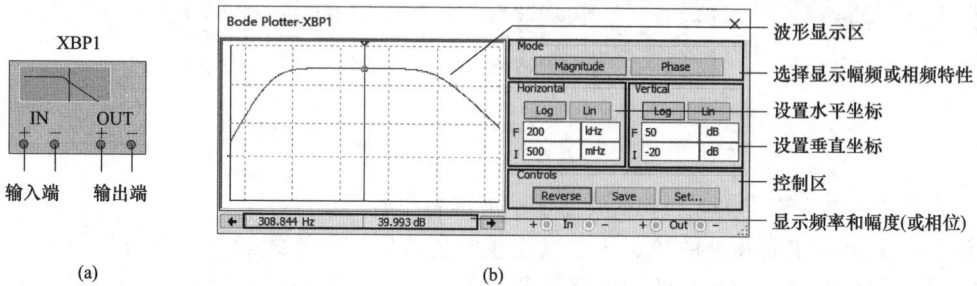

附图 1-11　波特图仪的图标和控制面板

(a) 图标；(b) 控制面板

7. 📊 频率计（Frequency Counter）

单击仪表栏按钮📊，便可选择频率计，其图标和控制面板如附图 1-12 所示。

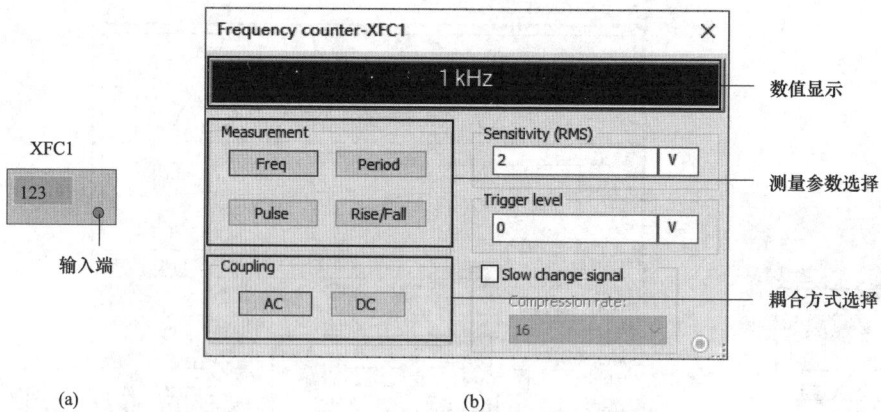

附图 1-12　频率计的图标和控制面板

(a) 图标；(b) 控制面板

频率计用来测量信号的频率。在控制面板的 Measurement 框可设置测量对象：按下 Freq 按钮，测量频率；按下 Period 按钮，测量周期；按下 Pulse 按钮，测量连续的正负脉冲；按下 Rise/Fall 按钮，测量周期信号的上升和下降时间。

Coupling 栏可以设置交流和直流耦合方式；Sensitivity（RMS）栏设置灵敏度的值和单位；在 Trigger Level 栏设置触发电平的值和单位。

8. 🎛 字信号发生器（Word Generator）

单击仪表栏按钮🎛，便可选择字信号发生器，其图标和控制面板如附图 1-13 所示。字信号发生器是一个多路逻辑信号源，能产生 32 路同步逻辑信号。其控制面板各部分作用如下：

（1）字信号缓存区。在字信号缓存区，32 位的字信号以 8 位十六进制数编辑和存放。单击某一条字信号即可写入或改写字信号。字信号发生器被激活后，字信号按照一定的规律逐行从底部的输出端送出，同时在面板的底部对应于各输出端的 32 个小圆圈内，将实时显示输出字信号各个位的值。

（2）Display（显示）区。设置字信号在字信号缓存区的显示方式，有十六进制（Hex）、十进制（Dec）、二进制（Binary）和 ASCII 等 4 种选择。

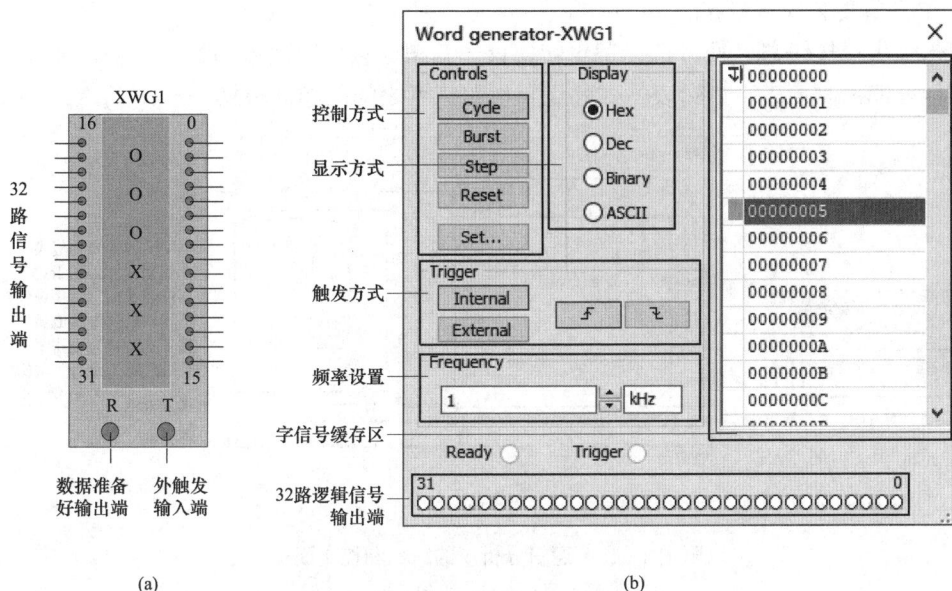

附图 1-13　字信号发生器的图标和控制面板

（a）图标；（b）控制面板

（3）Controls（控制）区。设置字信号发生器的输出方式。 Cycle 按钮为循环输出方式； Burst 按钮为单帧输出方式； Step 按钮为单步输出方式； Reset 按钮为复位。

按下 Set... 按钮弹出设置对话框，如附图 1-14 所示。可以设置字信号发生器的预设模式、显示类型、缓存空间的大小及输出电压的高、低电平。

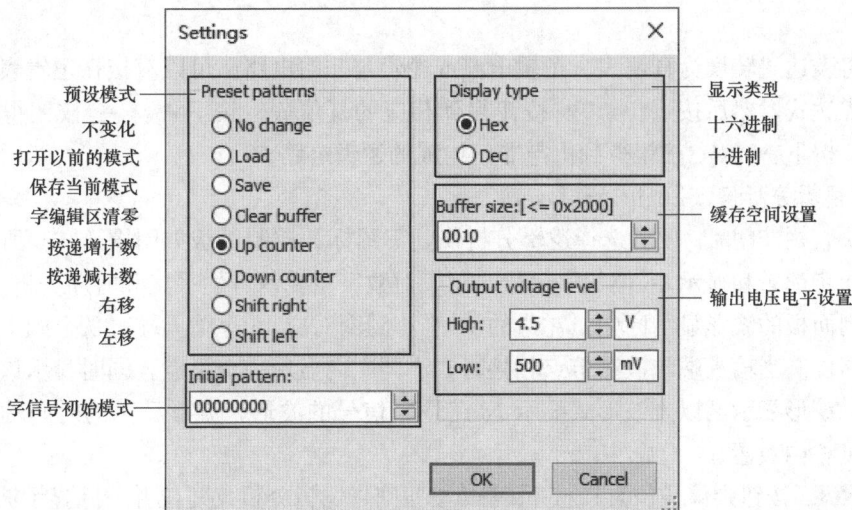

附图 1-14　字信号发生器的设置对话框

图 1-14 中，在缓存空间栏内设置为十六进制数 10，即输入为 4 位二进制数，其变化由 0～F，如图 1-13（b）中字信号缓存区所示。

（4）Triggering（触发方式）。[Internal] 按钮为内部触发方式；[External] 按钮为外部触发方式；[↑] 或 [↓] 按钮为"上升沿触发"或"下降沿触发"。

9. [■] 逻辑转换仪（Logic Converter）

单击仪表栏按钮 [■]，便可选择逻辑转换仪，其图标和控制面板如附图 1-15 所示。逻辑转换仪能够完成真值表、逻辑表达式和逻辑电路三者之间的相互转换。

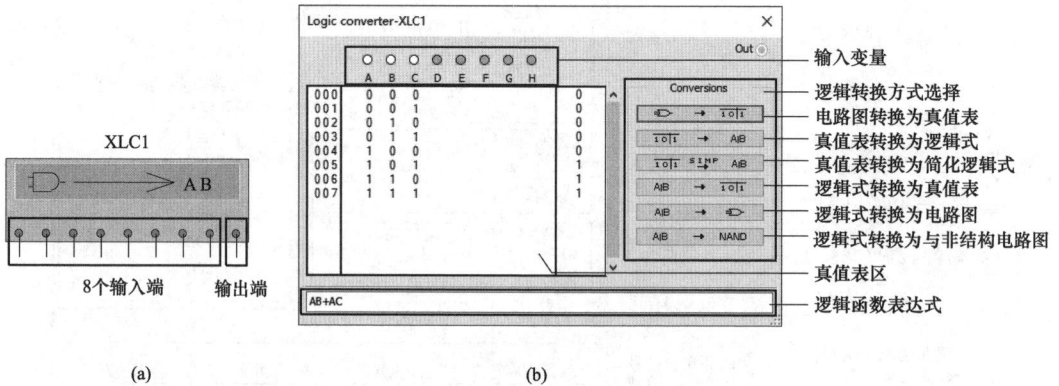

附图 1-15　逻辑分析仪的图标和控制面板
（a）图标；（b）控制面板

（1）将逻辑电路转换为真值表。逻辑转换仪可以将有多路输入的逻辑电路转换为真值表。首先，画出逻辑电路，并将其输入端接至逻辑转换仪的输入端，输出端接至逻辑转换仪的输出端。按下 [○→ 101] 按钮，在逻辑转换仪的显示窗口，即真值表区将出现该电路的真值表。

（2）将真值表转换为逻辑表达式。对已在真值表区建立的真值表，单击 [101 → AB] 按钮，在面板的底部逻辑表达式栏将出现相应的逻辑表达式。单击 [101 SIMP AB] 按钮，则显示简化的逻辑表达式。

（3）将表达式转换为真值表、逻辑电路或逻辑与非门电路。可以直接在逻辑表达式栏中输入逻辑表达式，然后按下 [AB → 101] 按钮得到相应的真值表；按下 [AB → ○] 按钮得到相应的逻辑电路；按下 [AB → NAND] 按钮得到由与非门构成的逻辑电路。

10. [■] 逻辑分析仪（Logic Analyzer）

单击仪表栏按钮 [■]，便可选择逻辑分析仪，其图标和控制面板如附图 1-16 所示。逻辑分析仪可同步记录和显示 16 位数字信号，用于对数字逻辑信号的采集和时序分析。

在控制面板的波形显示区中，左边的 16 个小圆圈对应 16 个输入端，从上到下依次为最低位至最高位。当输入端与被测节点相接时，小圆圈内显示一个黑点，同时显示该节点的名称和颜色。波形显示区以方波形式显示 16 路逻辑信号的波形，波形显示的时间轴刻度可在 Clocks/Div 栏内设置。

按下 [Stop] 按钮则停止仿真；按下 [Reset] 按钮则将逻辑分析仪复位并清除显示波形。

读数区显示光标所处位置的时间。

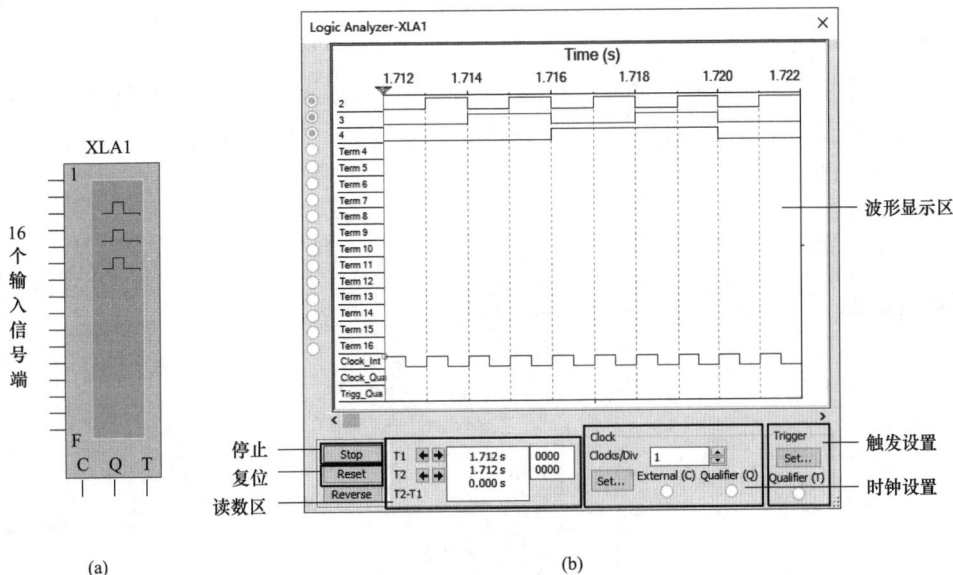

附图 1-16　逻辑分析仪的图标和控制面板

(a) 图标；(b) 控制面板

单击 Clock 区 Set... 按钮，可弹出时钟设置对话框中，用于对波形采集的控制时钟进行设置。

单击 Trigger 区的 Set... 按钮，可在弹出触发方式对话框中，用于对时钟边沿触发方式、触发样式、触发限定字等进行设置。

四、电路的创建过程

在 Multisim 工作界面上创建一个仿真电路过程如下：

1. 设定文件的保存路径

在设计电路之前，应当建好保存设计项目的文件夹。在主菜单中选择：Option/Global option/Paths。在 Paths 标签页里选择第一行，再单击该行最右边的下拉按钮，查找到预先设定的"E：\电子电路设计"文件夹，并确认，如附图 1-17 所示。然后单击 OK 按钮保存设置。

2. 设置电路窗口大小

在主菜单中选择：Option/Sheet Properties，弹出 Sheet Properties 对话框，选择 Workspace 标签页，设置电路显示窗口图纸的显示格式、图纸大小及方向、图纸栅格、边框显示等，如附图 1-18 所示。

3. 选放元器件

单击元器件工具栏的图标或执行 Place/

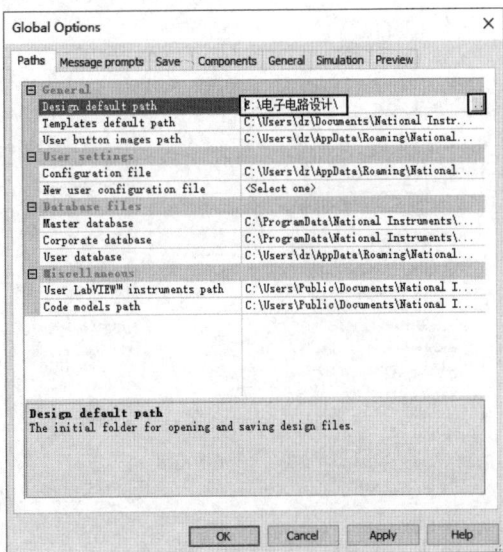

附图 1-17　Global Option 对话框设置

Component 命令，即弹出元器件选择对话框。如附图 1-19 所示。先在组（Group）的下拉框中选择相应的元器件组，再在族（Family）中选择不同的类别，然后在元器件（Component）栏中选中所需的元器件，单击"OK"按钮，就在电路窗口出现一个元器件的移动符号，移至适当位置后，单击鼠标左键，就完成元件的放置。单击鼠标右键可取消本次操作。附图 1-19 所示的是放置一个值为 1kΩ 的电阻。

附图 1-18　Sheet Properties 对话框设置

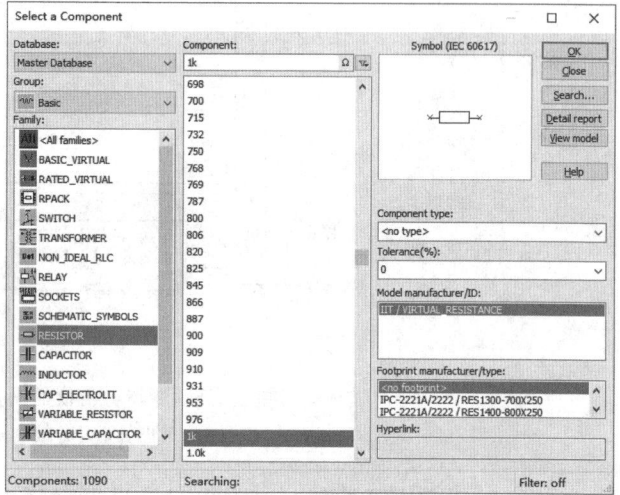

附图 1-19　选择电阻元件

4. 元器件的基本操作

（1）元器件的参数设置。双击元器件图标，就可弹出元器件属性对话框（也可先选中元件，再使用 Edit/Properties 命令），如附图 1-20 所示。在弹出的电阻对话框中单击 Value 标签页，设置元件参数值。注意只有虚拟元器件的参数值可以修改，真实电阻元件的参数值是不能修改的。

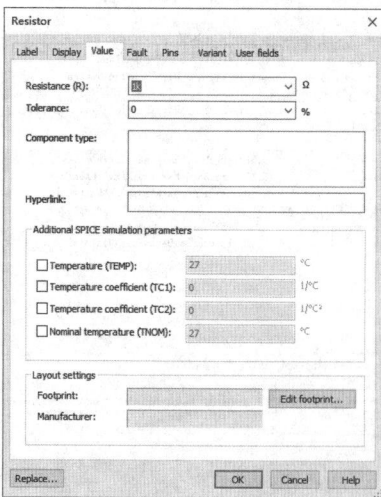

附图 1-20　电阻器对话框

（2）选中元器件。选中一个元器件时，先将鼠标指针移到待移动元器件上，单击鼠标左键，被选中的元器件四周将出现四个黑色的小方块，即可选中元器件。

若要同时选中多个元件，有两种方法：一是按住 Shift 键不放，分别单击各个元器件；二是可在电路工作区的适当位置，按住鼠标左键，拖动鼠标画出一个矩形区域，包围所有的待选元器件，然后松开鼠标按键，则将该区域中的所有元器件选中。

（3）移动元器件。要移动一个或一组元器件，先要选中元器件，再将鼠标指针放在选中的元器件上，按住鼠标左键，拖动元器件到电路工作区的目标位置后，放开鼠标按键。

如果只要移动一个元器件，也可将鼠标指针移到待移动元器件上，按住鼠标左键，将元器件拖动到目标位置。

（4）元器件的剪切、复制、删除、粘贴、旋转与反转等操作。用鼠标右键单击目标元器件，打开右键操作菜单，可选择 Cut、Copy、Paste、Delete、Flip Vertically（垂直旋转）、Flip horizontally（镜像旋转）、Rotate 90°clockwise（顺时针旋转 90°）、Rotate 90°counter clockwise（逆时针旋转 90°）等操作。

5. 连线

将电路图所需元器件放置完毕后，对元器件进行连线。将光标指向起点元器件的引脚，当光标变成十字，单击鼠标左键，确定连线起点，移动鼠标，起点就出现连线，并与十字光标相连。将十字光标移至第二个元件的引脚，单击左键即可自动完成连线。Multisim 默认丁字交叉线为互连，会自动放置节点；而十字交叉线不互连，因此不会自动放置节点。在连线过程中，可在需要拐弯处单击鼠标左键，固定拐点，控制连线的走势。

将光标指向目标连线或节点，单击鼠标右键，用右键菜单中 Delete 命令删除。也可点击左键选中目标连线，点击 Delete 键删除。

6. 调用虚拟仪表

电路连接完毕后，根据电路的要求，从仪表工具栏中选择所需的仪表，用鼠标将仪表拖到电路窗口中，同连接元器件一样连接将仪表与电路相连接。

7. 运行电路

电路搭接完成后，按下仿真工具栏 [图] 上的运行按钮 [图]，电路就开始工作。双击使用的仪表，可以观察仿真结果。若要暂停运行，按 F6 键或单击仿真工具栏的暂停按钮 [图]。按下按钮 [图]，则停止仿真。

五、仿真实例

下面以附图 1-21 共发射极放大电路的仿真测试为例，来进一步熟悉创建电路原理图的步骤。

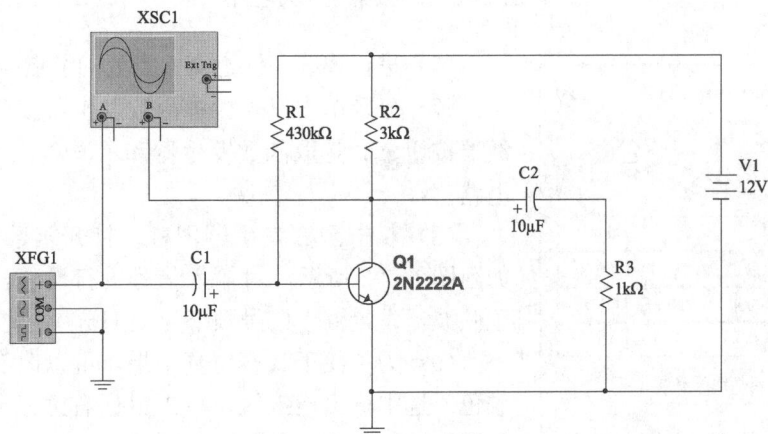

附图 1-21 共发射极放大电路

（1）单击工具栏 □ 按钮或执行菜单命令 File/New，弹出新设计文件对话框，如附图 1-22 所示。选择 Blank and recent（空白设计），然后单击 Create（创建）按钮生成新的设计文件，文件名系统默认的 "Design1"。

（2）根据用户要求进行电路界面设置，设置电路窗口大小。

（3）按照电路附图1-21选放元器件。单击元器件栏三极管库按钮 ，BJT_NPN族中选取三极管2N2222A，单击OK放在设计窗口。再依次在基本元器件（Basic）库中选取电阻（RESISTOR）和电解电容（CAP_ELECTROLIT），电源库（Source）中的POWER－SOURCES族中选取直流电源（DC_POWER）和地（GROUND）。将这些元器件均放置在设计窗口。

（4）分别双击各电阻器和电容器的符号，打开它们的属性对话框，按电路图中要求设置元器件参数。

（5）单击选中元器件，按右键打开元器件右键菜单，按电路的要求调整各元器件方向。

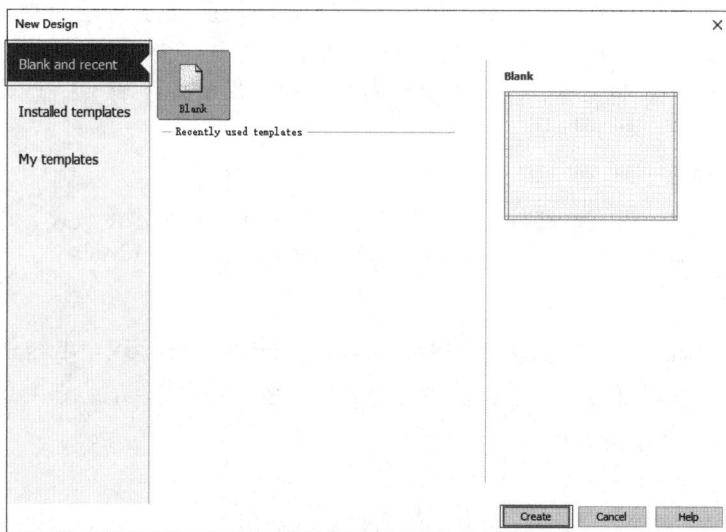

附图1-22　共发射极放大电路

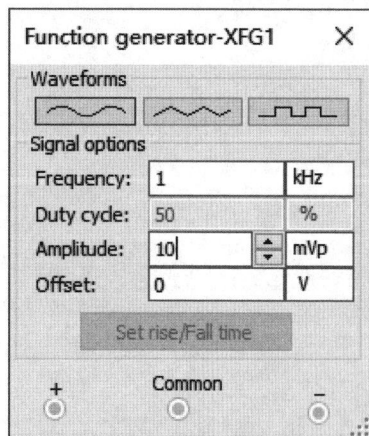

附图1-23　函数发生器参数设置

（6）进行连线，注意交叉点处的节点。

（7）分别单击仪表栏中函数发生器按钮 和双踪示波器按钮 ，选取函数发生器和示波器，并将它们接入电路。

（8）双击函数发生器图标，打开函数发生器面板，如附图1-23所示。对输入信号进行设置：选取波形为正弦波，设置输入信号频率为1kHz，幅值为10mV。

（9）为了便于观察仿真结果，可以改变输出连线的颜色。选中输出连接线，单击鼠标右键，出现快捷菜单如附图1-24所示。选择Segment Color命令将打开"colors"对话框，如附图1-25所示，即可选取所需的颜色，然后单击"确定"按钮。

（10）按下仿真工具栏上的运行按钮 ，开始仿真。

（11）双击示波器图标，观察输入、输出波形。在Timebase区Scale栏内选择合适的时间扫描速度，设置所显示波形的个数；在Channel A区和Channel B区的Scale栏内选择合适的灵敏度，设置输入信号和输出信号在 Y 轴的显示幅值，如附图 1 - 26 所示。

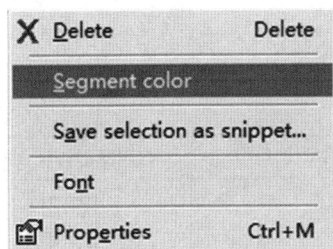

附图 1 - 24　右键菜单

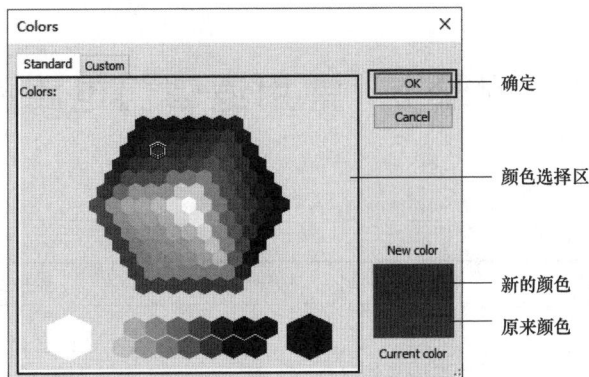

附图 1 - 25　"colors"对话框

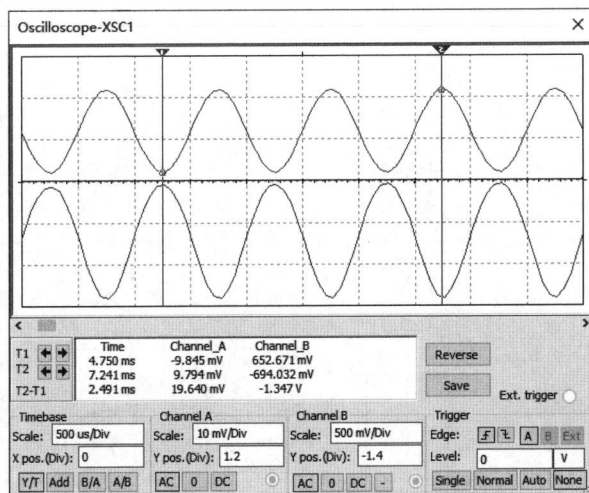

附图 1 - 26　用示波器观测输入和输出波形

（12）单击工具栏 按钮或执行菜单命令 File/Save 保存电路图。

附录 2　常用逻辑门电路图形符号对照表

序号	名称	国标图形符号（新）	仿真电路中图形符号	曾用图形符号（旧）
1	与门			
2	与门			
3	非门			
4	与非门			
5	或非门			
6	与或非门			
7	异或门			
8	同或门			
9	集电极开路的与门			

序号	名称	国标图形符号（新）	仿真电路中图形符号	曾用图形符号（旧）
10	三态输出的 非门			
11	缓冲器			
12	传输门	TG		TG

附录 3 课堂小测和部分习题答案

学习情境 1
课 堂 小 测

一、1. 硅；锗。2. 空穴；自由电子。3. 导通；截止；单向导电性。4. 截止；5. 减小；增大。6. 反向击穿区。7. 电；光。8. 变压器；整流电路；滤波电路；稳压电路。9. 单向导电。10. 电网波动；负载。

二、1. D；2. A；3. B；C；A；D；4. A；5. B。

三、1. ×；2. ×；3. ×；4. ×；5. √；6. ×。

习 题

1.1 (a) 导通；12V；(b) 截止；−6V；(c) VD1 截止、VD2 截止；12V；(d) VD1 截止、VD2 导通；−6V。

1.5 (1) 0V；(2) 3V；(3) 3V。

1.6 (1) 15V；(2) 9.7V；(3) 1.4V。

1.7 (1) 90V；(2) 30mA；(3) 15mA；141.4V。

1.9 (1) 10V；(2) 增大；(3) 变化，增大。

1.11 (1) CW7815；(2) 18V；(3) 15V。

1.12 5~10V。

学习情境 2
课 堂 小 测

一、1. NPN；PNP。2. 正偏；反偏。3. 4.95mA；0.05mA。4. 共射；共集；共基。5. 100；40；6. 相同；等于1；大；小。7. 差模；共模。8. 40。9. 效率高；交越失真。10. 相同；积。11. 虚短；虚断。12. $A_f = A/(1+AF)$；1/F。13. 降低；提高；减小；扩展；改变。14. 减小；输出电流。15. 线性；深度负反馈。

二、1. A；2. B；3. D；4. C；5. D；6. C；7. D；8. C；9. C；10. A。

三、1. √；2. ×；3. ×；4. ×；5. √；6. √；7. √；8. ×；9. √；10. ×；11. √；12. √；13. √；14. ×。

习 题

2.1 (a) 放大区；(b) 截止区；(c) 饱和区；(d) 放大区。

2.2 (a) 0V：发射极；0.7V：基极；5V：集电极；NPN；硅管。(b) 12V：集电极；3.7V：基极；3V：发射极；NPN；硅管。(c) −3.2V：基极；−3V：发射极；−5V：集电极；PNP；锗管。

2.3 (a) ①：集电极；②：发射极；③：基极；NPN；49。(b) ①：基极；②：集电极；③发射极；PNP；100。

2.4 2.5kΩ。

2.5　(a) 400kΩ；(b) 200kΩ。

2.6　(1) $U_{BQ}=2.98$V；$I_{BQ}=19\mu A$；$I_{CQ}=1.14$mA；$U_{CEQ}=6.3$V。(3) $A_u=-56$；0.56V。(4) $R_i=1.6$kΩ；$R_o=3$kΩ。

2.7　(2) $A_u=-6.5$；$R_i=8.9$kΩ；$R_o=3$kΩ。(3) $A_{us}=-6.1$。

2.8　(1) $I_{BQ}=15.4\mu A$；$I_{CQ}=0.92$mA；$U_{CEQ}=-8$V。(3) $A_u=0.98$；$R_i=72$kΩ；$R_o=48\Omega$。

2.9　(1) $I_{CQ1}=I_{CQ2}=0.83$mA；$U_{CQ1}=U_{CQ2}=5.2$V。(2) $A_u=-228$；$R_i=3.6$kΩ；$R_o=16.4$kΩ。

2.10　(1) $U_{CQ1}=U_{CQ2}=7$V。(2) $A_u=-92$；$R_i=10.9$kΩ；$R_o=20$kΩ。

2.11　$A_u=-46$；$R_i=10.9$kΩ；$R_o=10$kΩ。

2.12　0.5W；65.4%。

2.13　(1) 0A。(4) 18V；11.4V。

2.14　(1) 8V。(2) 4.5W；59%。

2.16　(1) 电压串联负反馈；$1+R_3/R_1$。(2) 电流并联负反馈，$-(1+R_2/R_4)R_L/R_1$。

2.17　1000；0.009。

2.18　(a) -10；2kΩ；是虚地。(b) 21；∞；不是虚地。(C) 10；22kΩ；不是虚地。

2.19　(a) $u_o=-2(u_{i1}+u_{i2})$；(b) $u_o=4(u_{i2}-u_{i1})$；(c) $u_o=10u_{i1}+u_{i2}$。

2.20　(a) 4V。(b) 2V。

学习情境3
课堂小测

一、1. $|\dot{A}\dot{F}|=1$；$\varphi_A+\varphi_F=2n\pi$，$n=0$，1，2…。2.1/(2πRC)；0；1/3；3；同。3.1/2π$\sqrt{(LC)}$；高频。4. 电感；电感；电容。5. 非线性；高电平；低电平。6. 回差电压；抗干扰。

二、1. A；2. C；3. A；4. B；5. D；6. D。

三、1. ×；2. ×；3. ×；4. √；5. ×；6. √。

习　题

3.1　(a) 不能；(b) 能。

3.2　(1) 20kΩ；(2) 正温度系数；(3) 796Hz。

3.3　(1) 不能；(2) 能；(3) 不能；(4) 能。

3.4　1.52～7.12MHz。

3.8　±3V；6V。

3.9　0V；6V。

学习情境4
课堂小测

一、1. 数字。2.101111；01000111；2F。3. 与；或；非。4. 非；或。5. 真值表；逻辑表达式；逻辑图；波形图；卡诺图。6.1。7. 与项个数；变量个数。8. OC门。9. 接高电平；接低电平。10.7。11. 高；低。12.16。13. 数据分配器。14. 半加器。15. 输入信号。

二、1. D；2. C；3. D；4. B；5. A；6. A；7. B；8. C。

三、1. √；2. √；3. √；4. ×；5. ×；6. ×；7. ×；8. ×；9. √；10. ×。

习　题

4.1 (1) 111111；3F。(2) 10010101；95。(3) 11.101；3.A。(4) 100110.01；26.4。

4.2 (1) 37；25。(2) 19；13。(3) 0.6875。0.B；(4) 9.25；9.4。

4.3 (1) 00110010。(2) 000101001000.0110。(3) 23。(4) 867。

4.5 (1) $Y=A+B$。(2) $Y=1$。(3) $Y=A+C$。(4) $Y=1$。(5) $Y=AB+AC+BC$。
(6) $Y=C$。(7) $Y=AB+\bar{A}C$。(8) $Y=AB+B\bar{C}$。(9) $Y=0$。(10) $Y=B$。

4.6 (1) $Y=AB+\bar{A}C+\bar{B}\bar{C}$。(2) $Y=\bar{A}B+\bar{C}$。(3) $Y=A+C$。(4) $Y=A+\bar{B}\bar{C}+D$。
(5) $Y=\bar{B}\bar{D}+BD$。(6) $Y=\bar{A}B+\bar{B}\bar{D}+ACD+\bar{A}CD$。(7) $Y=A\bar{C}+BD+\bar{A}C$。(8) $Y=\bar{A}\bar{D}+\bar{B}D+A\bar{B}C$。(9) $Y=\bar{A}C+\bar{B}\bar{D}+BCD$。(10) $Y=\bar{A}CD+\bar{B}\bar{C}\bar{D}$。

4.7 (a) $Y_1=\overline{AB+CD}$。(b) $C=0$，$Y_2=\bar{A}$；$C=1$，$Y_2=\bar{B}$。(c) $C=0$，$Y_3=A+\bar{B}$；$C=1$，$Y_3=1$。

4.8 (a) $Y=\bar{A}B+A\bar{B}$；异或功能。

4.9 $Y=\bar{A}B+B\bar{C}+\bar{A}C$。

4.10 (a) $Y=\bar{A}B+A\bar{B}$；异或功能。(b) $Y=AB+BC+AC$；三人表决电路。

4.17 全加器。

学习情境5
课　堂　小　测

一、1. 组合逻辑电路；时序逻辑电路。2.　2；输入；现态。3. 置0；置1；同时为0。4. $Q^{n+1}=J\bar{Q}^n+\bar{K}Q^n$；保持；置0；置1；计数。5. 保持；计数。6. 同步；异步；部分；全部。7. 16；15。8. 数码；移位。9. 4；8。

二、1. B；2. B；3. B；4. C；5. D；6. D；7. D；8. A；9. B；10. C。

三、1. ×；2. ×；3. √；4. √；5. ×；6. ×；7. ×；8. ×。

习　题

5.8 同步四进制加计数器。

5.14 10进制；11进制。

5.15 6进制；9进制。

学习情境6
课　堂　小　测

一、1. 6V；3V。2. 矩形脉冲。3. 1.1RC。4. 0.7 (R_1+2R_2) C。

二、1. A；2. A；3. C；4. B。

三、1. √；2. √；3. ×；4. ×；5. √。

习　题

6.2 110μs。

6.3 (1) 4.41ms；226.8Hz；(3) 低电平。

6.4 (2) 11s。

6.5 0.308ms；0.616ms。

学习情境 7
课 堂 小 测

一、1. 数字信号；模拟信号。2. 倒 T 型电阻网络；模拟开关；基准电压；运算放大器。3. 分辨率；位数。4. 采样；保持；量化；编码。5. 连续；离散。6. 减小；增大。7. 双积分型；逐次逼近型。

二、1. C；2. B；3. C；4. B；5. D；6. B。

三、1. ×；2. ×；3. √；4. ×；5. √。

习　　题

7.1　4.88mV；0.0009775

7.2　−23.4mV；−3V；−2.977V。

7.3　11。

7.4　10。

7.5　10V；9.765mV。

参 考 文 献

[1] 康华光. 电子技术基础（模拟部分）[M] . 5 版 . 北京：高等教育出版社，2006.

[2] 康华光. 电子技术基础（数字部分）[M] . 6 版 . 北京：高等教育出版社，2014.

[3] 阎石. 数字电子技术基础 [M] . 5 版 . 北京：高等教育出版社，2006.

[4] 胡宴如. 模拟电子技术 [M] . 5 版 . 北京：高等教育出版社，2015.

[5] 杨志忠. 数字电子技术 [M] . 5 版 . 北京：高等教育出版社，2018.

[6] 周良权，傅恩锡，李世馨. 模拟电子技术基础 . 4 版 . 北京：高等教育出版社，2009.

[7] 周良权，方向乔. 数字电子技术基础 [M] . 4 版 . 北京：高等教育出版社，2014.

[8] Donald A. Neaman. 模拟电子技术 [M] . 3 版 . 北京：清华大学出版社，2007.

[9] 雷建龙. 数字电子技术 [M] . 北京：高等教育出版社，2016.

[10] 邱寄帆. 数字电子技术 [M] . 北京：高等教育出版社，2015.

[11] 赵世平. 模拟电子技术基础 [M] . 北京：中国电力出版社，2004.

[12] 王锦. 电子技术基础 [M] . 北京：中国电力出版社，2009.

[13] 王锦. 电子实训技术 [M] . 北京：中国电力出版社，2006.

[14] 秦曾煌. 电工学 [（下册）电子技术] [M] . 5 版 . 北京：高等教育出版社，2004.

[15] 朱传琴，高安芹. 电子技术基础 [M] . 北京：中国电力出版社，2005.

[16] 孙肖子. 现代电子线路和技术实验简明教程 [M] . 2 版 . 北京：高等教育出版社，2009.

[17] 聂典，丁伟. Multisim10 计算机仿真在电子电路中的应用 [M] . 北京：电子工业出版社，2009.

[18] 陈有卿. 实用 555 时基电路 300 例 [M] . 北京：中国电力出版社，2005.

[19] 丁镇生. 电子电路设计与应用手册 [M] . 北京：电子工业出版社，2013.

[20] 孙余凯. 常用集成电路实用手册 [M] . 北京：电子工业出版社，2005.

[21] 沙占友，郭立伟. 低压差线性稳压器应用技巧 [M] . 北京：中国电力出版社，2009.

[22] 罗杰，谢自美. 电子线路设计 . 实验 . 测试 [M] . 4 版 . 北京：电子工业出版社，2008.